Das große Buch der
LUFTFAHRT

Von den Anfängen bis zur Raumfahrt

Texte
RICCARDO NICCOLI

VERLAG KARL MÜLLER

Inhalt

Vorwort		6
1	Die ersten Versuche	10
2	Die Luftschiffe	24
3	Die Schwerer-als-Luft Maschinen	38
4	Der erste Weltkrieg	50
5	Die Geburt der Handelsluftfahrt	64
6	Die Seeflugzeuge und die großen Überflüge	80
7	Der zweite Weltkrieg: die Alliierten	100
8	Der zweite Weltkrieg: die Achsenmächte	124
9	Die ersten Jets und der Korea-Krieg	138
10	Das Zeitalter der großen Transportflugzeuge	146
11	Die großen Jagdflugzeuge der fünfziger Jahre	152
12	Der kalte Krieg	160
13	Die Hubschrauber	170
14	Die Übungsflugzeuge	190
15	Allgemeine Luftfahrt	206
16	Die europäischen Jäger	218
17	Der Vietnam	226
18	Die arabisch-israelischen Kriege	238
19	Die großen Passagierflugzeuge	244
20	Die Jagdflugzeuge der sechziger Jahre	252
21	Die dritte Stufe	268
22	Golf, Kosovo und Afghanistan: die letzten Kriege	276
23	Airbus und Boeing	296
24	Heute und Morgen	302
25	Das Space Shuttle	308
	Bibliografie und Register	314

Herausgeber
**VALERIA MANFERTO DE FABIANIS
LAURA ACCOMAZZO**

Projekt und grafische Gestaltung
MARIA CUCCHI

Bildmaterialsammlung
CLAUDIA ZANERA

Übersetzung
MARLENA MACIEJKOWICZ

© 2002 White Star S.r.l.
Via C. Sassone 22/24 - 13100 Vercelli, Italien

2002 Herausgegeben in Deutschland von
Verlag Karl Müller GmbH
Venloer Str. 1271
D - 50829 Köln
Tel. 0221-13065-0 - Fax 0221-13065-210
www.karl-mueller-verlag.de

Alle Rechte vorbehalten
Kein Teil des Werkes darf in irgendeiner Form (durch Fotokopie, Mikrofilm oder ein ähnliches Verfahren) ohne die schriftliche Genehmigung des Verlages reproduziert oder unter Verwendung elektronischer Systeme verarbeitet, vervielfältigt oder verbreitet werden.

ISBN 3-89893-050-5

Gedruckt bei Grafedit, Bergamo, Italien
Lithos: Grafotitoli Bassoli, Milano, Italien

1 oben   Der NASA-Space Shuttle „Challenger" mit geöffneter Ladeklappe während des Umlaufbahnflugs der STS-7-Mission.

1 unten   Zeichnung eines verstärkten Flügels von Leonardo da Vinci (1452-1519), der sich als erster von einer technischen Seite her dem Problem des menschlichen Flugs zu nähern versuchte.

2-3   Ein aggressives Bild des Jagdflugzeugs Panavia Tornado F.3 der Royal Air Force. Der Tornado war das erste Projekt einer europäischen Luftfahrt-Kollaboration.

4-5   Die futuristischen Formen des Jagdbombers Stealth F-117A kommen in dieser Aufnahme eines Tiefflugs über den White Sands - der Wüstenregion Mexikos - gut zum Ausdruck.

5 unten   Eine phantasievolle, aber nicht realisierbare Luftschiff-Zeichnung aus dem neunzehnten Jahrhundert.

6-7   Abschuss der Space-Shuttle-Weltraumfähre aus dem Kennedy-Zentrum der NASA in Florida.

8-9   Ein Caudron Gleitflugzeug-Doppeldecker wird von einem Karren gezogen. Verschiedenste Versuche bildeten die Anfänge auf dem Gebiet der Luftfahrt.

5

Vorwort

Viel ist passiert seit jenem kalten Wintertag am 17.Dezember 1903, als ein motorangetriebenes, Schwerer-als-Luft-Flugzeug den Beweis lieferte, dass der kontrollierbare menschliche Flug möglich war. Eher als um einen vorsichtigen Flug handelte es sich dabei um eine Reihe langer „Sprünge", von denen der erste 36 Meter und der längste ca. 260 Meter maß – doch der menschliche Fortschritt hatte einen weitaus größeren Sprung gemacht. Sicherlich waren es nur wenige Zuschauer, die das Unternehmen von Orville und Wilbur Wright auf den Sanddünen von Kitty Hawk in North Carolina beobachteten und sich dabei vorstellen konnten, dass der Mensch nur wenige Jahre später in der Lage wäre durch den Bau von immer fügsameren, stärkeren und schnelleren Flugzeugen die Lüfte zu beherrschen.

Der technologische Fortschritt des 20.Jahrhunderts wurde im Vergleich zu den Erfindungen früherer Zeiten unglaublich schnell vorangetrieben. Ein Großteil war dabei den Bemühungen und Forschungen, die im Bereich der Luft- und Raumfahrt unternommen wurden zu verdanken. Ungefähr ein Jahrzehnt nach dem Flug der Brüder Wright konnten Flugzeuge bereits 200 km/h überschreiten und atemberaubende Kunstflüge vollführen. In den zwanziger Jahren – nur zwei Jahrzehnte später- erschienen die ersten Handelstransportflugzeuge, die in der Lage waren, Passagiere in unglaublich kurzen Zeiten (verglichen mit Schiffen oder Zügen) auf Langstrecken zu befördern. Der zweite Weltkrieg beschleunigte den Entwicklungsprozess auf dramatische Weise: In jenen Jahren produzierte man konventionelle propellerbetriebene Flugzeuge, deren Leistungen sich in Hinblick auf die Stärke, die Schnelligkeit, den Flugbereich und die Nutzlastaufnahme verdoppelt hatten. Doch noch wichtiger war, dass während des 2.Weltkriegs die Düsenmotoren und ersten flugfähigen Hubschrauber entwickelt wurden. Nur 44 Jahre nach dem 16-km/h-Flug der Wrights durchbrach ein Raketenjet die Schallgrenze. Sechzig Jahre später flog der Mensch in den Weltraum. Man könnte diese Aufzählung noch fortführen, doch das wäre unnütz: Die Ergebnisse von hundert Jahren Luftfahrt haben wir täglich vor unseren Augen.

Dank des Flugzeugs können wir heutzutage in wenigen Stunden jeden Winkel der Erde erreichen – gegen Kosten, die fast für jeden tragbar sind. Mit Leichtigkeit kann die Flugmaschine Waren und Materialien transportieren, dank der schnellen und weitreichenden Such- und Bergungsmöglichkeiten kann sie Menschenleben retten, Kranke und Verletzte haben die Chance in entfernte Krankenhäuser transportiert zu werden, wo bessere Pflegeeinrichtungen zur Verfügung stehen bzw. lebenswichtige Organtransplantationen unternom-

men werden können. Menschen, die von Naturkatastrophen oder Kriegen getroffen wurden kann dank Flugrettungsaktionen geholfen werden und lebensbedrohliche Feuer- und Brandkatastrophen können unter Kontrolle gebracht werden. Flugzeuge werden aktiv bei Erforschungen und Aufklärungen zu Land oder zur See eingesetzt und sind dabei nützlich für den Bereich des Umweltschutzes, der Geografie, Topografie, Geologie, Archäologie und Zoologie.

Im Militär hat die Luftfahrt die Kriegsregeln revolutioniert und wurde zum entscheidenden Instrument bei Konflikten und Kämpfen. Die jüngsten Kriege im Golf, Kosovo und in Afghanistan haben gezeigt, wie die Flugzeugkräfte allein den Ausgang einer ganzen regionalen Krise entscheiden können. Dank ihrer speziellen optischen und elektronischen Aufklärungsfähigkeiten haben Flugzeuge und Satelliten die Welt zu einem sichereren und friedlicheren Ort gemacht, da die Großmächte nun mehr voneinander wissen und weniger Geheimnisse voreinander verbergen können.

Die Weltraumflüge eröffneten der Wissenschaft neue Horizonte und brachten auch den normalen Bürgern Nutzen. Die Programme und Missionen von Shuttle-Raumfähren und Weltraumstationen haben die wissenschaftlichen Kenntnisse auf vielen Gebieten erweitert, während die auf Umlaufbahn gebrachten Satelliten enorme Fortschritte in der Telekommunikation und Navigation ermöglicht hatten. Dieses Buch soll eine Huldigung an die heldenreiche Geschichte des Fliegens sein. Die 25 Kapitel sind den berühmtesten Menschen, Ereignissen und Epochen gewidmet. Die wichtigsten motorbetriebenen Maschinen (Flugzeuge und Hubschrauber), die ihre Spuren in diesem Jahrhundert der Luftfahrt hinterließen werden kurz erläutert. Leider mussten die experimentellen Flugzeuge trotz ihrer technologischen Bedeutung ausgeschlossen werden. Die Absicht des Buches liegt darin, die Aufmerksamkeit auf jene Flugzeuge zu lenken, die wirklich breitflächig sowohl im Zivil- als auch im Militärbereich eingesetzt wurden. Die Fluggeschichte war und ist so umfassend, dass trotz der Ausführlichkeit dieses Werks leider Dutzende von Flugzeugen, die ein Auftreten verdient hätten, sowohl im Text als auch in den Fotografien unberücksichtigt bleiben mussten.

Jenseits der vielen Worte sollte nicht der Antrieb vergessen werden, der seit jeher die Menschen dazu treibt den Himmel zu ergründen. Dieses Buch soll besonders die Verwirklichung eines der ältesten und ersehntesten Menschheitsträume feiern: die Überwindung der physischen Grenzen und Zwänge, die uns an die Erdoberfläche binden, um in eine spirituellere und göttlichere Dimension zu entschweben, diejenige des Fliegens.

Kapitel 1

Die ersten Versuche

Der Wunsch zu Fliegen begleitete den Menschen schon seit den frühesten Zeiten. Wie die antiken Legenden erzählen, strebten sogar die mächtigsten Männer nach diesem unermesslichen Gefühl der Freiheit und Überlegenheit. In einer aus Persien überlieferten Erzählung wird von einem Flug des Königs Kai Kawus berichtet, der im Jahre 1500 n.Chr. in einem von Adlern getragenem Karren gereist haben soll. Eine andere Legende griechischen Ursprungs erzählt von Alexander dem Grossen,

der in einem von Gänsegeiern gezogenem Korb in den Himmel flog. In jedem Fall zählen Tiere mit einer gewissem Machtsymbolik wie Adler, Falken und andere Raubvögel zu den Herrschern des Himmels. In der Antike wurde das Fliegen als ein Vorrecht der Götter angesehen. Tatsächlich, verfolgt man die Legende von Daedalus und Ikarus und deren aus Federn und Wachs gebautem Fluggerät erfährt man, dass sich nur Daedalus durch seinen vorsichtigen Tiefflug retten konnte. Ikarus dagegen stieg - mehr und mehr berauscht durch den Flug - immer näher an die Sonne, dem göttlichen Kraftsymbol heran, bis seine Wachsflügel durch die Hitze schließlich schmolzen: sein gotteslästerlicher Akt wurde bestraft. Außer diesen phantastischen Zeugnissen gibt es andere, tausende von Jahren alte Berichte über die Bemühungen des Menschen die dritte Dimension zu besiegen. Es wird angenommen, dass die Chinesen schon zweitausend Jahre vor Christus im Stande waren für militärische Zwecke Drachengebilde aufsteigen zu lassen. In Kordova verlor im Jahre 852 n.Chr. ein arabischer Sektenführer bei dem Versuch eines Gleitflugs sein Leben, während 1020 Oliver von Malmesbury, ein englischer Benediktinermönch sich - ausgerüstet mit einem Flügelpaar aus Federn - von einem Turm stürzte; leider schlug er am Boden auf und brach sich die Beine. Von permanenten Misserfolgen wurden auch die in den darauffolgenden Jahren unternommenen Flugversuche begleitet: 1496 Senecio von Nürnberg, 1503 der Mathematiker Giovan Battista Danti von Perugia und 1628 Paolo Guidotti von Perugia - sie und andere wurden von demselben, unwiderstehlichem Wunsch angetrieben und fanden letztendlich ein ähnlich vernichtendes Ende. Mit der Zeit wurden die Forschungen jedoch immer ausgefeilter. Die Chronik von 1630 berichtet von einem gewissen Hezarfen Ahmet Celebi, der mithilfe eines einfachen Flügelpaars vom Galata-Turm in Istanbul bis zum anderen Ufer des Bosporus schwebte. 1670 beschrieb der Jesuit Francesco Lana Terzi eine Flugmaschine aus vier ausgehöhlten Kupferkugeln sowie einem Segel, das zur Überwachung des geradlinigen Fluges dienen sollte. Anfang des 18.Jh. entwarf der Brasilianer Laurenco de Gusmo, ebenfalls Jesuit, ein Segelflugzeug in Vogelform, das er für Experimente benutzte. Er

10 Leonardo da Vinci war der erste Wissenschaftler, der sich dem Flug von einer rationalen Seite her näherte. Er übertrug seine Forschungen und Gedanken auf Skizzen und Zeichnungen, die viele weitere Denker in späteren Jahrhunderten inspirierten. Auf dieser Seite sind zwei Beispiele abgebildet.

10-11 Umrandet von Leonardos charakteristischer Spiegelschrift zeigt die Skizze ein Experiment, bei dem die Tragfähigkeit eines Flügels erprobt werden sollte. Die berühmten Kodizes von Leonardo wurden erst 1797 veröffentlicht und waren eine große Offenbarung.

konzipierte außerdem ein Fluggerät, das als primitives Luftschiff bezeichnet werden könnte und das de Gusmo 1709 erfolgreich dem König von Portugal vorführte. In den Jahren 1764 und 1781 entwarfen der Deutsche Bauer und der Franzose Blanchard ebenfalls Flugmaschinen um Experimente durchzuführen. Es scheint, dass in früheren Zeiten auch in China und Kambodscha Ballons und andere leichter- als -Luft-Flugträger geflogen wurden.
Doch erst im Jahre 1797 eröffnete sich der Luftfahrt-Wissenschaft mit dem Erscheinen von Leonardo da Vincis verfassten Kodizes eine neue, unglaubliche Perspektive.

11 rechts Ein Selbstportrait Leonardo da Vincis. Der geniale Lehrer, der sich in den bildenden Künsten, der Architektur und im Ingenieurwesen auszeichnete wurde 1452 in Vinci, in der Toskana geboren. Er starb 1519 in Cloux, Frankreich.

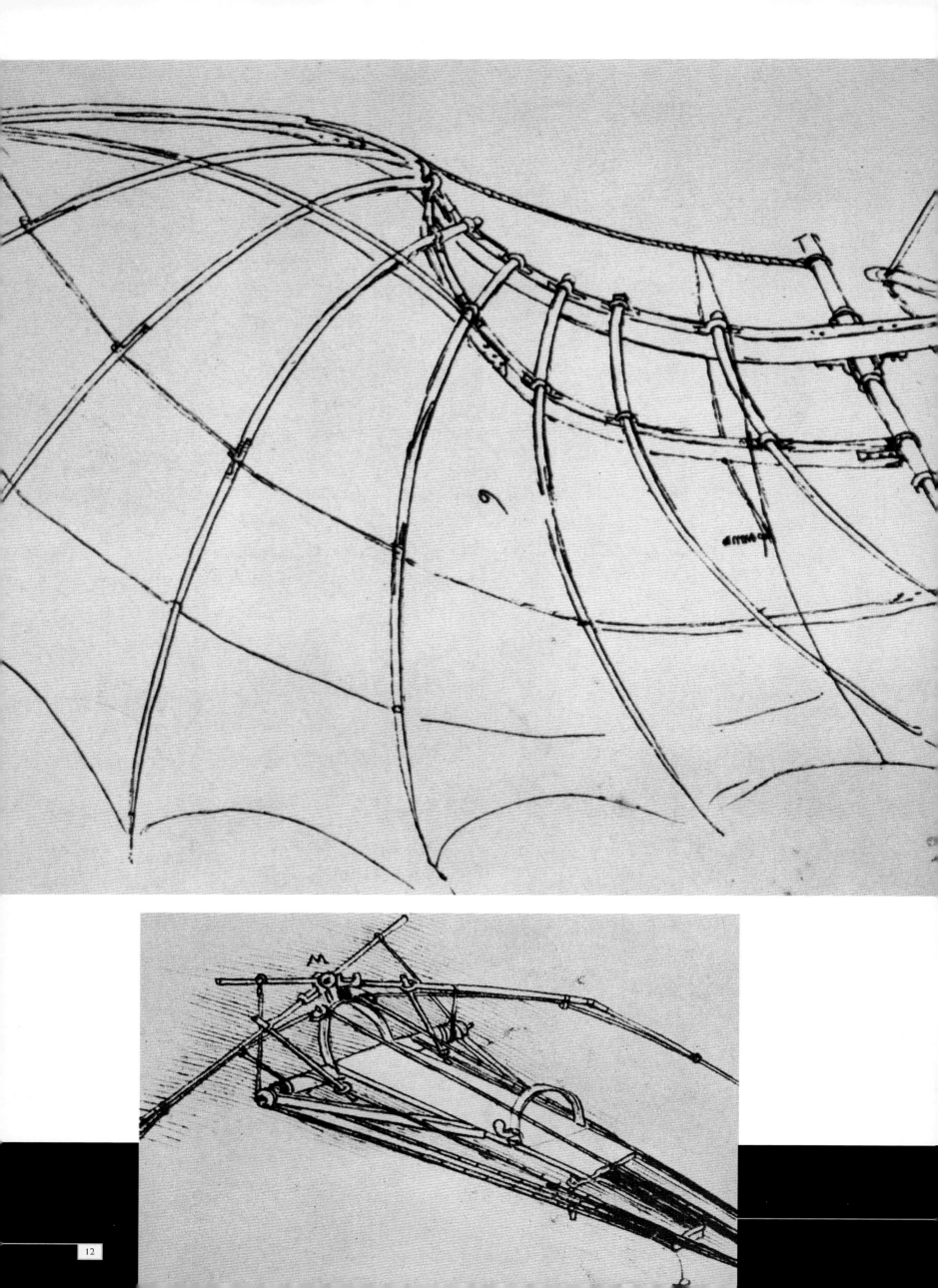

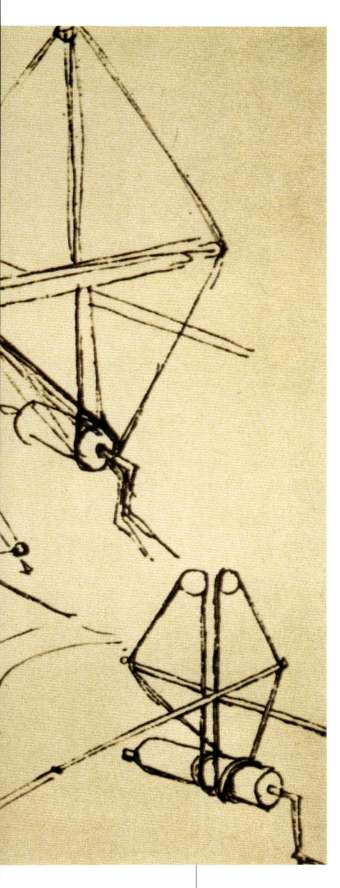

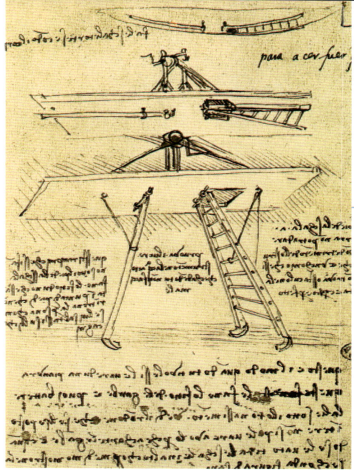

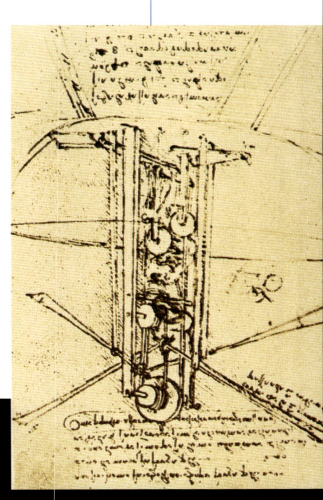

Da Vinci, das Genie aus der Toskana - geboren 1452 in Vinci und 1519 verstorben in Cloux, in der Loire-Region - war soweit bekannt ist der Erste, der sich dem Flugproblem von einer wissenschaftlichen und rationalen Seite her näherte. Die Kodizes enthalten gut 150 Maschinenentwürfe bzw. Einzelteile von Maschinen verschiedener Art - unter anderem den Fallschirm, die „vite aerea" (erstes Beispiel eines Helikopters) sowie den Propeller. Auch Leonardo blieb jedoch noch längere Zeit an dem Konzept der Vogelflug-Imitation haften und entwarf eine Maschine mit dem Namen Ornitotter; bei dieser Erfindung sollte das Gewicht des Piloten durch die Bewegung zweier mechanischer Flügel getragen werden. Ein großer Mangel dieser Konzeption war die benötigte Flugkraft, welche viel höher war als von Leonardo berechnet wurde; nach seiner Meinung sollte die Muskelkraft des Menschen ausreichen. Dennoch war sich Leonardo gegen Ende seines Lebens über diese Einschränkungen im Klaren und erahnte die Notwendigkeit einer Kräfte-vervielfachenden Triebfeder sowie eines fest eingebauten Flügels. Diese Einsichten hätten seinen Studien sicherlich eine völlig neue Wendung gebracht. Leonardo schaffte es nicht die neuen Ideen in die Praxis umzusetzen, doch seine allumfassenden Schriften und Zeichnungen lassen die Einzigartigkeit seiner Gedanken und Beobachtungen zum Vorschein kommen. Heutzutage wird er von vielen als spiritueller Vater des menschlichen Fluges angesehen.

12-13 Eine der zahlreichen Zeichnungen Leonardos, die dem Flug gewidmet waren: ein Flügel, der durch einen Kurbelmechanismus betätigt wird. Sowohl die Form als auch die Bewegung des Flügels ist vom Vogelflug inspiriert.

12 unten Was wir heutzutage als den Rumpf einer Flugmaschine bezeichnen, hat Leonardo in dieser Zeichnung dargestellt - bereits vollständig mit Seilkabeln und Verbindungsstangen für die Bewegung der Flügel.

13 Zwei weitere komplexe Projekte, die von Leonardo da Vinci entworfen wurden. Oberhalb ist ein Flaschenzug-Antriebsmechanismus abgebildet, der durch Seile betätigt wird. Unten dagegen ein Ausschnitt eines Flugmaschinen-Modells mit vier Flügeln, die von einem innerhalb des Gerüsts stehenden Mannes betätigt werden. Die komplizierte Anordnung der Rollen und Stangen, die die Flügelbewegungen ermöglichen ist hier gut sichtbar.

14 links Ein Stich, der den Ballon des Italieners Vinzenzo Lunardi darstellt, mit welchem dieser am 13.Mai 1785 aufstieg.

14 rechts und 15 links In diesen anonymen Zeichnungen aus dem späten 18.Jh. sind zwei Entwürfe dargestellt: ein großer, aerostatischer Ballon, der von Vögeln gezogen wird sowie ein zweiter, mit Segeln angetriebener Ballon. Die Naivität dieser und ähnlicher Einfälle ist offensichtlich; die Entwürfe jener Zeit gründeten sich eher auf der Phantasie als auf technischen Forschungen.

Wie es häufig geschieht, kam die erste wirksame Lösung zum Flugproblem aus einer unerwarteten Richtung und in Form eines einfachen und natürlichen Gegenstands: dem Ballon. Den zündenden Einfall, der diese Errungenschaft möglich machte hatten die beiden französischen Brüder Joseph Michel und Jacques Etienne Montgolfier, Inhaber einer Papierfabrik in der Nähe von Lyon. Deren Beobachtungen bezogen sich auf die Steigkraft warmer Luft über dem Feuer und wie jene es möglich machte, umherliegende Papiertüten aufsteigen zu lassen. Sie machten sich also ans Werk und führten 1782 eine Reihe von Experimenten durch, bei denen sie mit warmer Luft gefüllte, große, leichte Umhüllungen benutzten. Am 4.Juni 1783 wurde ein großer Ballon von zehn Metern Durchmesser getestet und am 19.September stieg derselbe mit einem Schaf, einer Gans und einem Hahn an Bord über Versailles in die Lüfte. Der Versuch war erfolgreich und nach einer zurückgelegten Strecke von drei

15 Mitte Dieser Druck stellt den Flug von Jean-Pierre Blanchard und John Jefferies vom 7. Januar 1786 dar. Die beiden überquerten als erste den Ärmelkanal von Dover bis zum Guines-Forst in der Nähe von Andrei.

15 rechts Der erste Ballon der Brüder Montgolfier, der am 5. Juni 1783 in Annonay erfolgreich getestet wurde. An Bord befanden sich keine Passagiere, der Ballon stieg knapp 2.000 Meter auf.

Kilometern setzte der Ballon seine Passagiere wohlbehalten auf der Erde ab. Die Zeit war nun reif für den ersten Flug des Menschen. Am 21. November 1783 war Paris Zeuge dieses großen Ereignisses: Jean Francois Pilatre de Rozier (ein Chemieprofessor) und Francois d'Arlandes (ein Armeeoffizier) nahmen Platz an Bord eines 22 Meter hohen und 15 Meter breiten Ballons. Um 13.54 erhoben sie sich unter allgemeinem Jubel von der Erde: der Mensch flog!

15 unten Zwei Porträts der Mongolfier-Brüder aus der Bibliotèque Nationale in Paris. Links Etienne de Montgolfier (1745-1799) und rechts Joseph de Montgolfier (1740-1810).

Die ersten Versuche | 15

16 oben Diese bunte und phantasievolle Zeichnung illustriert ein anonymes Projekt für einen aerostatischen Ballon mit einem Durchmesser von 120 Fuß (Carnevalet Museum, Paris).

16 unten Das militärische Potential des Ballons wurde von vielen Armeen geschätzt. Hier sieht man den Aufstieg eines Militär-Ballons während der Belagerung von Paris 1870 im französisch-preußischen Krieg.

Der Weg war damit gezeichnet, und von nun an wurden immer mehr Experimente unternommen. Zu dem Heißluftballon (benannt Montgolfiere nach dem Namen der Erfinder) gesellte sich bald der von dem Franzosen Jacques Alexandre César Charles erfundene Wasserstoffballon (folglich Charliere benannt). Am 1. Dezember 1783 startete Charles von den Tuilerien in Paris und legte eine Gesamtstrecke von nicht weniger als 43 Kilometern zurück. Die Neugier und Abenteuerlust waren enorm und in vielen Ländern stieg die Zahl der „Himmelaufsteiger". Italien berichtete über den Flug von Andreani und Gerli in Mailand am 25. Februar 1784, in London startete am 15. September 1784 Vincenzo Lunardi mit einer Charliere, und am 9. Januar kam in Philadelphia die Überfahrt des Franzosen Blanchard zustande. Die erste Überquerung des Ärmelkanals mit einem Ballon ereignete sich am 5. Januar 1785. Seine Reife bewies der Ballon 1794 mit dem Eintritt in die französische Armee, bei der er zur Beobachtung des Artillerieschießens eingesetzt wurde. Das erste Mal wurde er am 26. Juni 1794 in der Schlacht von Fleures in Belgien benutzt, als die Franzosen die österreichischen Streitkräfte besiegten. Fünf Jahre später löste Napoleon Bonaparte jedoch die erste Luftstreitkraft der Welt auf. Der Einsatz des Ballons zu Militärzwecken wurde erst wieder in der zweiten Hälfte des 19. Jahrhunderts wiederholt.

16-17 und 17 unten
Die Herstellung eines Ballons war zu jener Zeit eine delikate und schwierige Aufgabe. Das untere Bild von 1794 zeigt die von Jacques Cont (1755-1805) ausgeführte Schnitttechnik zur Ausarbeitung eines Militärballons. Wie man sieht, wurde das Schneiden unter freiem Himmel und unter Anwendung primitiver Methoden ausgeführt. Oben: Cont beim Lackieren des Ballons - diesmal in einem geschlossenen Raum.

Die ersten Versuche

Zwischen dem 17. und 18. Jh. trug der Engländer Sir George Cayley (1773 – 1857) entscheidend zur Weiterentwicklung der Flugtechnik mit bei. Er vermutete bereits 1799, dass eine Flugmaschine sich nur mit Hilfe von Einzelteilen, welche jeweils die Auf- und Antriebsfähigkeit garantierten in die Lüfte erheben könne; das bedeutete, dass man die Idee des Ornitotters aufgeben musste. Ohne Leonardos Kodizes studiert zu haben, begann Cayley ein für die damaligen Zeiten revolutionäres Konzept zu entwickeln: das „Schwerer als Luft". 1804 entwarf er ein Luftschiff mit Propellerantrieb und setzte seine Studien in Aerodynamik fort. 1809 veröffentlichte er seine Forschungen in dem Buch „Über die Luftschifffahrt" (On Aerial Navigation). Er stellte dort ebenfalls einige Thesen hinsichtlich der Lenkbarkeit eines fliegenden Luftschiffs auf und riet sogar zum Gebrauch eines Verbrennungsmotors als Antriebsmittel. Cayley schreibt: „Das ganze Problem (des Motorflugs) besteht in der Herstellung einer Tragoberfläche mit einem bestimmten Gewicht, welche die Anbringung einer Kraft gegen den Luftwiderstand möglich macht." Diese fortschrittlichen Ideen wurden jedoch nicht sofort in die Tat umgesetzt, und im Laufe des 18. Jahrhunderts kamen noch viele fantastische und gleichzeitig wirkungslose Entwicklungen zum Vorschein. 1842 wurde von dem Engländer William Samuel Henson ein weiteres interessantes Flugmodell entworfen und patentiert: das „Aerial Steam Carriage". Es flog nie, war jedoch ein mit Starrflügel ausgestattetes Flugzeug, dessen Propeller von einem 25-PS-Dampfmotor angetrieben werden sollte. Andere Konstruktionen folgten ähnlichen Prinzipien und man war sich darüber einig, dass zum Fliegen ein Motor und folglich ein Propeller benötigt wurden. Das Problem bestand darin, ein geeigneteres Triebwerk als den Dampfmotor sowie wirklich leistungsstarke Flügel zu finden. Bis zu der Einführung eines Verbrennungsmotors, der endlich die Konstruktion eines wahren Flugzeugs möglich machen würde beschäftigte man sich also weiterhin mit dem Auftriebsproblem.

18 links oben Die Dampf-Flugmaschine von William Henson (1805-1888) war das erste Schwerer-als-Luft-Flugzeug. Henson beschloss seinen „dampfbetriebenen, fliegenden Wagen" zu patentieren und gründete 1842 die erste Flugtransport-Gesellschaft. Sein Vehikel flog jedoch nie.

18 links unten Der deutsche Ingenieur Otto Lilienthal (1848-1896) war einer der größten Forscher des 19. Jh. im Hinblick auf den menschlichen Flug. Bereits im Alter von 15 Jahren begann er sich für dieses Gebiet zu begeistern. Diese Zeichnung eines Gleitflugzeugs zeigt einen 1895 patentierten Entwurf.

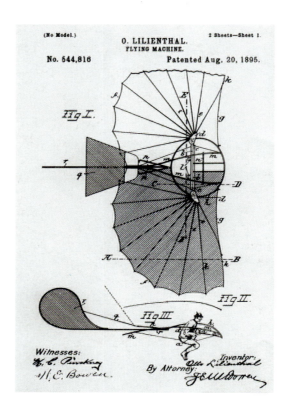

18 rechts Diese Fotografien zeigen Otto Lilienthal in Fliegeberg im August 1894. Es ist offensichtlich, dass der deutsche Ingenieur zu jener Zeit noch von Gleitern mit vogelartig geformten Flügeln überzeugt war. Man kann erkennen, dass die Flügel bereits fest und nicht mehr beweglich waren. Auf dem großen Foto sind die ersten Schwanzflächen zu sehen. Auf dem letzten Bild ist Lilienthal 1896 mit einem Doppeldecker-Gleitflugzeug zu sehen. Der Ingenieur, der Erfahrungen auf mehr als 2.000 Probeflügen gesammelt hatte kam bei einem Gleitflug ums Leben, als sich eine seiner Doppeldecker-Maschinen aus einer Höhe von 15 Metern überschlug.

19 oben Der erste Flugversuch Lilienthals im Jahr 1894.

19 Mitte Ein von Otto Lilienthal 1895 gebauter Gleiter mit Doppelflügeln. Diese im Oktober 1895 in Fliegeberg unternommenen Flugproben zeigen, dass Lilienthal sich von der primitiven Vogelflügelform entfernt hatte und sich fortschrittlicheren aerodynamischen Lösungen näherte: Doppeldecker-Maschinen mit Schwanzflächen.

19 unten links Der Engländer George Cayley machte 1804 diese Skizze eines Gleitflugzeugs. Die Flugmaschine wurde erst 49 Jahre später zur Wirklichkeit, als sie einen kurzen Flug in der Nähe von Scarborough durchführte.

19 unten rechts Die Idee des „Schwerer als Luft" - ein Flugzeug, das aus Einzelteilen besteht um Tragfähigkeit und Kraft zu ermöglichen - stammte von George Cayley.

 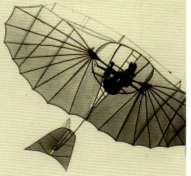 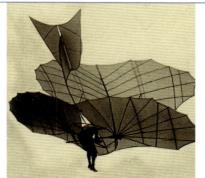 

Einer der gefeiertesten Forscher war der Deutsche Otto Lilienthal (1848-1896). Bereits im Alter von 15 Jahren begann er sich für das Fliegen zu interessieren und baute zusammen mit seinem Bruder ein zwei Meter langes Ornitotter, das jedoch flugunfähig war. Der entschlossene und technisch begabte Lilienthal erwarb sein Diplom in Ingenieursmechanik und behielt die Leidenschaft für das Flugstudium bei - obwohl ihm aufgrund seiner Arbeit für intensivere Forschungen keine Zeit zur Verfügung stand. Nachdem er in den Ruhestand getreten war veröffentlichte er 1889 seine Studien in dem Buch „Der Vogelflug als Grundlage der Fliegkunst" und machte sich daran, seine Theorien in die Praxis umzusetzen. Da ihm geeignete Motoren fehlten, fertigte Lilienthal Gleitflugzeuge an, die die Schwerkraft ausnutzten. Er war damit der erste Mensch auf der Welt, der sich mit diesen Gebilden in die Lüfte emporschwang. Nachdem er sich von den Vogelmodellflügeln entfernt hatte, begann Lilienthal 1892 strahlenförmige Segelflächen und später Doppeldecker zu konstruieren, die leichter zu steuern waren. Am 9.August 1896 stürzte Lilienthal jedoch mit einem seiner Gleiter aus einer Höhe von 15 Metern zu Boden und erlag am darauffolgenden Tag seinen Verletzungen.

Die ersten Versuche

Seine über zweitausend unternommenen Gleitflüge waren jedoch eine große Inspiration für etliche weitere Pioniere, unter denen auch Rumpler und Octave Chanute hervortraten. Chanute wurde 1832 in Paris geboren, emigrierte jedoch im Alter von sechs Jahren in die USA mit seinem Vater, einem Wissenschaftler, der zum Vizedirektor des Jeffersons College berufen wurde. Chanute wurde Ingenieur und begann eine glänzende Karriere bei der Eisenbahn, wo er viele großartige Zivilbauten realisierte und sich damit beachtliche Anerkennung schuf. Ab 1874 begann sich sein Interesse dem Problem des Fliegens zuzuwenden, doch jegliches ernste Studium musste Chanute aufgrund seiner Berufsverpflichtungen aufschieben. Er legte seine Entwürfe also beiseite und begann seine Dokumentationen erst 1889 zu vervollständigen; er berief sich darin auch auf die Experimente Lilienthals und anderer Forscher. 1894 publizierte er sein Buch „Die Fortschritte der Flugmaschinen" (Progress in Flying Machines), wo er alle bis zu jenem Zeitpunkt durchgeführten Versuche im Bereich der Schwerer-als-Luft-Maschinen aufzählte. Schließlich verwirklichte er auch Gleitflugzeuge nach seinen eigenen Entwürfen, bei denen sich die Tragoberflächen automatisch ins Gleichgewicht brachten indem sie das Druckzentrum auf dieselbe Achse des Gravitätszentrums übertrugen. Er verfolgte auch die Studien Lilienthals zu den Gleitflugzeugen und wurde sich der Gefahren, die in dessen Maschinen lauerten bewusst. Doch leider kam diese Einsicht gerade eine Woche vor dem Unfall des deutschen Erfinders: dieser konnte somit nicht rechtzeitig gewarnt und gerettet werden. Chanutes Gleitflugzeug-Entwürfe und seine 1897 in Amerika und Frankreich veröffentlichten Forschungen erweckten die Aufmerksamkeit der aus den USA stammenden Brüder Orville und Wilbur Wright. Diese nahmen drei Jahre später Kontakt zu dem französischen Ingenieur auf um detaillierte Informationen zu erhalten. Chanute wurde zum Berater der Brüder Wright und nach kurzer Zeit - im Jahr 1903 - bewiesen sie der Welt die Durchführbarkeit des kontrollierten Motorflugs. Octave Chanute konnte den Erfolg nicht lange mit den Brüdern genießen - er starb sieben Jahre darauf 1910 in Chicago nach einer Krankheit.

Diese Aufzählung der wichtigsten Wegbereiter des menschlichen Flugs soll nicht ohne Erwähnung des Franzosen Clement Ader (1841- 1925) sowie des Amerikaners Samuel Pierpont Langley (1834 – 1906) enden. Ader entwarf und konstruierte zwei Flugzeugtypen, - die Eoale und Avion III - die von einem mit Propeller verbundenem Dampfmotor angetrieben wurden. Langley realisierte hingegen das Aerodrom - einen Eindecker mit Tandemflügeln, dessen zwei Propeller von einem Benzinmotor angetrieben wurden. Beide Projekte wurden jedoch nicht von viel Glück begleitet (im Jahre 1890 startete die Eole und 1930 das Aerodrom zu einen Flugversuch). Damit endete eine Epoche von improvisierten Versuchen und Lösungen. Mit den Forschungen der Brüder Wright begann zweifellos eine neue Ära.

20 links Der Avion III wurde von Clément Ader gebaut und war ein Flugzeug mit zwei Dampfmotoren, die von zwei großen vierblättrigen Propellern angetrieben wurden. Ader war als Konstrukteur nicht erfolgreich, aber seine Theorien über die Militär-Luftfahrt waren gültig, auch wenn sie zu jener Zeit nicht gewürdigt wurden.

20 oben rechts Octave Chanute entwarf und testete einige Gleitflugzeuge, wie z.B. diese Maschine mit fünf Tragflächen aus dem Jahr 1896. Chanutes Arbeit inspirierte die Brüder Wright, diese richteten sich an den Konstrukteur um weitere Informationen zu erhalten, die letztendlich auch zu ihrem eigenen Erfolg beitrugen.

20-21 Die Avion III von Clément Ader, hier mit zusammengefalteten Flügeln. Die Flugmaschine versagte bei einem Demonstrationsflug vor einer Militärkommission im Oktober 1897, u.a. aufgrund des starken Winds. Das französische Verteidigungsministerium lehnte den Entwurf ab.

21 oben Clément Ader mit Trajan Vuia und dessen Eindecker im Jahr 1906. Nach dem Scheitern seiner Projekte zerstörte Ader seine Maschinen und widmete sich seinem Buch „L'Aviation Militaire", das 1907 veröffentlicht wurde.

22-23 Ballons wurden mit Erfolg sogar noch Anfang des 20.Jahrhunderts benutzt. In dieser Fotografie vom 15.Mai 1913 wird ein Ballon von den „Eclaireurs de France" auf einem Feld von St.-Cyr in Frankreich manövriert.

22 unten Zwei Presseblätter, die sich auf den im Juni 1931 aufgestellten Ballonaufstieg-Weltrekord des belgischen Wissenschaftlers Auguste Piccard beziehen. Piccard war zusammen mit seinem Kollegen Kipfer in Augsburg gestartet und landete in den österreichischen Alpen in Tirol - dabei hatte der Abenteurer eine Flughöhe von 16.000 Metern erreicht. Obwohl der Ballon zu jener Zeit bereits ein veraltetes Flugtransportmittel war, fand der Rekord einen weiten Anklang in der Öffentlichkeit.

23 rechts oben Anfang 1900 wurden Ballons noch ziemlich hoch geschätzt. Auf dieser Seite sind einige Exemplare abgebildet, die in der Ersten Internationalen Luftfahrt-Messe im Grand Palais von Paris im September 1909 ausgestellt wurden.

23 unten Die Startlinie des Gordon Bennett Pokals von 1907. Sechs verschiedene Ballontypen warten auf das Aufstiegsignal des Wettbewerbs.

Kapitel 12

Die Luftschiffe

Das erste Flugtransportmittel war der Ballon, der bis Ende des 17.Jahrhunderts sowohl für zivile als auch militärische Zwecke benutzt wurde. Der Ballon alleine war jedoch nicht ausreichend, da er mehr den Naturgewalten - besonders dem Wind - als dem Willen seiner Besatzung unterworfen war. Die Fortschritte, die im Bereich des Antriebs gemacht wurden führten jedoch nach einigen Jahrzehnten zur Geburt eines kompletteren und flexibleren Fluggeräts: dem Luftschiff. Das erste dieser Fluggebilde konstruierte der Franzose Henri Giffard und brachte es am 24.September 1852 zum Fliegen. Sein Luftschiff wurde von einem Propeller, der über einen kleinen Dampfmotor in Bewegung gesetzt wurde angetrieben. Dieser Motortyp besaß jedoch weder die erforderlichen technischen Eigenschaften noch die Kraft, die im Endeffekt benötigt wurden. Erst das Erscheinen des Verbrennungsmotors führte zur Weiterentwicklung und schließlich zu den ersten Erfolgen des Luftschiffs. Die N.1 des Brasilianers Alberto Santos-Dumont (1873-1932) war das erste dieser Fluggebilde. Am 28.November 1898 startete das Luftschiff zu seinem Jungfernflug über Paris. Der in Frankreich angesiedelte, wohlhabende Santos-Dumont hegte eine Leidenschaft für das Fliegen und begann Ballons und Luftschiffe zu konstruieren. Von letzteren entwarf er 18 verschiedene Typen bevor sich sein Interesse 1907 den Motorflugzeugen zuwandte.
Drei große Kategorien von Luftschiffen wurden entwickelt: da waren die Prall-Luftschiffe, bei denen allein der Gasdruck im Innern die Außenumhüllung formte; die Halbstarrluftschiffe, die sowohl aufgrund des Gasdrucks als auch dank eines längs unter dem Luftschiff befestigten Metallbalkens ihre Form beibehielten; und schließlich die Starrluftschiffe, bei denen ein komplexes Metallgerüst die Außenform unverändert bleiben ließ. Ausschließlich die letzte Struktur war für die Konstruktion großer Luftschiffe geeignet.

24-25 oben Alberto Santos-Dumont (Mitte) vor einem seiner Luftschiffe. Im Oktober 1901 gewann er den „Deutsche de la Meurthe" - Preis als erster Pilot, der die Strecke St.Cloud-Eiffelturm und zurück in weniger als einer halben Stunde vollführte.

24 Mitte Das erste moderne Luftschiff wurde von Alberto Santos-Dumont gebaut, der einen Ballon mit einem inneren Verbrennungsmotor verband. Auf der Fotografie ist das mit einer weiten Gondel ausgestattete Luftschiff Santos-Dumont 9 zu sehen.

24-25 unten Ab 1906 entfernte sich Santos-Dumont langsam von der Luftschiff-Konstruktion und begann sich für Flugzeuge zu interessieren. Die Fotografie zeigt die „14bis", ein Flugzeug, mit dem er 1906 am französischen Grand Prix teilnahm.

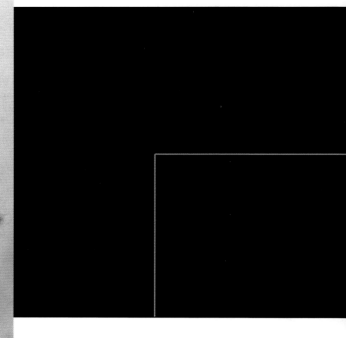

Kubikmetern. Der Schwachpunkt lag bei der dürftigen Potenz der beiden eingebauten Daimler-Benz-Motoren von 16 PS, die eine Fluggeschwindigkeit von nur 45 Km/h ermöglichten. Am 2.Juli 1900 startete die LZ-1 zu ihrem Jungfernflug über dem Bodensee. Trotz der guten Qualität des Entwurfs sollten weitere acht Jahre vergehen bevor die deutsche Armee die ersten Zeppelins in Auftrag gab: die Modelle LZ-3 und LZ-5. 1909 bestellte auch die deutsche Marine die ersten vier Luftschiffe, die für Erkundungsflüge eingesetzt werden sollten. Im gleichen Jahr gründeten die Zeppelin und die Hamburg-Amerika Reederei die DELAG, die erste kommerzielle Fluggesellschaft mit dem Vertrieb von Luftschiffen. Am 28.Juni 1910 wurde der Einweihungsflug der LZ-7 „Deutschland" mit 24 Passagieren an Bord verwirklicht. In den vier Dienst-Jahren vor dem Ausbruch des

Das Land, welches am meisten zur Entwicklung und Berühmtheit der Luftschiffe beitrug war Deutschland. Das erste motorisierte, deutsche Starrluftschiff wurde 1875 von Paul Haenlein gebaut. 1888 konstruierte Kurt Wolfert ein Luftschiff, das mit dem ersten Daimler-Benz Luftfahrt-Motor (fähig zu 2 PS) ausgestattet war. Der Mann, der im allgemeinen als Vater aller Luftschiffe angesehen wird war der 1883 in Konstanz geborene Graf Ferdinand Adolf August Heinrich von Zeppelin. Er war Reitoffizier der deutschen Reichsarmee und nahm am amerikanischen Bürgerkrieg teil. In Amerika unternahm er auch seinen ersten Ballonflug. Er kämpfte 1866 im österreichisch-preußischen sowie 1870 im französisch-preußischen Krieg und wurde zum General benannt; doch 1890 beendete Zeppelin seine Militärkarriere um sich völlig dem Entwickeln von leichter- als- Luft Fluggebilden widmen zu können. 1898 gründete er in Friedrichshafen die Firma Zeppelin. Von Beginn an versuchte Zeppelin das Interesse des deutschen Militärs an seinen Luftschiffen zu erwecken, stieß dabei jedoch auf die Konkurrenz zwei weiterer Pioniere: den Major von Parseval, der ein Prallluftschiff anbot, sowie den Kapitän Gross, welcher ein Vertreter der Halbstarrluftschiffe war. Diese beiden Modelle kamen vor den Zeppelin-Luftschiffen zum Einsatz, da sie von der Armee als geeigneter für den Einsatz in Militäroperationen befunden wurden: sie konnten problemlos zerlegt und transportiert werden. Tatsächlich bestand die Einzigartigkeit und der Erfolg von Zeppelins Entwürfen in der Tatsache, dass zum ersten Mal Starrluftschiffe von großen Ausmaßen konstruiert werden konnten. Die LZ-1, das erste Modell des Grafen war 128 Meter lang, 11,66 Meter breit und besaß ein Volumen von 11.300

26 oben und unten Graf Ferdinand von Zeppelin wird allgemein als Vater der Luftschiffe angesehen. Er gründete 1898 in Friedrichshafen seine eigene Firma. Auf den Bildern sind zwei seiner Luftschiffe zu sehen; bei dem unteren handelt es sich um das Militär-Luftschiff L2, das während des ersten Weltkriegs von der deutschen Armee benutzt wurde.

27 oben Die Passagierkabine der LZ-7 Deutschland von 1910. Das Handelsluftschiff konnte bis zu 24 Reisende befördern. Die Flugmaschine wurde von der DELAG-Gesellschaft eingesetzt, die bis 1914 aktiv war.

ersten Weltkrieges transportierte die DELAG über 10.000 Passagiere in 3.193 Flugstunden, die einer Gesamtstrecke von 172.535 Kilometern entsprachen. Beim Kriegsausbruch im August 1914 verfügte die deutsche Armee über zwölf Luftschiffe, während die Marine sich mit einem begnügen musste. Nachdem der Kaiser sein Einverständnis gegeben hatte begann man die Zeppelins 1915 auch für Bombardierungen über London und anderen Gebieten Englands einzusetzen. Doch im weiteren Verlauf des Konflikts wurden auch die Flugabwehrkräfte stärker, und die Zeppelin-Verluste nahmen zu. Am 25.September 1916 führte die Luftschiffeinheit der deutschen Armee ihren letzten Einsatz über London durch. Die deutsche Marine dagegen, die im weiteren Kriegsverlauf 74 Luftschiffe erwarb benutzte jene noch bis zum Waffenstillstand im Jahre 1918.

27 Mitte Die Gondel des ersten Zeppelin-Luftschiffs, das von der deutschen Armee akzeptiert wurde. Es handelte sich um das Modell LZ-3; die Maschine trat 1908 unter der Militärbenennung Z1 in den Dienst ein. 1909 hob das Luftschiff von Metz ab und blieb vier Tage lang ohne Unterbrechung in der Luft.

27 unten Ein großes Zeppelin-Luftschiff - eingeschlossen von einer neugierigen Menschenmenge - bei der Landung in Konstanz im April 1909. Man beachte die zahlreichen Kontrollflächen am Heck des Luftschiffs.

Die Luftschiffe | 27

In der Nachkriegszeit nahm die DELAG mit zwei Flugschiffen ausgestattet erneut ihre Tätigkeit auf und Graf Zeppelin fuhr damit fort, immer größere und leistungsfähigere Starrluftschiffe zu entwickeln.
Am 18.September 1928 stieg das LZ-127 „Graf Zeppelin" in die Lüfte. Es war ein riesiges Luftschiff von 236 Metern Länge und einem Volumen von 110.000 Kubikmetern Hydrogen. Vier Motoren von jeweils 550 PS brachten es auf eine Geschwindigkeit von 128 Km/h. Man beabsichtigte dieses Luftschiff zum Haupttransportmittel der Interkontinentalflüge zu machen: es war schneller als Schiffe und sicherer als Flugzeuge, welche damals noch über einen eingeschränkten Flugbereich verfügten und nur ein Drittel der Passagiere des „Graf Zeppelin" aufnehmen könnten. Im August 1929 wurde mit jenem Luftschiff, das 38 Passagiere in luxuriöser Ausstattung aufnehmen konnte der Transatlantikservice nach Nord- und Südamerika eingeweiht. 29 Tage dauerte die Weltreise, mit einzigen Zwischenstopps in New York, Los Angeles und Tokyo.

28 Drei Fotografien vom „Graf Zeppelin" aus dem Jahr 1928. Dieses bis dahin größte Luftschiff wurde später auf LZ-127 umbenannt und war eine interkontinentale Transportmaschine mit riesigen Ausmaßen: 236 Meter lang und 111.000 Kubikmeter Volumen. Oben eine Kommandobrücke, die beiden Fotografien unten zeigen Konstruktionsphasen in den großen Firmenhallen.

29 oben Das Luftschiff „Graf Zeppelin" während einem der Probeflüge über dem Bodensee; es wird begleitet von zwei Jagdflugzeugen der Schweizer Armee.

29 unten Zwei Fotografien, auf denen die Konstruktionsarbeiten an der „Hindenburg" zu sehen sind. Es war das größte Luftschiff, das die Zeppelin-Industrie in Friedrichshafen gebaut hatte. Der Einweihungsflug fand am 1.Mai 1936 statt. Links die Herstellung der großen, als Strukturstützen benötigten Metallringe, während rechts das Luftschiff beinahe fertiggestellt ist - die Maschine trägt bereits die Fahnen des dritten Reichs auf den Leitwerken.

Die Luftschiffe 29

30-31 Die LZ-129 Hindenburg bei einem Flug über Manhattan 1936. Dieses Luftschiff - der Stolz des nationalsozialistischen Deutschlands - war für die interkontinentalen Passagierflüge bestimmt und hatte eine Länge von 245 Meter sowie ein Volumen von 200.000 Kubikmetern.

30 unten links Die Rundfunkkabine der „Hindenburg". Dank dieser Apparaturen konnte das Luftschiff rechtzeitig Wetterberichte erhalten und mit Radiosendern auf der Erde in Kontakt bleiben.

30 unten rechts Passagierleben auf der „Hindenburg". Das Luftschiff verfügte über große Glasscheiben für eine gute Aussicht und bot den bis zu 36 Reisenden verschiedene Unterhaltungen und Dienste an.

Das größte und berühmteste Zeppelin-Luftschiff war der LZ-129 „Hindenburg". Er war 245 Meter lang, besaß eine Höchstgeschwindigkeit von 135 Km/h und einen Flugbereich non 14.500 Kilometern; die Größe des Passagierraums blieb unverändert. Seinen Erstflug machte der LZ-129 am 1.Mai 1936 und führte insgesamt 63 Flüge (darunter 37 transatlantische) durch. Am 6.Mai 1973 legte das Luftschiff in Lakehurst, New Jersey an und fing aus unbekannten Gründen Feuer: die „Hindenburg" wurde komplett zerstört und zwölf der 36 Passagiere sowie 22 der 61 Besatzungsmitglieder starben bei der Katastrophe, die von Kameras mitgefilmt wurde. Die Tragödie war der Schwanengesang der Luftschiffe und kennzeichnete deren Untergang als Transportmittel: zu dieser Funktion waren sie bereits zu jener Zeit in technischer Hinsicht von den Flugzeugen weit überholt worden. Das letzte Zeppelin-Luftschiff war der LZ-130 „Graf Zeppelin 2", der zum ersten Mal im September 1939 geflogen wurde. Auf Befehl des Luftwaffenkommandanten Hermann Göring wurde das Luftschiff jedoch zusammen mit dem LZ-127 im darauffolgendem Jahr zerstört.
In den zwanziger Jahren jedenfalls spielte Italien eine Hauptrolle unter den Ländern, die sich der Entwicklung moderner Luftschiffe widmeten.

31 Drei Bilder der Hindenburg-Katastrophe. Am 6.Mai 1937 fing die LZ-129 während der Anlegephase in Lakehurst, New Jersey auf mysteriöse Weise Feuer. Die ungeheure Flammenexplosion wurde von den Filmkameras auf dem Flugplatz eingefangen. Bei dem Feuer kamen zwölf Passagiere und 22 der 61 Besatzungsmitglieder ums Leben.

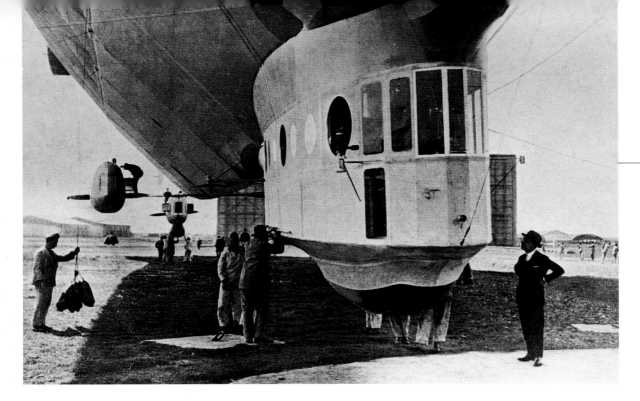

32-33 und 33 oben Die Norge-Expedition wurde auf der ganzen Welt verfolgt, obwohl das Luftschiff bereits von einem Flugzeug geschlagen worden war: Zwei Tage vor der Norge flog Richard Byrd mit seiner Fokker über den Nordpol. Oben: General Nobile mit dem Gouverneur Cremonesi bei der Ankunft in Rom am 3. August 1926. Die große Fotografie zeigt die Norge bei der Anlegephase; das Luftschiff war 107 Meter lang und besaß ein Gesamtvolumen von 18.500 Kubikmetern.

32 unten rechts 11 Mai 1926: General Nobile (links) mit einem weiteren Besatzungsmitglied auf der Norge-Gondel, kurz bevor die Anker vor der Königsbucht gelichtet wurden und der historische Flug über den Nordpol begann.

32 oben, Mitte und unten links Die erste Polarexpedition mit einem Luftschiff wurde 1926 von Norwegen durchgeführt. Die von Umberto Nobile entworfene N-1 wurde zu dem Zweck umbenannt auf „Norge". Die Expedition leitete der norwegische Forscher Roald Amundsen, der die Norge unter das Kommando Nobiles stellte. Oberhalb - das Luftschiff während der Unternehmung; unten, Nobile mit dem Kronprinzen von Norwegen und dem englischen Luftfahrt-Minister Sir Samuel Hoare, die zusammen mit der Luftschiffbesatzung in Pulham fotografiert wurden.

Dies war besonders den Forschungen des Generals Umberto Nobile, eines Offiziers der Königlichen Luftwaffe zu verdanken. Die italienische Armee und Marine benutzten die Luftschiffe bereits seit vielen Jahren als Nobile - geboren 1885 in der avellinischen Provinz - im Jahre 1915 in das technische Büro der Luftfahrtfabrik in Rom eintrat. Dort erregte Nobile mit seinen verschiedenen Entwürfen von Luftschiffen Aufmerksamkeit; darunter befand sich auch der Typ „O", der für die Marine konstruiert und auch im Ausland verkauft wurde. 1919 wurde Nobile zum Fabrikdirektor berufen und arbeitete weiterhin am Entwerfen von Luftschifftypen. In Zusammenarbeit mit anderen entwickelte er das T34, welches das größte je in Italien gebaute Halbstarrluftschiff bleiben sollte. Die 125 Meter lange Flugmaschine wurde „Roma" benannt, besaß ein Volumen von 34.000 Kubikmetern und konnte mit einem Schwergut von bis zu 19 Tonnen abheben. 1921 wurde die „Roma" an die USA verkauft, wo sie großen Eindruck erweckte. 1932 entwarf Nobile alleine die N-1, sein erstes Luftschiff. Vom Typ her handelte es sich um ein Halbstarrluftschiff, das von drei Motoren angetrieben wurde; die Länge betrug 107 Meter und das Volumen 18.500 Kubikmeter. Drei Jahre später wurde das Luftschiff von Norwegen erworben und auf den Namen „Norge" getauft. Unter dem Kommando von Nobile und dem norwegischem Forscher Ronald Amundsen an Bord vollzog die „Norge" den ersten Flug über die arktische Polarkappe - von Spitzbergen über den Nordpol hinweg bis nach Alaska. Nobile blieb so begeistert, dass er die Abenteuertat mit einem italienischen Luftschiff sowie italienischer Mannschaft an Bord wiederholen wollte und sogar eine Landung auf dem Nordpol einplante. Die faschistische Regierung unterstützte diese Expedition jedoch nur zögerlich, und die Vorbereitungen entsprachen wahrscheinlich

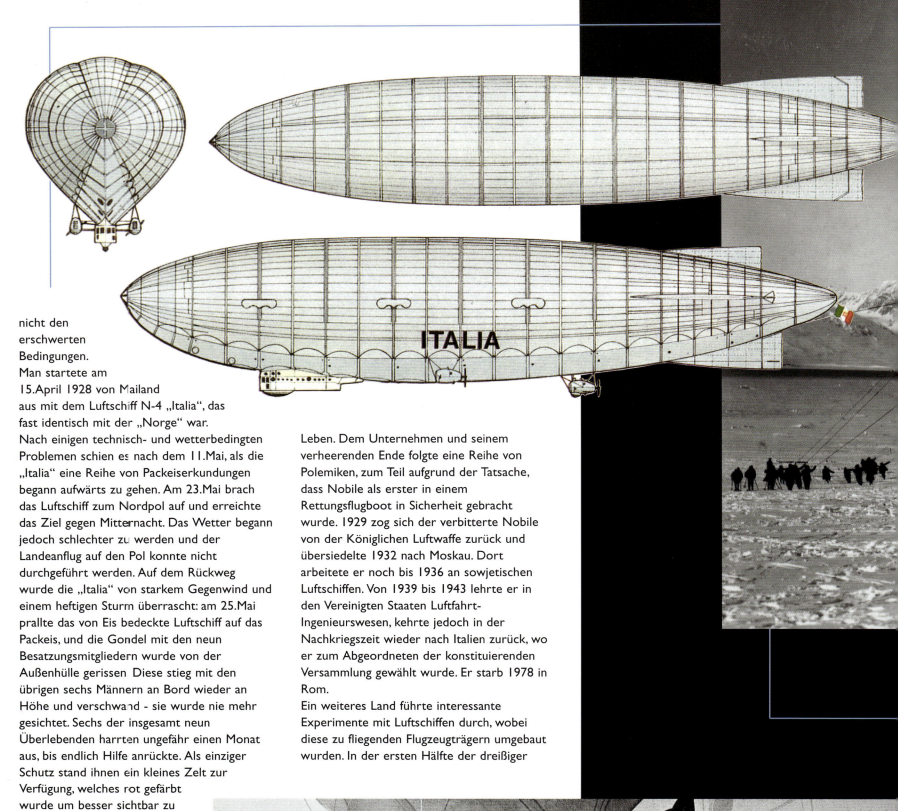

nicht den erschwerten Bedingungen. Man startete am 15.April 1928 von Mailand aus mit dem Luftschiff N-4 „Italia", das fast identisch mit der „Norge" war. Nach einigen technisch- und wetterbedingten Problemen schien es nach dem 11.Mai, als die „Italia" eine Reihe von Packeiserkundungen begann aufwärts zu gehen. Am 23.Mai brach das Luftschiff zum Nordpol auf und erreichte das Ziel gegen Mitternacht. Das Wetter begann jedoch schlechter zu werden und der Landeanflug auf den Pol konnte nicht durchgeführt werden. Auf dem Rückweg wurde die „Italia" von starkem Gegenwind und einem heftigen Sturm überrascht: am 25.Mai prallte das von Eis bedeckte Luftschiff auf das Packeis, und die Gondel mit den neun Besatzungsmitgliedern wurde von der Außenhülle gerissen. Diese stieg mit den übrigen sechs Männern an Bord wieder an Höhe und verschwand - sie wurde nie mehr gesichtet. Sechs der insgesamt neun Überlebenden harrten ungefähr einen Monat aus, bis endlich Hilfe anrückte. Als einziger Schutz stand ihnen ein kleines Zelt zur Verfügung, welches rot gefärbt wurde um besser sichtbar zu sein. Die übrigen drei Männer machten sich gen Nordosten auf den Weg und wurden schließlich geborgen, doch nur zwei von ihnen überlebten. Während der Suchaktion kam auch der Forscher Amundsen an Bord eines Flugboots ums Leben. Dem Unternehmen und seinem verheerenden Ende folgte eine Reihe von Polemiken, zum Teil aufgrund der Tatsache, dass Nobile als erster in einem Rettungsflugboot in Sicherheit gebracht wurde. 1929 zog sich der verbitterte Nobile von der Königlichen Luftwaffe zurück und übersiedelte 1932 nach Moskau. Dort arbeitete er noch bis 1936 an sowjetischen Luftschiffen. Von 1939 bis 1943 lehrte er in den Vereinigten Staaten Luftfahrt-Ingenieurswesen, kehrte jedoch in der Nachkriegszeit wieder nach Italien zurück, wo er zum Abgeordneten der konstituierenden Versammlung gewählt wurde. Er starb 1978 in Rom.

Ein weiteres Land führte interessante Experimente mit Luftschiffen durch, wobei diese zu fliegenden Flugzeugträgern umgebaut wurden. In der ersten Hälfte der dreißiger

34 *Das Luftschiff „Italia", das bei Nobiles zweiter Expedition in den Nordpol 1928 benutzt wurde während einer Anlegeaktion in Slupsk, Polen. Die „Italia" wurde N-4 genannt und war beinahe identisch mit der „Norge".*

34-35 Die „Italia" beim Anlegen in der Königsbucht. Das Luftschiff verließ am 15.April 1928 Mailand und erreichte nach einigen Rasten und Explorationsflügen über dem Packeis am 23.Mai den Nordpol. Kurz darauf ereignete sich die Tragödie.

35 Mitte Einige Besatzungsmitglieder der Italia während einer Pause. Die Expedition bestand aus 15 Männern, von denen nur zwei - der Meteorologe Malmgren (Schwede) und der Physiker Behounek (Tscheche) - keine Italiener waren.

35 unten In der einen Hand das Sprachrohr, wies General Umberto Nobile, der größte Luftschiff-Experte in Italien, der „Italia" den Ausgang während einer Übung vor der Abreise.

Die Luftschiffe

Jahre verfügte die US Navy über zwei Luftschiffe - die USS Akron und die USS Macon. Letztere besaß eine Höchstgeschwindigkeit von 135 Km/h und konnte vier einsitzige Jagdflugzeuge Curtiss Sparrowhawk transportieren. Diese wurden an der Unterseite des Luftschiffs angekuppelt und konnten während des Flugs sowohl abgeworfen als auch wieder geborgen werden.

Leider stürzte die Akron 1933 ins Meer, und auch der Macon widerfuhr dasselbe Schicksal im Februar 1933 durch Materialverschleiß. In den dreißiger Jahren begann jedenfalls der Untergang der Luftschiffe, da sie bereits von den Flugzeugen in puncto Schnelligkeit, Robustheit und Zuverlässigkeit überholt worden waren. Die tragischen Unfälle der „Italia" und der „Hindenburg" beschleunigten

nur das Ende. Während des zweiten Weltkrieges konstruierte die Firma Goodyear eine Reihe von Halbstarrluftschiffen, die sich beim Einsatz in der U-Boot-Abwehrstaffel als nützlich erwiesen. Nach dem Krieg behielten die USA und die Sowjetunion einige ihrer Luftschiffe für leichtere See-Aufklärung im Dienst. In jüngerer Zeit wurden die einzigen zivilen Luftschiffe - einige Goodyears - als

36 oben Die US Navy war ebenfalls an den Luftschiffen interessiert und führte Anfang der 30-er Jahre zwei Flugzeugträger-Typen ein. Auf der Fotografie der USS Macon im Innern seines Hangars mit der Besatzung, die vor der Gondel aufgestellt ist.

37 unten Ein Curtiss Sparrowhawk-Jäger während des Anlegens auf dem Luftschiff USS Macon. Dieser Luftschiff-Typ konnte fünf der Flugzeuge aufnehmen und sie während des Flugs abwerfen und wieder einfangen.

Werbeträger in den Vereinigten Staaten und Europa eingesetzt.
Die Entwicklung neuer Technologien (wie z.B. Elektronik) brachte die Luftschiffe in den neunziger Jahren wieder ins Rampenlicht. Eingesetzt für touristische Zwecke, Überwachungsaufträge, Werbung und Fernsehaufzeichnungen sowie als Frachtentransportmittel stellt das Luftschiff noch heute ein gültiges Vehikel dar. 1993 wurde zudem die Zeppelin Lufttechnik GmbH gegründet, die sich mit dem Entwickeln von Halbstarrluftschiffen, die das nicht entflammbare Heliumgas anwenden beschäftigt. Mit Computerhilfe wurde bei den neuen Luftschiffen der Serie NT das Sicherheitsproblem beim Starten und Landen gelöst, indem drei 200-PS-Motorkolben mit einem dreiblättrigem Propeller angebracht wurden. Der Zeppelin NT LZ N-07 flog zum ersten Mal am 18.September 1997 und das erste Serienmodell wurde 2000 fertiggestellt. Andere Gesellschaften, wie die deutsche Cargolifter, die amerikanische ABC und die englische ATG sind zur Zeit damit beschäftigt neue Luftschiffe zu entwerfen.

36 unten Eine spektakuläre Aufstellung von 11 Flugschiffen der US Navy kurz vor dem Ausbruch des zweiten Weltkriegs.

37 oben Die USS Macon der US Navy über der Bucht von San Francisco. Dieses Luftschiff konnte vier an der Unterseite eingehakte Curtiss Sparrowhawk-Jäger transportieren. Im Februar 1935 stürzte das Luftschiff in die See.

37 Mitte Der große Unterschied in den Ausmaßen zwischen dem interkontinentalem „Graf Zeppelin" und einem kleinen amerikanischen Goodyear-Luftschiff wird auf dieser Fotografie aus den späten zwanziger Jahren deutlich.

Kapitel 3

Die Schwerer-als-Luft Maschinen

Am Ende des 18.Jahrhunderts hatte sich der Traum des Menschen zu fliegen dank dem Ballon und dem Luftschiff in gewisser Weise verwirklicht. Doch das war nicht die Art von Flug, die die Pioniere wirklich interessierte und antrieb. Wonach man sich wirklich sehnte, war das Fliegen auf kontrollierbaren Flugmaschinen, die aus Flügeln und einem Motor zusammengesetzt waren. Die Forschungen mit den Gleitflugzeugen erwiesen sich somit als sehr nützlich, und es wurde endlich möglich jene mit einem zur Luftfahrt geeignetem Triebwerk auszustatten. Dieses war ein Vergaser- Verbrennungsmotor mit Luftkühlungssystem. Der Erfinder war der deutsche Ingenieur Nikolaus Otto, der 1877 als erster einen Viertakt-Wärmekreislauf - bekannt als Ottoverfahren - realisierte. Daimler entwickelte die Formel weiter und konstruierte 1883 den ersten starr eingebauten Motor mit hoher Geschwindigkeit (800 U/min). Dank der Fortschritte, die im Bereich des Zündungssystems gemacht wurden erwies sich der Vergasungsmotor sowohl für das Automobil als auch für die Luftfahrt als anwendbar.
Die Brüder Wilbur und Orville Wright waren die ersten, die es schafften eine geeignete Außenhülle mit einem Verbrennungsmotor zusammenzusetzen; sie schufen damit das erste kontrollierbare Flugzeug der Geschichte. Wilbur wurde 1867 in Millville (Indiana) und Orville 1871 in Dayton (Ohio) geboren. Ihr Vater, ein protestantischer Pfarrer schenkte ihnen eines

38-39 Die Wright-Brüder vollbrachten viele Versuche mit Gleitflugzeugen. Auf dieser Fotografie von 1903 ist eine schwierige Landung von Orville Wright zu sehen, während Wilbur seinem Bruder zur Hilfe kommt.

38 unten Wilbur Wright an der Steuerung des „Flyer", dem ersten Schwerer-als-Luft-Flugzeug, das erfolgreich mit einem Verbrennungsmotor flog. 17. Dezember 1903.

Tages einen Spielzeughelikopter, der durch ein Gummiband angetrieben wurde. Für die damals elf und sieben Jahre alten Brüder wurde dieses Modell zu einer Offenbarung, die ihnen einen Einblick in die Welt der Mechanik und des Fliegens gab. Nachdem die beiden eine Fahrrad-Reparaturwerkstatt eröffnet hatten wurden sie 1896 von der Arbeit Otto Lilienthals (der im selben Jahr verstarb) inspiriert und versuchten seine Experimente mit Gleitflugzeugen nachzustellen. Sie betrachteten dies als Zwischenschritt auf dem Weg zur Erschaffung eines Motorflugzeugs. Die Brüder begannen mit der Herstellung eines Drachenmodells: ein Doppeldecker, dessen Flügeldrehungen vom Boden aus durch vier Kabel gesteuert werden konnten. Im Jahre 1900 begannen sie schließlich mit Hilfe von

Octave Chanute, der sie beratschlagte mit der Herstellung und Anwendung kleiner Gleitflugzeuge. Die Ergebnisse waren jedoch nicht sehr befriedigend und veranlassten die Brüder dazu, ihre Flugtheorien noch einmal zu überdenken. In ihrer Werkstatt in Dayton konstruierten sie daraufhin eine Art Windkanal, indem sie eine zwei Meter lange, quadratische Röhre mit einem Ventilator verbanden. Mit dieser simplen Struktur schafften sie es wirkungsvolle Flügelprofile zu entwickeln und bauten 1902 ein Gleitflugzeug mit zufriedenstellenden Flugeigenschaften. Der nächste Schritt war nun also die Konstruktion des ersten Motorflugzeugs.

Das erste Hindernis lag in der Auffindung eines geeigneten Triebwerks. Nach einigen ergebnislosen Anfragen bei der Automobilindustrie wandten sich die Wrights an den Mechaniker Charles Taylor. Gemeinsam stellten die drei schließlich einen Vierzylinderreihenmotor mit 12 PS ein. Der Motor wurde in Zentralposition eingebaut und trieb mit Hilfe eines doppelten Kettenantriebs zwei gegenläufige Propeller an. Bei dem Fluggerät selber handelte es sich um einen Doppeldecker mit Canard-Tragoberflächen. Die Flügelspannweite betrug 12,28 Meter, die Länge 6,43 Meter und das Flügeloberfläche maß 47,38 Quadratmeter. Die Brüder benannten die Maschine „Flyer".

39 oben links und rechts Zwei Bilder der Wright-Experimente mit Gleitflugzeugen. Links eine Fotografie von Wilbur Wright in Bauchlage bei der Steuerbedienung der „Wright Nr. 1" während eines Probeflugs im Oktober 1902 in Kill Devil Hills, nahe Kitty Hawk in North Carolina. Rechts ein Flug von Orville Wright in demselben Ort, aber auf einem ausgetüftelterem Gleitflugzeugtyp.

39 Mitte und unten Zwei Bilder aus dem Anfang des Jahrhunderts, auf denen Versuche der ersten Motorenflug-Pioniere dargestellt sind. In der Mitte ein zweimotoriger Pean-Eindecker, unten ein wunderliches Flugzeug mit sieben ovalförmig eingegliederten Flügeln. Wie viele Projekte zu jener Zeit waren auch diese beiden nicht erfolgreich.

Die Schwerer-als-Luft Maschinen

Die Montagearbeiten wurden erst im Dezember beendet, doch die Wrights waren ungeduldig und entschieden sich am 14.Dezember 1903 trotz Schlechtwetters die erste Flugprobe zu machen. Der Versuch wurde am Strand von Kitty Hawk in North Carolina durchgeführt, fand jedoch ein schnelles Ende: die von Wilbur gesteuerte Flyer - noch mit Kufen ausgestattet - senkte sich wieder unmittelbar nach dem Abheben und stürzte schließlich zu Boden.
Drei Tage später verliefen die Dinge jedoch schon ganz anders. Nachdem die Flyer wieder flugfähig gemacht war transportierte man die Maschine erneut nach Kitty Hawk und bereitete sie an der Abflugbahn vor. Die Steuerführung übernahm diesmal Orville. Um 10.35 dieses historischen Morgens erhob sich die Flyer mit einer Geschwindigkeit von 16 Km/h vom Boden. Das Ereignis wurde von einem anwesenden Fotografen unvergänglich festgehalten. Nur zwölf Sekunden blieb das Flugzeug in der Luft und legte dabei eine Strecke von 36 Metern zurück. Doch die beiden Brüder unternahmen noch am selbem Tag weitere Flüge, von denen der längste 59 Sekunden dauerte.
Um die größten Vorteile aus diesem Ereignis zu ziehen, hielten die Brüder ihren Erfolg erst geheim und nahmen stillschweigend die Arbeit an der Verbesserung des Flugzeugs wieder auf. Nach dem ersten Modell folgte bald darauf die Flyer 2 mit einem 15-PS-Motor, und 1905 die Flyer 3, welche am 5.Oktober über 39 Minuten lang flog und eine Strecke von 38 Kilometern zurücklegte. Doch die Nachricht über die Arbeit der Wrights verbreitete sich schnell, - was teilweise dem Enthusiasten Chanute zu verdanken war - und schließlich erhielten die Brüder ein Angebot aus Frankreich von 500.000 Francs für eine zweistündige Flugvorführung. Die beiden teilten sich sodann die Arbeit: Orville leitete eine Reihe von Vorführungen für die amerikanische Armee, während Wilbur im Juni 1908 nach Frankreich ging. Nach dem Erfolg seiner Flugvorführungen gründete Wilbur in Pau nahe Bordeaux die erste Pilotenschule der Welt. Die beiden Wrights setzten dann ihre Europa-Tour fort und präsentierten ihre Flyer im März 1909 erst in Rom, dann in Deutschland. Ende 1909 gründeten sie die Wright Company, an die sich bald andere Gesellschaften in Frankreich, Deutschland und England anschlossen um deren Flugmaschinen herzustellen. Im selben Jahr wurde die Flyer Modell A - das erste Serienexemplar - an die amerikanische Armee verkauft und wurde zum ersten Militärflugzeug der Welt.
1912 starb Wilbur Wright am Typhusfieber, und Orville reduzierte allmählich seine Aktivitäten als Konstrukteur. Schließlich verkaufte er 1915 den größten Teil seines Aktienpakets um sich ausschließlich der Forschungsarbeit zu widmen. Er starb 1948 in Dayton.
Die Nachricht des Erfolgs der Wrights gab zusammen mit einigen Fotos ihres Flugzeugs einen erneuten Anstoß zu Flugexperimenten in Europa. Die französischen Pioniere Ferdinand Ferber, Robert Esnault-Pelterie und Gabriel Voisin begannen mit grob gemachten Kopien der Flyer Versuche durchzuführen.

40 oben In den ersten Jahren des 20.Jh. blieb der Flyer der Brüder Wright ein allgemeiner Anhaltspunkt für die entstehende Welt der Luftfahrt. Hier befand sich das Flugzeug auf einem Flugfeld in Auvours, Frankreich, im September 1908 während einer Flugvorführung.

40 unten Die Armee der Vereinigten Staaten zeigte ebenfalls Interesse an dem Flyer. 1908 führte Orville Wright eine Reihe von Vorführungen in Fort Meyer, Virginia durch; im darauffolgenden Jahr wurde das Flyer-Modell A zum ersten Militärflugzeug der Welt.

40-41 Von 1908-1909 brachte Wilbur Wright den Flyer nach Europa und unternahm mit der Maschine eine Demonstrations- und Werbe-Tournee. Hier ist das Flugzeug während eines Vorführflugs in Frankreich zu sehen, der anlässlich eines Besuchs des Königs von Spanien organisiert wurde.

41 unten Die Amphibienversion des „Flyer". Wilbur Wright während eines Flugs über der Bucht von New York. Unter dem Flugzeug wurde ein Kanu angebracht, so dass die Maschine im Falle einer Wasserlandung geborgen werden konnte.

42 oben links und rechts Der französische Pionier Alberto Santos-Dumont. Bereits berühmt für seine Experimente mit Luftschiffen widmete er sich seit 1906 der Konstruktion von Motorflugzeugen. Sein erstes Flugzeug war die „14bis", ein Doppeldecker, der am 12. November 1906 bei einer Flughöhe von sechs Metern eine Strecke von 200 Metern beim französischen Aero Club Grand Prix erfolgreich vollbrachte. Dies war der erste offizielle Flug in Europa.

42 Mitte rechts und unten Zwei Abstürze Louis Blériots mit Flugzeugen, die er selber konstruiert hatte. Aufgrund der Häufigkeit seiner Flugzeugunfälle wurde Blériot zu jener Zeit als „der Mann, der immer fällt" bekannt.

Der Brasilianer Alberto Santos-Dumont - bereits ein Pionier der Luftschiffe - führte den ersten kontrollierten Motorflug in Europa durch. 1906 konstruierte er sein „14 bis", einen sperrigen Canard-Doppeldecker mit 24-PS-Levavasseur-Antoinette-Motor. Nach einigen Flugversuchen, die nicht über wenige Dutzend Meter hinausgingen nahm der Brasilianer am 12.November 1906 am Grand Prix de France teil: ein Wettkampf, der vom Aero Club in Frankreich organisiert wurde und den ersten über-100-Meter Flug belohnen sollte. Santos-Dumont, der sein Flugzeug mit einem 50-PS-Motor ausgestattet hatte überflog eine Strecke von über 200 Metern in 21 Sekunden - ohne ein Abschusssystem benutzt zu haben. Sein berühmtestes Flugzeug wurde jedoch das „19", bekannt als „Demoiselle". Die Maschine verfügte über einen 20-PS-Motor, und einige Exemplare davon wurden verkauft. Auch das zukünftige Flugass Roland Garros erwarb ein Modell und unternahm damit seine ersten Flugversuche.
Eine der führenden Persönlichkeiten in der Pionierphase der europäischen Luftfahrt war zweifellos der Franzose Louis Blériot. Er wurde 1872 in Cambrai geboren, studierte Ingenieurswesen und widmete sich dann der Konstruktion von Automobil-Scheinwerfern in seiner Werkstatt in Neuilly-sur-Seine. Der berufliche Erfolg brachte ihm ökonomische Sicherheit, doch ab 1900 begann sich sein Interesse stärker der Welt des Fliegens zuzuwenden. Trotz allem brachte er es nur fertig ein Ornitotter mit Schlagflügeln zu konstruieren, welches sich natürlich als totales Fiasko erwies. Nachdem sein Traum vom Fliegen damit fast gestorben war lernte Blériot jedoch Gabriel Voisin, einen Flugpionier kennen, der bereits ein Wassergleitflugzeug entwickelt hatte. Erneut fasziniert von der Luftfahrt gründete Blériot zusammen mit seinem neuen Freund die Blériot-Voisin um einen neuen Wassergleiter zu konstruieren. Die Ergebnisse entsprachen jedoch nicht den erhofften Erwartungen, und 1906 trennten sich die beiden. Beriot entschloss sich dazu alleine weiter zu experimentieren, doch ein von ihm entworfener Canard-Eindecker stürzte 1907 zu Boden. Vielleicht wurde sich Blériot seiner Grenzen als Konstrukteur bewusst und vertraute somit seinem Werkstattchef Louis Peyret die Konstruktion der Bleriot VI an - einem Eindecker mit konventionellen Tragflächen, der mit einem 25-PS-Antoinette-Motor ausgestattet

43 oben Im Juli 1909 nahm der Franzose Louis Blériot an einem Wettkampf teil, der von der berühmten englischen Tageszeitung „Daily Mail" ausgeschrieben wurde. Er gewann den Wettbewerb und überquerte dabei im 32 Minuten langen Flug von Dover nach Calais den Ärmelkanal. Links: Der Pionier in der Nähe seines Flugzeugs, auf dem rechten Foto wird dem Sieger von der jubelnden Menge in Paris Beifall gespendet.

43 unten Blériot und sein Flugzeug, eine Blériot XI mit 28-PS-Motor während des Flugs von Dover nach Calais von einem Schiff auf dem Ärmelkanal aus fotografiert. Mit seinem erfolgreichen Überflug gewann der Pilot den Preis in Höhe von 25.000 Francs in Gold.

war. Das Projekt hatte diesmal Erfolg, und die darauffolgende Blériot VI war in der Lage eine Höchstgeschwindigkeit von 80 Km/h sowie eine Flughöhe von 25 Metern zu erreichen, was zu jener Zeit herausragend war. Doch die Flüge des französischen Pioniers endeten zu häufig mit Unfällen, so dass man ihm im Dezember 1907 den Beinnamen „der Mann, der immer fällt" gab. Die erlittenen Misserfolge erschöpften nach und nach auch die Einnahmequellen Blériots; er nahm sich sodann die schmerzlich gewonnenen Erfahrungen zu Herzen und setzte alles was ihm geblieben war auf seine letzte Konstruktion - die Blériot XI. Dieser schlanke Eindecker war mit einem vorne angebrachtem 28-PS-Motor REP mit Zugpropeller ausgestattet. Der erste Flug wurde im Januar 1909 durchgeführt. Nach einigen erfolgreichen Teilnahmen an Luftfahrttreffen meldete sich Blériot im Juli zu einem von der englischen Tageszeitung „Daily Mail" ausgeschriebenem Wettbewerb an. 25.000 Francs wurden jenem Piloten angeboten, der als erster den Ärmelkanal überqueren würde. Am 25.Juli startete Louis Blériot mit seinem Modell XI von Calais und landete nach 32 Minuten unter allgemeinem Jubel in Dover. Dieser Erfolg bescherte dem Pionier Ruhm und vor allem Geld, welches er benötigte um den Zusammenbruch seines Unternehmens zu verhindern. Nach einigen Monaten und ungezählten Flugunfällen beendete Blériot seine Flugkarriere und widmete sich der Konstrukteurtätigkeit. 1913 hatte seine Firma bereits über 800 Flugzeuge verkauft - ein für die damalige Zeit unglaublicher Erfolg. Bleriot wurde 1914 auch Gründer der „Societé pour l'aviation et ses dérivés", die berühmte SPAD, welche tausende von Kampf-, Aufklärungs-und Übungsflugzeugen für die alliierten Flugstreitkräfte herstellte. In der Nachkriegszeit begann jedoch der Niedergang seiner Aktivitäten. Bleriot produzierte Flugzeuge noch bis in die dreißiger Jahre hinein, als er schließlich wegen einer Finanzkrise seine Betriebe schließen musste. Louis Blériot verstarb 1936 im Alter von 64 Jahren.

Die Schwerer-als-Luft Maschinen

44 oben Unter den Vorläufern der französischen Luftfahrt befanden sich auch die Brüder Voisin und Farman. Auf der Fotografie erscheint die Voisin-Farman Nr.1, die von den Voisins für Henri Farman entworfen wurde und im Jahr 1907 flog. Es handelte sich um einen Canard-Doppeldecker mit einem 50-PS-Motor in Schub-Position.

44 unten 1908 gründete Henri Farman die Farman Flugzeug-Gesellschaft und begann seine eigenen Flugmaschinen herzustellen. Hier befindet sich der französische Pionier mit seinem Flugzeug in Reims, am 28.August 1909 - dem Tag, an dem er einen neuen Flugstreckenrekord aufstellte: 180 Kilometer in 3 Stunden und 40 Minuten.

Weitere Vorläufer waren die Brüder Charles und Gabriel Voisin, die bereits Anfang des Jahrhunderts kastenförmige Doppeldecker und Gleitflugzeuge konstruiert hatten. 1906 gründeten die beiden die Firma Frérès Voisin und machten sich daran zwei ziemlich ähnliche Flugzeugtypen herzustellen: beides Doppeldecker mit Heckleitwerk und Schiebemotor. Doch mit diesen Entwürfen konnten die Brüder nicht viel Erfolg ernten. Größeres Glück war einem 1907 für Henri Farman realisiertem Projekt beschert. Das Ergebnis war die Voisin-Farman I, die mit einem 50-PS-Antoinette-Motor ausgestattet war und strukturell den anderen Voisins ähnelte. Henri Farman war der ältere der beiden Brüder, die für ihre sportlichen Rad- und Automobilunternehmungen bekannt waren; er war ein Flugenthusiast, und kurz nachdem er mit der Steuerung des neuen Flugapparats vertraut wurde entschloss er sich zur Teilnahme am Grand Prix der Luftfahrt. Der Wettbewerb wurde ab 1904 ausgetragen und sollte jenen Piloten auszeichnen, der es schaffte einen geschlossenen Rundflug von einem Kilometer zu absolvieren. Obwohl Henri nichts von der Technik des Fliegens verstand, machte er am 13.Januar 1908 auf dem Platz von Issy-les-Moulineaux einen erfolgreichen Flugversuch. Der Franzose war gestärkt durch den Erfolg; er beschloss sich nun ernsthaft mit dem Flugwesen zu beschäftigen und machte sich daran sein Flugzeug auszubessern. In einem Hangar in Issy-les-Moulineaux wurde so 1908 die Flugzeuggesellschaft Farman geboren. Henri Farman flog am 30.Oktober 1908 von Mourmelons nach Reims (ca. 75 Km/h) und war damit der erste, der eine Flugverbindung zwischen zwei Städten vollzog.

Aufgrund seiner Erfolge tat sich Henri mit seinem Bruder Maurice zusammen und errichtete einen neuen Betrieb in Billancourt. Während des ersten Weltkriegs blühte das Unternehmen und belieferte die französische Luftwaffe sowie andere alliierte Länder mit Boden- sowie Wassergleitflugzeugen. Die Fabrik in Billancourt wurde auf 90.000 Quadratmeter ausgebaut und schaffte eine Monatsproduktion von 300 Flugzeugen. In der Nachkriegszeit gelang es der Farman sich an die neue Wirtschaftslage anzupassen, indem sie zur Herstellung von Passagierflugzeugen wechselte. Mit der „Goliath" wurde 1919 schließlich die Lignes Farman für den Passagiertransport gegründet. Die Fluggesellschaft wurde 1936 verstaatlicht, und die beiden Brüder zogen sich ins Privatleben zurück. Henri starb 1958, während Maurice, der noch bis zum Alter von 85 Jahren Sportflugzeuge steuerte im Jahre 1964 verstarb.

45 oben links Henri Farman an der Steuerung eines seiner Flugzeuge.

45 oben rechts Ein Voisin-Doppeldecker ohne Gewebeverkleidung und vorne ausgestattet mit einem Maschinengewehr. Eine Aufnahme während einer Ausstellung 1910.

45 unten Henri Farman flog am 13. Januar 1908 als erster einen Kilometer. Hier ist er am Landeziel.

Die Schwerer-als-Luft Maschinen | 45

Ein weiterer berühmter Pionier dieses Zeitalters war Léon Levavasseur. Dieser hatte bereits einige Experiment-Entwürfe entwickelt und brachte am 9.Oktober 1908 sein erstes wahres Flugzeug zum Fliegen. Im Februar 1909 führte er das verbesserte Modell Antoinette IV ein. Es handelte sich um einen Eindecker mit großen Flügelflächen und Querrudern, dreieckigem Rumpf, kreuzförmigem Heckleitwerk sowie einem Vordermotor mit Zugschraube. Bemerkenswert ist, dass die Firma auch die dazugehörigen Motoren herstellte, die - wie bereits gesagt wurde - auch von anderen Flugpionieren benutzt wurden. Mit einer Antoinette IV versuchte auch der Brite Hubert Latham die erste Ärmelkanalüberquerung durchzuführen. Doch aufgrund eines Motorschadens kam ihm am 19.Juli 1909 Louis Bleriot in diesem Unternehmen zuvor. Mit der verbesserten 60-PS-Antoinette VII sammelte Latham jedoch zahlreiche Auszeichnungen. Darunter war ein Sieg im Hochflug bei der Grande Semaine d'Aviation de la Champagne in Reims. Latham erreichte dort 155 Meter und erhielt - mit 68,9 Km/h - auch den zweiten Platz in der Geschwindigkeitskategorie. Zwischen 1909 und 1911 wurden die von Latham und anderen Piloten geflogenen Antoinette-Eindecker auf die ersten Plätze jeglicher Luftfahrt-Wettbewerbe gestuft. 1912 stellte der Betrieb jedoch die Produktion ein und schloss seine Pforten.

Auch Italien besaß seine Pioniere, unter denen besonders Gianni Caproni auffällt - Gründer eines Unternehmens, das Weltruhm erlangen sollte. Er wurde 1886 in Massone d'Arco nahe Trento geboren, studierte am Polytechnikum in München und erhielt 1907 den Titel des Diplomingenieurs. Nach einiger Zeit begann er sich für die Flugwelt zu interessieren und entwarf sein erstes Flugzeug, die Ca.I, einen Doppeldecker den er 1910 trotz wirtschaftlicher Schwierigkeiten fertig stellte. Caproni ließ sich im Heideland von Malpensa nieder und begann mit seinem Flugzeug einige Flugtests zu unternehmen: die Ergebnisse waren nicht sehr zufriedenstellend. Der entschlossene Caproni gründete daraufhin zusammen mit Gherardo Baraggiola und dem Ingenieur Agostino De Agostini in Vizzola Ticino den Betrieb Caproni-De Agostini. Das erste Flugzeug wurde die Cm.I, ein Eindecker, der am 15.Juni 1911 einen erfolgreichen Flug bestritt. Caproni war im Konstruktionsbereich erfolgreich und hatte ebenfalls Glück mit seiner Flugschule, die sich auch in Vizzola befand. Doch dann begann eine weniger schöne Zeit für Caproni und er war gezwungen das Unternehmen mit De Agostini aufzulösen, gründete jedoch ein anderes mit Carlo Comitti und dann wieder ein anderes mit Luigi Faccanoni. Capronis Hauptproblem waren die ausbleibenden Flugzeugerwerbungen des Militärs, welches der Firma noch dazu mit der Gründung eigener Flugschulen wichtige Einnahmequellen abschnitt. Nachdem Caproni 1913 seine Firmen an den italienischen Staat verkauft hatte setzte er die Arbeit an seinen Entwürfen fort. Ein besonderes Interesse

erweckte sein dreimotoriges Bombardierungsflugzeug Ca.1 (nach dem Krieg Ca.31 genannt). Italien und Frankreich machten die ersten Militärbestellungen von dem Flugzeug, und im Januar 1915 gründete Gianni Caproni erneut eine Gesellschaft mit Niederlassungen in Vizzola und Taliedo in der Nähe Mailands. Von da an begann eine blühende Zeit für die Firma und sollte noch bis 1945 andauern. Es wurden nicht weniger als 170 Flugzeuge entwickelt; darunter waren viele Serienprodukte, die in die ganze Welt exportiert wurden. Nach den Desastern des zweiten Weltkriegs versuchte Gianni Caproni seine Firma auf die Automobilherstellung umzustellen - jedoch ohne Erfolg. Er starb 1957 in Rom, und sein Betrieb wurde durch den Erwerb der Aviamilano, von der die gelungene Serie von Califf-Gleitflugzeugen erbte wieder neubelebt. Letztendlich wurde die Gesellschaft von dem Gruppo Agusta geschluckt.

46 Eindrucksvolles Bild von Hubert Latham auf seiner Antoinette IV während einer seiner Versuche mit der Ärmelkanalüberquerung den „Daily Mail"-Preis zu gewinnen. Lathams Unternehmen endete zweimal im Wasser.

47 oben Hubert Lathams „Antoinette IV" wird im Juli 1909 für den Flug vorbereitet - noch vor seinen Versuchen, den Ärmelkanal zu durchqueren.

47 Mitte Nahaufnahme von Hubert Latham an den Flugkontrollen seiner Antoinette IV. Schließlich wurde Latham von Blériot geschlagen, doch nur um zwei Tage.

47 unten Der italienische Pionier Gianni Caproni neben seinem ersten Flugzeug, dem Doppeldecker Ca.1; die Maschine wurde 1910 gebaut und über der Heidefläche von Malpensa, in der varesischen Provinz getestet.

begann sich daraufhin an den Erfordernissen der Streitkräfte und besonders der US Navy zu interessieren, und widmete sich der Entwicklung von Wasserflugzeugen. 1912 wurde von der Firma das Modell F mit einem Zentral-Boot vorgestellt. Die amerikanische Marine bestellte 150 Exemplare vom Modell F. Beim Kriegsausbruch 1914 arbeitete Curtiss auch für die US Army und entwarf den legendär gewordenen Übungs-Doppeldecker JN bzw. „Jenny"; über 6.000 Exemplare wurden konstruiert und bis Ende der fünfziger Jahre benutzt. Nach dem Krieg widmete sich Curtiss hauptsächlich den Rennflugzeugen und entwarf über viele Jahre hinweg hervorragende Modelle. Ende der zwanziger jedoch, nachdem er alles in seinem Beruf gegeben hatte, zog sich der erschöpfte Curtiss nach Florida zurück, wo er 1930 starb.

Fortschritte in der Luftfahrt wurden jedoch nicht nur in Europa gemacht: in den Vereinigten Staaten waren außer den Brüdern Wright noch andere Pioniere am Werk. Einer der brillantesten und berühmtesten war zweifellos Glenn Hammond Curtiss. 1978 wurde Glenn in Hammondsport (New York) geboren. Im Alter von fünf Jahren verlor er seinen Vater und war gezwungen, seit frühester Jugend zu arbeiten um der Familie zu helfen. Mit zwanzig Jahren machte Curtiss sich selbständig und stellte zusammen mit seinem Partner Tank Waters eine Reparaturwerkstatt für Fahrräder auf die Beine. Die Entwicklung des Unternehmens, das bald auch Fahrräder konstruierte ging gut voran und ermöglichte es Curtiss seiner Leidenschaft für Motoren nachzugehen: 1902 baute er sein erstes Moped. Daraufhin folgten verschiedene Erfolge und Auszeichnungen im Motorradbereich; Curtiss erhielt schließlich einen Auftrag zur Konstruktion eines Motors, welcher auf dem Luftschiff „California Arrow" von Thomas Scott Baldwin installiert werden sollte. Der Erfolg dieses 5-PS-Zweizylinders führte 1905 zur Gründung der Curtiss Manufacturing Company. In demselben Jahr wird Curtiss von Graham Bell, dem Erfinder des Telefons kontaktiert, um die Entwicklung eines gemeinsamen Flugzeug-Bau-Projekts zu vereinbaren. Curtiss willigte erst 1907 in das Angebot ein und wurde zum Planungsdirektor sowie Motorexperten der Bell-Gesellschaft AEA. Nachdem fünf Flugzeuge hergestellt wurden, von denen das letzte nicht startfähig war, verlor Bell das Interesse an der Luftfahrtforschung und die Firma wurde aufgelöst. Curtiss übernahm jedoch die sich in Entwicklung befindenden Projekte und gründete im Juni 1909 zusammen mit Augustus Herring die Herring-Curtiss Company - die erste Luftfahrtindustrie in den Vereinigten Staaten. Die neue Firma begann zu prosperieren, was teilweise Curtiss zu verdanken war, der sich wieder neuen Luftfahrtveranstaltungen widmete. Es gelang ihm schließlich drei angesehene Trophäen des Scientific American zu gewinnen. Die Preise trugen zum Ruhm und Ansehen der Firma mit bei.
Anfang 1911 führte Eugene Ely, ein Schüler und Kunde von Curtiss die erste Trägerlandung mitsamt Abflug von einem Schiff aus - dem Panzerschiff Pennsylvania - durch. Curtiss

In nur zehn Jahren hatte das Flugzeug vom ersten Motoren-Erfolg der Brüder Wright bemerkenswerte Fortschritte im aerodynamischen sowie im motortechnischen Bereich gemacht. Die Flugzeuge konnten bereits gut kontrolliert werden und waren in der Lage Fracht bzw. oft auch Passagiere zu transportieren. Während des italienisch-türkischen Kriegs 1911 in Libyen warfen italienische Piloten Handgranaten auf die verfeindeten Truppen: das erstemal wurde das Flugzeug als Kriegswaffe eingesetzt. Der psychologische Effekt war dabei bedeutender als der physische Schaden; doch der Einsatz bewies, dass die Zeit für das Flugzeug als Protagonist auf der Weltbühne bereits reif war. Diesmal handelte es sich jedoch nicht um kühne Sportwettkämpfe, die die Luftfahrt-Entwicklung vorantrieben - sondern um den ersten Weltkrieg.

48 oben Einer der brillantesten amerikanischen Pioniere war Glenn Hammond Curtiss, der 1898 als Fahrradmechaniker begann. Auf dieser Fotografie erscheint Curtiss an der Steuerung seines Doppeldeckers „Gold Bug".

48-49 und 49 oben Zwei Bilder des Curtiss-Doppeldeckers „June Bug" mit Glenn Curtiss selber als Pilot. Die Herring-Curtiss Company - die erste Luftfahrtindustrie in den Vereinigten Staaten - wurde im Juni 1909 gegründet. In den darauffolgenden Jahren spezialisierte sich die Firma auf Wasserflugzeuge und wurde 1912 zum Lieferanten der US Navy.

Kapitel 14

Der erste Weltkrieg

Die unsichere, wankende und faszinierende Welt der Luftfahrt hatte in den zehn Jahren nach dem ersten Flug der Brüder Wright bemerkenswerte Fortschritte gemacht. Es handelte sich nicht um gigantische Entwicklungssprünge, doch die Flugzeuge von 1913 - so rudimentär sie auch gewesen sein mögen- waren bereits mit allen grundlegenden Eigenschaften ausgestattet: propellerantreibender Verbrennungsmotor, zwei bzw. mehrere Tragflügel, stabilisierende Hecktrageflächen, pilotengesteuerte Kontrollflächen sowie einen Rumpf zur Aufnahme der Besatzung. Die ausschlaggebende Wendung beim Entwurf und der Produktion von Flugzeugen riefen die Bedürfnisse eines bis dahin nicht da gewesenen Konflikts hervor. Aufgrund des ersten Weltkrieges erfuhr die Entwicklung des Luftfahrtwesens innerhalb weniger Jahre einen einzigartigen Aufschwung. Bereits vor 1914 wurde das Motorflugzeug in Kampfeinsätzen benutzt, wie z.B. 1911 bei dem italienisch-türkischem Krieg, 1912 bei der mexikanischen Revolution von Pancho Villa sowie 1913 im Balkankrieg. Es handelte sich dabei jedoch um einzelne Operationen, die mit provisorisch zum Militärgebrauch angepassten Zivil- bzw. Sportflugzeugen durchgeführt wurden. Die alliierten Streitkräfte hatten keine klaren Vorstellungen worüber hinaus man das Flugzeug außer zu Beobachtungs- und Erkundungsflügen einsetzen könnte.

Doch es stimmt, dass es einige weitblickende Personen gab, die die verborgene Macht der Flugwaffe bereits vermuteten. Giulio Douhet, ein italienischer Armeeoffizier brachte seine klaren Vorstellungen vom Militärgebrauch des Flugzeuges zum Ausdruck: „Der Himmel beginnt ein neuer Kampfplatz zu werden, nicht weniger bedeutend als der Boden oder die See" schrieb er 1909. Auch Bertram Dickson, ein englischer Offizier vermutete 1911, dass die Flugzeuge eine enorme Wichtigkeit in Erkundungs- und Verfolgungsaufgaben erlangen würden und sich damit die Vorherrschaft über den Luftraum aneignen könnten. Andere Vorläufer waren der Franzose Ferdinand Ferber, der Amerikaner Billy Mitchell und der Deutsche Helmuth von Moltke. Doch all diese Männer wurden mit ihren Vermutungen nicht ernstgenommen, und da sie sich gegen den Traditionalismus ihrer Militärvorgesetzten stellten wurden sie sogar abgelehnt und bestraft. Doch schon wenige Jahre später sollte die Geschichte ihnen recht geben.

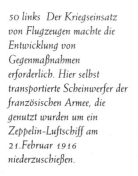

50 links Der Kriegseinsatz von Flugzeugen machte die Entwicklung von Gegenmaßnahmen erforderlich. Hier selbst transportierte Scheinwerfer der französischen Armee, die genutzt wurden um ein Zeppelin-Luftschiff am 21.Februar 1916 niederzuschießen.

50 unten Es entstand die Fliegerabwehrstreitkraft - bewaffnet mit Kanonen und Maschinengewehren; auf der Fotografie sind einige deutsche Maschinengewehrschützen, die eine Luftabwehrstellung an der westlichen Front vorbereiten.

50 rechts Jegliches Mittel wurde benutzt um feindliche Flugzeuge niederzubringen. Hier ein Soldat der englischen Kavallerie während er mit einem tragbaren Maschinengewehr aus einem deutschen Flugzeug schießt, Sommer 1916.

51 oben In den ersten Monaten des Ersten Weltkriegs waren die eingesetzten Flugzeuge noch ziemlich primitiv und besaßen wenig Ausrüstung, wie dieser französische Eindecker Morane Saulnier.

51 Mitte Anfangs gab es noch keine Jagdflugzeuge. Um die feindlichen Flugzeuge niederzuwerfen wandte man die verschiedensten Lösungen an, wie dieser französische Zweisitzer mit aufgerichtetem Maschinengewehr, um zu vermeiden, dass der eigene Propeller getroffen wurde.

51 unten links Die logistische und technische Mobilität begann an Bedeutung zu gewinnen: dieser Lastkraftwagen war dazu bestimmt einzelne Flugzeugteile zu befördern.

51 unten rechts Diese Fotomontage illustriert den neuen Krieg in der Luft, wie man ihn sich während des ersten Weltkriegs vorstellte.

Der erste Weltkrieg

Der Große Krieg von 1914 -1918 veränderte vollständig die Flugwelt. Es wurden enorme Fortschritte im technischen wie auch im operativen Bereich gemacht, die zur Entwicklung spezieller Flugzeuge, wie Jägern, Bombern und fotografischen Erkennungsflugzeugen führten. Mit den militärischen Flugstreitkräften wurden sogar völlig neue Militärgruppen geformt, die die Führung der verschiedenen Flugzeugtypen übernahmen.

Zu Beginn des Konflikts handelte es sich bei den eingesetzten Flugzeugen um unbewaffnete Abzweigungen einfacher Sportmodelle. Die französische Armee verfügte über mehr als 30 Staffeln, in denen verschiedene Flugzeugtypen, wie z.B. die Bleriot XI, Morane-Saulnier 14, Maurice Farman MF.7 und MF.11 sowie die Caudron G.3 aufgestellt waren. Die britischen Army Air Corps und der Royal Naval Air Service benutzten ebenfalls jene Modelle, zusammen mit staatseigenen Konstruktionen wie der Sopwith Tabloid, der Bristol Boxkites, der RAF B.E.2 und der Avro 504. Gemeinsam verfügten die Franzosen und Engländer über ca.250 Frontlinien-Flugzeuge.

Doch auch die Deutschen besaßen fast 250 Flieger; darunter waren vor allem die Doppeldecker Aviatik B.I und B.II, die Albatros B.II sowie der Eindecker Taube LE-3. Keine der Streitkräfte hatte Pläne zum Einsatz der Flugzeuge als Kampfmittel gemacht; die ersten Offensivaktionen bestanden aus vereinzelt unternommenen Versuchen: am 13.August 1914 warf der Oberleutnant Franz von Hiddeson von seinem „Taube" zwei Handgranaten über Paris ab.

52 oben Mit dem Einsatz von Militärflugzeugen begannen auch die ersten schrecklichen Beschüsse: hier auf das belgische Dorf von Poperinge im Mai 1916.

52-53 Die Besatzung eines russischen Bombers führt das zu jener Zeit üblichste Beschuss-System vor: ein zweites Besatzungsmitglied schätzt das Ziel nach Augenmaß ab und wirft die Handgranaten ab.

53 unten links Auch die Industrien mussten sich schnellstens an die neuen Kriegserfordernisse anpassen. In dieser Ansaldo-Fabrik wurden statische Widerstandsproben an einer vollständigen Flügelstruktur durchgeführt.

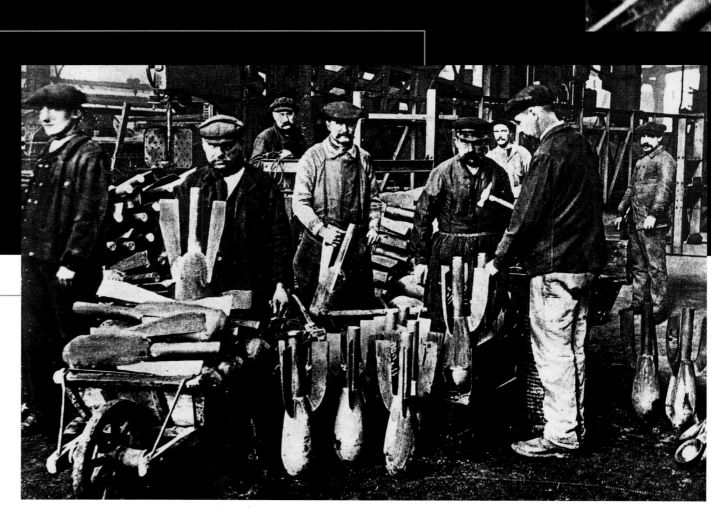

52 unten Frühling 1916: Arbeiter in einer französischen Munitionsfabrik, die eine Reihe von Flugzeugbomben vorbereiten.

53 unten rechts Der französische Erfinder G. Fabre zeigt seinen Bomben-Mechanismus, der eine größere Präzision im Luftkampf ermöglicht.

Der erste Weltkrieg

54 oben Während des Ersten Weltkriegs wurde weiter Gebrauch von Beobachtungsballons gemacht. In diesem Bild von 1916 ist ein großer Ballon der französischen Armee zu sehen, der während der Marneschlacht für den Aufstieg vorbereitet wird.

54 unten Ein weiterer Beobachtungsballon der französischen Armee wird für den Aufstieg aufgeblasen. Die Beobachter in den Ballons erfüllten eine äußerst gefährliche Aufgabe.

55 oben links Ein Beobachter im Korb eines Fesselballons (im Jargon „Bratwurst" genannt) teilt der Erde telefonisch die feindlichen Positionen mit.

Seit Beginn der ersten Kriegswochen trafen gegnerische Flugzeuge über der Front zusammen, doch viele Piloten dachten nicht einmal daran, gegeneinander ankämpfen zu müssen. Desto weniger war dies ein Wunsch der Kommandanten; aus Sicherheitsgründen war es den Piloten oft verboten Waffen an Bord zu tragen und zu benutzen. In den ersten feindlichen Flugzeugbegegnungen beschoss man sich mit Jagdflugzeugen und Pistolen - ganz als trüge man Duelle zu Pferde aus.

Dem Grad der eigenen Unternehmungslust folgend arrangierte sich anfangs jeder so gut wie er konnte. Da waren Piloten, die beschlossen geradewegs gegen das feindliche Flugzeug zu fliegen, und dabei Gefahr liefen die eigene Maschine sowie das eigene Leben zu verlieren. Einige warfen Handbomben oder befestigten Haken am gegnerischen Flugzeug, mit denen sie versuchten die Flügel abzureißen, während andere Seile herabhängen ließen in der Hoffnung, dass diese sich im Propeller der Feindflugzeuge verfangen würden.

Doch wie dem auch sei, die Mehrheit war sich darüber einig, dass das Problem nur mit Hilfe eines in fixer Position installierten bzw. schwenkenden Maschinengewehrs gelöst werden konnte. Und damit wurde schließlich das wahre Zeitalter des Luftkampfs eingeleitet. Die ideale Gestaltung eines Jagdflugzeugs bestand in der Anbringung des Maschinengewehrs in fester Position vor dem Piloten, so dass dieser direkt auf einen Zielpunkt schießen konnte. Dafür musste das Geschoss jedoch durch die Propellerscheibe fliegen, wodurch früher oder später die Kugeln mit Sicherheit die eigenen Blätter absägen würden. Eine Lösung für dieses Problem fand der Franzose Morane-Saulnier: er brachte an der Rückseite der Propellerblätter Panzerungen an, so dass die das Blatt treffenden Kugeln daran abprallten. Dank dieser Erfindung wurde die Morane-Saulnier L zum ersten wirklichen Jagdflugzeug, und am 1.April 1915 wurde Roland Garros zum ersten Piloten, der mit seinem „auf Jagd" eingestelltem Maschinengewehr ein feindliches Flugzeug abschoss. Die 1913 entworfene Morane-Saulnier wurde von einen 80-PS-Gnome-Rotationsmotor angetrieben und besaß ein maximales Abfluggewicht von 680 Kg sowie eine Höchstgeschwindigkeit von 115 Km/h bei Seehöhe. Der Weg war damit vorgegeben, und die künftigen Jagdflugzeuge - seien es Ein-, Zwei- oder Dreidecker - beruhten alle auf dieser Grundlage.

55 oben rechts Auf einem englischen Poster von 1915 werden den britischen Bürgern die Unterschiede zwischen alliierten und feindlichen Flugzeugen gezeigt; die Öffentlichkeit sollte mit den Flugmaschinen vertraut gemacht werden und somit besser Gefahren erkennen.

55 unten Ein französischer Fachmann montiert eine Aufklärungskamera auf eine zweimotorige Caudron. Der Erste Weltkrieg führte auch zur Entwicklung der Luftaufklärung.

55

56 links, drittes Bild 1915 erschien der französische Jäger Nieuport 11 Bébé - der erste einer erfolgreichen Flugzeugserie. Er war ausgestattet mit einem 80-PS-Motor und konnte 156 km/h erreichen.

56 links, viertes Bild Der Erste Weltkrieg zwang die kriegführenden Länder dazu eine enorme Anzahl von Kampfflugzeugen zu produzieren. Auch deren Zerbrechlichkeit und Verletzlichkeit waren Gründe, dass die Maschinen häufig ersetzt werden mussten. Hier eine französische Nieuport-Reihe in Abwehraufstellung.

56 unten rechts Einer der gelungensten Jäger des Kriegs war die SPAD VII, die auch von der italienischen Luftwaffe eingesetzt wurde. Auf dem Foto vom Juni 1917 ist der Major Chiappirone mit seinem Flugzeug auf dem Villaverla-Flugplatz zu sehen.

Im Jahre 1915 waren die bedeutendsten Flugzeuge, die von den verschiedenen Luftstreitkräften eingesetzt wurden die RAF F.E.2b, die Bristol Scout D, die Fokker E.III und die Nieuport Bebé. Das bis dahin modernste Jagdflugzeug war die im Sommer 1915 eingeführte Fokker E.III. Es handelte sich dabei um einen Eindecker, der mit einem 7,92mm-Maschinengewehr Spandau ausgerüstet war und dank eines 100-PS-Rotationsmotor Oberursel auf eine Höchstgeschwindigkeit von 140 Km/h angetrieben wurde. Die Überlegenheit der E.III kam vor allem aufgrund der Anbringung eines revolutionären, mechanischen Geräts zustande: dem Synchronisierer. Dank diesem ebenfalls von Anthony Fokker entwickelten Mechanismus konnte der Propeller den Maschinengewehrabschuss steuern und jeweils beim Vorbeiziehen eines Propellerblatts das Feuer einstellen. Außerdem war der Einsitzer E.III leichter und gewandter als die schwerfälligen Zweisitzer, die noch zahlreich von den Alliierten benutzt wurden. Der Überlegenheit der Fokker war im Winter 1915-1916 so deutlich zu spüren, dass die geschlagenen, alliierten Streitkräfte ihm den Beinnamen „die Fokker-Geißel" gaben. Anfang 1916 befahl der Royal Flying Corps, dass jedes Aufklärungsflugzeug beim Flug über Feindgebieten von jeweils drei Jagdflugzeugen begleitet werden sollte.
Die Antwort der Alliierten auf den E.III ließ nicht lange auf sich warten, und die Engländer produzierten bald darauf die RAF (Royal Aircraft Factory)F.E.2b; es war ein zweisitziger Doppeldecker mit Treibschraube, der über zwei Maschinengewehre und einen 160-PS-Motor verfügte; die Höchstgeschwindigkeit betrug 146 Km/h. Im Sommer 1915 kam dagegen das erste Modell einer gelungenen Jagdflugzeugserie zum Einsatz : die französische Nieuport 11 Bebé ,ein wendiger und schneller Doppeldecker (156 Km/h), der von einem 80-PS-Motor Le Rhone 9C angetrieben wurde und mit zwei 7,7mm-

56 links, erstes Bild Eine Fotografie aus dem Jahr 1916. Diese Nieuport 17 der französischen Luftwaffe verfügt über eine doppelte Bewaffnung. Bei dem Piloten handelt es sich um einen amerikanischen Freiwilligen - den Unteroffizier Lufberry.

56 links, zweites Bild Eines der berühmtesten deutschen Jagdflugzeuge war die Albatross D.V mit einem 180-PS-Motor und einer Geschwindigkeit von 187 km/h. Die Maschine, von der über 1.800 Einheiten gebaut wurden, befand sich seit Sommer 1917 im Dienst.

Maschinengewehren ausgerüstet war. Mit diesem Flugzeug verursachten Guynemer, De Rose und Nungesser in der Schlacht von Verdun im Februar 1916 schwere Verluste bei den Deutschen. Kurz danach wurde eine verbesserte Version der Bebé eingeführt - die Nieuport 17. Dieses Modell war größer, robuster, schneller und besser ausgerüstet als seine Vorgänger. Die Nieuport 17 war mit einem 110-PS-Motor ausgerüstet und erreichte in 2.000 Meter Höhe eine Höchstgeschwindigkeit von 177 Km/h. Die Waffenausrüstung bestand in zwei 7,7mm-Maschinengewehren. Dieses Flugzeug wurde von vielen Meisterfliegern, u.a. Guynemer, Nungesser, Fonck, Navarre sowie den Engländern Ball und Bishop bevorzugt.

1916 hatte sich der Luftkrieg schon beträchtlich verändert, und die neu eingeführten Flugzeuge waren technisch ausgefeilter und tödlicher. Die Deutschen schafften es die verlorenen Gebiete zurückzuerobern und verdankten dies größtenteils der Einführung des Doppeldeckers Albatros D.I, der im Herbst an die Front gebracht wurde. Unmittelbar darauf folgte die D.II, dessen 160-PS-Mercedesmotors D.III eine Höchstgeschwindigkeit von 175 Km/h ermöglichte. Die Waffenausrüstung enthielt wieder zwei Maschinengewehre. Ein weiteres Flugzeug mit bemerkenswerten Eigenschaften war die Hansa-Brandenburg D.I, ein österreichisches Flugzeug, das mit einem 160-PS-Austro-Daimler-Motor ausgestattet war und eine Höchstgeschwindigkeit von 187 Km/h erreichte. Dieses Jagdflugzeug erwies sich jedoch als ziemlich unstabil und bot dem Piloten eine begrenzte Sichtweite. Außerdem war es von Beginn an Auslöser zahlreicher Unfälle, so dass ihm die Piloten den Beinnamen „die Totenbahre"

gaben. Im Herbst 1916 erschien schließlich auch ein neues, hervorragendes Flugzeug der Alliierten. Es handelte sich dabei um die französische Spad S.VII - das wahrscheinlich beste Jagdflugzeug der ersten Kriegshälfte. Man entwarf das Flugzeug in Hinblick auf die Anbringung des neuen Otto-Zylinder-Motors „Hispano-Suiza 8 aa" mit 150 PS. Dies war der Zukunftsmotor, der bald das überholte System des Rotationsmotors ersetzten sollte. Die Flugkapsel war sehr aerodynamisch, wobei der Motor in eine Metallverkleidung geschlossen war; die Waffenausrüstung bestand aus einem 7,7mm- Maschinengewehr Vickers. Das Jagdflugzeug flog zum ersten Mal im April 1916 und seine Leistungen erwiesen sich sofort als herausragend: eine Höchstgeschwindigkeit von 196 Km/h sowie die Fähigkeit, in knapp 15 Minuten auf 3.000 Meter Flughöhe zu steigen. Frankreich bestellte sofort 268 Exemplare des

Flugzeugs und auch seitens der anderen alliierten Länder hagelte es Bestellungen. Die Spad S.VII trat am 2.September 1916 in den Dienst ein und wurde von den Piloten sehr geschätzt. Darunter war auch der italienische Meisterflieger Francesco Baracca, der im März 1917 zum ersten Mal den neuen Jäger flog. Am 4.April 1917 fand der Jungfernflug der verbesserten Version Spad S.XIII statt. Das Flugzeug war ausgestattet mit zwei Maschinengewehren und einem 220-PS-Motor; die Höchstgeschwindigkeit betrug 224 Km/h. Doch das Modell war auch größer und weniger manövrierbar, so dass viele Piloten (darunter auch Baracca) die alte Version S.VII. bevorzugten. Trotzdem war die S.XIII weit verbreitet unter den Luftstreitkräften von Frankreich, Großbritannien, den Vereinigten Staaten, Belgien und Italien. Insgesamt wurden nicht weniger als 8.472 Exemplare gebaut.

57 oben Eine Aviatik B.I der deutschen Luftfahrt beim Abflug. Dieses Aufklärungsflugzeug aus dem Jahr 1914 besaß einen 100-PS-Motor und eine Höchstgeschwindigkeit von 100 km/h; die Besatzung bestand aus zwei Mann.

57 unten links Ein englisches RAF-Aufklärungsflugzeug F.E.2b fotografiert in St.Marie Chapelle, Frankreich, im Winter 1916-17. Es war ein zweisitziger Jäger mit einem 160-PS-Motor und Schub-Propeller, die Maschine wurde 1915 in den Dienst eingeführt.

57 unten rechts Eine deutsche Fokker E.III Eindecker wird in einem Wald instandgesetzt. Es war das erste Flugzeug mit Propeller-Synchronisierer (erfunden von Anthony Fokker) - einem Mechanismus, der es ermöglichte, dass das Geschoss quer durch die Propellerscheiben flog.

Der erste Weltkrieg

1917 traten weitere hervorragende und berühmte Flugzeuge auf die Kampfbühne. Darunter waren die britischen Sopwith F.1 Camel, Triplane und RAF S.E.5, die französische Hanriot HD.1 sowie die deutschen Fokker Dr .I, Pfalz D.III, Albatros D.III und D.V. Nach dem gelungenen Flugzeug Pup entwarf die Sopwith ein neues, kleines Jagdflugzeug, das eine hervorragende Wendigkeit besaß und mit zwei synchronisierten Maschinengewehren ausgestattet war. Innerhalb einem Jahr schoss die Pup 1.294 feindliche Flugzeuge ab. Die F.1, die aufgrund ihrer höckerförmigen Waffenverkleidung „Camel" genannt wurde, flog das erste Mal am 22. Dezember 1916. Im Mai begann man die Frontlinien-Geschwader mit dem Flugzeug auszurüsten. Die Camel wurde von einem 130-PS-Rotationsmotor Clerget 9B angetrieben und erreichte eine Höchstgeschwindigkeit von 185 Km/h. Doch aufgrund des vom Motor erzeugten, heftigen Kreiselmoments war das Flugzeug schwer zu steuern; einige erfahrenere Piloten konnten dagegen diese negative Eigenschaft nutzen, um das Jagdflugzeug noch manövrierfähiger werden zu lassen. Fast 5.500 Camel-Exemplare wurden gebaut und von verschiedenen Luftstreitkräften eingesetzt.

Das beste britische Jagdflugzeug war jedoch die RAF S.E.5a. Die Maschine wurde bereits im Sommer 1916 entworfen, doch aufgrund von Strukturproblemen - die auch zum Verlust eines Prototyps führten - wurde die Produktion aufgeschoben. Die S.E.5a enthielt einen Achtzylinder-V-Motor Wolseley W.4a mit 200 PS, der eine Höchstgeschwindigkeit von 222 Km/h ermöglichte; das Flugzeug war außerdem sehr wendig und verfügte über zwei synchronisierte Maschinengewehre. Ab Juni 1917 wurde die S.E.5a von Spitzenpiloten wie Mannock, Bishop und McCudden geflogen und erwies sich gegenüber fast allen deutschen Jagdflugzeugen überlegen. Zwischen Ende 1916 und 1918 wurden über 5.000 Exemplare des Flugzeugs angefertigt.

1917 schien sich die Luftfahrttechnologie immer mehr der Dreidecker-Struktur zuzuwenden. Tatsächlich erschien im Februar selben Jahres die Sopwith Triplane an der Front - ein schnelles und wendiges Flugzeug, das sich als wirkungsvoll erwies; doch vor allem versetzte die Triplane die Deutschen in Panik, die sich eiligst daran machten diesen - ihrer Meinung nach - beträchtlichen, technischen Rückstand aufzuholen. Trotz der zweifellos guten Qualität wurden jedoch nur 144 Exemplare der Triplanes konstruiert, und im Juli 1917 wurde das Flugzeug bereits durch die traditionellere aber wirksamere Camel ersetzt. In der Zwischenzeit hatte die deutsche Forschung 14 Firmen angestellt. Von den daraufhin entwickelten Prototypen erlangte ein Dreidecker von Fokker schließlich die beste Beurteilung. Nach den Testflügen wurde das Modell als Dr. II sofort in Serie produziert und im August 1917 bereits in den Dienst aufgestellt. Trotz der schwierigen Steuerung wurde die Dr. II von den Piloten aufgrund seiner hervorragenden Wendigkeit und Steigfluggeschwindigkeit sehr geschätzt. Unter den besonders bekannten Meisterfliegern, die dieses Flugzeug benutzten waren Werner Voss und Manfred von Richtofen - der berühmte „Rote Baron." Bis zum Mai 1918 wurden 318 Exemplare der Dr. II gebaut; danach wurde das Flugzeug von der modernen Fokker D.VII abgelöst.

Ein weiterer berühmter, deutscher Jäger erschien ebenfalls im Jahr 1917, die Albatros

58-59 Der beste britische Kriegsjäger war der S.E.5a. Das Flugzeug trat im Juni 1917 in den Dienst ein und war ausgestattet mit einem 200-PS-Motor; die Höchstgeschwindigkeit betrug 222 km/h.

59 rechts, erstes Bild Die Sopwith Triplane war ein Versuch der Briten, ein schnelleres und wendigeres Jagdflugzeug zu konstruieren.

59 rechts, zweites Bild Die Sopwith F1 Camel trat im Mai 1917 in den Dienst ein. Sie war ausgestattet mit einem 130-PS-Motor und erreichte 185 km/h. Den Namen erhielt das Flugzeug aufgrund des Buckels, der durch die Maschinengewehr-Verkleidung zustande kam.

59 rechts, drittes Bild Die Fokker Dr. I - seit August 1917 im Dienst - war die deutsche Antwort auf die Sopwith Triplane. Das Flugzeug ging als bevorzugtes Flugzeug von Manfred von Richtofen, dem „Roten Baron", in die Geschichte ein.

59 unten Fotografiert während eines Kampfmanövers, die Fokker D.VII trat 1918 in den Dienst ein und wurde von vielen als bestes Jagdflugzeug des Krieges angesehen. Sie erreichte 190 km/h und blieb bis 6.000 Meter leistungsstark.

hatte, beim verlängerten Sturzflug die Unterflügel zu verlieren). Über 1.800 D.V.-Modelle wurden konstruiert, und das Flugzeug blieb bis 1918 im Einsatz.

Als während des letzten Kriegsjahres die Niederlage Deutschlands offensichtlich wurde, aber der Konfliktausgang noch in der Schwebe hing, begann das Land einige seiner besten Jagdflugzeuge zu produzieren: die Fokker D.VII sowie die Siemens-Schuckert D.III/IV. Die Fokker erschien im April 1918 auf dem Flugkampfplatz und war vielleicht sogar das beste Jagdflugzeug, das im gesamten Krieg zum Einsatz kam. Anfang 1918 gewann das Flugzeug einen vom Kriegsministerium ausgerufenen Wettbewerb zur Erfindung eines neuen Jägers; auch von Richthofen zeigte sich von der neuen Fokker beeindruckt. Die D.VII besaß die herkömmliche Außenform eines Doppeldeckers, verfügte über den 160-PS-Mercedes-Motor D.III und flog eine Höchstgeschwindigkeit von 190 Km/h in 1.000 Flughöhe. Das Kriegsministerium bestellte sofort 400 Exemplare, mit denen die besten Flugstaffeln - als erstes das Geschwader von Richtofen - ausgestattet wurden. Die Piloten waren von den Eigenschaften der D.VII beeindruckt, besonders von der Steigfluggeschwindigkeit sowie den Hochflugleistungen. Im August 1918 kam das Modell F zum Einsatz; das Flugzeug war mit einem 185-PS-BMW IIIa-Motor ausgestattet, der eine mäßige Leistung in bis zu 6.000 Metern Höhe erbrachte. Man vergleiche: die Fokker D.VII stieg 5.000 Meter in 38 Minuten, während die D.VII.F für die selbe Höhe nur 14 Minuten brauchte. Vor dem Waffenstillstand wurden ungefähr 1.000 Exemplare des Modells F hergestellt.

Ein weiteres, bemerkenswertes Jagdflugzeug war die Siemens-Schuckert. Das Modell D.III besaß einen 160-PS-Motor, der einen vierblättrigen Propeller antrieb; die Höchstgeschwindigkeit betrug 180 Km/h.

D.III/V. Dieses Flugzeug wurde aus dem Modell D.II entwickelt. Die D.III besaß sechsdeckige Flügelflächen mit V-förmigen Stützen und war mit einem Sechszylinderreihenmotor Mercedes D.IIIa (176 PS) ausgestattet. Die Höchstgeschwindigkeit betrug 175 Km/h. Ab Januar 1917 wurden fast alle Jägerstaffeln mit der D.III/V ausgerüstet, die es unter der Steuerführung von Spitzenpiloten wie von Richthofen, Voss und Udet den Deutschen ermöglichte, ihre Überlegenheit auf dem Luftkampfplatz zurückzuerlangen. Im April erreichte diese Periode der deutschen Vorherrschaft ihren Höhepunkt, und für die Engländer wurde der Monat aufgrund der erlittenen Verluste zum „Bloody April", dem blutigen April. Schließlich erschien im Sommer 1917 das Modell D.V, welches ausgestattet mit einem 180-PS-Motor eine Höchstgeschwindigkeit von 187 Km/h erreichte; außerdem besaß das Flugzeug robustere Flügel als sein Vorgänger (der die „Angewohnheit"

Gegen Ende des ersten Weltkriegs hatte sich die Luftfahrt-Technologie bereits enorm fortentwickelt. Alle Flugzeuge waren nun mit Reihen- statt mit Rotationsmotoren ausgestattet, und auch die Flugleistungen waren ständig angestiegen: die italienische Ansaldo A.1 Balilla von 1918 konnte sich mit einem 220-PS-Motor sowie einer Höchstgeschwindigkeit von 220 Km/h rühmen, während die britische Martinsyde F.4 Buzzard desselben Jahres einen Hispano-Suiza 8F-Motor mit 300 PS besaß und eine Höchstgeschwindigkeit von 215 Km/h erreichte. Ebenfalls 1918 wurde auch die Junkers D.I eingeführt, das erste vollständig aus Metall konstruierte Eindecker-Jagdflugzeug. Auch bei den Entwürfen von Bombardierungsflugzeugen wurden riesige Fortschritte gemacht. Zu Beginn des Konflikts im Jahr 1915 wurde diese Kategorie von Flugzeugen wie der Caudron G.4 (zwei 80-PS-Motoren, 132 Km/h und 113 Kg Bomben), der Farman F.40 (ein 160-PS-Motor, 135 Km/h sowie 50 Kg Bomben) und der Caproni Ca.32 (drei 100 PS-Motoren, 116 Km/h und 350 Kg Bomben) vertreten. Im Laufe der Jahre erschienen immer größere und leistungsstärkere Flugzeuge. Gegen Kriegsende trugen die Bomber bereits eine beeindruckende Waffenlast: die Vickers Vimy (zwei 360-PS-Motoren, 165 Km/h und 2.180 Kg Bomben) und die Handley Page V/1500 (vier 375-PS-Motoren, 145 Km/h sowie 3.390 Kg Bomben).

Der erste Weltkrieg steigerte die faszinierten und legendären Auffassungen über das Flugzeug, doch vor allem förderte er in großem Ausmaß die Entwicklung und Verbreitung der Luftfahrttechnologie. Innerhalb der fünf Kriegsjahre produzierte Deutschland 48.537 Flugzeuge, Großbritannien 58.144 und Frankreich nicht weniger als 67.987. Italien, die Vereinigten Staaten, Russland und Österreich konstruierten insgesamt noch weitere 45.000 Exemplare. Die Flugstaffeln hatten sich in beachtlicher Weise vergrößert: 1914 besaß Frankreich etwa 138 Flugzeuge in der vordersten Linie, und 1918 waren es bereits 4.511. Großbritanniens Anzahl wuchs von 113 auf 3.300 und Italiens von 150 auf 1.200 Stück. Die Größe und Wichtigkeit der neuen Kampfmaschine brachten Großbritannien sogar dazu, eine dritte bewaffnete Streitkraft zu formen: die Royal Air Force, in welche im Jahre 1918 Maschinen und Männer der Armee und Marine aufgenommen wurden. Auch andere Staaten sollten bald diesem Beispiel folgen. Alle Flugzeugtypen waren bereits viel zuverlässiger, robuster und kontrollierbarer geworden als vier Jahre zuvor. Dank technologischer Fortschritte sowie dem Überschuss an Maschinen, Motoren und Piloten sollte sich das Flugzeug in der Nachkriegszeit auch als Transportmittel bewähren. Am Ende des Kriegs wurde die Weiterentwicklung der Luftfahrt auch durch den Durst nach Abenteuer und Ruhm seitens der Piloten und Konstrukteure gesichert; es war derselbe Ehrgeiz, der sich nun auf den Bereich der Rekorde und großen Flugunternehmungen richten sollte.

61 Mitte Auch Frankreich produzierte einige Bomber-Typen. Auf der Fotografie eine Caudron G.4 aus dem Jahr 1915. Die Maschine verfügte über zwei 80- bzw. 100-PS-Motoren und konnte 113 kg Bomben tragen.

61 unten Die Vickers Vimy war ein weiterer erfolgreicher Bomber der britischen Luftwaffe. Das Flugzeug wurde 1918 eingeführt, war mit zwei 360-PS Rolls-Royce-Motoren ausgestattet und trug bis zu 2.180 kg Bombenlast. Wie die Handley Page V/1500 wurde auch diese Maschine in der Nachkriegszeit als Zivilitransportflugzeug benutzt.

60 Der britische Bomber Handley Page V/1500 erschien 1918 und war für jene Zeit ein hervorragendes Flugzeug. Die Maschine wurde von vier 375-PS-Motoren angetrieben, besaß ein maximales Abfluggewicht von über 13 Tonnen und war für sechs Stunden flugfähig. Die Kriegslast betrug bis zu 3.390 kg Bomben.

61 oben Eine Caproni Ca.3 der italienischen Luftwaffe während eines Flugs 1915. Dieser Doppeldecker-Bomber mit drei 150-PS-Motoren Isotta Fraschini konnte bis zu 1.500 kg Bomben laden. Es war eine erfolgreiche Maschine, die auch in Frankreich auf Lizenz gebaut wurde.

Der erste Weltkrieg | 61

Die Luftritter

Während der erste Weltkrieg Blut, Leiden und Tod für Millionen von Menschen bedeutete, die zu einer Art anonymem Schicksal im Schlamm der Schützengraben verurteilt waren wurde der neue Luftkrieg - wo Mut, Stolz und Heldentum mittelalterlicher Ritter erneut zum Leben erweckt wurden - bald von der begeisterten Masse verheerlicht. Die Kampfpiloten erlangten einzigartigen Ruhm und Bewunderung. Oft wurden sie von den hohen Befehlshabern benutzt um eine gute Stimmung unter der Bevölkerung aufrecht erhalten zu können. Doch auch die Piloten selber taten ihr Bestes um die Legenden zu nähren, indem sie auch außerhalb der Kampfarena ein kühnes, überhebliches und dreistes Verhalten an den Tag legten. Sie wurden von Ehrungen überschüttet, wie es seit Jahrhunderten in solchem Ausmaß nicht gesehen wurde - sowohl zu ihren Lebzeiten als auch nach ihrem Tod. Trotz der Grausamkeit der Flugzeugduelle war es eine andere Kriegsart, bei der für die Piloten die Regeln des Rittertums und gegenseitigen Respekts untereinander galten.

Die besten Piloten wurden als „Asse" berühmt - ein Titel, mit dem man ursprünglich jemanden mit herausragendem Können benannte, doch dann an jenen angewandt wurde, die sich damit rühmen konnten fünf oder mehr Feindflugzeuge abgeschossen zu haben. Der berühmteste darunter war zweifellos Manfred von Richtofen - der legendäre „Rote Baron" benannt, aufgrund der Farbe mit der er seine eigenen Flugzeuge anstrich. Bevor er von dem kanadischen Kapitän Roy Brown am 9.April 1918 getötet wurde, erreichte von Richtofen einen unübertroffenen Rekord von 80 Siegen.

Es folgt eine in Nationen aufgeteilte Liste der führenden Asse des ersten Weltkriegs mit der Anzahl der jeweils niedergeschossenen Feindflugzeuge:

Deutschland: M.von Richtofen (80), E. Udet (62), E. Loewenhardt (53), W. Voss (48), F.Rumey (45), O.Boelcke (40).
Österreich-Ungarn: G.Brumowski (40), J. Arigi (32), F. Linke-Crawford (30).
Belgien: W. Coppens (37).
Vereinigte Staaten: E. Rickenbacker (26), W. Lambert (22), F. Gillette (20).
Frankreich: R. Fonck (75), G. Guynemer (54), C. Nungesser (45), G. Madon (41).
Großbritannien: E. Mannock (73), W.A. Bishop (72), R. Collishaw (60), J.T.B. McCudden (57).
Italien: F. Baracca (34), S. Scaroni (26), P.R. Piccio (24), F.T. Baracchini (21), F. Ruffo di Calabria (20).
Rußland: A.A. Kazakow (17).

63 oben links Das deutsche Flugass Manfred von Richtofen. Aufgrund der Farbe, mit der er seine Flugzeuge anmalte war er besser bekannt als der „Rote Baron". Er kommandierte das Jagdflugzeuggeschwader 11a (Jasta 11) und wurde am 9. April 1918 hinter den englischen Kampflinien getötet.

62 oben Der Major Francesco Baracca war Italiens erfolgreichstes Flugass. Er schoss 34 feindliche Flugzeuge ab, bevor er selber von einem Fliegerabwehrfeuer getötet wurde. Sein Wappen - ein auf den Hinterbeinen stehendes Pferd - wurde auf einige italienische Jäger-Geschwader übertragen, Baraccas Mutter schenkte es außerdem dem Autohersteller Enzo Ferrari. Auf dem Foto posiert Baracca neben einem eingenommenen, feindlichen Flugzeug.

62-63 unten Das zweite Ass der französischen Luftwaffe war Georges Guynemer, er schoss 54 feindliche Flugzeuge ab, bevor er selber zum Opfer wurde.

63 oben rechts Bei dem berühmten Flug des Serenissima-Geschwaders am 9. August 1918 über Wien wurden Bomben und Flugblätter abgeworfen. Auf der Fotografie sind der General Bongiovanni und der Major Gabriele D´Annunzio zusammen mit weiteren Piloten zu sehen, die an dem Luftangriff beteiligt waren.

63 Mitte Die Beerdigung von Richtofens in Berlin 1925. Sieben Jahre blieben seine sterblichen Überreste auf einem französischen Friedhof.

63 unten rechts Albert Ball war eines der berühmtesten britischen Flugasse. Er starb im Kampf, nachdem er sein dreiundvierzigstes Opfer niedergeschossen hatte.

Der erste Weltkrieg

Kapitel 15

Die Geburt der Handelsluftfahrt

Bis zum ersten Weltkrieg wurde das Flugzeug in der allgemeinen Vorstellung als ein Mittel sportlicher Kühnheit sowie als Waffe furchtloser Krieger angesehen; in beiden Fällen jedoch ein Elite-Vehikel, das nur wenigen Mutigen vorbehalten war.

Der erste Weltkrieg hatte die Situation jedoch radikal verändert - wenn auch nicht in der Imagination, so doch wenigstens im Zahlenbereich: 1918 gab es bereits tausende von ausgezeichneten, erfahrenen Piloten und auch tausende von Flugzeugen, die als Restbestände aus dem Krieg zu Niedrig-Preisen verkauft wurden. Die Luftfahrt hatte sich verbreitet, und man begann auch ihr Handelspotential zu schätzen.

Die Geburt und Ausdehnung der Ziviltransport-Luftfahrt fand nicht durch Zufall im Europa der Nachkriegszeit statt: der Krieg hatte viele Bahnverbindungen zerstört, und Transportstrecken, die die Seeüberfahrt mit einschlossen (wie z.B. die viel benutzte Verbindung London-Paris) waren bereits zu langsam und umständlich für jegliches Bodentransportmittel. In Amerika dagegen wurde das Eisenbahnnetz hervorragend ausgebaut und nicht zerstört, so dass die Bahn deshalb - und aufgrund der damaligen Flugzeugeigenschaften - bevorzugt wurde.

Um 1919 konnte in Frankreich, Großbritannien und Deutschland im Verlauf weniger Monate die Entstehung der ersten Fluggesellschaften beobachtet werden. Die erste reguläre Verbindung wurde in Deutschland eingeführt - mit den Zeppelin-Luftschiffen zwischen Berlin und Weimar. Bald darauf folgten die Strecken Paris-Brüssel sowie Paris-London, die von französischen und englischen Gesellschaften unter dem Einsatz von Flugzeugen eingeweiht wurden.

64 oben links In der Nachkriegszeit entstanden viele Handelsluftfahrt-Projekte, wie z.B. das für seine Zeit hochentwickelte Wasserflugzeug Caproni Ca.60 Transaereo. Trotz der acht 400-PS-Motoren war dieses riesige Flugschiff zu schwer um fliegen zu können und wurde während der Einweihung zerstört.

64 unten links Eine Menschenmenge drängt sich um den Doppeldecker de Havilland DH.86 während der Eröffnung des Londoner Flughafens Gatwick durch den britischen Luftfahrt-Minister

64 rechts Zwei Werbeplakate der holländischen Luftfahrtgesellschaft KLM (Royal Dutch Air Services).

65 links Ein großartiges Poster, das für den „Pfeil des Osten"-Dienst der Air France wirbt.

65 oben rechts Eine zweimotorige Bloch 220 der Air France bei einem Flug über Frankreich. Die Fluggesellschaft wurde 1933 aus einer Fusion von Aèropostale, Farman und Air Orient gebildet.

65 unten rechts Die spartanische Innenausstattung der Kabine der Caproni Ca.60 Transaereo, die für die Aufnahme von 100 Passagieren entworfen wurde.

Die Geburt der Handelsluftfahrt 65

Die ersten britischen Fluggesellschaften waren Aircraft Transport, Handley Page Transport, Instane Air Line und Daimler Airway. Es folgten die 1919 in Holland gegründete KLM, in Belgien die SNETA, in Frankreich die Farman, Latécoère und Aéropostale sowie schließlich in Deutschland die Junkers und die Deutsche Aero Lloyd. Im Laufe der Jahre verschwanden viele Gesellschaften oder wurden auf die Markt- und Regierungsbedürfnisse hin zusammengelegt. 1924 wurden die englischen Gesellschaften in der Imperial Airways vereint, die direkte Unterstützung von der Regierung erhielt und u.a. damit beauftragt wurde, die Verbindungen mit den Reichskolonien aufrechtzuerhalten. Zwei Jahre später wurden auch alle deutschen Fluggesellschaften auf den Willen der Regierung hin in einem einzigen Unternehmen ve reint: der Deutschen Luft Hansa Aktiengesellschaft, besser bekannt als Lufthansa. 1933 entstand hingegen aus einer Fusion von Aéropostale, Farman und Air Orient die Air France.
Weitere Gesellschaften formten sich in ganz Europa: die Det Danske Luftfartselskab in Dänemark, die Linee Aeree in Italien, die Sabena in Belgien, u.s.w.
Jenseits der einzelnen Handelsinitiativen, der Marktbereitschaft und der Entwicklungsmöglichkeiten war das Grundelement und gleichzeitig die Hauptschwierigkeit der neuen Zivilflugzeugindustrie das Flugzeug selber: in der unmittelbaren Nachkriegszeit gab es noch keine Passagierflugzeuge, die speziell für Handelsstreckenflüge entworfen bzw. gebaut wurden.

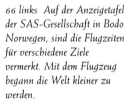

66 links Auf der Anzeigetafel der SAS-Gesellschaft in Bodo, Norwegen, sind die Flugzeiten für verschiedene Ziele vermerkt. Mit dem Flugzeug begann die Welt kleiner zu werden.

66 oben rechts Ein „Luft-Diener" der deutschen Fluggesellschaft Lufthansa hilft einem Passagier an Bord der Fokker F.II. Dieses Passagierflugzeug trat 1926 in den Dienst der frisch gegründeten Lufthansa.

66 unten rechts Die luxuriöse Passagierkabine im viermotorigen Langstreckenflugzeug Handley Page HP.42. Die Maschine wurde ab 1930 von der britischen Imperial Airways eingesetzt.

67 oben links 1928. Passagiere steigen aus der Junkers G.24 der Lufthansa auf dem Flughafen Berlin-Tempelhof aus. Ein Zubringerdienst begleitete die Reisenden bis zur Stadtmitte.

67 Mitte links Ein Werbeplakat für das Flug-Turnier in Köln 1927, an dem nur Zivilflugzeuge teilnehmen durften.

67 unten links Die Lufthansa war die erste Fluggesellschaft der Welt, die Speisen und Getränke an Bord servierte. Auf dieser Fotografie von 1928 bedient ein Steward Reisende in der Passagierkabine der dreimotorigen Junkers G.31.

67 rechts Mit dem Erscheinen neuer und größerer Flugzeuge stiegen auch die Dienste an Bord der Maschinen. Diese Fokker F.XXXVI war mit Liegewagenkabinen ausgestattet - die holländische Gesellschaft KLM hatte diese Einrichtung für die Nachtflüge (1935) vorgesehen.

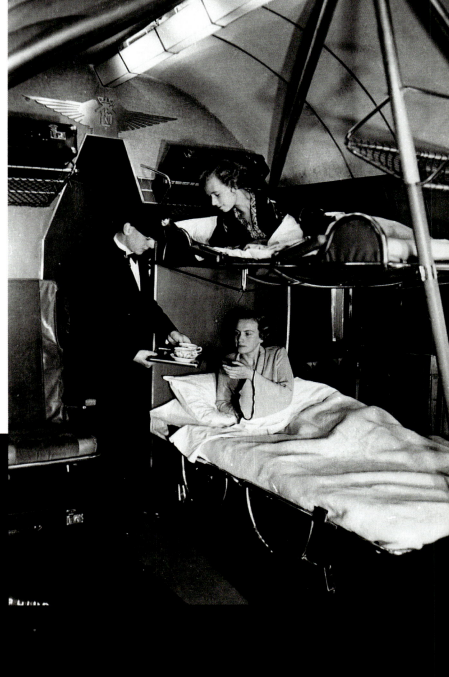

Die Geburt der Handelsluftfahrt 67

Die ersten Linienflugzeuge waren tatsächlich grob modifizierte, mehrmotorige Bomber bzw. zwei- oder dreisitzige einmotorige Maschinen; dabei mussten alle Unbequemlichkeiten, die diese beiden Flugzeugtypen enthielten in Kauf genommen werden: Lärm, Vibrationen, Stöße und eisige Temperaturen. Unter den meist benutzten Flugzeugen in dieser Epoche waren die Vickers Vimy, die Farman F.60, die Airco D.H.4, die Breguet Br.14 sowie die Bomber Handley Page, O/10 und O/11, die aus der Militärversion O/400 hervorgingen.

Die Vickers FB.27 - Vimy nach einer Schlacht des ersten Weltkriegs benannt - führte am 30.November 1917 seinen ersten Flug durch. Bei dem Flugzeug handelte es sich um einen Doppeldecker, bei denen die beiden 203-PS-Motoren Hispano-Suiza im Motorbock zwischen den zwei Flügeln montiert waren. Das Flugzeug wurde bereits früher bestellt um den Royal Flying Corps mit neuen Schwerbombern auszurüsten. Die Vimy besaß ein Doppelleitwerk und ein Vierrad-Fahrwerk, das mit Außenkufen versehen war. Die Mannschaft bestand aus drei Männern, während die Waffenlast aus zwölf 50-Kg-Bomben zusammengesetzt war. Die Entwicklung des Flugzeugs ging ziemlich mühselig voran, und der zweite und dritte Prototyp gingen bei Unfällen verloren. Bei Kriegsende im November 1918 hatte die Royal Air Force erst drei Serienflugzeuge erhalten. Die restlichen 232 Vimy wurden in der Nachkriegszeit gebaut und geliefert. Das Flugzeug blieb bis 1933 im Einsatz, als das letzte Exemplar in Ägypten schließlich zurückgezogen wurde. Das maximale Abfluggewicht betrug über fünf Tonnen und die Höchstgeschwindigkeit erreichte ca. 160 Km/h.

Die Forderungen der Zivilluftfahrt überzeugten die Vickers schließlich dazu, eine entsprechende Zivilversion der Vimy zu produzieren. Das neue Modell wurde „Vimy Commercial" benannt und flog zum ersten Mal am 13.April 1919. Es besaß einen größeren Rumpf, der bis zu zehn Personen in komfortablen Korbsitzen aufnehmen konnte. Hinter der Kabine gab es ein Kofferabteil, in dem bis zu 1.134 Kg Last getragen werden konnte. Auf den ersten Prototyp -eingetragen als G-EAAV - folgten unmittelbar drei Serienexemplare, die mit dem 456-PS-Motor Napier Lion bzw. dem 406-PS-Lorraine Dietrich ausgestattet waren. Eines der Vimy Commercial wurde von der französischen Gesellschaft Grands Express Aériens erworben, während die anderen beiden Exemplare an die englische Instone und später an die Imperial Airways gingen. Vierzig dieser Flugzeuge wurden dagegen für China konstruiert, doch nicht alle wurden geflogen. Insgesamt baute 336 Flugzeuge der Serie Vimy.

Die französische Farman F.60, genannt Goliath, war das bedeutendste Transportflugzeug der frühen Nachkriegszeit. Auch dieses Flugzeug wurde ursprünglich aus Bombern entworfen, doch der Krieg endete bevor die ersten Prototypen fertiggestellt werden konnten. Mit

68 oben In der Nachkriegszeit wurde der britische Bomber Vickers Vimy für Zivilflüge eingesetzt. Das für diesen Zweck eingeführte Commercial-Modell - hier auf dem Foto - verfügte über eine vollständige Passagierkabine.

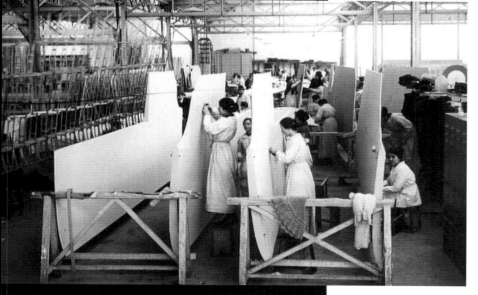

bemerkenswerter Weitsicht machte sich die Gesellschaft sofort daran die Bomber in Passagierflugzeuge zu transformieren: der originale Rumpf wurde durch einen neuen ersetzt, in welchem durch den Einbau von Kabinen in der Nase und im Hauptteil insgesamt zwölf Passagiere Platz fanden. Der Einweihungsflug des ersten Exemplars fand im Januar 1919 statt. Gleichzeitig wurden auch die Entwürfe der Militärversion weiterentwickelt, so dass die fertigen Exemplare schließlich ab 1922 im Dienst eingesetzt wurden. Die Zivilversion F.60 startete am 29.März 1920 mit der Compagnie des Grands Express Aériens auf der Strecke Paris-London zu ihrem ersten Linienflug. Kurze Zeit später wurde von der Farman die Strecke Paris-Bruxelles eingeweiht und 1921 bis Amsterdam und Berlin ausgeweitet. Die Goliath wurde bald von verschiedenen Fluggesellschaften in Frankreich, Rumänien, Belgien und der Tschechoslowakei (wo sie auch auf Lizenz konstruiert werden konnte) erworben. Es wurden über 60 Goliaths in Zivilversion hergestellt. Zu den Charakteristiken dieser Ausführung gehörten das Zweideck- und Zweimotorsystem, das Räderfahrgestell sowie die kreuzförmigen Schwanzflächen. Die beiden 260-PS-Radialmotoren Salmson C.M.9 brachten das Flugzeug auf eine Höchstgeschwindigkeit von 140 Km/h; der Flugbereich betrug 400 Km. Der F.60 besaß eine Flügelspannweite von 26,5 Metern, eine Länge von 14,33 Metern sowie ein maximales Abfluggewicht von 4.770 Kg.

69 links Herstellungstechniken nach dem Ersten Weltkrieg, der die Massenproduktion von Flugzeugen enorm angetrieben hatte. Die Fotografien wurden in der Farman-Fabrik in Billancourt gemacht und zeigen die verschiedenen Phasen der Flugzeugherstellung - von der Konstruktion und Verkleidung der Flügel bis zum Zusammenbau größerer Komponenten am Flugzeug.

69 rechts Innenraum einer Passagierkabine des Doppeldeckers Farman. Die Korbsitze sind kurioserweise vom Fenster abgewandt angeordnet und orientieren sich zum Gang hin.

68 unten Auch die französische Gesellschaft Farman passte ihre Produktion an die neuen Erfordernisse der Zivilluftfahrt an. Diese zwei Passagierflugzeugversionen des Farman F.60 Goliath traten ab 1919 in den Dienst ein.

Die Airco D.H.4 - entworfen von Geoffrey de Havilland - wurde 1916 als ein übriggebliebenes Aufklärungs- und Bombardierungsflugzeug eingeführt. Es handelte sich um einen großen Doppeldecker mit zweigeteilten Flügelfächern, der anfangs mit einem 200-PS Motor-BHP ausgestattet war. Die Besatzung bestand aus dem Piloten und einem Maschinengewehrschützen. Die D.H.4 besaß eine Höchstgeschwindigkeit von 160 Km/h in 4.570 Metern Flughöhe und konnte mit einer Bombenlast von über 300 Kg beladen werden. Das Flugzeug bewies sofort bemerkenswerte Flugeigenschaften und konnte sogar ohne ein Geleit von Jagdflugzeugen operieren. Während des Kriegs wurden 1.450 Exemplare hergestellt. Auf der Grundlage der Militärversion D.H.4 wurden nach dem Kriegsende zahlreiche Zivilflugzeuge entwickelt. Die Aircraft Transport benutzte die D.H.4 bis 1919 für die ersten Flugverbindungen mit dem europäischen Kontinent; später wurde von derselben Fluggesellschaft auch die D.H.4a eingesetzt, eine Version mit geschlossener Führerkabine für zwei Passagiere. Auch die Handley Page, SNETA und Instone hatten die D.H.4 im Programm. Die besten Exemplare davon waren mit einem 380-PS-Motor Eagle VIII bestückt und erreichten eine Höchstgeschwindigkeit von 230 Km/h; das maximale Abfluggewicht betrug über 1.800 Kg. Die größte Anzahl dieser Flugzeuge war jedoch mit den billigeren und üblicheren 203-PS- Zwölfzylindermotoren RAF 3A ausgestattet, die viel niedrigere Leistungen erbrachten.

Ein besonders bedeutendes Flugzeug jener Zeit war die deutsche Junkers F13 - der erste für den Zivilgebrauch konstruierte Ganzmetall-Eindecker. Das Flugzeug wurde aus dem Modell J10 (eingesetzt für taktische Luftunterstützung) hervor und flog zum ersten Mal am 25.Juni 1919 mit einem 160-PS-Motor Mercedes D.IIIa. Diese Erstversion besaß eine geschlossene Kabine für vier Passagiere sowie ein offenes Vorder-Cockpit, in dem die beiden Piloten Platz fanden. Später veränderte man den Rumpf um die Besatzung in einem geschlossenen Cockpit aufnehmen zu können. Der Mercedes-Motor wurde erst gegen den 185-PS starken BMW IIIa ausgetauscht, und dann den 210-PS-Junkers L-5. Das kleine Flugzeug (die Länge betrug 9,6 m, die Flügelspannweite 17,7 m und das Höchstgewicht 2.000 Kg) wurde ein für die damalige Zeit beachtlicher Verkaufserfolg: ca. 350 Exemplare wurden konstruiert, und die Produktion endete erst 1932. Es gab außerdem über 60 Varianten mit einem Fahrgestell aus Rädern, Schi bzw. Schwimmern. Die Junkers leitete von der F13 außerdem erfolgreich die zwei Transportflugzeuge W33 und W34 ab, die im Jahre 1926 zum ersten Mal geflogen wurden. Von der Struktur her ähnelten die neuen Maschinen sehr der F13 und wurden auf derselben Montagelinie konstruiert. Die Hauptunterschiede lagen in der vergrößerten Flügelspannweite (18,4 m) sowie dem maximalen Gewicht, das auf 3.200 Kg erhöht war. Der W33 wurde von dem 314-PS-Motor Junkers L-5 angetrieben, während der W34 anfangs mit einem 425-PS starkem Gnome-Rhone Jupiter VI ausgestattet war. Später führte

71 oben Personal der Lufthansa, das für die Instandhaltung und Reinigung der Flugzeuge zuständig war - hier bei einer Junkers F13. Auffällig ist die faltige Oberfläche des Rumpfs, dadurch war das Flugzeug insgesamt robuster.

71 Mitte Ein britischer Airco DH.4 Doppeldecker während des Fluges. Die geschlossene Passagierkabine befand sich vor dem Piloten, das Cockpit war offen.

71 unten Eine KLM Fokker F.VII auf einem holländischen Flugplatz. Dieses Flugzeug wurde 1924 konstruiert und konnte bis zu zehn Passagiere aufnehmen. Die 355-PS-Motoren wurden auf 530 PS erhöht.

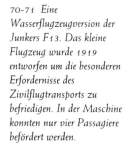

70-71 Eine Wasserflugzeugversion der Junkers F13. Das kleine Flugzeug wurde 1919 entworfen um die besonderen Erfordernisse des Zivilflugtransports zu befriedigen. In der Maschine konnten nur vier Passagiere befördert werden.

70 unten Die konventionelle Junkers F13 während eines Flugs in Afrika. Es war der erste Ganzmetall-Eindecker; die Maschine wurde ein kommerzieller Erfolg und wurde in 350 Exemplaren hergestellt.

man einen längeren und schlankeren Rumpf ein, so dass die Gesamtlänge 10,3 Meter erreichte. Während die W34 als Passagierflugzeug eingesetzt wurde, benutzte man die W33 im allgemeinen für den Waren- bzw. Posttransport, auch wenn der Einbau von sechs Passagiersitzen möglich gewesen wäre. Insgesamt wurden 1.990 Exemplare dieser Flugzeugfamilie (eingeschlossen der Militärversion K43) gebaut.

Eine weitere bekannte deutsche Firma, die erfolgreich von der Militär- zur Zivilkonstruktion wechselte war die Fokker (gegründet von dem Holländer Anthony Fokker). 1924 realisierte die Firma das Modell F VII, einen Eindecker mit hohen, freitragenden Flügeln. Der Rumpf war in Metallrohr-Struktur gebaut und mit einem 364 PS-Linienmotor Rolls-Royce Eagle ausgestattet.

Nachdem fünf Exemplare dieses Modells konstruiert wurden wechselte die Fokker im März 1925 zu der Version F VIIA. Bei dieser wurde die Zelle des vorhergehenden Modells beibehalten, jedoch in vielen Details ausgearbeitet. Die F VIIA wurde von verschiedenen Radial- Motortypen angetrieben, bei denen die Leistungen von 355 bis 530 PS reichten. Die Flügelspannweite betrug 21,7 Meter, die Länge 14,5 Meter und das maximale Abfluggewicht 5.300 Kg. Das Flugzeug konnte

eine Last von zehn Passagieren (oder ca. 1.000 Kg Waren) aufnehmen und erreichte eine Höchstgeschwindigkeit von 210 Km/h. Um den Reliability Trial der Ford gewinnen zu können transformierte Fokker eine seiner F VIIA in einen Dreimotor mit 243-PS-Whirlwind-Triebwerken. Die Version hatte besonders viel Erfolg und wurde als F VII-3m in Serie produziert. In den Dreißigern war das Flugzeug zusammen mit dem Modell F VIIB-3m (mit vergrößerten Tragflächen) stark unter den europäischen und amerikanischen Fluggesellschaften verbreitet. Die Fokker produzierte insgesamt 74 Exemplare beider Flugzeugmodelle; zahlreiche weitere Exemplare wurden unter Lizenz in Belgien, Großbritannien, Italien und Polen gebaut.

Die Geburt der Handelsluftfahrt | 71

72 oben Die Handley Lohn HP.42 war das größte Bodenflugzeug der 30-er Jahre, acht Exemplare wurden für die britische Imperial Airways gebaut. Trotz des veralteten Aussehens war die Maschine vollständig aus Metall konstruiert und flog zum ersten Mal im Jahr 1930.

72 Mitte links Zwei einmotorige Hamilton-Eindecker in den Vereinigten Staaten Ende der zwanziger Jahre. Auch diese Transportflugzeuge bestanden vollständig aus Metall.

72 Mitte rechts Werbung für einen Luftwettkampf in Miami - wahrscheinlich in den Dreißigern.

72 unten Eine TWA Douglas DC-3 über Manhattan im Jahr 1935. Zu jener Zeit war der Passagiertransport in den USA bereits gut entwickelt dank des berühmten, zweimotorigen Douglas.

In der Zwischenzeit begann sich die Zivilluftfahrt auch in Amerika immer mehr zu verbreiten. Dies war vor allem der von der Regierung finanzierten Privatisierung des Luftpostverkehrs zu verdanken - dadurch wurde den ersten Fluggesellschaften unter die Arme gegriffen. Aufgrund dieser 1925 im Kelly Act manifestierten Maßnahmen entwickelte sich der amerikanische Flugtransport, und innerhalb kurzer Zeit sollten die Vereinigten Staaten Europa auf diesem Gebiet überholt haben.
Das erste amerikanische Flugtransportunternehmen der Nachkriegszeit war die Aeromarine West Indies Airways, die 1920 gegründet wurde jedoch aus finanziellen Schwierigkeiten ihre Tätigkeit bereits 1923 einstellte. Nach 1925 bildeten sich dagegen zahlreiche Gesellschaften, die hauptsächlich um die Postlinien konkurrierten - diese konnten bequem mit dem Passagiertransport verbunden werden. Zwischen 1925 und 1926 wurden u.a. die Gesellschaften Stout Air Services, Florida Airways, Western Air Express

73 oben Zwei Werbeplakate - ein englisches und ein amerikanisches - informieren über den wachsenden Luftbeförderungsbereich in den 20-er und 30-er Jahren.

73 unten Auf dieser Fotografie von 1930 ist die erste Gruppe von Stewardessen zu sehen; sie arbeiteten für die amerikanische Fluggesellschaft United Airlines.

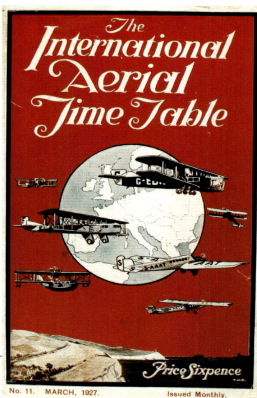

und Pacific Air Transport gegründet. Auch Henry Ford, der gefeierte Automobilhersteller, wollte sich in den Bereich der Luftfahrt wagen. Er gründete die Ford Air Transport Services und entwickelte ein modernes Transportflugzeug: die Ford Tri-Motor. Die Maschine sollte bald den amerikanischem Himmel überdecken und wurde zur Legende. Die Ursprünge der Tri-Motors gingen auf ein Projekt des Jahres 1922 zurück: die Stout 2-AT Pullman, einen Schulterdecker mit acht Sitzen, die mit einem einzigen 406-PS-Motor Liberty angetrieben wurde. Auf Anfrage Fords entwickelte Stout 1926 aus jenem Modell die 3-AT, doch das Projekt hatte keinen Erfolg hatte und führte zur der Entlassung Stouts. Im selben Jahr erschien jedoch noch die 4-AT, ein dreimotoriger Metall-Hochdecker in gewellter Beplankung, der mit acht Passagiersitzen ausgestattet war. Das Flugzeug ähnelte der 4-AT und startete am 11.Juni zu seinem Jungfernflug. Der erste und wichtigste Kunde der 4-AT war die Maddux Air Lines aus Los Angeles, die 16 Exemplare erwarb. 1928 wurde das Modell 5-AT eingeführt, das größer und robuster war sowie eine breitere Flügeloberfläche besaß. 17 Passagierplätze waren in dem Modell eingebaut. Die Flügelspannweite betrug 23,7 Meter, die Länge 15,3 Meter und das maximale Abfluggewicht erreichte bis zu 6.125 Kg. Ausgestattet mit drei 425-PS-Motoren vom Typ Pratt & Whitney Wasp SC-1 konnte die 5-AT bis zu 230 Km/h fliegen. Der Flugbereich betrug über 880 Km. Zwischen 1929 und 1931 wurden 117 Exemplare der 5-AT hergestellt. Dagegen wurden 198 Ford Tri-Motors in 30 Versionen an zahlreiche Fluggesellschaften verkauft, wie die American British Columbia, Curtiss Flying Service Eastern, Northwest und Transcontinental. Für Militärversion wurde außer von den amerikanischen Streitkräften auch in Australien, Canada, Kolumbien und Spanien benutzt. Das Flugzeug erwies sich als sehr robust und zuverlässig, und einige Exemplare wurden noch in den achtziger Jahren für Touristenflüge eingesetzt.

74 oben Eine der ersten Ford Tri-Motors. Die Maschine flog zum ersten Mal im Juni 1926 und war eine Weiterentwicklung der erfolglosen, einmotorigen 3-AT.

74 Mitte Die Passagierkabine einer Ford Tri-Motors 4-AT, die neben den zwei Piloten bis zu zwölf Reisende aufnehmen konnte.

74 unten Die Ford/Stout 2-AT Pullman von 1922 war das erste Modell der Flugzeugserie, die zur definitiven Tri-Motor 5-AT aus dem Jahr 1928 führte. Die Maschine konnte 17 Passagiere tragen.

75 oben Eine dreimotorige Fokker F.VII mit französischer Kennzeichnung kurz nach der Landung auf einem europäischen Flughafen von der Menge eingeschlossen. Die F.VII war die Hauptkonkurrentin der Ford Tri-Motor.

75 unten Ein wunderbares Flugbild der Ford Tri-Motor 5-AT der American Airways.

Die Geburt der Handelsluftfahrt | 75

In Europa begann sich unterdessen eine neue Generation von Transportflugzeugen zu entfalten, zu deren wichtigsten Vertretern die Handley Page H.P.42, die Junkers Ju-52 und die Doppeldecker de- Havilland Dragon gehörten. In Deutschland begann die Junkers kurz nach der geglückten Serie W33/34 die Arbeit an einem neuen großen, einmotorigen Flugzeug, das vorrangig für den Warentransport bestimmt war. Das Ergebnis war die Ju-52, der eine vollständig gewellte Metall-Beplankung besaß und an den Flügelhinterkanten mit den Junkers-patentierten, steuerbaren Tragflächen versehen war; diese wirkten als Klappen und Querruder. Der erste Flug der Ju-52 wurde am 13.Oktober 1930 durchgeführt. Aufgrund einer Motorenkraft von 800 PS konnte die Ju-52 bis zu 17 Passagiere befördern. 1931 beschloss das technische Büro jedoch das Flugzeug in einen Dreimotor zu transformieren, und man installierte zu diesem Zweck die 530-PS-Triebwerke Pratt & Whitney. Der Prototyp dieser schnelleren Version (303 Km/h) - genannt Ju-52/3m - startete im April 1932 zu seinem ersten Flug und wurde sofort zu einem Handelserfolg. Die Flügelspannweite der Ju-52/3m betrug 29,2 Meter, die Länge 18,9 Meter und das Höchstgewicht erreichte 10.500 Kg. Die ersten beiden Exemplare wurden bereits Ende 1932 an die Lufthansa geliefert; insgesamt hatte die Fluggesellschaft 230 Flugzeuge bestellt, die später geliefert wurden. Auch nach Finnland, Schweden und Brasilien wurden weitere Modelle exportiert. Die Ju-52/3m wurde in mehr als 25 Staaten in Europa, Afrika, Asien, Australien sowie Südamerika geflogen. Auch nach dem zweiten Weltkrieg konnte das Flugzeugs noch erfolgreich operieren: zahlreiche Modelle wurden in Frankreich (als AAC 1 Toucon) und in Spanien (C-352-L) konstruiert und noch für viele Jahre im Militär- und Zivilbereich eingesetzt. 1934 erschien dagegen die Militärversion Ju-52/3mg3e, von der tausende von Bomber- und Transportexemplaren gebaut wurden.
Die Handley Page H.P.42 war dagegen ein Flugzeug von veralteter Struktur. Er wurde in Hinblick auf die besonderen Anforderungen der Imperial Airways realisiert, die die Verbindungen zu den weit entfernten britischen Kolonien erhalten wollten. Bei dem Flugzeugentwurf wurde mehr auf die mechanische Zuverlässigkeit sowie den

76-77 Eine de Havilland DH.84 Dragon der Fluggesellschaft Misr Airwork bei einem Flug über den ägyptischen Pyramiden. Die Dragon wurde 1932 entworfen um Passagiere anfangs auf der London-Paris-Strecke zu befördern.

76 unten Eine de Havilland DH.89 Dragon Six der britischen Gesellschaft Olley Air Service. Insgesamt wurden 930 Exemplare der Dragon gebaut - sowohl in Zivil- als auch in Militärausführungen.

77 oben Innenraum der Handley Page HP.42 „Heracles" der Imperial Airways. Das Transportflugzeug wurde normalerweise auf der Strecke London-Paris eingesetzt und konnte bis zu 38 Passagiere befördern.

Passagier-Komfort geachtet als auf Schnelligkeit und große Nutzlasten. Das Ergebnis war ein viermotoriger Metall-Doppeldecker mit Doppeldecker-Schwanzflächen und dreifacher Abdrift. Bei den Motoren handelte es sich um den Typ Bristol Jupiter XIF mit 500 PS, der das Flugzeug zu einer Höchstgeschwindigkeit von 204 Km/h antrieb. Die Flügelspannweite betrug 39,6 Meter, die Länge 27,3 Meter und das maximale Abfluggewicht erreichte bis zu 13.380 Kg. Das erste Exemplar flog im November 1930. Die Produktion wurde jedoch auf nur acht Flugzeuge begrenzt: vier E-Versionen für die asiatischen Flugstrecken (Passagier-Aufnahmefähigkeit: 24) und vier W-Versionen (mit 560-PS-Motoren) mit 38 Passagierplätzen für die europäischen Flugwege.
Die für Kurzstreckenflüge bestimmte de Havilland Dragon-Serie von zweimotorigen Doppeldeckern war dagegen weitaus erfolgreicher. Das erste Serienmodell, die D.H.84 wurde auf die Anfrage einer Zivilluftfahrt-Gesellschaft hin konstruiert, die ein leistungsstarkes, zweimotoriges Passagierflugzeug für die Verbindung England-Paris forderte. Die Dragon besaß elegante, holzartige Außenflächen, ein festes Fahrgestell sowie zwei 132-PS-Motoren de Havilland Gipsy Major. Sechs Passagiere konnten aufgenommen werden. Der Jungfernflug des ersten Exemplars fand am 12.November 1932 statt. 1934 wurde aus dem Modell die D.H.89 Dragon Six abgeleitet, die mit zwei 203-PS-Motoren Gipsy Six ausgestattet war. Das Serienflugzeug wurde dagegen Dragon Rapide benannt und konnte bis zu zehn Passagiere transportieren. Insgesamt wurden 782 Exemplare der D.H.89 gebaut, von denen eine Vielzahl während des zweiten Weltkriegs eingesetzt wurde. In der Nachkriegszeit formte die D.H.89 das Rückgrat vieler Fluggesellschaften, darunter u.a. der Jersey Airways, KLM und Iraqi Airways. Einige Exemplare wurden noch bis in die achtziger Jahre hinein benutzt.

77 unten links Eine von oben fotografierte Junkers Ju.52 mit österreichischen Farben. Die erste Ju.52 wurde 1930 als einmotoriges Transportflugzeug entworfen; das Modell wurde erfolgreich, als man ab dem siebten Exemplar damit begann drei Motoren einzubauen.

77 unten rechts Eine schöne Ansicht der Handley Page „Heracles" beim Starten. Dieses viermotorige Flugzeug erreichte eine Höchstgeschwindigkeit von 200 km/h und besaß einen Flugbereich von ca. 800 km.

Die Geburt der Handelsluftfahrt

In den Vereinigten Staaten begann sich unterdessen dank dem Watres Act von 1930, der das Luftpost-Vertragssystem völlig erneuert hatte der Horizont des Flugzeugtransports zu verändern: die großen Monopolgesellschaften, wie z.B. die United Air Lines mussten Marktabteile abgeben um eine Konkurrenzformung zu ermöglichen. In diesem rationalisierten Umfeld wurde aus einer Fusion zwischen Transcontinental und Western Air Express die TWA gegründet. Die American Airways erwarb daraufhin den Southwest Air Fast Express, während im Westen die Eastern Air Transport den Platz der Ludington Air Lines einnahm. 1933 dominierten vier gr oße Fluggesellschaften den amerikanische Markt : American, TWA, Eastern und United. Die internationalen Fluglinien waren dagegen Monopol der Pan American.

Der technische Wendepunkt der Vorkriegszeit wird gegen Mitte der dreißiger Jahre angesetzt, als die ersten wirklich modernen Flugzeuge erschienen. Damit sollte der Handelstransportflug vollkommen veränder t werden.

Vorreiter dieser neuen Flugzeugkategorie war die Boeing 247, die gegen Ende 1932 entworfen wurde. Das Flugzeug wurde v on dem Bomber Model 215 hergeleitet, war jedoch ein völlig neuer und innovativer Entwurf. Zu Recht wird die 247 als erstes modernes Passagierflugzeug angesehen. Er besaß eine ausgeprägte aerodynamische F orm mit freitragenden Flügeln und kreuzförmigem Leitwerk. Die beiden Motoren waren in den Flügeln eingebaut. Außerdem war das Flugzeug vollständig aus Metall konstruiert und besaß ein Einziehfahrwerk. Entlang der gesamten Flügel- und Leitwerkränder war eine pneumatische Enteisungsanlage befestigt worden. Die Flügelspannweite betrug 22,5 Meter, die Länge 15,7 Meter und das maximale Abfluggewicht 6.200 Kg. Angetrieben von zw ei 600-PS-Motoren vom Typ Pratt & Whitne y konnte das Flugzeug zehn Passagiere über Entfernungen bis 1.200 Km mit einer Höchstgeschwindigkeit von 322 Km/h transportieren; vor allem jedoch konnte eine Reisegeschwindigkeit von 304 Km/h beibehalten werden. Der Prototyp flog am 8.Februar 1933, woraufhin sofort 60 Exemplare des 247 von den vier Gesellschaften der United Air Lines bestellt wurden; andere Firmen bestellten weitere 15 Flugzeuge. 1934 erschien eine verbesserte Version - die 247D. Dieser enthielt die neuen Verstellpropeller, neue NACA-Motorenverkleidungen sowie aerodynamische Windschutzscheiben.

Trotz seiner avantgardistischen Eigenschaften hatte die Boeing 247 jedoch ein zu stark reduziertes Fassungsvermögen um wirtschaftlich wirksam zu sein, und das Produktionsvermögen der Boeing war zu niedrig um die Nachfragen rechtzeitig bestreiten zu können. 1932 war Jack Frye von der Trans World Airlines (TWA) auf der Suche nach einem Flugzeug, das die Fokker TriMotor ersetzen konnte - doch die Boeing konnte ihm die 247 nicht vor zwei Jahren Wartezeit liefern. Er wandte sich also an andere Konstrukteure, und unter den Angeboten fiel seine Wahl schließlich auf Donald Douglas. Obwohl die Spezifikationen der TWA schwierig waren, wollten die Ingenieure der Douglas ein Flugzeug realisieren, dass die Boeing 247 in seinen Leistungen übertraf und die letzten technologischen Neuerungen enthielt: Einziehfahrgestell, die NACA-Motorhaube sowie Klappen, die die Landegeschwindigkeit reduzierten ohne jedoch die Fluggeschwindigkeit zu benachteiligen - eine technische Eigenschaft, die der Boeing fehlte. Der Prototyp des neuen Flugzeugs, genannt DC-1 (Douglas Commercial 1) war bereits am 1.Juli 1933 flugbereit. Damals erschien das Flugzeug enorm: 26 Meter Flügelspannweite, 18,3 Meter Länge und 7.875 Kg maximales Abfluggewicht. Die Motoren waren zwei 710-PS-Wright Cyclone, die mit den neuen Verstellpropeller bestückt waren. Das Flugzeug war fähig mit nur einem Motor zu fliegen und zu steigen. Die TWA war zufrieden und bestellte 25 Exemplare. Um den Innenbereich zu vergrößern wurden einige Veränderungen vorgenommen: der Rumpf wurde um 60 cm verlängert, wodurch zwei Passagierplätze gewonnen wurden (insgesamt waren es jetzt 14); auch die Motoren hatte man neu eingestellt. Das Flugzeug wurde DC-2 genannt und beeindruckte die gesamte Luftfahrtwelt. Anthony Fokker fragte nach den Verkaufsrechten für Europa und stellte sofort einige Exemplare in der holländische KLM auf. Um eine Anfrage der American Airlines nach

78 oben Eine Douglas DC-2 der American Airlines. Die DC-2 war 60 cm länger als die DC-1 und konnte 14 statt 12 Passagiere aufnehmen.

78 unten links Die TWA war die erste Gesellschaft, die im Jahr 1933 die revolutionäre Douglas DC-1 einführte. Hier ein Exemplar auf einem amerikanischen Flughafen kurz vor dem Abheben.

79 oben links Die Passagierkabine der revolutionären, zweimotorigen Boeing 247. Trotzdem konnte das Flugzeug nur zehn Passagiere aufnehmen und besaß keine Nachflügel. Es wurde bald von der erfolgreicheren DC-3 übertroffen.

79 oben rechts Eine flugfertige Boeing 247. Sie war der erste Metall-Eindecker mit niedrigen, freitragenden Flügeln, Einziehfahrwerk und einer Enteisungsvorrichtung. Der erste Flug fand 1933 statt, in demselben Jahr wurde auch die DC-1 eingeführt.

79 unten Eine spektakuläre Sicht auf die DC-3 mit voll funktionierenden Motoren. Dieses Flugzeug wird als das erste, moderne Handelsflugzeug angesehen und bildet für viele Jahre die Basis der Luftbeförderung. Während des zweiten Weltkriegs wurde auch eine Militärversion gebaut.

einem Flugzeug mit Liegeplätzen zu befriedigen wurde 1934 die Douglas DST konzipiert. Diese enthielt einen breiteren Rumpf, der mit 14 Kojen ausgestattet wurde. 1936 trat die Maschine in den Flugverkehr ein. Statt der Liegeplätze konnten jedoch auch 21 Sitze eingebaut werden. Diese Version wurde DC-3 benannt und besaß bedeutende Unterschiede zu der DC-2. Das neue Modell war ausgestattet mit einem hydraulisch einziehbarem Fahrgestell, neuen Propellern, Fahrgestellstoßdämpfern und dünneren Flügeln. Die Spannweite war um drei Meter vergrößert worden.

Die DC-3 war weitaus leichter zu steuern als sein Vorgänger; doch was wirklich die Gesellschaften anzog, war die Möglichkeit 21 Passagiere aufnehmen zu können. Damit wurde die DC-3 zur ersten Maschine, die den Flug allein mit den verkauften Passagiertickets bezahlen konnte. Eine Fluggesellschaft, die mit der DC-3 ausgestattet war, konnte sicherlich eher Gewinne als Verluste erzielen. In kurzer Zeit wurde das Modell zum Standard des amerikanischen Flugzeugtransports: im Jahr 1939 flogen 75 Prozent der amerikanischen Flugpassagiere in einer DC-3.

Der zweite Weltkrieg erlebte eine Massenproduktion dieses Modells - sowohl für die amerikanischen Streitkräfte (bei der US Army C-47 Skytrain genannt, bei der Navy dagegen R4D) als auch für russische Luftwaffe und die englische RAF, wo es unter Dakota bekannt war. Von vielen wurde bestätigt, dass die C-47 eines der Hauptfaktoren für den Sieg der Alliierten bildete; es war ein unermüdliches Transport- und Fallschirm-Abwurf-Flugzeug. Gerade ihr verbreiteter Kriegseinsatz bewirkte, dass in der Nachkriegszeit unzählige C-47 in verschiedenen Versionen und Motorenausstattungen auf der ganzen Welt erfolgreich benutzt wurden - bis in die heutigen Tage hinein.

78 unten rechts Eine Douglas DC-3 der British European Airways. Das definitive Modell der DC-Serie wurde aus dem DST-Modell entwickelt. Die Maschine besaß 21 Passagierplätze und trat 1936 in den Dienst ein.

Kapitel 16

Die Seeflugzeuge und die großen Überflüge

In dem Zeitraum zwischen den beiden Weltkriegen trug das Seeflugzeug in besonderer Weise zu der Entwicklung und Verbreitung der weltweiten Luftfahrt bei. Gerade aufgrund der Tatsache, dass dieser Flugzeugtyp keine besonderen Start- und Landestrukturen benötigte sondern von jedem beliebigen Wasserspiegel Gebrauch machen konnte, erschien das Wasserflugzeug als ein ideales Mittel für die Entwicklung des Flugwesens, für die Erkundung ferner Länder sowie für die Handelsverbindungen zwischen den Kontinenten.

Das erste Wasserflugzeug der Geschichte wurde von dem französischen Ingenieur Henri Fabre konstruiert. Fabre, der aus einer Reeder-Familie stammte wurde 1882 in Marseille geboren und begeisterte sich schon von klein auf für das Fliegen. Ab 1906 begann er sich ernsthaft diesem Hobby zu widmen: er setzte sich in Verbindung mit den französischen Luftfahrtpionieren Voisin, Blériot und Farman und begann Schleppgleitflugzeuge zu konstruieren, die er dann im Berre-See erprobte. Im Jahr 1909, nachdem er zum Abflug und zur Wasserlandung fähige Modelle entwickelt hatte, baute Fabre ein Wasserflugzeug mit drei Schwimmern und drei 125-PS Anzani Motoren. Aufgrund des übermäßigen Gewichts und der schlechten hydrodynamischen Form war der Entwurf jedoch nicht flugfähig. Fabre machte sich also an die Konstruktion eines neuen, kleineren Flugboots mit Canard-Aerodynamik, bei der sich Flügel und Motor in Heckposition und die Schwanzflächen am Bug befanden. Das neue Modell besaß wiederum drei Schwimmer, wurde aber von einem einzigen 50-PS Gnome Motor angetrieben. Am 28.März 1910 startete es zu seinem ersten Flug: die Ära der Seeflugzeuge hatte begonnen.

Schon nach kurzer Zeit begann man vor allem im Militärbereich bedeutende Erfolge mit dem neuen Flugapparat zu erzielen. 1911 erschienen in Italien zwei neue Wasserflugzeuge, die von den Marineoffizieren Alessandro Guidoni und Mario Calderara gebaut wurden. Doch auch in Frankreich, Belgien und den Vereinigten Staaten erzielte man bemerkenswerte Fortschritte. Der Amerikaner Glenn Curtiss war besonders erfolgreich auf diesem Gebiet und ließ am

80 unten Mario Calderara, ein Offizier der italienischen Luftwaffe war einer der ersten Piloten von Wasserflugzeugen. Hier befindet er sich in Brescia, vor dem Beginn des Olofredi Wettbewerbs 1909.

81 oben Das erste Wasserflugzeug der Welt wurde von dem Franzosen Henri Fabre gebaut. Auf dem Foto vom 28.März 1910 ist er bei einem Testflug mit seinem Flugzeug auf dem Berre See zu sehen.

81 Mitte Nach dem unglücklichen Versuch von 1909 befindet sich Henri Fabre hier knapp über der Wasseroberfläche an der Steuerung seines ersten erfolgreichen Wasserflugzeugs.

81 unten links Fabre, der Flugpionier auf dem Wasser, steht hier neben dem Propeller eines seiner Flugzeuge. Er wurde 1882 in Marseille geboren und starb 1984 im Alter von 102 Jahren.

81 unten rechts Eine weitere Fotografie von Fabres Wasserflugzeug - diesmal bei einem Flug auf dem Mittelmeer in der Nähe von Monte Carlo, 1914.

26.Januar 1911 sein erstes Wasserflugzeug fliegen. Durch die Erfahrungen gestärkt, nahm Curtiss 1912 mit seiner Triad bei einem Flugtreffen in München teil. Im selben Jahr baute er auch das Model F, ein Flugzeug mit zentralem Rumpf. Die Curtiss-Company verkaufte 150 Exemplare vom Model F an die US Navy sowie eine ziemlich große Anzahl davon auch an andere Marinen, darunter u.a. die italienische. Auch dank der 1912 gegründeten Schneider-Trophäe wurden die Fortschritte vorangetrieben. Bei der Veranstaltung handelte es sich um ein Wettfliegen, das Seeflugzeugen vorbehalten war. Der erste Wettkampf wurde 1913 in München ausgetragen. Sieger wurde das Deperdussin-Wasserflugzeug mit einem 160-PS-Motor, das mit einer Durchschnittsgeschwindigkeit von 98 Km/h die geforderte Rennstrecke flog.

Die Seeflugzeuge und die großen Überflüge

Beim Ausbruch des ersten Weltkriegs war das Flugboot bereits ein gängiger Flugzeugtyp. Während des Konflikts wurden weltweit tausende von Exemplaren konstruiert und waren zahlreich unter den Marineluftwaffen verbreitet. Als besonders nützlich erwies sich das Wasserflugzeug in Aufklärungs- und Patrouilleeinsätzen, vor allem in den Zonen der Nordsee und der Adria. Die meist eingesetzten Typen waren die österreichischen Lohner E und L, die Macchi L.1 (konstruiert auf der Grundlage einer eingefangenen Lohner L) sowie die französisch-englische F.B.A.C. Später erschienen auch Kampf-Wasserflugzeuge wie die Hansa-Brandenburg KDW, W.12 und W.29, die Sopwith Baby und die Macchi M.5. Weitere erfolgreiche Flugboote waren die Curtiss H-12 und H-16, das Übungsmodell N-9, die Macchi M.9 sowie die britische Felixstowe F.2A.

In der Nachkriegszeit bot der beendete Konflikt keinen Antrieb mehr für die Luftfahrtentwicklung. Die Streitkräfte machten sich nun daran große Flugunternehmungen zu fördern und durchzuführen, um die Leistungen und die hervorragende Qualität des Wasserflugzeugs vorzuführen. Vor dem Krieg waren die Möglichkeiten der Flugzeuge sehr eingeschränkt, und Luftfahrterkundungen wie Blériots Ärmelkanal-Überflug 1909 oder die Mittelmeer-Überquerung von Roland Garros 1913 (von der Cote d'Azur bis nach Tunesien) waren relativ harmlos. Der erste Weltkrieg gab der Luftfahrt-Entwicklung jedoch einen enormen Antrieb, und bereits 1919 gab es Boden- und Wasserflugzeuge, die in der Lage waren eine der ureigenen Grenzen der Erde zu überwinden: den Atlantischen Ozean.

82-83 oben Während des Ersten Weltkriegs wurden auch Wasserflugzeuge weitreichend eingesetzt. Hier wird ein französisches Modell für den Überseetransport auf ein Militärschiff geladen.

82-83 unten Das erste erfolgreiche amerikanische Wasserflugzeug war die Curtiss Hydroaeroplane, entwickelt im Jahr 1911.

83 oben Eines der meist bekannten Militär-Wasserflugzeuge war die deutsche Arado Ar.196, die zum ersten Mal 1937 flog. Es wurden über 600 Exemplare gebaut und im zweiten Weltkrieg eingesetzt.

83 Mitte Aufgrund eines eingenommenen österreichischen Lohner-Wasserflugzeugs konnte auch Italien während des ersten Weltkriegs Hydroplane konstruieren, darunter war u.a. diese Macchi M.5.

83 unten Die Hansa-Brandenburg W.12 war eines der ersten Jagd-Wasserflugzeuge und wurde während des ersten Weltkriegs eingesetzt. Dieses Exemplar gehörte der österreichischen Marine.

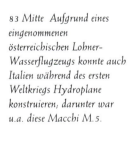

Die Seeflugzeuge und die großen Überflüge | 83

Am 15.Mai startete die amerikanische Marine die erste Atlantiküberquerung. Drei Curtiss-Wasserflugzeuge hoben von Neufundland ab um ein koordiniertes Schiffsmanöver mit 41 Zerstörern, die im Ozean als Orientierungshilfen aufgestellt wurden durchzuführen. Das Ziel lag im Erreichen der Azoren und dann Portugals. Wegen eines Sturms konnte jedoch nur ein Flugzeug unbeschädigt die Azoren erreichen. Es flog von dort aus nach Lissabon, wo es am 27.Mai wasserte. Die nächste große Unternehmung mit dem Seeflugzeug war die Reise um die Welt, die 1923 von dem Air Service der amerikanischen Armee organisiert wurde. Eigens zu diesem Anlass konstruierte die Douglas vier Modelle, die mit World Cruiser (DWC) benannt wurden und von dem Torpedoflugzeug DT-2 hergeleitet waren. Diese zweisitzigen Doppeldecker besaßen einen 420-PS-Motor Liberty und waren mit Schwimmern ausgestattet; für die Landung auf dem Festland konnte aber ebenso ein Radfahrgestell angebracht werden. Am 6.April 1924 hoben die vier Flugzeuge von Seattle ab und folgten einer Flugstrecke über Alaska, Japan, China, Indien, Frankreich, Großbritannien und Neufundland. Zwei von ihnen erreichten am 9.September Washington und dann die Westküste - nach einer Reise von fast 43.000 Kilometern.

Ein noch größeres Unternehmen wurde 1925 von Francesco De Pinedo durchgeführt. Er war Offizier der italienischen Marine und Veteran des italienisch-türkischen sowie des 1.Weltkriegs. Mit der Gründung der königlichen Luftwaffe 1923 verließ De Pinedo die Marine und wurde zum Verfechter des Flugboots bei der neuen Streitmacht. Um die Möglichkeiten und Vorzüge des Wasserflugzeugs vorführen zu können begann er 1924 ein Abenteuer vorzubereiten, das noch eklatanter sein sollte als das von den Amerikanern gerade verwirklichte. De Pinedo arbeitete also eine Flugstrecke aus, die über Rom, Melbourne und Tokio führte und ca. 40.000 Km Flug entlang der Küste, 8.000 Km auf offenem Meer und nicht weniger als 7.000 Km auf dem Festland mit einschloss. Nachdem ihm die Durchführung seines Plans bewilligt wurde wählte De Pinedo zum Fliegen das gewöhnliche Modell Savoia Marchetti S.16ter - ein Doppeldecker mit Treibschraube und einem 400-PS Motor Lorraine. Er taufte sein Gefährt auf den Namen „Gennariello." Am 20.April 1925 startete der Oberstleutnant De Pinedo in Begleitung seines Gehilfen, dem Feldwebel Ernesto Campanelli (einem Mechaniker) vom Gewässer des Lago Maggiore. Der Flug ging nicht ohne Schwierigkeiten vonstatten, - vor allem aufgrund von Problemen in der Schmieranlage - doch am Ende wurden alle Flugabschnitte von Bagdad nach Java, Melbourne, Sidney und Tokio abgedeckt. Die „Gennariello" wasserte am 7.November 1925 unter großen Feierlichkeiten glücklich auf den Gewässern des Tibers in Rom.

Am 13.Februar 1927 startete De Pinedo in Begleitung des Kapitäns Carlo De Prete und des Mechanikers Vitale Zacchetti erneut zu einem Flug mit seinem Seeflugzeug Savoia Marchetti S.55 „Santa Maria". Diesmal sollte die Reise bis nach Südamerika und Amazonien gehen und von dort wieder nordwärts hinauf in die Vereinigten Staaten. In Phoenix, Arizona fing das Flugzeug während einer Betankung Feuer und musste ersetzt werden. Nach einer zurückgelegten Flugstrecke von fast 45.000 Km erreichten die drei Abenteurer am 16.Juni schließlich Ostia. Nachdem er zum General befördert wurde organisierte De Pinedo noch 1928 und 1929 zwei großaufgestellte Flüge mit Militär-Wasserflugzeugen über das westliche und östliche Mittelmeer.

84 oben Eines der drei dreimotorigen Curtiss NC-4 Flugzeuge der US Navy, die im Mai 1919 versuchten den Atlantik zu überqueren, jedoch ohne Erfolg.

84 unten Zwei FBA Wasserflugzeuge der italienischen Marine während des ersten Weltkriegs. Auf dem linken Flugzeug sitzt Francesco de Pinedo, der 1925 als interkontinentaler Überflieger berühmt werden sollte.

84-85 1923 plante die amerikanische Armee eine Weltreise mit vier Douglas DT-2 World Cruisern. Zwei davon schafften es, das Unternehmen zwischen April und September 1924 erfolgreich auszuführen.

85 Mitte Der Douglas World Cruiser konnte sowohl mit konventionellem Fahrgestell für das Festland als auch mit Schwimmern für Wasserlandungen ausgerüstet werden.

85 unten De Pinedo und Campanelli an Bord der „Gennariello" Savoia Marchetti S.16ter, die Maschine wurde 1925 für den Wettflug Rom-Melbourne-Tokyo-Rom benutzt.

Die Seeflugzeuge und die großen Überflüge

Doch der Erfolg und die Popularität, die De Pinedo genoss wurden von den italienischen Militärspitzen der Luftfahrt nicht gern gesehen, und er wurde nun von den angesehenen Stellungen ferngehalten.

Das letzte große Unternehmen mit dem Wasserflugzeug in der Hauptrolle fand im Jahr 1933 statt und beruhte auf einer Initiative des damaligen Luftwaffen-Untersekretärs General Italo Balbo. Dieser hatte bereits 1930 mit Erfolg einen Flug von Italien nach Brasilien unternommen. 1933, zum Anlass des zehnjährigen Gründungsjahres der königlichen Luftwaffe wollte Balbo einen prunkvollen Flug von Italien in die Vereinigten Staaten und zurück organisieren - unter Einbeziehung eines gesamten Geschwaders von Kriegsflugzeugen. Die Absicht lag darin, der ganzen Welt die technischen und militärischen Möglichkeiten der italienischen Luftwaffe vorzuführen und zu beweisen, dass diese in der Lage war nicht nur eines sondern eine Vielzahl von Flugzeugen in weit entfernte Gebiete zu entsenden. Nach monatelangen Vorbereitungen in der Navigationsschule von Orbetello konnte die Expedition am 1.Juli 1933 mit 25 Savoia Marcchetti S.55X-Flugbooten von Orbetello aus starten. Die Gesamtmannschaft bestand aus mehr als 100 Personen. Trotz eines tragischen Unfalls bei der ersten Zwischenlandung in Amsterdam, wo ein Flugzeug und ein Besatzungsmitglied verloren gingen verlief der Rest des Überflugs perfekt. Dank der in enger Flugaufstellung hervorragend ausgebildeten Männer konnte auch das Unwetter am Atlantik hervorragend überwunden werden. Die 24 Flugzeuge erreichten am 15.Juli Chicago - Stätte der Weltausstellung - und flogen dann weiter nach New York. In beiden Städten wurden Balbo und seine Männer mit einzigartigen Feierlichkeiten empfangen. Am 12.August kehrte die Expedition mit 23 Flugzeugen - ein weiteres ging bei den Azoren verloren - nach Rom zurück. Die Angelsachsen waren derart beeindruckt von der Flugexkursion, dass von da an der Begriff „Balbo" in der englischen Flugfachsprache als Synonym für Großformationen von Flugzeugen benutzt wurde.

Doch in den zwanziger und dreißiger Jahren blieb das Wasserflugzeug nicht nur dem Militär vorbehalten, sondern wurde auch zu Handelszwecken verstärkt eingesetzt. Die S.55 hatte im Juli 1923 ihren ersten Flug als Militärflugzeug durchgeführt, doch da das Luftfahrtministerium wenig Interesse an allzu innovativen Flugzeugen zeigte formte man das Modell kurze Zeit später für den Zivilgebrauch um. 1926 trat die S.55 - mit zehn Passagierplätzen ausgestattet - in den Flugbetrieb der Aero Espresso Italiano ein und wurde darauffolgend in verschiedene Länder exportiert. Das Flugzeug zog schließlich das Interesse der Luftwaffe auf sich, die ca.100 Exemplare erwarb und bis 1939 einsetzte. Der S.55 vorausgehend wurde 1919 die SIAI S.16 konstruiert. Dieser einmotorige Doppeldecker war eigens für den Passagiertransport entworfen worden. Er fand beachtlichen Erfolg und wurde auf Lizenz auch in Frankreich und Spanien zu hunderten von Exemplaren hergestellt.

86 oben Nordamerika war das Ziel der Luft-Kreuzfahrt zur Zehnjahresfeier. Auf der Fotografie sind einige der 24 Savoia S.55X zu sehen, die Amerika erreichten und hier vom St. Laurence Fluss in Montreal aus starteten.

86 unten links Eine Formation von S.55X fliegt im Juni 1933 über die Freiheitsstatue von New York.

86 unten rechts Italo Balbo hob die italienische Luftwaffe aus der Wiege und wurde dessen Unterstaatssekretär; er war ein großer Anhänger von Flugturnieren, die dazu dienten, das Ansehen der italienischen Regierung, Luftwaffe und Industrie auf der ganzen Welt zu steigern.

87 oben links Die Savoia S.55 war das wichtigste Flugzeug, das die italienische Luftwaffe für die großen Langstreckenflüge benutzte. Bei dem Wasserflugzeug handelte es sich um einen Eindecker mit doppeltem Rumpf, die zwei 930-PS-Motoren Isotta Fraschini Asso ermöglichten eine Höchstgeschwindigkeit von 280 km/h und einen Flugbereich von 3.500 km.

87 oben rechts Das Ziel des Überfluges war die Weltausstellung in Chicago. Hier wird Balbo mit einer offiziellen Feier von der amerikanischen Stadt begrüßt.

87 unten Auf dieser Fotografie sind einige verankerte S.55 während einer Rast zu sehen.

88 oben Die deutsche Dornier Do. X, gebaut 1929, war zu jener Zeit das größte Flugzeug der Welt. Das riesige Wasserflugzeug besaß zwölf Motoren und wurde für Passagierflüge auf den Atlantikstrecken konstruiert.

88 unten links Auf dieser Querschnitt-Zeichnung der Dornier Do. X kann man die Innenanordnung des Flugzeugs betrachten.

Die Dornier war eine weitere Gesellschaft, die sich in der Flugboot-Herstellung auszeichnete. Im November 1922 fand der erste Flug der Dornier J Wal statt. Das Modell wurde von vielen als bestes Transport-Wasserflugzeug der zwanziger Jahre bezeichnet und wurde sowohl für den Zivil- als auch den Militärgebrauch entworfen. Die Dornier J Wal besaß einen zweistufigen Rumpf mit zwei Stabilisierungsflossen sowie Parasol-Flügel, in die zwei Tandemmotoren eingebaut waren. Die Besatzung bestand aus vier Personen. Im Hinterabteil - das je nach Anfrage der Kunden verschieden gestaltet werden konnte - stand Platz für Passagiere oder Waren zur Verfügung. Da in einer Klausel des Waffenstillstandsabkommen von Versailles Deutschland die Konstruktion von Schwerflugzeugen verboten worden war, wurde die Serienproduktion der Società Costruzioni Meccaniche in Pisa anvertraut. Mit der Do.J Wal erzielte man sofort einen großen Verkaufserfolg, und das Flugzeug wurde auf Genehmigung auch in der Schweiz, Holland und Japan konstruiert. Die Wal wurde auch für einige Forschungsreisen benutzt: 1925 erwarb der Forscher Ronald Amundsen zwei Exemplare um eine Reise zum Nordpol durchzuführen, während 1932 einige Wals für Weltreiseflüge benutzt wurden. 1934 weihte die Lufthansa mit der Do.J Wal die Luftpostverbindung zwischen Europa und Südamerika ein - eine vier-Tages-Flugstrecke, die über Stockholm bis nach Natal in Brasilien führte und einen Tender inmitten des Ozeans erforderte. Im Jahr 1926 wurde als Nachfolger der Wal die Do.R Super Wal konstruiert: das Flugzeug wurde von zwei 660-PS-Motoren vom Typ Rolls-Royce Condor angetrieben und verfügte über einen verlängerten Rumpf sowie eine größere Flügelspannweite. Wie die J Wal enthielt auch die Super Wal eine vierköpfige Besatzung, während die Passagierplätze auf 19 Stück erweitert wurden. Die Fortentwicklung der Flugserie führte schließlich zur Do.R4, die 1927 konstruiert wurde. Dieses Modell besaß vier 525-PS Bristol Jupiter Motoren sowie eine um ca. 30 Prozent vergrößerte Ladefähigkeit. Das letzte Modell der von Wal entwickelten Wasserflugzeuglinie war die Do.X - zum Zeitpunkt ihres Jungfernflugs am 25.Juli 1929 war es das größte Flugzeug der Welt. Die Idee, die das Projekt angetrieben hatte bestand in der Realisierung eines Flugzeugs, das 100 Passagiere quer über den Ozean transportieren sollte und jenen dabei eine Bequemlichkeit zu bieten hatte, die sonst nur auf Überseedampfern oder Luftschiffen anzutreffen war. Das Flugzeug besaß einen einzigen zentralen Flugkörper, drei Decks, und war sogar ausgestattet mit Schlafkabinen, Salons, Baderäumen und Speisezimmern. Der Rumpf besaß eine Länge von 40 Metern und die Flügelspannweite dehnte sich auf über 48 Meter aus. Die ursprünglichen zwölf 500-PS Siemens-Jupiter-Motoren konnten dem Flugzeug, das ein maximales Abfluggewicht von über 50 Tonnen erreichte nicht genug Flugsicherheit bieten. Später tauschte man sie gegen zwölf 640-PS-Motoren Curtiss-Conqueror ein, die der Do.X einen Probeflug mit nicht weniger als 170 Passagieren an Bord ermöglichten. Der Einweihungsflug startete am 2.November 1930, wurde jedoch wiederholt von Unfällen und mechanischen Problemen heimgesucht, so dass man nach Zwischenstationen in Amsterdam, den kanarischen Inseln und Brasilien erst zehn Monate später am 27.August 1927 endlich New York erreichte. Die Do.X wurde daraufhin zum Opfer vieler Journalisten, die die Unternehmung kritisierten und verspotteten.

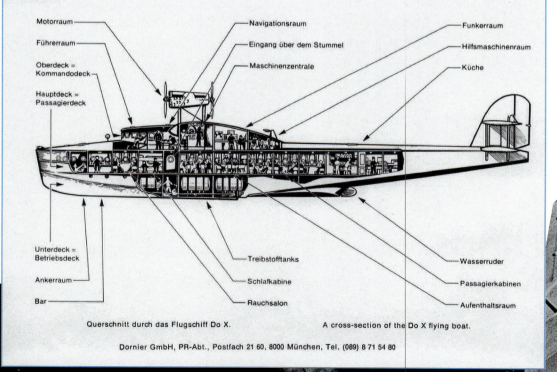

88 unten rechts 1935 wurde auch eine Aufklärungsversion der Dornier Do.24 entworfen und im zweiten Weltkrieg eingesetzt. Auch die Luftstreitkräfte in Deutschland, Holland, Spanien und Frankreich benutzten das Flugzeug.

89 oben links In den eleganten Passagierkabinen des Do. X sollte den Reisenden der größtmögliche Komfort geboten werden.

89 oben rechts Die Dornier Do. J Wal war wahrscheinlich das beste Transport-Wasserflugzeug der zwanziger Jahre. Die Maschine flog zum ersten Mal 1922 und wurde in ca. 500 Exemplaren hergestellt. Dieses Modell wird auf das deutsche Schiff „Westphalen" geladen.

89 unten Die Ankunft der Dornier Do. X in New York während ihres Einweihungsfluges. Aufgrund einiger Schwierigkeiten verlängerte sich der Flug - vom 2.November 1930 bis 27.August 1931 - und gab damit Anlass zu teils begründeten Kritiken.

90 oben Die Boeing 314 Clipper war das größte Passagier-Wasserflugzeug der Geschichte. Es wurde ab Februar 1939 von der Pan American auf den Trans-Pazifik und -Atlantikstrecken eingesetzt. Das Flugzeug konnte bis zu 74 Passagiere aufnehmen und besaß einen maximalen Flugbereich von 5.600 km.

90 Mitte Die Innenräume der Boeing 314 waren geräumig und komfortabel. Hier eine der Besatzungskabinen mit dem Rundfunkbediener und dem Bordingenieur.

90 unten Die Sikorsky S.42 war eine der Vorgängerinnen der B.314. Pan Am setzte den S.42 ab August 1934 auf den Karibik- und später auch auf den Pazifikstrecken ein.

90-91 Die Martin M-130 trat im September 1935 in den Dienst ein und war Konkurrentin der S.42; die Pan Am erwarb das Flugzeug für die Pazifikstrecken. Hier ein Exemplar beim Abheben an der Bucht von San Francisco. Darunter die Golden Gate Bridge, die sich damals noch in der Bauphase befand.

Die für jene Zeiten übermäßig große und anspruchsvolle Do.X wurde nie mehr als Linienflugzeug eingesetzt, doch das sollte nicht heißen, dass die Epoche der großen Transport-Wasserflugzeuge beendet war. Im Gegenteil- in den USA der Dreißiger wurde die Entwicklung verschiedener, neuer Flugzeuge vorangetrieben, die vor allem geschaffen wurden um die Bedürfnisse der Pan American zu erfüllen, jenem Transportunternehmen, das dank seines amerikanischen Regierungsvertrags die Monopolstellung auf die internationalen Postflüge genoss. Juan Trippe, Manager der Fluggesellschaft erkundigte sich bei Sikorsky (die bereits einige hervorragende Amphibien-Transportflugzeuge konstruiert hatte) nach einem größeren und leistungsfähigeren Flugzeug. Das Ergebnis dieses Auftrags wurde die 1929 eingeführte S-40. Das Modell bestand aus einem einfachen Bootskörper, doppeltem Rumpf und wurde von vier 580-PS Pratt & Whitney Hornet Motoren angetrieben. Die S-40 konnte 40 Passagiere auf Langflugstrecken von bis zu 1.600 Kilometern transportieren. Das erste Exemplar wurde „American Clipper" benannt und begann im November 1931 seinen Einsatz im Flugverkehr. Der Berater der Pan Am Charles Lindbergh machte sich bereits daran, ein besseres Flugzeug zu empfehlen: die Sikorsky realisierte daraufhin die S-42, während die Martin mit der M-130 antwortete. Die Pan Am erwarb beide Modelle. Im August 1934 war die S-42 fertig und wurde sofort für die Karibikstrecken eingesetzt. Da die Pan Am jedoch auch die Pazifikstrecken fliegen wollte, nahm man an der S-42 einige Veränderungen vor um Erforschungsflüge durchführen zu können. 1935 wurden von der Fluggesellschaft die Arbeiten zur Konstruktion von Landeflächen an der Hauptstrecke des Pazifiks eingeleitet: in Honolulu, Midway, Wake und Guam. Im Oktober selben Jahres begann auch die Martin M-130 ihren Flugdienst. Es war ein großes, elegantes, viermotoriges Flugzeug, das eine Strecke von mehr als 5.100 Km mit einer Geschwindigkeit von 240 Km/h fliegen konnte. In dieser Zeitspanne erhielt die Pan Am die letzten Bewilligungen, die für den Ausbau der Flugnetze erforderlich waren und begann die Linienflüge für den Pazifikbereich und Neuseeland durchzuführen. Doch zwei Unfälle im Jahr 1937, die zum Verlust der M-130 und zahlreicher Menschenleben führten brachten die Gesellschaft in Schwierigkeiten. Juan Trippe reagierte entschlossen und brachte eine neue Strategie hervor: die Nutzung der Atlantikstrecke mit dem neuen Flugzeug, das er vor einem Jahr bestellt hatte - der Boeing 314. Zweifellos handelte es sich dabei um das schönste Handelsflugzeug jener Zeit, und bis Ende der sechziger Jahre blieb die Boeing 314 sogar das größte Transportflugzeug. Es besaß hohe, freitragende Flügel sowie vier 1.520-PS-Motoren vom Typ Wright R-2600 Cyclone. Die B-314 wurde aus dem Entwurf des Bombers XB-15 hergeleitet, von dem die Flügelspannweite von 46,3 Metern beibehalten wurde und an einen neuen, zweideckigen Rumpf von 32,3 Metern Länge ankoppelt wurde. Ebenfalls auf den Namen „Clipper" getauft konnte dieses Flugzeug 40 Passagiere in bequemen Schlafkabinen oder 74 Reisende auf Sitzplätzen aufnehmen und bis zu 5.600 Km lange Flugstrecken mit einer Reisegeschwindigkeit um die 300 Km/h ausführen. Das maximale Abfluggewicht betrug 37.420 Kg. Ab 22.Februar 1939 wurde die B-314 auf den Fluglinien des pazifischen und atlantischen Ozeans zum Einsatz gebracht.

Die Seeflugzeuge und die großen Überflüge

Doch schon kurze Zeit später sollte der Ausbruch des zweiten Weltkriegs jegliche Weiterentwicklung des Handels-Transportflugzeugs zum Stillstand bringen. Im Militärsektor wurden die Wasser- und Amphibienflugzeuge jedoch weiterhin benutzt – wenigstens in den Bereichen, in denen ihre Eigenschaften besonders vorteilhaft waren: Aufklärung, Patrouillieren sowie Rettungsdienste zur See. Zu den Flugzeugen, die sich im weiteren Kriegsverlauf besonders hervorhoben gehörten die Modelle Heinkel He-115, Dornier Do.18 und Do.24, Supermarine Walrus, Arado Ar.196, Kawanishi H6K und H8K, Blohm und Voss Bv.138; die berühmtesten waren dagegen die CANT Z, die Short Sunderland sowie die Consolidated PBY Catalina.

Dank der Fähigkeiten des Ingenieurs Filippo Zappata konstruierte die Fluggesellschaft Cantieri Riuniti dell'Adriatico (CRDA) in den dreißiger Jahren zwei erfolgreiche Serien von Militär- und Zivil-Wasserflugzeugen, die zu hunderten von Exemplaren produziert wurden. Am 7.Februar 1934 flog zum ersten Mal das Hydroplan Cant Z.501, ein Eindecker mit zentralem Rumpf, Parasol-Flügeln und einem 900-PS-Motor Isotta Fraschini Asso XI. Das Flugzeug war ursprünglich als Langstrecken-Aufklärungsflugzeug und Bomber entworfen worden, besaß eine Höchstgeschwindigkeit von 275 Km/h sowie einen Flugbereich von 2.400 Km. Die Z.501 trat 1937 in den Flugdienst ein und wurde sowohl im spanischen Bürgerkrieg als auch während des gesamten 2. Weltkriegs eingesetzt, wobei sie bis 1948 im Dienst der italienischen Luftwaffe blieb. Kurze Zeit später, am 19.August 1935 flog die Cant Z.506 zum ersten Mal. Abgeleitet von dem Postflugzeug Z.505 war die Z.506 dagegen als Passagier-Transportflugzeug für die Fluggesellschaft Ala Littoria entworfen worden. Die Z.505 war ein dreimotoriger Tiefdecker mit traditionellem Leitwerk sowie zwei großen, unter den Flügeln befestigten Schwimmern. Die 750-PS-Radialmotoren Alfa Romeo 126 RC 34 verliehen dem Flugzeug eine Geschwindigkeit von 365 Km/h und einen Flugbereich bis zu 2.750 Km. Er besaß ein maximales Abfluggewicht von über zwölf Tonnen und konnte bis zu 14 Passagiere transportieren. Die königliche italienische Luftwaffe bestellte 1937 die ersten 32 Exemplare und bearbeitete sie für den Gebrauch als Bombardierungflugzeuge. Doch mit Anbruch des Krieges wurde die Z.506 für weniger riskante Aufgaben bestimmt, wie z.B. Aufklärungs-, Such-, Rettungs- und Evakuierungseinsätze. Das Flugzeug blieb bis 1960 im italienischen Dienst.

Die Short S.25 wurde dagegen im Jahr 1937 auf eine Spezifikation des britischen Ministeriums nach einem neuen, viermotorigen Seeaufklärungsflugzeugs hin entworfen. Der erste Flug fand am 16.Oktober 1937 statt, und im Frühjahr 1940 erschien das Serienmodell Sunderland MK.I. Es handelte sich dabei um einen großen Schulterdecker mit einem Hauptrumpf, wobei in den Flügeln vier 1.024-PS-Radialmotoren vom Typ Bristol Pegasus XXII eingebaut waren. 13 Männer bildeten die Besatzung, und die Waffenausrüstung aus acht 7,7mm-Maschinengewehren brachte dem Flugzeug den Beinamen „fliegendes Stachelschwein" ein. Angesichts der hervorragenden Eigenschaften dieses Modells entwickelte man im weiteren Verlauf des Krieges immer bessere Versionen, die auch zur U-Boot-Abwehr sowie Schiffsangriffen eingesetzt wurden. Die letzte Version MK.V war mit einem Anti-Schiffsradar ausgestattet und verfügte über vier 1.217-PS-Motoren Pratt & Whitney Twin Wasp, mit denen das Flugzeug eine Höchstgeschwindigkeit von 340 Km/h erreichen konnte. Der Flugbereich betrug über 4.300 Km. Die Kriegsfracht, bestehend aus Bomben oder Minen erreichte ein Gewicht bis zu 2.250 Kg, während das maximale Abfluggewicht ca. 30 Tonnen betrug. Die Sunderland blieb bis 1945 in Produktion wobei ca. 740 Exemplare gebaut wurden.

Das vielleicht berühmteste Wasser- bzw.Amphibienflugzeug der Geschichte war die Consolidated PBY Catalina., die 1933 als Antwort auf die Forderung der US Navy nach einem neuen Aufklärungshydroplan konstruiert

92 oben Zwei britische Amphibienflugzeuge „Supermarine Walrus" werden von weiteren Wasserflugzeugen eskortiert. Die Walrus trat 1935 in den Dienst ein und wurde während des gesamten 2.Weltkriegs von der RAF und der Fleet Air Arm als Seenotrettungsflugzeug eingesetzt.

92 unten Eine Cant CRDA Z.501 im Tiefflug. Das Wasserflugzeug mit dem Spitznamen „Möwe" flog zum ersten Mal im Februar 1934 und blieb bis 1948 bei der italienischen Luftwaffe im Dienst.

93 oben Flugfotografie einer englischen Short S.25 Sunderland. Dieses viermotorige Beobachtungs-Flugzeug war besonders wirksam und flexibel, es wurde außerdem für den Anti-U-Boot-Kampf und Anti-Schiffs-Angriff eingesetzt.

93 unten Die amerikanische Consolidated Catalina PBY war vielleicht das berühmteste Amphibienflugzeug der Geschichte und flog zum ersten Mal 1935. Es wurden über 4.500 Exemplare gebaut. Anfangs war es nur ein Wasserflugzeug, doch nach zahlreichen verbesserten Versionen konstruierte man 1940 schließlich die PBY-5A.

wurde. Der erste Prototyp flog am 28.März 1935; es war ein Eindecker mit Parasol-Flügeln, zwei darin eingebauten Radialmotoren, schlankem Rumpf und erhöhten Schwanzflächen. Ebenfalls 1935 bestellte die Marine die ersten 60 Exemplare des Serienflugzeugs PBY-1. Vor dem zweiten Weltkrieg schuf die Consolidated bereits weitere drei Versionen mit allmählichen Verbesserungen, die vor allem die Motoren sowie die Bewaffnung betrafen. 1940 erschien das Modell PBY-5A, das durch seine Amphibien-Fähigkeiten besonders flexibel war. Diese Version war mit 1.217-PS-starken Twin-Wasp-Motoren bestückt und flog mit einer Höchstgeschwindigkeit von 288 Km/h; der Flugbereich betrug über 4.000 Km. Ausgerüstet mit fünf Maschinengewehren und einer bis 1.800 Kg schweren Ladung besaß die PBY-5A ein maximales Abfluggewicht von über 16 Tonnen.

Man konstruierte die Catalina in größter Eile, um die Anforderungen der Amerikaner und Alliierten zu befriedigen (700 Stück wurden allein an die RAF geliefert); die Maschine wurde benutzt in U-Boot-Abwehreinsätzen, als Aufklärungs- und Patrouilleflugzeug, Bomber, Such- und Rettungsflugzeug. Insgesamt wurden über 4.500 Exemplare produziert (davon ca.1.000 auf Lizenz in der Sowjetunion). Die Catalina war ein hervorragend robustes und verlässliches Flugzeug, und viele Exemplare wurden in einigen Ländern noch bis in die sechziger Jahre eingesetzt. Noch heutzutage gibt es einige Catalinas, die in guten Flugbedingungen erhalten sind.

Das Ende des zweiten Weltkriegs markierte jedoch den unvermeidbaren Niedergang des Wasserflugzeugs. Bereits in der Vorkriegszeit waren im Bereich der Transportflugzeuge die Hydroplane von den kostengünstigeren, viermotorigen Bodenflugzeugen ersetzt worden, welche aufgrund der besseren Aerodynamik und des leichteren Gewichts besser und schneller flogen. Außerdem wurden wegen der Kriegserfordernisse jede Menge Flughäfen gebaut, so dass kein Bedarf mehr bestand an Flugzeugen, die die ökonomischen Wasserflächen für Start- und Landeoperationen nutzen konnten.

In der Nachkriegszeit wurden jedoch noch viele Wasserflugzeug-Typen für spezielle Einsätze hergestellt, um vor allem in Gebieten wie Kanada, Alaska und den Pazifikinseln zu operieren. Ein auffallendes Beispiel ist die Canadair CL215, ein zweimotoriges Hochdecker-Amphibienflugzeug, das Mitte der sechziger Jahre für Feuerlöscheinsätze entworfen wurde. Bestückt mit zwei 2.129-PS-Radiarmotoren vom Typ Pratt & Whitney R-2800, die eine Höchstgeschwindigkeit von 305 Km/h ermöglichen kann die CL 215 bis zu 5.450 Liter Wasser aufladen und über dem nächstliegendem Brand ergießen. 1989 erschien die aktualisierte Variante CL215T, in der die alten Kolbenmotoren durch Turbopropeller ersetzt wurden. Schließlich wurde 1993 die Serienversion CL415 eingeführt, die außer dem Turbopropeller auch verschiedenen Neuerungen im aerodynamischen sowie im avionischen Bereich enthält. Von der Canadair-Amphibienflugzeug-Serie, die noch immer in Produktion ist wurden weltweit ca.200 Exemplare verkauft.

94 oben 14. Juni 1919: Der historische Abflug von Alcock und Brown mit der Vickers Vimy vom St. John -Flugfeld, Neufundland um 16:13.

94 unten Das wenig glorreiche Ende der Vimy von Alcock und Brown. Nach ihrem erfolgreichen Transatlantikflug landeten sie in einem irischen Rieselfeld, welches den Piloten von oben als ein geeigneter Landeplatz erschien.

Auch mit Landflugzeugen wurden Marathonflüge und wichtige Expeditionen unternommen, die in bemerkenswerter Weise dazu beitrugen den Horizont der Menschen sowie die Entwicklung des Flugzeugs zu erweitern. Die beiden berühmtesten Flugunternehmungen waren vielleicht die Exkursion von John Alcock und Arthur Brown im Jahr 1919 sowie das Einzelunterfangen von Charles Lindbergh 1927.

Ab 1913 bot die britische Tageszeitschrift Daily Mail die beachtliche Summe von 10.000 Sterling als Preisgeld, die derjenige Pilot erhalten sollte, der es schaffte in maximal 72 Stunden und mit nur einer Zwischenlandung den atlantischen Ozean zu überqueren. Während des ersten Weltkriegs ging der Preis in Vergessenheit, doch unmittelbar nach dem Kriegsende begann der Wettlauf um das Gewinnen - 1918 waren Pilot und Flugzeug bereits den Erfordernissen gewachsen. Im Frühjahr 1919 klopften zwei Personen - beide ehemalige Offiziere der RAF - im Abstand von drei Wochen an der Tür von Vickers an um sich als Kandidaten zu bewerben. Bei dem einen handelte es sich um den Flugexperten und -lehrer John Alcock; der andere war Arthur Brown - ein Beobachter, der sich auf moderne Techniken der Astro- und Blindnavigation spezialisiert hatte. Die Vickers besaß ein für jene Anforderungen geeignetes Flugzeug, den zweimotorigen Bomber Vimy, bei dem die Motoren Rolls Royce Eagle VIII sowie ein größerer Tankbehälter (für bis zu 3.500 Liter Treibstoff) eingebaut wurden. Nach einem einzigen Probeflug beschlossen die beiden von Neufundland aus zu starten, so dass man die dort vorherrschenden Atlantikwinde, die von Ost nach West wehten zu seinem Vorteil nutzen konnte. Nach der Schiffsreise, dem Wiederzusammenbau des Flugzeugs auf einem Feld in St.John und schließlich dem Warten auf günstigere Wettervorhersagen bereiteten sich Alcock und Brown am 14.Juni 1919 zum Abflug vor. Nach einem atemberaubenden Anlauf, bei dem sich das Flugzeug im letzten Augenblick vom Boden erhob, nahm die Vimy von Nebel umhüllt Kurs auf Irland. Der Flug ging nicht ohne Probleme vonstatten: erst setzte die Funktion des Radios aus, dann löste sich das Ablassrohr von einem der Motoren

Die großen Unternehmungen mit Landflugzeugen

95 oben John Alcock und Arthur Brown - die zwei mutigen Piloten, die am 14.Juni 1919 nach einem Flug von 16 Stunden 27 Minuten als Erste den Atlantischen Ozean überflogen.

95 unten Die von der Landung in Irland übel zugerichtete Vickers Vimy. Den zwei Piloten erging es zum Glück besser.

und letztendlich wurden die Thermalfluganzüge der Piloten beschädigt. Nach zehnstündigem Flug trafen die beiden auf eine Gewitterfront - doch es blieb ihnen nichts anderes übrig, als gerade weiter durchzufliegen. Die Vimy fand sich den Luftströmungen im Innern der Wolken ausgesetzt und begann spiralförmig hinabzustürzen; knapp fünfzig Meter über den Ozeanwellen schaffte es Alcock schließlich die Kontrolle über das Flugzeug wiederzuerlangen. In Dunkelheit und Regen begannen sie wieder an Höhe zu gewinnen, doch stießen dort diesmal auf Vereisungen. Als die beiden es endlich schafften ans Sonnenlicht vorzubrechen lag Irland bereits weniger als 200 Km vor ihnen. Der Flug wurde weniger heldenhaft beendet, da die Vimy sich mit der Nase in eine Bewässerungswiese einpflanzte, die von oben herab eine landegeeignete Grasfläche zu sein schien. Wie dem auch sei - das Unternehmen wurde in 16 Stunden und 27 Minuten ausgeführt! Die beiden Piloten wurden im ganzen Land gefeiert und bekamen außer den 10.000 Sterling noch Ritterehrungen zugesprochen.

Die Seeflugzeuge und die großen Überflüge

Das Unterfangen von Charles Lindbergh

Acht Jahre später war der Amerikaner Charles Lindbergh Hauptdarsteller eines weiteren heldenhaften Flugs. Auch in diesem Fall trieben der Geldpreis ebenso wie die Aussicht auf Ruhm den Ehrgeiz des Piloten an. In der Tat stellte der französische Unternehmer Raymond Orteig aus New York einen Preis von 25.000 Dollar aus, der demjenigen Piloten zuteil werden sollte, der als erster einen Nonstop-Flug von New York nach Paris verrichtete. Lindbergh, ein 25 Jahre alter Pilot hatte bereits Erfahrungen in Flugzirkussen, der Armee sowie im Postdienst gesammelt und beschloss, dass die beste Lösung ein spezielles Flugzeug mit einem einzigen Piloten und ohne Radio sei. Die Ryan-Gesellschaft aus San Diego konstruierte Lindberghs Flugzeug, die NPY: es war ein kleiner, einmotoriger Hochdecker mit einem riesigen Behälter für 1.700 Liter Kraftstoff, der zwischen dem Motor und der winzigen Pilotenkabine angebracht war. Die Stadt des Sponsors lieferte den Namenspaten für das Flugzeug: „Spirit of St. Louis". Nach einer gewissenhaften Vorbereitung startete Lindbergh am 20.Mai 1927 um 7.52 morgens vom Curtiss Field in New York; er hatte die Nacht beinahe schlaflos verbracht. Der Flug verlief ohne besonders dramatische Momente - sieht man von den ständigen Schlafattacken ab, die den Piloten während des 33-einhalb-stündigen Flugs überfielen. Nach einer zurückgelegten Strecke von 5.700 Km landete Lindbergh am 21.Mai um 22.22 Uhr in Paris Le Bourget. Mit diesem Flug erlangte Lindbergh höchstes Ansehen und einen definitiven Platz in der Geschichte der Luftfahrt.

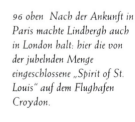

97 oben rechts Charles Lindbergh mit seinem Flughelm. Der 25 Jahre junge Amerikaner überquerte als erster allein den atlantischen Ozean und sicherte sich damit einen ehrenvollen Platz in der Geschichte.

97 unten links Das Titelblatt eines berühmten Lieds mit einer Illustration von Charles Lindberghs Ryan NYP.

97 unten rechts Die „Spirit of St. Louis" war ein experimentelles Flugzeug. Es hatte kein Radio, besaß aber einen riesigen Tankbehälter für 1.700 Liter Kraftstoff und ein einsitziges Cockpit, das jedoch keine direkte Vorsicht bot.

96 oben Nach der Ankunft in Paris machte Lindbergh auch in London halt: hier die von der jubelnden Menge eingeschlossene „Spirit of St. Louis" auf dem Flughafen Croydon.

96 unten Die Stadt New York bereitete Lindbergh einen einzigartigen Empfang, wie auf dieser Fotografie vom Broadway zu sehen ist.

97 oben links Die Ryan NYP im Flug. Lindbergh benötigte für die 5.700 km lange Strecke von New York nach Paris 33einhalb Stunden.

Die Seeflugzeuge und die großen Überflüge

Die Schneider-Trophäe

Der 16. April 1913 war das Datum, an dem zum ersten Mal das Wettfliegen um die Schneider-Trophäe für die Coupe d'Aviation Maritime Jacques Schneider veranstaltet wurde; es war ein 10 Km langer Flugzirkel, der 28 Mal zurückgelegt werden mußte.
Ausgelobt wurde die Trophäe von Jacques Schneider, dem Sohn des Industrieinhabers einer gleichnamigen Rüstungsfabrik. Er wollte mit der Trophäe die Entwicklung der Wasserflugzeuge fördern, die seiner Meinung nach unter allen Flugzeugtypen die meiste Beachtung verdienten, da doch sieben Zehntel der Erdoberfläche mit Wasser bedeckt sind.
Der Wettstreit um die Trophäe sollte jährlich jeweils an einem Ort ausgetragen werden, den der Sieger des Vorjahres bestimmen durfte. Hatte eine Nation die Trophäe drei Mal im Verlauf von fünf Jahren gewonnen, würde ihr der endgültige Sieg zugesprochen werden.
Die erste Veranstaltung wurde im Fürstentum Monaco ausgetragen. Gewinner war der Franzose Maurice Prévost mit seinem 160-PS-Hydroplan Deperdussin. Das zweite Wettfliegen - organisiert von Frankreich - fand am 20. April 1914 erneut in Monaco statt und wurde diesmal von dem Engländer Howard Pixton gewonnen. Er flog eine Sopwith Tabloid mit einer Durchschnittsgeschwindigkeit von 139,66 Km/h. Der erste Weltkrieg hatte die regelmäßige Wettbewerbsaustragung unterbrochen, doch in der Nachkriegszeit waren der Wettkampfsgeist sowie das Interesse an der Veranstaltung höher denn je. Die dritte Ausgabe der Trophäe fand am 10. September 1919 in Bournemouth, England statt. Aufgrund eines Unwetters schaffte es jedoch nur ein Flugzeug - die italienische SIAI S.13 - den Rundflug auszuführen. Da aber die richtige Ausführung wegen des Nebels nicht geprüft werden konnte, beschlossen die Veranstalter keinen Preis zu vergeben doch die Organisation des nächsten Wettbewerbs den Italienern anzuvertrauen. 1920 wurde das Wettfliegen also in Venedig ausgetragen - mit der Teilnahme von vier italienischen Flugzeugen. Sieger wurde der Kapitänsleutnant Luigi Bologna mit seiner SIAI S.12. Auch im darauffolgenden Jahr waren es drei Italiener und ein Franzose, die wieder in Venedig um die Trophäe wetteiferten. Diese wurde am 11. August von dem Italiener De Briganti gewonnen, der mit seiner Macchi M.7 eine Durchschnittsgeschwindigkeit von 189,67 Km/h flog. Das sechste Rennen wurde in Napoli ausgetragen, doch die Dinge verliefen nicht nach der gewünschten Vorstellung: der Brite Henri

Biard besiegte die italienischen und französischen Mannschaften. Er flog die Supermarine Sea Lion II, die von einem 456-PS-Motor zu einer Durchschnittsgeschwindigkeit von 234,51 Km/h angetrieben wurde. Am 28.September fand man sich auf der Isle of Wight zusammen, wo zum ersten Mal ein Amerikaner den Sieg davontrug: Rittenhouse schlug die Engländer und Franzosen, indem er mit seiner Curtiss CR-3 eine Durchschnittsgeschwindigkeit von 285,45 Km/h flog. Aufgrund fehlender Teilnehmer wurde das Wettfliegen 1924 nicht ausgetragen. 1925 siegte der Leutnant Doolittle vor den Engländern und Franzosen. Doolittle besaß eine Curtiss R3C-2, die ausgestattet mit einem 600-PS-Motor die beindruckende Durchschnittsgeschwindigkeit von 374,27 Km/h fliegen konnte. 1926 beschlossen die Engländer und Franzosen nicht an dem Wettkampf teilzunehmen. Sie besaßen nur ein Jahr um neue Flugzeuge zu entwickeln, und hielten es somit für unmöglich die Amerikaner schlagen zu können. Dies galt jedoch nicht für die höchst engagierten Italiener; diese wurden vom faschistischen Regime angetrieben, das einen eindrucksvollen Sieg erwartete. Die Macchi entwickelte also die M.39, während Fiat den neuen 800-PS-Motor A.S.2 konstruierte. Der Wettkampf wurde in Norfolk, Virginia ausgetragen und war eine italienisch-amerikanische Herausforderung. Die Macchi schien der Curtiss überlegen zu sein, und die Italiener gewannen den ersten - mit De Bernardis Fluggeschwindigkeit von 396,68 Km/h - und dritten Platz.

1927 fand das Wettfliegen in Venedig statt. Diesmal war England mit einem hervorragenden Flugzeug vertreten: der Supermarine S.5. Die Maschine wurde aus dem Modell S.4 entwickelt, welches 1926 aufgrund eines Unfalls nicht beim Wettbewerb benutzt werden konnte. Trotz der von den Italienern auf die Macchi M.52 gesetzten Erwartungen, war es der Kommandant S.N.Webster, der mit seiner S.5 siegte - mit einer beeindruckenden Durchschnittsgeschwindigkeit von 453,28 Km/h. Nach dieser Niederlage gründeten die Italiener in Desenzano die Flugschule Scuola di Alta Velocità della Regia Aeronautica, mit dem Ziel die begehrte Trophäe zu gewinnen. Von nun an wurde der Wettkampf zweijährig ausgetragen, da das Entwerfen neuer Flugzeuge immer komplexer wurde. 1928 jedenfalls - außerhalb der Schneider-Trophäe- stellten die Italienern in Venedig einen Fluggeschwindigkeits-Weltrekord auf: Mario De Bernardi war es, der mit seiner Macchi M.52R eine Höchstgeschwindigkeit von 479,29 Km/h erreichte. 1929 fand das Wettfliegen in Calchot, England statt, wo das Heimteam mit der neuen Supermarine S.6 ohne Schwierigkeiten den Sieg erlangte - die beiden italienischen Macchi MC.72 mussten sich schon im zweiten Durchgang zurückziehen. Italien plante nun eine Revanche mit einem fabelhaften Wasserflugzeug, der Macchi MC.72; doch leider war dieser des 12.Wettflugs am 13.September 1931 noch nicht fertiggestellt. Allein Großbritannien nahm in jenem Jahr teil mit dem Kommandanten J.N. Boothman, der eine S.6B (mit 2.332-PS-Motor Rolls Royce R) benutzte. Boothman gewann und England wurde endgültig die Schneider-Trophäe verliehen.

Da den Italienern nun schon die Trophäe entgangen war, tröstete man sich wenigstens teilweise mit dem Sieg der Coppa Blériot 1933. Außerdem stellte das Land 1934 den Geschwindigkeits-Weltrekord auf, als der Unterfeldwebel Francesco Agello die Grenze von 709,20 Km/h erreichte. Der Rekord wurde bis 1939 nicht geschlagen und steht in der Kategorie der Wasserflugzeuge noch bis heute.

98 oben Die erste Schneider-Trophäe wurde in Monte Carlo ausgetragen. Sieger wurde Maurice Prévost, der dieses 160-PS Deperdussin-Wasserflugzeug flog.

98 unten Die außergewöhnliche Macchi MC.72 war das wichtigste Flugzeug, das im Jahr 1931 bei der Schneider-Trophäe fehlte; die Maschine war zu jenem Zeitpunkt noch nicht fertig. 1934 stellte die MC.72 mit 709,20 km/h den Geschwindigkeitsweltrekord für Wasserflugzeuge auf - dieser ist bis heute noch unübertroffen geblieben.

99 oben Ein Reklameplakat der Gloster, die den Sieg ihres Modells VI bei dem King's Cup Race von 1929 verkündet.

99 unten Der französische Geschäftsmann Jacques Schneider gründete den gleichnamigen Wettbewerb mit dem Ziel, die Entwicklung der Wasserflugzeuge voranzutreiben.

Schneider-Trophäe Siegerliste

1913	Frankreich
1914	Frankreich
1919	nicht vergeben
1920	Italien
1921	Italien
1922	Großbritannien
1923	Vereinigte Staaten
1924	nicht ausgetragen
1925	Vereinigte Staaten
1926	Italien
1927	Großbritannien
1929	Großbritannien
1931	Großbritannien

Kapitel 17

Der zweite Weltkrieg: die Alliierten

Der Ausbruch des zweiten Weltkriegs war keinesfalls eine Überraschung; tatsächlich waren die Militärplaner bereits seit geraumer Zeit an der Arbeit. Über Jahre hinweg zogen die Kriegswolken über Europa, Afrika und Asien, wo bereits in den Dreißigern verschiedene Konflikte durchlebt wurden. Alle besaßen einen gemeinsamen Ursprung: den extremen Nationalismus einiger totalitärer Regierungen, dessen Expansions- und Machtpolitik zur Entfachung und Nährung von Kriegen führten. Der chinesisch-japanische Krieg, der spanische Bürgerkrieg und der Krieg in Äthiopien demonstrierten dem Rest der Welt, dass die Regime in Italien, Deutschland und Japan dazu entschlossen dazu waren, ihre eigene, anmaßende Überlegenheit mittels Gewaltanwendung zu behaupten.

Ende der dreißiger Jahre fand in Europa ein wahres Wettrüsten statt, ein Prozess, der zum Erscheinen von Flugzeugen führte, die weitaus moderner und leistungsfähiger waren als die nur wenige Jahre jüngeren Vorgänger. In den Vereinigten Staaten fand dieser Rüstungswettlauf erst nach 1938 statt, als der Kongress - alarmiert durch den Militärerfolg Japans und die bedrohliche Politik Hitlers in Europa - wirtschaftliche Vorkehrungen traf um die Modernisierung der Streitkräfte, besonders 1939 der Armee-Luftwaffe (US Army Air Corps) konkret in Angriff zu nehmen. Diese hatten bis dahin mit spärlichen Bilanzen, wenigen Piloten und nur 1.100 veralteten Kampfflugzeugen überlebt.

Auf jeden Fall gehörten Frankreich und Großbritannien zu jenen Großmächten, die durch die Kriegsereignisse am meisten beunruhigt und miteinbezogen wurden; 1939 - unmittelbar nach Hitlers Invasion in Polen erklärten beide Staaten Deutschland förmlich den Krieg. Im Winter 1939-40 blieben die französische Luftwaffe sowie der britische Flugexpeditionskorps in Frankreich ziemlich untätig, doch als am 10.Mai 1940 die Deutschen ihre große Offensive im Westen ergriffen begann die wahre militärische sowie technologische Konfrontation zwischen den Achsenmächten und den Alliierten.

Die französische Armée de l'Air konnte den deutschen Angriffen mit einer Serie von technisch überzeugenden Jagdflugzeugen antworten, die jedoch vor allem in der Einsatztaktik den feindlichen Flugzeugen unterlegen waren. Von den Franzosen wurden die Bloch MB.151 und 152 sowie die Curtiss H75 Hawk - die Exportversion des P-36 der USAAC - aufgestellt. Zu den besten Jagdflugzeugen der Franzosen zählten jedoch die Morane-Saulnier MS-405 und die Dewoitine D-520. Die MS-405 war am zahlreichsten vertreten und 1940 mit elf Jagdflugzeug-Gruppen im Einsatz. Die Ursprünge der Morane-Saulnier gingen auf die MS-405 zurück, einem modernen Ganzmetall-Tiefdecker mit geschlossenem Cockpit und Einziehfahrwerk, der 1934 auf eine Spezifikation des Ministeriums hin konstruiert wurde. 15 Exemplare der MS-405 wurden 1937 bestellt, doch danach wechselte die Produktion zur MS-406, die mit leichteren Flügeln sowie mit dem stärkeren Hispano-Suiza-Motor ausgestattet war. Die Kriegsbedrohung führte zu der Bestellung von 1.000

Exemplaren der MS-406, die es jedoch nicht schafften den deutschen Jagdflugzeugen - besonders der gewandteren und stärkeren Messerschmitt Bf-109E - wirksam entgegenzutreten. Die MS-406 wurde jedenfalls massiv an der französischen Front eingesetzt, und auch von anderen Ländern erworben - wie der Schweiz und Finnland, die das Jagdflugzeug erfolgreich im Krieg gegen die Sowjetunion benutzten.

Der beste Jäger der französischen Luftwaffe war ohne Zweifel die D-520, ein Flugzeug, das 1936 als Rivale der MS-406 eingeführt wurde. Die Dewoitine war eine Maschine mit modernen Konturen, die außerdem hervorragende Leistungen erbrachte. 1939 beschloss die französische Regierung eine Serienproduktion von 710 Exemplaren zu bestellen, doch diese Entscheidung fiel bereits zu spät: obwohl beim Kriegsausbruch an der Westfront 400 Exemplare geliefert worden waren, so war nur eine Jägergruppe mit dem neuen Flugzeug ausgerüstet, und jene befand sich außerdem noch in der Einübungsphase. Somit konnte die D-520 - obwohl sie der Bf-109 in keiner Weise unterlegen war - den Luftkampf nicht beeinflussen. Nach dem Waffenstillstand wurden zahlreiche D-520 in die deutsche und italienische Luftfahrt eingegliedert, wo sie als fortschrittliche Schulungsflugzeuge sowie Reserve-Jäger verwendet wurden.

Auch Großbritannien befand Mitte der dreißiger Jahre, dass die eigene Luftwaffe, die RAF bereits den Zeiten entsprechend unangemessen war. 1940 setzte die RAF noch veraltete Flugzeuge ein, wie z.B. den Jäger Gloster Gladiator oder den Bomber Fairey Battle. Doch dank des neuen Aufrüstungsprozesses wurde auch eine erhebliche Anzahl moderner Flugzeuge benutzt, z.B. der Jäger Hawker Hurricane und der Bomber Bristol Blenheim.

Die Hurricane war zweifellos eines der berühmtesten und meist gelobten britischen Jagdflugzeuge. Das Projekt wurde 1933 in Angriff genommen - nachdem Sydney Camm (Konstrukteur bei der Hawker) an dem Nachfolger des Fury-Doppeldeckers zu arbeiten begann. Das Flugzeug war mit seinen freitragenden, tiefen Flügeln, dem geschlossenen Cockpit sowie dem Einziehfahrwerk extrem fortschrittlich. Zudem war die Hurricane mit acht Maschinengewehren vom Kaliber 7,7mm bewaffnet und besaß einen 1.039-PS-Motor Rolls Royce Merlin. Der erste Flug wurde am 6.November 1935 durchgeführt, und die Proben bestätigten, dass es sich um ein wahrlich exzellentes, schnelles und wendiges Flugzeug handelte. 1936 bestellte das Flugministerium 600 Exemplare. Die Serienflugzeuge begann man im Dezember 1937 in den Dienst einzuführen und bildete mit ihnen das Rückgrat des RAF-Jägerkommandos.

Nach Frankreichs unglücklichem Feldzug waren es gerade die in 32 Fluggruppen aufgeteilten Hurricanes, die sich 1940 während der Schlacht von England gegen die deutschen Angriffe behaupten konnten: sie schlugen erfolgreich den Luftangriff der Bombardier- und Jagdflugzeuge der deutschen Luftwaffe zurück. Ab 1941 wurde die Hurricane in technischer Hinsicht nach und nach von den besten englischen und deutschen Jägern überholt. Doch dank der Einführung neuer, stärkerer Flügel setzte das Flugzeug seine Kriegskarriere erfolgreich als Jagdbomber fort - bei Einsätzen in England sowie im Mittelmeerraum. Die MK.IIC war mit vier 20mm-Kanonen bewaffnet, während die MK.IV außer den 40mm-Kanonen noch die Möglichkeit besaß Bomben und Raketen abzuwerfen. Es wurden ca.20 Versionen der Hurricane entworfen - darunter auch die Sea Hurricane, eine Marineversion für Flugzeugträger. Die Gesamtproduktion zählte über 14.200 Exemplare, die bis 1947 während des gesamten Kriegs von der Royal Air Force eingesetzt wurden. Doch auch weitere 14 Luftwaffen benutzten die Hurricane, u.a. die sowjetische - mit 3.000 Exemplaren.

100 oben Der britische Bomber Fairey Battle flog zum ersten Mal 1936. Die RAF setzte zu Beginn des zweiten Weltkriegs über 1.000 Exemplare ein, doch die Maschine war vom technischen Standpunkt aus bereits überholt.

100 unten Den Großteil der britischen Luftverteidigung von 1939-1940 bildete die Hawker Hurricane. Das Jagdflugzeug trat 1937 in den Dienst ein und erwies sich noch während der Schlacht von England als nützlich. Auf der Fotografie sieht man die Flugzeuge des 71. „Eagle" Fluggeschwaders der RAF, das aus amerikanischen Freiwilligen gebildet war.

101 erstes Bild Der französische Jäger Morane-Saulnier MS-406 war 1940 bei der französischen Luftwaffe am zahlreichsten vertreten; die Maschine konnte dem Vergleich mit der deutschen Messerschmitt Bf.109 jedoch nicht mehr standhalten.

101 zweites Bild Die Armée de l'Air stellte auch den Jäger Bloch MB.151 und die Nachfolgeversion MB.152 auf, aber beide Flugzeuge konnten die zugewiesenen Aufgaben nicht zufriedenstellend ausführen.

101 drittes Bild Der Doppeldecker Gloster Gladiator war ebenfalls eines der RAF-Jagdflugzeuge bei Kriegsbeginn und wurde in kleineren Kriegsgebieten eingesetzt, wie z.B. der Mittelmeerfront.

101 viertes Bild Hawker Hurricanes Mk.I des 111. Squadron in Flugaufstellung über Northolt, Middlesex. Diese Jagdflugzeuge verteidigten London in den ersten Phasen der Schlacht von England.

Der zweite Weltkrieg: die Alliierten

Der Niedergang der Hurricane als Jagdflugzeug stellte für die RAF kein großes Problem dar, da sie bereits seit langem über einen Nachfolger verfügte. Es handelte sich um die Supermarine Spitfire - ein schönes und leistungsfähiges Flugzeug, das von den gegnerischen Piloten Bewunderung und Neid erntete.

Die Spitfire - einer der besten Jäger in der gesamten Fluggeschichte - wurde kurz nach der Hurricane fertiggestellt und flog zum ersten Mal am 5.März 1936. Das Flugzeug entstammte der Arbeit des Konstrukteurs Reginald Mitchell, der bereits mit der Realisierung der schnellsten Flugzeuge der Welt (Gewinnern der Schneider-Trophäe) ein solides Ansehen erlangt hatte. 1931 begann Mitchell an einem neuen Jagdflugzeug zu arbeiten - der Supermarine Type 224, doch wahrscheinlich hatte er die Komplexität des Projekts unterschätzt; die Type 224 wurde ein Misserfolg. Mitschell beschloss daraufhin die Flügelspannweite sowie den Rumpf zu verkürzen und gleichzeitig ein Einziehfahrwerk einzubauen. Das Ergebnis war die Type 300, doch das Flugmodell war noch zu langsam beim Steigen. Eine Lösung für das Problem wurde 1934 gefunden, nachdem die

Supermarine mit Rolls-Royce ein Abkommen für die Lieferung eines neuen Merlin-Motors vereinbart hatte; so wurde die Type 300, die künftige Spitfire noch mit diesem stärkerem Triebwerk ausgerüstet. Nach dem Erstflug verkündete der Testpilot Joseph Summers: „Es soll nichts mehr daran angerührt werden".

Die Spitfire war ein schlankes, elegantes Flugzeug, das auch effiziente und innovative Eigenschaften besaß, wie z.B. die Ellipsenflügel und die Abdeckbeschichtung, die bei Produktionsbeginn noch einige Probleme verursachten. In der Waffenausrüstung unterschied sich die Spifire nicht von der Hurricane, wurde jedoch von einem stärkeren Motor angetrieben, der eine hervorragende Manövrierfähigkeit ermöglichte. Das erste Serienmodell trat 1938 in den Dienst ein, und bis 1939 hatte das Ministerium bereits 4.000 Exemplare der Spitfire bestellt, so dass mehrere Firmen mit der Konstruktion beschäftigt werden mussten. Bei Kriegsbeginn waren nur neun Fluggeschwader mit der Spitfire Mk.I ausgestattet, doch die Anzahl wuchs in rasendem Tempo. Im März 1941

102 oben links Das berühmteste britische Jagdflugzeug im 2. Weltkrieg war die Supermarine Spitfire, deren Erfolg auch den bei der Schneider-Trophäe erlangten Erfahrungen ihrer Konstrukteure zu verdanken war.

102 oben rechts Eine Spitfire Mk.XII mit „abgeschnitten" Flügel während eines Übungsflugs über England 1944. Die Spitfire blieb bis 1948 in Produktion; es wurden fast 23.000 Exemplare produziert.

erschien die Version Mk.V, die schwerere Bewaffnung und einen leistungsfähigeren Motor (den 1.440-PS Merlin) besaß. Diese Version erreichte über 600 Km/h auf 4.000 Meter Höhe und wurde auch als Jagdbomber eingesetzt.
Schließlich wurde im Juli 1942 das Modell Mk.IX eingeführt - als Antwort auf Deutschlands neue Focke-Wulf 190. 1943 begann man die Spitfire mit dem 2.050-PS Griffon Motor auszustatten, der - zusammen mit einem fünfblättrigen Propeller die Spitfire zu einem der schnellsten Flugzeuge der Welt machte. Bis 1948 wurden über 22.800 Exemplare der Spitfire in ca. 30 Versionen hergestellt. Mehr als 20 Luftstreitkräfte - darunter die sowjetische und amerikanische - benutzten das Flugzeug. Zahlreiche Flugasse flogen die Spitfire, unter denen besonders der RAF-Pilot James „Johnny" Johnson hervorstach: er schoss 38 feindliche Jäger ab. In sage und schreibe 515 Kriegsmissionen wurde er nur ein einziges Mal getroffen, überlebte den gesamten Konflikt und leistete auch in der Nachkriegszeit bei der RAF den Dienst. Anders erging es dem Entwerfer der Spitfire, Reginald Mitchell, der sich nie über den Erfolg freuen konnte: er starb 1937 an Krebs, ein Jahr bevor das Flugzeug in den Dienst trat.

102 unten Die Produktionsserie der Spitfire in Southampton, 1941. Einige der fortschrittlichen technischen Charakteristiken des Flugzeug bereiteten anfangs Probleme bei der Serienherstellung.

103 oben Diese Fotografie wurde 1939 auf dem Flughafen von Duxford gemacht und zeigt ein Spitfire Mk.I - Geschwader bei einer Übung zum Notabflug.

103 unten Eine Formation von Spitfire Mk.XII während eines Flugs im Mai 1944 vor der Landung in der Normandie. Dieses Modell verfügte über den stärksten 2.050-PS-Motor Rolls-Royce Griffon.

Der zweite Weltkrieg: die Alliierten

Weitere zwei wichtige britische Jagdflugzeuge des Konflikts waren die Hawker Typhoon und die Tempest. Die Typhoon wurde Ende der dreißiger Jahre konstruiert, als Antwort auf eine Spezifikation des Ministeriums für einen Nachfolger des Jägers Hurrricane. Die Hawker entwarf zwei Prototypen, die jeweils mit einem der beiden neuen Motoren ausgestattet wurden: dem Rolls-Royce Vulture bzw. dem Napier Sabre, die beide in der Spezifikation aufgelistet waren. Der Entwurf für die Tornado mit dem erst erwähnten Motor wurde fallengelassen, während das Typhoon-Projekt trotz zahlreicher Schwierigkeiten beim Instandsetzen des Motors fortgesetzt wurde. Der Prototyp flog am 24.Februar 1940, aber außer Problemen im Motorbereich kamen nun noch andere strukturelle Schwierigkeiten hinzu: die Typhoon, die im September 1941 in

Flugplätzen aus operieren, die oft nur aus hinter der Front angelegten Feldern mit improvisierten Pisten, Abstellplätzen und Hangar bestanden. Dadurch waren die Flugzeuge ständig einsatzbereit und konnten ohne Schwierigkeiten den Bodentruppen als Rückendeckung dienen. Unter diesen Bodentruppen befand sich ein Luftfahrtoffizier (der sogenannte FAC, Forward Air Controller bzw. Überwacher vorgeschobener Flughäfen), der bei Bedarf die Flugzeuge aufrief und sie gegen die feindlichen Streitkräfte, die das Vordringen der alliierten Panzerwagen behinderten lenkte. Besonders mit dem Jagdbomber Typhoon, von dem über 3.300 Exemplare konstruiert wurden hatte man diese besondere Strategie des Close Air Supports bzw. der Nah-Luftunterstützung gegründet und entwickelt.

104 Das erste britische Düsenflugzeug war die Gloster Meteor; sie flog zum ersten Mal im März 1943. 1945 wurde das Flugzeug nach Belgien und Deutschland an die Front gesandt, war jedoch der Messerschmitt Me.262 nicht gewachsen.

105 oben links Eine Formation von Typhoon Mk.IA bei einem Übungsflug über England. Anfangs sollte das Flugzeug als Luftabwehrjäger eingesetzt werden, es hatte jedoch ein unsicheres Steuerverhalten.

105 oben rechts Ein Hawker Typhoon Jagdbomber ausgerüstet mit vier 20mm-Kanonen und acht Luft-Boden-Raketen unter den Flügeln, die auch bei Angriffen gegen feindliche Panzerwagen tödlich waren.

105 Mitte Nahaufnahme einer Gloster Meteor der RAF; gut zu sehen ist die zentrale Position der Flügel und der zwei Düsenmotoren. Die vier 20mm-Kanonen befinden sich an der Schnauze.

den Dienst eingeführt wurde lief - nach einigen tödlich verlaufenden Unfällen - Gefahr zurückgezogen zu werden. Nachdem man den Entwurf einigen Verbesserungen unterworfen hatte beschloss das Luftministerium 1942 das Flugzeug nicht mehr als Abfangjäger sondern als Jagdbomber einzusetzen.
Die neue Karriere der Typhoon begann also im August 1942 und schon ab 1943 erwies sich das Flugzeug als ausgezeichnete, taktische Unterstützungswaffe, da es gerade beim Tiefflug die besten Leistungen erbrachte. Jedenfalls wuchs der Ruhm der Typhoon - die trotz allem nicht leicht zu steuern war - ab dem Sommer 1944, als sie bei den Landungsoperationen in der Normandie teilnahm sowie am Vormarsch der alliierten Truppen in Westeuropa bis zum Herzen Deutschlands hin. Mit den vier 20mm-Kanonen und 908 Kg Bomben oder Raketen wurde sie zu einem tödlichen Gegner der feindlichen Flugzeuge. Die Typhoon wurde der 2.Tactical Air Force zugeteilt und konnte von

Nachfolger der Typhoon wurde die Tempest, die - benannt mit Typhoon Mk.II - ursprünglich als Abfangjäger operieren sollte. Am 21.Juni 1943 flog die Tempest Mk.I zum ersten Mal, doch fortwährende Probleme mit dem Motor Sabre IV brachten eine Fortentwicklung dieses Modells zum Stillstand - zugunsten der Mk.V, die mit einem Sabre-II-Motor ausgestattet war. Die Tempest Mk.V wurde das erste Mal am 21.Juni 1943 geflogen und bewies eine bei jeglicher Flughöhe zufriedenstellende Stärke und Schnelligkeit: die Serienproduktion wurde somit unmittelbar eingeleitet. Danach führte man die Tempest Mk.II ein, die über einen Centaurus-Motor sowie verbesserte Aerodynamik verfügte - dank Anbringung eines ringförmigen Kühlers, der die Nase schlanker werden ließ. Über 1.500 Tempest-Exemplare wurden konstruiert und auch in der Nachkriegszeit noch bis 1951 eingesetzt. Der letzte berühmte Jäger der RAF im zweiten Weltkrieg war die Gloster Meteor, die als erstes und einziges Düsen-Jagdflugzeug der

Alliierten im Krieg eingesetzt wurde. Die Ursprünge der Meteor gingen bis zum Jahr 1940 zurück, als man beschloss Forschungen zu Düsentriebwerken in Angriff zu nehmen. Das erste Düsenflugzeug war die experimentelle Gloster E.28/39, die ausgestattet mit einem Whittle-W.1-Motor am 15.Mai 1941 zum ersten Mal flog. Die Gloster baute daraufhin einen zweimotorigen Meteor-Mitteldecker, bei dem die Motoren in den Flügeln eingebettet waren; das Flugzeug wurde von dem Motor Whittle W.2B/23 mit 770 Kg Schubkraft angetrieben. Acht Prototypen wurden konstruiert. Als erstes flog am 5.März 1943 der fünfte Modell der kleinen Meteor-Serie. Von der Produktionsversion Meteor F Mk.I wurde eine erste Auflage von 20 Exemplaren bestellt, die im Juni 1944 in den Dienst eintraten. Die Flugzeuge wurden sofort in England eingesetzt um Deutschlands fliegende Bomben „V-I" abzufangen. Von der darauffolgenden Version F Mk.III baute man ca.200 Exemplare, mit denen verschiedene

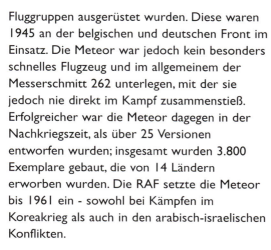

105 unten Nachfolger der Typhoon war die Tempest Mk.V, die als Jäger und Jagdbomber eingesetzt werden konnte. Sie besaß dieselbe Bewaffnung wie die Typhoon, doch die 2.550-PS-Motoren Centaurus verliehen ihr eine Höchstgeschwindigkeit von gut 708 km/h.

Fluggruppen ausgerüstet wurden. Diese waren 1945 an der belgischen und deutschen Front im Einsatz. Die Meteor war jedoch kein besonders schnelles Flugzeug und im allgemeinen der Messerschmitt 262 unterlegen, mit der sie jedoch nie direkt im Kampf zusammenstieß. Erfolgreicher war die Meteor dagegen in der Nachkriegszeit, als über 25 Versionen entworfen wurden; insgesamt wurden 3.800 Exemplare gebaut, die von 14 Ländern erworben wurden. Die RAF setzte die Meteor bis 1961 ein - sowohl bei Kämpfen im Koreakrieg als auch in den arabisch-israelischen Konflikten.

Der zweite Weltkrieg: die Alliierten | 105

Im zweiten Weltkrieg benutzte die RAF auch erfolgreich Bombardierflugzeuge, darunter waren die Schwerbomber Short Stirling, Handley Page Halifax und Avro Lancaster waren sowie die leicht bewaffneten Bristol Blenheim, Beaufighter und de Havilland Mosquito. Die Stirling und die Halifax machten fast parallel Karriere: beide wurden 1936 entworfen, nachdem das Flugministerium einen neuen halbschweren Bomber gefordert hatte. Mit je vier Motoren ausgestattet flogen beide Flugzeuge zum ersten Mal im Jahr 1939 - die Stirling am 15.Mai und die Halifax am 25.Oktober. Die Gemeinsamkeiten endeten jedoch schon hier. Die Halifax war ein weitaus moderneres Flugzeug, das auch deutlich höher fliegen konnte als die Stirling. 1943 wurde die Halifax Mk.III in den Dienst eingeführt; die Maschine war mit den Radialmotoren Hercules ausgestattet, die zur Verbesserung der Flugleistungen führten. Zusammen mit der Lancaster wurde die Halifax während des gesamten Kriegs in vorderster Linie eingesetzt. Neben dem Gebrauch als Bomber wurde die Halifax nun auch für Transporte, Fallschirmspringerabwurf sowie als Gleitflugzeug-Schlepper benutzt. Insgesamt wurden 6.176 Exemplare konstruiert. Die Stirling wurde dagegen ab Mitte 1943 nur für Transporteinsätze sowie dem Schleppflug von Gleitflugzeugen eingesetzt.

Der wichtigste britische Kriegs-Bomber war jedenfalls die Lancaster, die kurioserweise aus einem misslungenen Projekt entwickelt wurde. Einer vom Ministerium aufgestellten Spezifikation folgend hatte die Avro den zweimotorigen Schwerbomber Manchester entworfen. Die beiden Rolls-Royce-Vulture-Motoren der Maschine besaßen jedoch keine ausreichende Potenz und waren zudem wenig zuverlässig. Nach diesem Misserfolg machten sich die Konstrukteure der Avro im Sommer 1940 eiligst daran die Zeichnungen vollständig nachzuprüfen und beschlossen schließlich zu einer viermotorigen Formel überzugehen. Das Flugzeug wurde daraufhin mit vier Rolls-Royce-Merlin-Triebwerken, vollkommen veränderten Leitwerken sowie einer größere Flügelspannweite ausgestattet. Das Ergebnis ließ sich sehen: die Lancaster wurde zum besten englischen Bomber des Kriegs; neun Fabriken bauten über 7.300 Exemplare in 23 verschiedenen Versionen.

106 oben Der viermotorige Bomber Halifax trat 1940 in den Dienst der RAF ein. Es wurden über 25 Versionen entwickelt und mehr als 6.000 Exemplare gebaut. Auf dem Bild ist eine Handley Page HP.57 Halifax Mk.III zu sehen.

106 Mitte Die Short S.29 Stirling war Zeitgenosse der Halifax. Sie flog zum ersten Mal im Mai 1939 und trat im August 1940 in den Dienst ein. Das Flugzeug erwies sich jedoch schon bald als überholt und wurde ab 1943 für zweitrangige Aufgaben benutzt.

106 unten Ein Tagesbeschuss auf Köln am 18. August 1941. Die RAF brauchte nicht lange um den Luftkrieg direkt in das Herz der feindlichen Gebiete zu bringen.

107 Kalt, unbequem und laut war es in diesem Rumpf eines Halifax Bombers während eines Angriffs auf Deutschland im Oktober 1941. Die Maschinengewehrschützen suchen den Himmel nach feindlichen Jägern ab.

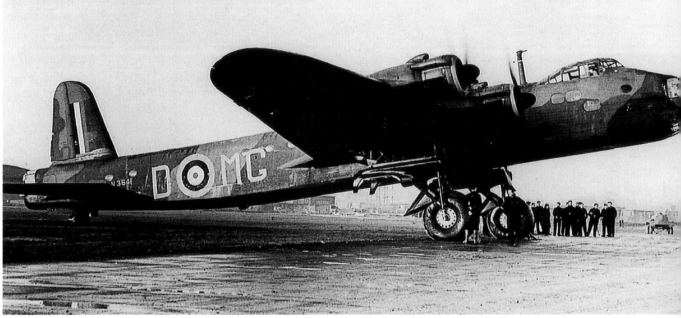

108 unten Aggressiver Start einer leichten Bristol Beaufighter Mk.VIC, einer Anti-Schiffs-Version mit Torpedo. Die Beaufighter trat 1940 in den Dienst ein; fast 6.000 Exemplare wurden gebaut.

109 oben links Ein Jagdbomber de Havilland Mosquito Mk.IV 1942. Aufgrund der Holzkonstruktion und der hervorragenden Leistungen wurde die Maschine „Wooden Wonder" - das Wunder aus Holz - genannt.

Die erste Lancaster flog am 9.Januar 1941, und der operative Einsatz des Bombers erfolgte im Januar 1942. Bis in die fünfziger Jahre hinein wurde der RAF-Bomber für verschiedene Aufgaben benutzt: Radar-Gegenmaßnahmen, Aufklärung und Überwachung zur See. Mit den größten Bomben ausgerüstet übernahm die Lancaster einen Großteil der nächtlichen Bombardierungsoffensive über Deutschland und den besetzten Gebieten Europas. Unter den Spezialbomben befanden sich der „Tallboy", eine Durchschlagbombe mit einem Gewicht von 5.443 Kg, die u.a. bei der Versenkung des Kreuzers Tirpiz benutzt wurde; ferner die über 9.980 Kg schwere „Grand Slam" mit Überschall-Fallgeschwindigkeit sowie die zylinderförmige Spezial-Prallbombe Wallis mit 4.200 Kg; letztere wurde zur Zerstörung der Staudämme, die den Elektrikwerken der Ruhr dienten eingesetzt. Diese delikate und vielleicht sogar berühmteste von der RAF durchgeführte Kriegsmission wurde dem 617.Fluggeschwader „Dambusters" anvertraut; die Fluggruppe wurde von dem Veteran-Oberstleutnant Guy Gibson geleitet und speziell für jenen Einsatz gebildet. Die Mission war schwierig, da sie äußerste Präzision erforderte. Die Bombe wurde vor dem Abwurf mit Hilfe eines Hydraulikmotors zu 500 Umdrehungen pro Minute angetrieben; sie sollte dann aus einer Höhe von 18 Metern über dem Meeresspiegel sowie zwischen 365 und 410 Metern Entfernung vom Damm abgeworfen werden. Nur mit diesen Parametern konnte die Bombe auf die Dammwände einschlagen und bis zu 12 Metern Tiefe sinken bevor sie schließlich explodierte.

108 oben links Auf der Fotografie eines RAF-Angriffs auf eine deutsche Stadt ist eine viermotorige Avro Lancaster zu erkennen.

108 oben rechts Die Lancaster - vielleicht der beste englische Bomber des Kriegs - trat im Januar 1942 in den Dienst ein. Die Maschine wurde in 23 Versionen produziert und konnte bis zu 6.350 kg Bomben tragen.

Nur sechs Wochen standen dem 617.Geschwader für die Vorbereitungen zur Verfügung. In der Nacht vom 16.Mai 1943 startete man zum Angriff. Das Ergebnis entsprach den erhofften Erwartungen: zwei der drei Dämme wurden zerstört. Doch der Sieg hatte auch seinen Preis: acht der insgesamt 18 Mannschaften kehrten nicht zum Stützpunkt zurück. Guy Gibson selber starb im September 1944; beim Rückflug von einem nächtlichen Angriff auf Deutschland wurde sein Flugzeug abgeschossen.
Der erste unter den berühmten, leichten Bombern war die Bristol Blenheim, die ursprünglich als schnelles, zweimotoriges Passagiertransportflugzeug entworfen wurde. Der erste Flug der Blenheim erfolgte am 12.April 1935, wobei das Flugzeug sofort einen guten Eindruck machte: es war schneller als jegliches Jagdflugzeug, das sich zu jener Zeit im Einsatz befand. Natürlich wurde daraufhin auch ein Militärmodell entwickelt; es flog zum ersten Mal am 25.Juni 1936. Etwa 6.400 Exemplare der Blenheim wurden konstruiert, und das Flugzeug blieb während des gesamten Kriegs im Einsatz - obwohl seine Leistungen nicht mehr ganz an der Spitze lagen. Am 17.Juli 1939 flog dagegen das erste Exemplar der Bristol Beaufighters, ein zweimotoriges, schwerbewaffnetes Flugzeug. Im September 1940 trat die Beaufighter als Nachtjäger in den Dienst ein. Aufgrund der guten Qualität des Entwurfs entwickelte man später auch Tages-Jäger- sowie Küstenkommando-Angriffs-Versionen. In den Versionen Mk.VI und Mk.X wurden die Leistungsfähigkeiten des Flugzeugs vollständig ausgeschöpft; es wurde schließlich mit Raketen und Torpedos ausgerüstet und bei Schiffs- und U-Boot-Angriffen eingesetzt. Insgesamt konstruierte man ca. 6.000 Beaufighter in 22 Versionen; das Flugzeug blieb während des gesamten Konflikts aktiv im Dienst.
Fast so berühmt wie die Spitfire wurde die de Havilland Mosquito, die zusammen mit der Supermarine und Avro Lancaster ein RAF-Symbol des 2.Weltkriegs wurde. Die Mosquito erschien 1938 als Ergebnis eines privaten Entwicklungsprogramms von de Havilland. Anfangs hielten Experten das Flugzeug für zu fortschrittlich, so dass das Ministerium den Entwurf nicht akzeptierte und drei Mal aus den RAF-Projekten ausschloss. Seine Realisierung verdankt das Flugzeug schließlich der Hartnäckigkeit des Ford-Managers Patrick

109 oben rechts Eine zweimotorige Bristol Blenheim Mk.IV während eines Abdrehmanövers in den ersten Monaten des Konflikts. Bei ihrer Einführung 1935 war die Maschine der schnellste RAF-Jäger.

109 unten Bombenverladung auf eine Lancaster der RAF. Die Luftoffensive gegen deutsche Städte und Industrie war einer der Schlusssteine des Erfolgs der Alliierten im 2. Weltkrieg.

Hennessy; dieser war zur Entwicklungsarbeit der englischen Luftfahrtproduktion beauftragt worden. Nachdem die Mosquito endlich flog und somit ihre Qualitäten unter Beweis gestellt hatte wurden ihre Leistungen von niemanden mehr in Frage gestellt. In der Tat wurden sich die Autoritäten nach dem Kriegsausbruch darüber im Klaren, dass dieser Flugzeugtyp (der außerdem aus Holz, einem strategisch untypischen Material gebaut war) extrem nützlich gewesen wäre. Die ursprünglich als Leichtbomber konzipierte Mosquito führte ihren ersten Flug am 25. November 1940 durch und trat 1941 in den Dienst ein. Dank ihrer erstaunlichen Leistungen (Geschwindigkeit von 640 Km/h, große Steuerbarkeit, hohe Aufstiegsgeschwindigkeit, 454 Kg Kriegslast sowie ein Flugbereich von ca. 2.400 Km) und der ökonomischen Konstruktion - sie erhielt den Beinamen „das Wunder aus Holz" - wurde die Mosquito bald darauf auch zum Aufklärungsflugzeug und Nachtjäger weiterentwickelt. Am 17. September 1941 führte die Mosquito ihre erste Kriegsmission durch. Aufgrund ihrer Schnelligkeit handelte es sich um einen Aufklärungsflug, der bis nach Bordeaux ausgeweitet wurde. Mehr als 7.700 Exemplare in über 40 Versionen wurden konstruiert und von Luftstreitkräften aus 18 Ländern benutzt. Die RAF behielt die Mosquito bis Anfang der sechziger Jahre im Dienst.

110 oben links Die Bell P-39 Airacobra hatte ziemlich viele Mängel und wurde nie sonderlich von den amerikanischen Piloten geliebt. Die Sowjets dagegen schätzten den Jagdbomber und setzten ca. 4.800 Exemplare ein, die sie von den Vereinigten Staaten erworben hatten.

110 Die Curtiss P-40 Warhawk trat 1940 in den Dienst ein . Der Jäger ermöglichte es der amerikanischen Luftwaffe während der ersten Kriegsmonate den Japanern entgegentreten zu können; doch die Leistungen waren schwach, so dass die Maschine ab 1942 für kleinere Operationen eingesetzt wurde.

111 oben Der japanische Angriff auf Pearl Harbour am 7.Dezember 1941 zwang die Vereinigten Staaten zum Kriegsbeitritt. Auf dem Bild die NAS Basis auf Ford Island, die unter feindlichem Beschuss liegt; im Hintergrund stehen die Schiffe USS Shaw und USS Nevada in Flammen.

Ebenso wie die britische musste auch die Luftfahrtindustrie der Vereinigten Staaten in den dreißiger und vierziger Jahren die Aufholarbeiten beschleunigen, um den technischen Stand der eigenen Gegner überholen zu können. Beim Kriegsausbruch in Europa gehörten die Bell P-39 Airacobra und die Curtiss P-40 Warhawk zu den modernsten Flugzeugen der USAAC - beides waren keine erste-Klasse-Jäger. Die Airacobra erregte mit ihrem Erscheinen 1937 große Begeisterung; sie war ausgestattet mit einer 37mm-Kanone, einem in Zentralposition hinter dem Cockpit

111 unten Mit seinen innovativen und unverwechselbaren Formen war die Lockheed P-38 Lightning ein Jäger von außergewöhnlichen Flugleistungen, der außerdem über einen weiten Operationsbereich verfügte. Die Maschine wurde von den besten amerikanischen Piloten geflogen; ca. 10.000 Exemplare wurden hergestellt.

angebrachten Turbokompressor-Motor sowie dem ersten Exemplar eines vorderen Dreirad-Einziehfahrwerks. Nachdem jedoch militärische Veränderungen am Flugzeug vorgenommen wurden - darunter auch das Entfernen des Turbokompressor-Motors zugunsten des traditionelleren P-39 - entpuppte sich die Airacobra als ein schweres Flugzeug mit beschränkter Steuerbarkeit, das sich somit weniger zum Einsatz als Jäger eignete. Trotz wurde die Serienproduktion eingeleitet, und das Flugzeug trat im Januar 1941 in den Dienst ein. Während die Amerikaner die Maschine nicht schätzten und die Engländer sie gar ablehnten

waren die Sowjets die einzigen, die das Flugzeug als robusten Jagdbomber schätzten und fast 4.800 Stück der insgesamt 9.558 konstruierten P-39 erwarben.

Die Curtiss P-40 dagegen führte ihren ersten Flug am 14.Oktober 1938 durch und wurde sofort in Serienproduktion gebracht. Die ersten Exemplare traten bereits 1940 in den Dienst ein. Zu den Vorzügen der P-40 gehörten neben ihren beachtlichen Leistungen auch die sofortige Verfügbarkeit, die in Notfallmomenten eine Großproduktion ermöglichte. Die RAF holte die P-40 als „Tomahawk" sofort in ihren Dienst, und vom Dezember 1941 bis Juli 1942 wurde das Flugzeug auch von den amerikanischen Freiwilligen der „Fliegenden Tiger" in China benutzt. Bis zum Erscheinen der neuen P-38 und P-47 war die P-40 das beste amerikanische Jagdflugzeug des Kriegs, aber auch später blieb sie - den Anforderungen der Alliierten folgend - noch in Produktion. Bis Dezember 1944 wurden insgesamt über 13.700 Exemplare hergestellt.

Als die Vereinigten Staaten nach den japanischen Angriff auf Pearl Harbor am 7.Dezember 1941 in den Krieg eintraten wurden zwei neue, bedeutend bessere Jagdflugzeuge eingeführt. Bei dem ersten handelte es sich um die Lockheed P-38 Lightning, die auf eine 1937 von der USAAC erlassene, schwierige Spezifikation hin konstruiert wurde. Diese forderte einen Hochflug-Abfangjäger, der in der Lage wäre 580 Km/h auf 6.000 Meter zu fliegen und innerhalb von sechs Minuten auf die optimale Höhe aufsteigen konnte. Viele Firmen hielten die Realisierung dieser Eigenschaften für unmöglich - doch die Lockheed entschied sich dazu, einen Versuch zu unternehmen. Der darausfolgende Entwurf zeichnete sich durch zwei Turbokompressor-Motoren aus, die in einem vom Flügel und den Schwanzflächen miteinander verbundenem Doppelrumpf eingebaut waren; das Cockpit und die Waffenausrüstung befanden sich in einer Gondel in der Flügelmitte. Es handelte sich auf jeden Fall um eine innovative Struktur. Die Leistungen des Prototyps, der am 27.Januar 1939 flog beeindruckten jedoch die Armee, so dass diese daraufhin die Serienproduktion anordnete. Die P-38, von der über 9.900 Exemplare gebaut wurden begann Ende 1941 in den Dienst einzutreten. Aufgrund ihres großen Flugbereichs war sie besonders im Pazifikbereich nützlich.

Das Flugzeug wurde von den besten amerikanischen Assen geflogen, wie McGuire und Bong. Richard Bong wurde im November 1942 an die Front gesandt und der 35. Fighter Group zugewiesen, die im Pazifik kämpfte. Bis Dezember war Bong dort in zahlreichen Einsätzen vertreten und wurde zum Major ernannt; für die USAAF erreichte er den absoluten Rekord von insgesamt 40 Siegen. Nachdem er vom Kongress mit der Ehrenmedaille - der höchsten amerikanischen Militärwürdigung - ausgezeichnet wurde setzte Bong seine Karriere als Testpilot fort. Doch am 6.August 1945, während eines Testflugs mit einer Lockheed P-80, stürzte sein Flugzeug zu Boden und ging Flammen auf - Bong war auf der Stelle tot.

Der zweite Weltkrieg: die Alliierten

Mitte 1942 begann man die P-38 auch in Europa sowie in Nordafrika einzusetzen, doch dort erwies sich ein anderes Flugzeug als überlegen: die Republic P-47 Thunderbolt. Dieser Jäger war das Ergebnis einiger Neubearbeitungen eines Grundprojekts, die von dem Konstrukteur Kartveli als auch von einigen Technikern der Armee vorgenommen wurden. Die Maschine wurde als ein leichter Jäger (AP-10) eingeführt, aber schließlich vergrößert, gestärkt und mit dem 2.000-PS-Motor Pratt & Whitney Double Wasp (damals der stärkste, erhältliche Motor) ausgestattet. Im Juni 1940 billigte man das Modell als XP-47B. Mit einem maximalen Abfluggewicht von fast neun Tonnen war es der schwerste, einmotorige Jäger des zweiten Weltkriegs. Die P-47 vollbrachte am 6.Mai 1941 ihren ersten Flug und wurde im Februar 1942 in die Produktion eingeführt. Die 56.Fighter Group in England war die erste operative Abteilung, die die P-47 im Kampf benutzte und sie ab Januar 1943 als Begleitjäger der Bomber einsetzte. Trotz ihrer plumpen und wuchtigen Erscheinung handelte es sich bei der P-47 um einen schnellen, stabilen Jäger mit guter Waffenausrüstung, der sowohl bei Luftduellen als auch als Jagdbomber hervorragende Eigenschaften bewies. Bis Dezember 1945 wurden über 15.600 Exemplare gebaut, und in der Nachkriegszeit blieb das Flugzeug noch lange im Dienst zahlreicher, alliierter Luftstreitkräfte.

Der berühmteste und beste Jäger der US Army Air Force (so wurde ab 1942 der Air Corps benannt) war jedoch die North American P-51 Mustang - ein wahres Vollblut der Lüfte. Dieses Flugzeug war das Ergebnis einer engen Zusammenarbeit zwischen den Vereinigten Staaten und Großbritannien. Im April 1940 war England auf mühseliger Suche nach neuen Waffen, mit denen die deutschen Offensiven geschlagen werden konnten; man beriet sich also mit der Firma North American und definierte gemeinsam ein Projekt, bei dem man den Allison V12 - denselben Motor der P-40 - benutzen wollte, der jedoch in eine bessere Zelle eingebaut werden sollte. Die einzige, von den Engländern geforderte Bedingung war, dass das Flugzeug in 120 Tagen fertiggestellt sein sollte. Tatsächlich brauchte die North American sogar drei Tage weniger und brachte ein extrem fortschrittliches Flugzeug mit Laminar-Tragflächen heraus. Der neue Jäger wurde von der RAF Mustang Mk.I benannt und flog zum

ersten Mal am 26.Oktober 1940. Die Tiefflug-Leistungen waren sehr gut, doch in größeren Höhen gingen sie bedeutsam zurück. Dennoch setzten die Engländer die Mustang ab April 1942 als Aufklärungs- und Bodenangriffsflugzeug ein. Schließlich beschlossen Engländer und Amerikaner jedoch die Leistungen des Flugzeugs zu erhöhen, in dem sie den Allison-Motor durch den stärkeren Rolls-Royce Merlin ersetzten, der in den USA auf Lizenz von Packard gebaut wurde. Die neue Version - die P-51B - war allen anderen Jägern entschieden überlegen und wurde sofort zur Serienherstellung freigegeben. Im Dezember 1943 trat die Mustang in die europäische Kampfzone. Anfang des Jahres 1944 erschien die Endversion des Flugzeugs, die P-51D, deren Rumpfdimensionen durch das neue, tropfenförmige Kabinendach verkleinert wurden. Die Amerikaner nutzten den hervorragenden Abfangjäger außerdem als Begleitflugzeug ihrer Bombergeschwader auf dem gesamten deutschen Territorium. 1944 war die Mustang das schnellste Jagdflugzeug der Welt - schließt man die ersten, seltenen Düsenflugzeuge aus. Wie dem auch sei, die Mustang war sogar ein gefürchteter Rivale der Messerschmitt 262: am 7.Oktober 1944 stürzte sich der Oberleutnant Urban Drew von der 361.Fighter Group auf zwei Me-262, die sich beim Abflug befanden und schoss sie nieder. Am 25.Februar 1945 dagegen erreichte die Formation der 55. Fighter Group ein deutsches Flugfeld während gerade ein ganzes Geschwader von Me-262 zum Start abhob; die FG schaffte es sechs Flugzeuge abzuschießen. Die amerikanischen Piloten waren sich ihre P-51 sicher und ließen sich von den neuen, deutschen Jets nicht besonders verängstigen. Der Erfolg der Mustang lässt sich leicht durch die Statistiken beweisen: über 15.400 Exemplare wurden gebaut und bis in die sechziger Jahre hinein von mehr als 50 Ländern benutzt. Tatsächlich wurde das Flugzeug auch in der Nachkriegszeit in zahlreichen Konflikten eingesetzt.

112 oben Eine North American P-51 Mustang wird vor dem Start für eine Mission von einem Fachmann der USAAF geführt; das Flugzeug sollte amerikanische Bomber über Deutschland eskortieren.

112 unten links Trotz des massiven Aussehens war die Republic P-47 Thunderbolt eines der schnellsten Flugzeuge des Kriegs (690 km/h). Auf der Fotografie ist eine restaurierte P-47D zu sehen, die mit den Farben des 366. Fighter Squadron, 358° Fighter Group bemalt wurde. Frankreich 1944.

112 unten rechts Die ersten Serien der P-47D besaßen noch den alten, kleinen Kabinendach-Buckel. Dieses Exemplar wurde restauriert und angestrichen mit den Farben der Flugzeuge des Hauptmanns Cameron Hart, 63. Fighter Squadron, 56. Fighter Group, in Boxted im Dezember 1944.

113 links Eine P-51D Mustang bei akrobatischen Flugübungen. Dank der zwei abwerfbaren Tankbehältern unter den Flügeln zeichnete sich die Mustang als ein hervorragendes Eskorte-Jagdflugzeug aus, das die Bomber bis an zentral gelegene Ziele in Deutschland begleiten konnte.

113 rechts Die North American P-51 Mustang war wahrscheinlich das beste Jagdflugzeug des gesamten 2.Weltkriegs. Es blieb von 1943 bis 1957 im Dienst der USAF. Über 15.400 Exemplare der Mustangs wurden gebaut und weltweit von mehr als 50 Luftwaffen benutzt.

Natürlich musste die amerikanischen Luftfahrtindustrie auch die Bedürfnisse der Marine nach neuen Deckladejägern zufrieden stellen. Der Löwenanteil in diesem Bereich wurde von der Firma Grumman gedeckt, die eine ganze Serie von ständig verbesserten Jagdflugzeugen herausbrachte. Der erste moderne Jäger der US Navy - u.a. auch deren erster Ganzmetall-Eindecker - war die Grumman F4F Wildcat. Das Flugzeug wurde 1936 entwickelt und führte seinen ersten Flug am 2.September 1937 durch. Nachdem verschiedene Ausbesserungen unternommen wurden führte man den Jäger ab 1940 in den Dienst ein - zuerst bei der englischen Marine (wo er Martlet benannt wurde) und im Dezember bei der US Navy. Die Wildcat, von

der über 7.800 Exemplare gebaut wurden, war der japanischen Zero nicht überlegen, aber dank der Gefechtstaktiken, die von den amerikanischen Piloten entwickelt wurden konnte das Flugzeug bis 1943 der Gegenüberstellung mit dem japanischen Jäger standhalten: danach wurde die Wildcat von der F6F Hellcat ersetzt. Die Entwicklung der F6F ergab sich aus den Kriegserfahrungen, die den Bedarf nach einem stärkeren Motor, einem gepanzerten Cockpit, erhöhten Bordmunitionen sowie einer leichteren Steuerung laut werden ließen. Die erste Hellcat flog am 26.Juni 1942. Aufgrund der kriegerischen Notstände wurde die Entwicklung des Flugzeugs rasch vorangetrieben und seine ersten Operationseinsätze wurden unmittelbar gefordert. Ab Januar wurde der Jäger bereits aufgestellt. Die Hellcat, von der man bis November 1945 mehr als 12.200 Exemplare konstruierte wurde auch von der englischen Marine genutzt. Die US Navy setzte die F6F im ganzen Pazifikbereich ein, wo das Flugzeug seine Überlegenheit gegenüber den verschiedenen japanischen Jägern - darunter auch der Zero - bewies.

Ungefähr in demselben Zeitraum wie die Hellcat erschien ein weiterer Marine-Jäger an der Front - die Vought F4U Corsair. Diese hatte eine mühseligere Entwicklung erfahren, bewies jedoch letztendlich bessere Flugleistungen als die Hellcat. Der Entwurf der Corsair wurde schon 1938 fertiggestellt, und der Prototyp flog am 29.Mai 1940. Im Laufe des Jahres kamen sofort die hervorragenden Eigenschaften der F4Us zum Vorschein; es war das erste Flugzeug, das die 400-Meilen-Grenze (643 Km/h) im Horizontalflug

114 unten Die Grumman F4F Wildcat (ab 1941 im Dienst) ermöglichte es der US Navy den ersten Kriegsmonaten entgegenzutreten. Obwohl sie später bereits überholt war, blieb die Wildcat bis 1943 im Einsatz. Auch die britische Marine benutzte die Maschine und nannte sie Martlet.

115 oben Nachfolger der Wildcat auf den amerikanischen Flugzeugträgern war eine weitere Grumman- „Katze" - die F6F Hellcat, die im Januar 1943 in den Dienst trat. Auf dem Foto ist eine Hellcat beim Starten auf dem USS Yorktown zu sehen. Die aerodynamischen Effekte am Propellerende zeigen die Luftfeuchtigkeit an.

115 unten Ein Hellcat - Jäger fotografiert bei der Trägerlandung auf dem USS Lexington am 13.Juli 1944, während der Schlacht von Saipan auf den Marianne-Inseln.

114 oben Die Vought F4U Corsair war ein ausgezeichneter Jäger und Jagdbomber, der sich ab 1943 im Dienst der US Navy und der Marines befand. Auf der Fotografie von 1944 ist eine F4U-1A zu sehen, die von dem Navy-Leutnant Ira „Ike" Kepford vom VF-17-Geschwader geflogen wird.

114 Mitte Die Grumman F8F Bearcat war der modernste US-Navy-Jäger während des zweiten Weltkriegs. Mit seinem 2.129-PS-Motor konnte das Flugzeug eine Höchstgeschwindigkeit von 689 km/h erreichen.

überschritt. Dennoch waren einige Änderungsmaßnahmen notwendig, wie z.B. die Anbringung einer schwereren Waffenausrüstung und das veränderte Positionieren der Tankbehälter; das verursachte jedoch ein Zurücksetzen des Cockpits und damit eine Verschlechterung der vorderen Flugsicht. Letzterer Faktor führte zu beträchtlichen Problemen beim Einsatz auf den Flugzeugträgern, so dass die ersten Exemplare den Marines zugewiesen wurden, die das Flugzeug ab Februar 1943 von Bodenstützpunkten aus flogen. Erst im April 1944 wurde die Crosair für Decklandeoperationen gebilligt. Wie dem auch sei - die F4U erwies sich als ebenso ausgezeichneter Jäger wie Jagdbomber. Die Produktion wurde bis 1952 weitergeführt, wobei insgesamt über 12.500 Exemplare fertiggestellt wurden.

Das beste Jagdflugzeug der US Navy war jedoch die F8F Bearcat - sie gilt sogar als bester Decklande-Jäger mit Kolbenmotor aller Zeiten. Tatsächlich entstand die F8F 1943 als Ergebnis von Grummans Verfeinerungen an vorhergehenden Flugzeugen und vollbrachte ihren ersten Flug am 21.August 1944. Es handelte sich um ein kompaktes, schnelles und wendiges Flugzeug, das außerdem eine ausgezeichnete Anstiegs-Geschwindigkeit besaß. Die Produktion der Bearcat wurde sofort eingeleitet, doch das Ende des Konflikts bewirkte, dass ein Großteil der bestellten Flugzeuge gestrichen wurde. Circa 1.260 Exemplare der Bearcats wurden gebaut, und das Flugzeug blieb bis 1952 bei der Marine im Einsatz. Bis Ende der fünfziger Jahre wurde die Maschine auch in anderen Ländern geflogen (Frankreich, Süd-Vietnam und Thailand).

116 Die Flugzeugträger spielten ein bedeutende Rolle beim Sieg der Vereinigten Staaten gegen Japan. Doch auch diese Schiffe bargen Gefahren. Auf der Fotografie ist ein Unfall von 1944 zu sehen: eine Explosion an Deck, wahrscheinlich während einer Kraftstoff- oder Munitionsbeladung.

117 oben links Außer Jägern wurden auch Angriffsflugzeuge auf Flugzeugträgern eingesetzt. Auf dem Foto sind zwei Curtiss SB2C Helldiver Bomber zu sehen, die vor der Trägerlandung über das eigene Schiff fliegen. Man beachte den bereits in Position gebrachten Landehaken.

117 oben rechts Die Grumman TBF Avenger war ein weiteres Decklande-Angriffsflugzeug. Sie debütierte in der Schlacht von Midway und blieb während des gesamten Kriegs das Standard-Torpedoflugzeug der US Navy.

117 unten links Zwei Grumman Avenger - eine bereits flugfertig und die andere mit gefalteten Flügeln - auf dem Deck eines Flugzeugträgers, der von japanischen Bombern angegriffen wird.

117 unten rechts In Reihe aufgestellte Douglas SBD Dauntless -Sturzflugbomber auf einem Flugzeugträgerdeck 1942. Es war das beste amerikanische Flugzeug seines Typs und wurde als A-24 auch von der USAAF eingesetzt.

Die Flugmacht der Vereinigten Staaten behauptete sich nicht nur mit der Produktion großer Jagdflugzeuge, aber vor allem mit der Herstellung von schweren Bombern, die am meisten zum Endsieg gegen Deutschland und Japan beitrugen. Der Berühmeste unter jenen war ohne weiteres die Boeing B-17 „Fliegende Festung". Die B-17 war ein viermotoriger, schwerer Bomber, der 1934 auf eine zukunftsorientierte Spezifikation der US Army hin entworfen wurde: man forderte einen Bomber mit einer Fluggeschwindigkeit von 320 Km/h, einer Ladekapazität von 900 Kg Bomben sowie einem Flugbereich über 3.000 Km; eine Maschine mit diesen Eigenschaften sollte das Staatsgebiet gegen mögliche feindliche Flotten verteidigen können. Der Prototyp - für jene Zeit ein wahrhaft riesiges Flugzeug, flog zum ersten Mal am 28.Juli 1935. Trotz eines Unfalls mit dem ersten Prototyp, ordnete die Armee 1938 die Serienproduktion einer beschränkten Anzahl von nur 39 Exemplaren an. Diese Begrenzung war u.a. aufgrund der Opposition der Marine zustande gekommen, die sich in ihrer Rolle ausgestoßen sah. Bei Kriegsausbruch war die B-17 das einzige, wirklich moderne Flugzeug der USA. Die Massenproduktion trug zu der Gründung von zahlreichen angriffsstrategischen Fluggruppen mit bei, denen vor allem Einsätze im europäischen Gebiet zugewiesen wurden. Mit der B-17 entwickelten die Amerikaner Tages-Langstrecken- Bombardierungstechniken, wobei sie die „Schachtel"- Formation und eine enorme Verteidigungs-Waffenausrüstung anwandten: damit bildeten sie einen wahrhaften Feuerschutzwall gegen die feindlichen Abfangjäger. Diese Technik brachte die Amerikaner anfangs zu der Überzeugung, bei den Flugeinsätzen auf die Jäger-Eskorte verzichten zu können - ein Irrtum, der unhaltbare Verluste verursachte. Die USAAF beschloss außerdem - entgegen der englischen Ratschläge - die eigenen Missionen tagsüber durchzuführen, so dass ein präziserer Bombenabwurf gesichert wurde und die deutsche Abwehr in einer 24-Stunden-Zeitspanne in Anspruch nahm. Die Amerikaner erlitten ständig hohe Verluste, aber die Wirksamkeit der Angriffe, die von immer größeren Formationen ausgeführt wurden war beeindruckend. Nach und nach wurden Motoren, Schutzkapsel und Waffenausrüstung verbessert, und die Modelle F und G bildeten die definitiven Versionen der B-17. Die beiden Modelle wurden in über 12.000 Exemplaren hergestellt und zwischen 1934 und 1945 in einem Großteil von Bombardierungsangriffen auf Deutschland eingesetzt, wobei sie jedoch schwere Verluste erlitten. Die B-17 war ein ausgezeichnetes Flugzeug, das von den Besatzungen vor allem aufgrund seiner unglaublichen Robustheit geschätzt wurde, die trotz schwerer Beschädigungen eine Rückkehr zur Basis

ermöglichte. Ein weiteres berühmtes Flugzeug - die Consolidated B-24 Liberator - genoss nicht denselben Vorzug und war sogar unstabil; trotzdem wurde diese Maschine in einer größeren Anzahl als jegliches alliierte Flugzeug konstruiert: es waren 18.188 Exemplare, deren Produktion auf Ford, Douglas und North American verteilt wurde. Die Liberator - ebenfalls ein viermotoriges Flugzeug - begann im April 1942 ihren Luftkampf-Einsatz und wurde besonders im Mittelmeerraum sowie im Pazifikbereich benutzt. Mit Erfolg konnte das Flugzeug für verschiedene Rollen verwendet werden: Aufklärung und Überwachung zur See, U-Boot-Abwehr, Transport und Schulung.

118 oben Eine Formation von Consolidated B-24 Liberator Bombern während eines Angriffs auf eine Ölraffinerie in Ploesti, Rumänien 1944.

118 unten Foto eines Katastrophenmoments: irrtümlicherweise flog die B-24 zu nahe an einem anderen Flugzeug derselben Einheit; durch eine abgehangene Bombe verlor die B-24 einen Teil des rechten Flügels.

119 oben Eine Formation von Boeing B-17 Flying Fortress Bombern im Hochflug über Deutschland. Die Begleitflugzeuge duellierten sich mit den deutschen Luftabwehrflugzeugen und bildeten tödlich dichte Angriffskombinationen.

119 Mitte links Die Stellung eines Maschinengewehrschützen im Rumpf eines britischen Bombers.

119 Mitte rechts Eine B-17G mit geöffneten Luken des Bombenladeraums - ein Augenblick vor dem Abwurf. Dieses Flugzeug konnte bis zu 8.000 kg Bomben laden und ohne aufzutanken 3.220 km fliegen.

119 unten Eine B-24 in Flammen über dem österreichischen Himmel. Sekunden später erfolgte die Explosion: für die Besatzung gab es keinen Ausweg.

Der zweite Weltkrieg: die Alliierten

Als der fortschrittlichste Bomber der Alliierten galt jedenfalls die Boeing B-29 „Superfestung", die am 21.September 1942 ihren Erstflug durchführte. Die Armee forderte einen Bomber mit riesigem Flugbereich, der bei strategischen Einsätzen im asiatischen Bereich verwendet werden konnte. Die Boeing antwortete mit einem wirklich avantgardistischen Flugzeug, das bereits vor dem ersten Flug 1.500 Bestellungen erzielte. Die B-29 besaß eine vollständig druckdichte Besatzungskabine, ein einziehbares Dreiradfahrgestell und vier riesige Turbokompressor-Motoren, von denen jeder 2.231 PS lieferte. Doch gerade diese komplexen Triebwerke verursachten die größten Probleme in Hinblick auf die Zuverlässigkeit und reduzierten anfangs drastisch die Wirksamkeit der B-29-Geschwader. Trotzdem bildete die B-29 den Schlussstein, der zu einem schnellen Kriegsende gegen Japan führte: ein Bombardierungsfeldzug, der im März 1944 begann und seinen Gipfel im Abwurf der zwei Atombomben auf Hiroshima und Nagasaki am

(bis zu zehn 12,7mm-Maschinengewehre und 1.815 Kg Bombenlast). Die Qualität der Invader wird durch die Tatsache bestätigt, dass das Flugzeug bis zum Vietnamkrieg bei der USAF im Dienst blieb und auch von verschiedenen, anderen Ländern eingesetzt wurde; die Gesamtproduktion belief sich auf über 2.400 Exemplare.
Unter den wichtigsten Flugzeuge der Alliierten befanden sich jedoch nicht nur Kampfflugzeuge. Eine fundamentale Rolle bei den Kriegseinsätzen spielten die Transportflugzeuge. Diese Maschinen waren nicht nur für die ständige Versorgung der Truppen in den verlorensten Winkeln der Welt verantwortlich, sondern spielten auch eine wichtige Rolle bei einigen großen Lufttransport-Missionen - allen voran dem D-Day-Einsatz in der Normandie. Das führende Transportflugzeug war die zweimotorige Douglas C-47 Skytrain - die Militärversion der berühmten DC-3. Das Ziviltransportflugzeug flog zum ersten Mal am 1.Juli 1933. Als die Maschine 1940 zum militärischen Standard-Transporter der amerikanischen Streitkräfte gewählt wurde war

6. bzw. 9.August 9 1945 erreichte - Missionen, die von zwei B-29 ausgeführt wurden.
Die USAAF vervollständigte ihre eigenen Angriffskräfte mit verschiedenen zweimotorigen Maschinen für halbleichte Bombardierungen und Bodenunterstützung. Die berühmtesten Modelle waren die North American B-25 Mitchell, die Douglas A-20 Havoc, die Martin B-26 Marauder und die Douglas A-26 Invader. Das beste unter diesen Flugzeugen war zweifellos die Invader, die im April 1944 in den Dienst eintrat. Es handelte sich um ein extrem schnelles (570 Km/h), leistungsstarkes (zwei 2.028-PS-Motoren) Flugzeug, das außerdem schwer bewaffnet war

es das marktführende Passagiertransportflugzeug und befand sich außerdem bereits im Dienst der amerikanischen Armee und Marine. Während des Kriegs wurden über 10.700 Exemplare der Skytrain gebaut; dazu kamen weitere 2.000 Stück, die als „Lisunov Li-2" auf Lizenz in der Sowjetunion hergestellt wurden. Die Skytrain war ein einfaches und robustes Flugzeug, dessen Merkmale sie jedoch damals in eine Spitzenposition brachten. Von der RAF wurde sie „Dakota" benannt, und noch bis heute werden verschiedene Versionen des Flugzeugs sowohl von Zivil- als auch Militärkunden auf der ganzen Welt geflogen.

121 Mitte Die Douglas A-26 Invader war ein weiteres amerikanisches Bombardier- und Angriffsflugzeug. Die Maschine trat 1944 in den Dienst ein und war mit zehn 12,7mm-Maschinengewehren und bis zu 1.814 kg Bomben bewaffnet.

121 unten Ein Angriff von B-25 Bombern der 345. Bomb Group auf den japanischen Dagua-Flughafen in Neuguinea 1943.

120 oben Ein Martin B-26 Marauder Durchschnittsbomber während der Operation Overlord, dem Angriff auf die Normandie im Juni 1944. Die zu diesem Zweck genutzten schwarz-weißen Streifen wurden gut erkannt.

120 Mitte Formation von Douglas A-20 Havoc Bombern der USAAF über der Nordsee auf der Jagd nach deutschen Schiffen. Das Flugzeug wurde unter der Benennung „Boston" auch von den Engländern eingesetzt.

120 unten Das Transportflugzeug Douglas C-47 Skytrain war die Militärversion der berühmten DC-3 und trug einen großen Teil zum Sieg der Alliierten bei. Dieses Flugzeug wurde erfolgreich in verschiedenen Rollen eingesetzt, darunter auch dem Rettungs-Transport, wie auf der Fotografie zu sehen ist.

121 oben Die gegen Japan eingesetzte Boeing B-29 Superfortress war zweifellos der stärkste Bomber des Kriegs. Auf dem Foto zwei Flugzeuge der 468. Bomb Group beim Abwerfen von Brandbomben auf Birma, 1945.

Der zweite Weltkrieg: die Alliierten

122 oben Sowjetische Piloten aufgestellt vor ihren MiG-3-Jägern bei der Vereidigung. Die MiG-3 wurden 1941 in aller Eile in den Dienst eingeführt.

122 Mitte Sowjetische Arbeiter 1943 bei der Produktion von Militärflugzeugen. Trotz der enorm schlechten Arbeitsbedingungen und der unterlegenen Technologie schafften es die Russen, mehr als 80.000 Flugzeuge während des Kriegs zu produzieren.

122 unten links Die Polikarpov I-16 war der russische Standard-Jäger bei Kriegsbeginn, 1935 ein ausgezeichnetes Flugzeug, doch im Jahr 1941 bereits veraltet.

122 unten rechts Die Ilyushin Il-2M3 war das beste sowjetische Angriffsflugzeug und wurde mit dem Beinamen „fliegender Panzer" versehen. Die Bewaffnung bestand aus 37mm-Kanonen sowie 1.000 kg Bomben und Raketen. Zusammen mit einigen Nachkriegsversionen wurde eine Rekordanzahl von 58.192 gebauten Exemplaren erreicht.

Diese Aufzählung wird abgeschlossen mit den wichtigsten Flugzeugen, die von der Sowjetunion während des Kriegs eingesetzt wurden. Stalin, der mit Hitler einen Nichtangriffspakt abgeschlossen hatte, wurde vollkommen überrascht von der Operation Barbarossa - der Angriff der Deutschen am 22.Juli 1941 auf das gesamte russische Grenzgebiet. Die sowjetischen Streitkräfte waren auf einen Konflikt nicht vorbereitet: sie besaßen weder die nötige Ausbildung noch eine geeignete Kampfausrüstung; letztere war in vielen Fällen veraltet und beinahe unbrauchbar. Die sowjetische Luftwaffe befand sich in keiner besseren Situation und wurde in den ersten Tagen des Konflikts sowohl zu Boden als auch in der Luft beinahe vollständig vernichtet.
Bei Kriegsausbruch war die Polikarpov I-16 - ein Flugzeug aus dem Jahr 1933 - der wichtigste sowjetische Jäger. Zu jener Zeit handelte es sich um das erste Eindecker-Jagdflugzeug mit Einziehfahrwerk, doch bereits 1941 brachten die deutschen Bf-109 die Maschine in Schwierigkeiten. 1939 wurde die MiG-1 eingeführt; es war ein schnelles und modernes Flugzeug, das mit Reihenmotor ausgestattet war jedoch durch beträchtliche Instabilitätsprobleme negativ auffiel. Nach nur 100 fertiggestellten Exemplaren wurde die MiG-1 von der MiG-3 ersetzt, die bereits viele Verbesserungen enthielt (stärkerer Motor, größerer Flugbereich) und Ende 1941 in den Dienst eintrat. Insgesamt wurden über 3.300 Exemplare produziert, die bis 1943 im Einsatz blieben. Die Flugzeuge, die es den Russen ermöglichten mit gleichen Waffen gegen die Deutschen anzukämpfen wurden von den technischen Büros der Firmen Lavochkin und Yakovlev hergestellt. Nachdem Lavochkin die weniger gelungenen Modelle LaGG-1 und 3 fertiggestellt hatte (zwei Flugzeuge, die nur leicht bewaffnet und vor allem gefährlich zu fliegen waren) führte sie im Jahre 1941 ein neues Modell ein, das mit dem 1.600-PS starken Radial-Motor Shvetsov M.82 ausgerüstet war. Das Ergebnis war die La-5, die ab 1942 im Dienst eingesetzt wurde. Der Entwurf wurde kurz darauf mit der La-5FN verbessert (stärkerer Motor, gemischte Holz-Metall-Struktur), und später durch die La-7 (ausgestattet mit einem noch stärkeren Motor, schwerer Bewaffnung sowie neuen Metallflügeln); die beiden Modelle erschienen 1943 bzw. 1944. Insgesamt erreichte die bis 1946 fortlaufende Produktion der La-Serien eine Anzahl von insgesamt über 22.000 Exemplaren.
Das Konstruktionsbüro Yakovlev dagegen machte

123 oben In Fluglinie aufgestellte Yakovlev Jak-9 -Jagdflugzeuge. Die hervorragende Maschine blieb von 1942 bis 1946 in Produktion und wurde in den 50-er Jahren auch im Koreakrieg eingesetzt.

123 unten Die Lavochkin La-5FN war ein weiterer erfolgreicher Jäger der sowjetischen Luftwaffe. Das Flugzeug war ausgestattet mit einem 1.700-PS-Motor und erreichte eine Höchstgeschwindigkeit von 640 km/h.

123 Mitte Jak-9 -beim Übungsflug. Insgesamt wurden über 36.000 Exemplare produziert.

1940 mit seinem ersten Entwurf, der Yak-1 auf sich aufmerksam. Es handelte sich dabei um im ein kleines, elegantes Jagdflugzeug, das 1942 in den Dienst aufgenommen wurde. Der Erfolg war so überragend, dass der Konstrukteur sogar mit dem Lenin-Orden ausgezeichnet wurde. Das erste Modell wurde stufenweise Verbesserungen und Modifizierungen unterzogen, die schließlich zur Entstehung der Yak-3 (ein hervorragender Jagdbomber für den Tiefflug), der Yak-7 und schließlich auch der Yak-9 führten, die im August 1942 in den Dienst eintrat und noch bis 1946 produziert wurde. Die „Yaks" waren schnelle, gut bewaffnete und wendige Kolbenmotor-Jäger, von denen insgesamt über 36.000 Exemplare hergestellt wurden. Einige Maschinen wurden zwischen 1950 und 1953 auch im Korea-Krieg eingesetzt.

Das berühmteste, sowjetische Flugzeug des Konflikts war jedoch die Ilyushin Il-2 Shturmovik - diese Maschine erreichte die höchste Produktionsanzahl in der Geschichte der Luftfahrt. Die UdSSR suchte seit 1938 ein taktisches Unterstützungsflugzeug. Auf die erlassene Spezifikation antworteten die Konstruktionsbüros von Sukhoi und Ilyushin. Nach Meinung der Sowjets bestand die Hauptaufgabe der Luftfahrt tatsächlich darin den Bodentruppen eine taktische Unterstützung zu liefern. Der erste Ilyushin-Prototyp flog am 2.Oktober 1939. 1940 folgte ein zweiter Prototyp, bei dem bereits Motor, Waffenausrüstung, Panzerung sowie Steuerbarkeit verbessert worden waren. Diese Maschine wurde 1940 für die Produktion gebilligt und trat im Sommer 1941 in den Dienst ein. Die Shturmovik war ein einmotoriger, zweisitziger Jagdbomber mit tiefen Flügeln und schwer gepanzertem Motor und Cockpit. Die Maschine wurde zur Geißel der deutschen Panzereinheiten. Bewaffnet mit 37mm-Kanonen, Splitter- und Hohlbomben sowie 132mm-Panzerabwehrraketen ließ die Shturmovik seine Gegner nicht entkommen. Nachdem die Flugzeuge aus einer Höhe von über 750 Metern die Splitterbomben abgeworfen hatten, steuerten sie beinahe den Boden streifend direkt auf die Panzerfahrzeuge zu und attackierten sie. Ein dramatisches Beispiel ihrer Offensivfähigkeiten lieferten die Shturmoviks am Morgen des 7.Juli 1943 während der berühmten Schlacht von Kursk, dem größten Panzer-Gefecht des zweiten Weltkriegs. Schwärme von Shturmoviks stürzten sich von Tagesanbruch an zum Angriff. Innerhalb von knapp 20 Minuten hatte die 9.Panzerdivision bereits 70 Vehikel verloren. Im weiteren Tagesverlauf wurden 240 der insgesamt 300 Panzerfahrzeuge der 17.Division getroffen, während die 3.Panzerdivision 270 ihrer insgesamt 300 Fahrzeuge verlor.

Die Il-10 Shturmovik - ein verbessertes Flugmodell - flog im Jahre 1944 und bewies hervorragende Eigenschaften. Die Maschine wurde von einem 2.000-PS-Motor angetrieben und war ausgerüstet mit vier 23mm-Kanonen sowie 1.000 Kg Bomben und Raketen. Die Shturmovik-Serie blieb bis in die fünfziger Jahre im Einsatz und wurde von allen kommunistischen Ländern verwendet. In der UdSSR und Tschechoslowakei wur über 58.000 Exemplare hergestellt.

Kapitel 18

Der zweite Weltkrieg: die Achsenmächte

Die Wiederherstellung der deutschen Luftwaffe ging langsam und geheim vonstatten; der Grund waren die Bedingungen des Versailles-Vertrags, die das Wiederaufleben der deutschen Militärmacht nach dem ersten Weltkrieg verhindern sollten. Die offizielle Gründung der Luftwaffe fand am 1.März 1935 statt, und von diesem Moment an wurde der deutsche Wiederaufrüstungswettlauf öffentlich bekannt. Im August 1939, am Vorabend des Krieges, rühmte sich die Luftwaffe im Besitz von ca. 4.300 Flugzeugen; darunter waren 1.180 Mittel-Bomber, 336 Sturzbomber, 771 einsitzige Jäger und 552 Transportflugzeuge. Dazu kamen noch über 2.700 Schulungsflugzeuge. Zu jener Zeit war die deutsche Luftwaffe - gestärkt durch die erlernten Lektionen der Condor-Legion-Teilnahme am spanischen Bürgerkrieg - die stärkste Luftstreitkraft der Welt, sowohl was die Anzahl als auch die Qualität der Flugzeuge betraf. Ihr einziger Fehler bestand in dem Anwendungskonzept, das die deutschen Streitkräfte besaßen: die Luftwaffe sollte als taktische Unterstützung der Bodentruppen eingesetzt werden. Den Deutschen fehlte es vollständig an strategischen Komponenten; besonders schwere Langstreckenbomber, mit denen die Industrie- und Produktionskraft des Feindes angegriffen werden konnte wären nötig gewesen. Diesen Fehler sollten die Deutschen teuer bezahlen.

Der zweite Weltkrieg begann mit dem Blitzkrieg, dessen Flugzeug-Symbol ohne Zweifel der Junkers Ju-87 Stuka war. In der Tat war es eine vom Oberstleutnant Bruno Dilley geleitete Gruppe dreier jener Flugzeuge, die bei Tagesanbruch am 1.September den Kriegsbeginn gegen Polen eröffnete. Die Gruppe flog beinahe in Bodenhöhe inmitten von Dunst und Morgennebeln am Stadtrand von Dirschau entlang - mit dem Ziel, die über die Weichsel führenden Eisenbahnbrücken anzugreifen. In Wirklichkeit sollten die Brücken nicht getroffen werden, sondern ihre Zerstörung seitens der Polen verhindert werden indem die Kabel, die zu den mit explosiver Ladung verminten Brücken führten durchgeschnitten wurden. Obwohl der Angriff nicht im Sturzflug durchgeführt wurde (der besten Einsatzform der Ju-87) ging er positiv vonstatten, da eine der beiden Brücken unversehrt blieb und somit ein Durchzug der deutschen Truppen ermöglicht wurde.

Der Junkers Ju-87 Stuka war ein einmotoriger, zweisitziger Tauch- bzw. Sturzbomber, der 1933 auf eine vom Ministerium herausgegebene Spezifikation eines neuen Bombertyps hin entworfen wurde. An dem Wettbewerb nahmen vier Konstrukteure teil, aber zum Sieger wurde im März 1936 die Junkers erklärt: mit einem Prototyp, der mit

einem Rolls-Royce-Motor und doppelten Seitenflossen am Heck ausgestattet war. Dieses Flugzeug flog zum ersten Mal 1935, ging jedoch bei einem Flugunfall verloren. Der zweite, modifizierte Prototyp nahm beinahe die endgültige Form an: festes Fahrgestell, die typische, „umgekehrte Möwen"- Flügelform sowie Einzelabdrift. Der Rolls-Royce-Motor wurde später durch einen Junkers Jumo mit dreiblättrigem Metallpropeller ersetzt. Das erste Serienmodell war die Ju-87A-1 aus dem Jahr 1937, die für operative Tests nach Spanien gesendet wurde. Mit der Ju-87B erreichte man schließlich die optimale Gestaltung. Das Flugzeug war ein Bomber von mörderischer Präzision, der dadurch auch einen bemerkenswerten, psychologischen Effekt auf den Feind ausübte. Aber schon 1940 kamen die Grenzen der Ju-87B zum Vorschein - allen voran die Notwendigkeit in zahlenmäßiger Luftüberlegenheit operieren zu müssen, da das Flugzeug besonders langsam war. Trotzdem blieb die Ju-87 während des gesamten Konflikts im Einsatz, was u.a. ihrer einzigartigen Robustheit zu verdanken war. Die G-1 (die letzte Version der Ju-87) war mit zwei 37mm-Kanonen bewaffnet und wurde zu einer gefürchteten Panzerabwehrwaffe. Es war genau das Flugmodell, mit dem der „eiserne Pilot" Ulrich Rudel, der von der Luftwaffe die meisten Auszeichnungen erhielt berühmt wurde. Rudel war ein unbeugsamer Kämpfer; er wurde im Verlauf des Krieges öfters niedergeschossen und verletzt und musste sogar eine Beinamputation über sich ergehen lassen, was ihn jedoch nicht daran hinderte, im März 1945 erneut zu fliegen. Seine Kriegskarriere begann er 1939 als Leutnant und beendete sie im Mai 1945 mit dem Grad des Oberstbefehlshabers über das Schlachtfliegergeschwader 2 (SG.2). Rudel war an über 2.500 Missionen beteiligt und zerstörte dabei 519 feindliche Panzer, fast 1.000 weitere Fahrzeuge sowie fünf Kriegsschiffe. Bei dem berühmten Angriff auf das sowjetische Panzerschiff „Marat" im September 1941 bewies Rudels seinen grenzenlosen Mut. Die Flugzeuge schafften es mit Mühe und Not abzuheben, da sie mit speziellen 1.000 Kg-Bomben beladen waren. Rudel startete zum Angriff, indem er im 90 Grad-Sturzflug die Flakartillerie durchflog und sogar den Gruppenkommandanten überholte. Er warf seine Bombe aus einer Höhe von kaum 300 Metern ab und zog sodann mit allen Kräften am Steuerknüppel um die Flugzeugnase wieder aufzurichten. Knapp drei Meter über der Wasseroberfläche schaffte er es, mit seinem Flugzeug davonzufliegen. Die Bombe dagegen hatte das Ziel getroffen und spaltete den Rumpf des „Marats" entzwei. Vom Ju-87 Stuka wurden über 5.700 Exemplare hergestellt. Das Flugzeug wurde auch von den Luftstreitkräften in Italien, Bulgarien, Rumänien, der Tschechoslowakei und Ungarn benutzt.

124-125 Eine Formation von Junkers Ju.87 Stukas bei einem Übungsflug im April 1940. Dieser Sturz-Bomber war eine der stärksten Waffen des Blitzkriegs der Wehrmacht.

125 oben links Ein Geschwader von Dornier Do.17-Bombern während einer Militärparade im Nürburgring im September 1938.

125 unten Nahaufnahme einer 250-kg-Bombe, die Hauptbewaffnung des Ju.87 Stuka. Das Foto wurde im September 1939 gemacht, während der deutschen Invasion in Polen.

Der zweite Weltkrieg: die Achsenmächte

126 oben links Detailfoto eines Heinkel He.111 Bombers, das von der Bugstellung eines anderen Flugzeugs aus demselben Geschwader gemacht wurde.

126 oben rechts Nahaufnahme der Glasnase einer He.111. Zu beachten ist die Stellung des Maschinengewehrschützen, der halb liegend eine Position auf dem Bug des Flugzeugs besetzt. Der Pilot sitzt links dahinter.

Zu Beginn des Konflikts stellte die Luftwaffe auch drei berühmte, mittelschwere Bomber auf, die für die meisten Angriffe auf Polen, Skandinavien, Frankreich und vor allem auf Großbritannien während der Schlacht von England verantwortlich waren. Es handelte sich um die Bomber Dornier Do-17, die Heinkel He-111 und die Junkers Ju-88. Wie bereits erwähnt wurde hatte Deutschland

nie viermotorige, strategische Bomber hergestellt bzw. benutzt. Dieser kolossale Fehler wurde zum größten Teil durch die Ungeduld Hitlers hervorgerufen, der sofort eine große Luftflotte aufstellen wollte. So kam es, dass Goering 1936 - zugunsten der Massenproduktion der bereits fertigen Dornier 17 und Heinkel 111 - die Streichung zweier Groß-Bomber-Projekte anordnete, die sowohl größere Ressourcen als auch längere Zeit zur Realisierung erfordert hätten.

Göring sagte damals: „Der Führer wird mich nicht fragen wie groß die Bomber sind, aber wie viele es sind".
Die zweimotorige Dornier, die 1934 das Tageslicht erblickte wurde auf eine Anfrage der Lufthansa hin entworfen. Diese forderte ein schnelles Postflugzeug, das auch sechs Passagiere tragen konnte. Die Do-17 war nicht besonders geeignet für diesen Aufgabenbereich, aber, wie bei allen deutschen Flugzeugen jener Zeit war ihr Konstruktionsentwurf vom militärischen Standpunkt aus gültig, und innerhalb kurzer Zeit verwandelte man das Flugzeug in einen Bomber. Die ersten Serienmodelle (der Bomber E-1 und das Aufklärungsflugzeug F-1) wurden 1937 im spanischen Bürgerkrieg unter operativen Bedingungen getestet. Aus den dort gemachten Erfahrungen entsprang die Do-17Z, welche über ein breiteres

Cockpit sowie eine verbesserte Waffenausrüstung verfügte. Diese Version blieb bis 1940 in Produktion und bis zum Jahr 1942 im Dienst. Insgesamt wurden über 600 Exemplare der Do-17 hergestellt, wobei deren Grund-Konstruktion auch bei der Entwicklung der Do-217 angewendet wurde. Die Do-217 hatte man 1938 eigens für den militärischen Gebrauch entworfen. Die Produktion dieser Maschine, die ihrem Vorgänger weit überlegen war wurde 1940 eingeleitet. Bis 1944 wurden über 1.900 Exemplare der Do-17 gebaut und von der Luftwaffe für verschiedene Aufgabenbereiche genutzt: Bombardierung, Aufklärung, Schiffsangriffe und Nachtjägereinsätze. Auch die Heinkel 111 wurde offiziell als schnelles Handelsflugzeug entworfen, aber in Kürze - ab dem dritten Prototyp - wurde sie ihrer wahren Bestimmung als Bombardierflugzeug angepasst. Die He-111 flog zum ersten Mal am 26.Februar 1935 und wurde ebenfalls in Spanien diversen Tests unterzogen. Das daraufhin ausgebesserte Modell He-111H wurde von den stärkeren Jumo-211-Motoren angetrieben. Während des Blitzkriegs in Polen, Skandinavien und der West-Front wurde die He-111 in massiven Formationen genutzt und erwies sich als ein furchtbares Werkzeug, das die ersten Bombenteppiche über den feindlichen Städten hinterließ. Während der Schlacht von England aber, als die He-111 gegen eine stärkere Luftabwehr kämpfen musste begannen ihre Grenzen sichtbar zu werden. Seit 1941 wurde ihr Aufgabenbereich auf Nacht-Bombardierungen, Schleppflüge von Gleitflugzeugen und schließlich Transportflüge beschränkt. Die Rolle als Transporter sollte die He-111 dabei bis zum Kriegsende ausführen. Insgesamt wurden über 7.000 Exemplare der Heinkel He-111 gebaut.

126 unten Eine Heinkel He.111-Formation während eines Flugs über Frankreich im Mai 1940. Die Grenzen der He.111 begannen schon während der Schlacht von England offensichtlich zu werden; seit 1941 wurde das Flugzeug für sekundäre Aufgaben eingesetzt.

127 oben rechts Die Junkers Ju.88 war das vielleicht beste deutsche Bombardierflugzeug. Die Maschine trat 1939 in den Dienst ein und erwies sich als enorm flexibel, so dass man den Bomber auch als Nachtjäger und Gleitflugzeug-Schlepper einsetzen konnte. Insgesamt wurden fast 16.000 Exemplare der Serien Ju.88, 188 und 388 gebaut.

127 oben links Obwohl der Entwurf der Dornier Do.17 bis 1934 zurückging war es einer der Spitzenbomber der Luftwaffe beim Kriegsbeginn und blieb bis 1942 im Dienst. Auf dem Foto die Version Z.

Aufgrund seiner hervorragenden Eigenschaften galt dagegen die zweimotorige Junkers Ju-88 bereits 1941 als bester Bomber der Luftwaffe und wurde erfolgreich in verschiedenen Rollen während des ganzen Krieges eingesetzt. Die Ju-88 wurde 1935 als schnelles Bombardierflugzeug entworfen. Der erste Prototyp flog am 21.Dezember 1936 und die Produktionsversion Ju-88A-1 trat 1939 - praktisch am Vorabend des Kriegs - in den Dienst ein. Anfangs wurde das Flugzeug nur als Bomber genutzt, doch bald entwickelte man auch Versionen zur Aufklärung, Nachtjagd, Schiffs- und Panzerabwehr, Sturzflugbombardierung, Bodenangriffen, Transport und Gleitflugzeug-Schleppflügen. Diese Aufgabenvielfalt bestätigte die Qualität und Flexibilität des Basisentwurfs. Die Ju-88 wurde auch in Frankreich und der Tschechoslowakei gebaut; letztlich wurde das Flugzeug sogar in das Mistel-Projekt der gesteuerten Flugbombe umgewandelt. Dieser 1944 entwickelte Entwurf sah die Installation des Jägers Bf-109 auf dem Rücken einer Ju-88 vor, deren Bug modifiziert wurde um einen mit 3.800 Kg explosiver Last gefüllten Behälter aufnehmen zu können. Der Pilot saß in der Messerschmitt und flog „im Doppelpack" dicht an das Ziel heran, klinkte die Ju-88 aus und flog mit dem Jäger davon. Aufgrund der erzielten Erfolge mit diesem Projekt entwickelten die Deutschen auch die Mistel 2, diesmal unter Benutzung des Jägers Fw-190; insgesamt wurden ca. 250 Mistel in vier verschiedenen Versionen verwirklicht. Bis zum Kriegsende hatte man fast 16.000 Exemplare der Ju-88 in mehr als 100 Versionen gebaut. Darunter befanden sich auch 1.076 Exemplare des Modells Ju-188, einer Version mit breiterem Rumpf sowie größeren Leitwerken. Die Ju-88 wurde nicht nur von der Luftwaffe sondern auch von weiteren fünf Achsenmächten benutzt.

127 unten linkes Eine Heinkel 111 bei einem Angriff auf Warschau während des polnischen Feldzugs im September 1939.

127 unten rechts Diese Heinkel 111 wurde über London während der Schlacht von England fotografiert. Die Version 111H besaß einen Flugbereich von 1.950 km und konnte nur 2.000 kg Bombenlast aufnehmen.

Der zweite Weltkrieg: die Achsenmächte | 127

128 oben Die Messerschmitt Bf.109 war zweifellos das berühmteste deutsche Jagdflugzeug - auf dem Foto die Version B-1. Zusammen mit weiteren verbesserten Modellen gründete die Bf.109 von 1939 bis 1945 das Rückgrat der deutschen Jägergruppen. Über 30.000 Exemplare wurden gebaut und in der Nachkriegszeit auch von anderen Luftstreitkräften genutzt.

128 unten Die Junkers Ju.52/3mg wurde von dem gleichnamigen Ziviltransportflugzeug abgeleitet und später von der Luftwaffe als Bomber und vor allem Transportflugzeug eingesetzt. Die Maschine blieb bis 1944 in Produktion und wurde auch für Unterstützungsrollen benutzt.

129 links Eine Formation der schwer bewaffneten Messerschmitt Bf.110 -Jäger während der Schlacht von England 1941. Da sie wenig geeignet war für die ihr bestimmte Aufgabe wurde die Bf.110 weiterentwickelt und in anderen Rollen eingesetzt, wie z.B. als Nachtjäger und Aufklärungsflugzeug.

129 oben rechts Willy Messerschmitt - der geniale Ingenieur, der zahlreiche erfolgreiche Militärflugzeuge entworfen hatte, darunter die Bf.108, Bf.109, Bf.110 und Me.262.

Ein weiteres sehr berühmtes Flugzeug der ersten Kriegsjahre war der Transporter Junkers Ju-52, eine solide und zuverlässige Maschine, die von ihrer Besatzung liebevoll mit dem Beinamen „Tante Ju" benannt wurde. Das Flugzeug wurde 1930 ursprünglich als einmotoriges Handelstransportflugzeug entwickelt, doch seine Erfolgszeit begann 1932 mit dem Erscheinen des siebten Modells (der Ju-52/3m), das - ausgestattet mit drei Radialmotoren, festem Fahrgestell sowie der typischen Wellblechbeplankung - die endgültige Form annahm. Das Flugzeug erlangte internationalen Verkaufserfolg im Zivilbereich, der sich ab 1934 auch auf den Militärsektor ausweitete als die Luftwaffe eine Version zur Benutzung als Bombardier- und Transportflugzeug bestellte. Nach dem Ende des spanischen Bürgerkriegs begann man die Ju-52/3mg3 in Massenproduktion herzustellen, so dass der Luftwaffe bei Kriegsausbruch bereits über 1.000 Exemplare für Truppen- bzw. Materialbeförderung sowie für den Fallschirmspringer-Abwurf zur Verfügung standen. Diese Flugzeuge waren ausschlagend für den Erfolg der Invasionen von Dänemark, Norwegen, Holland und Griechenland. Die Ju-52/3mg3 war auch Hauptfigur der Invasion Kretas, wo sie schwere Verluste erlitt - sowie in der Luftbrücke während der tragischen Schlacht von Stalingrad. Das Flugzeug blieb bis Mitte 1944 in Produktion und wurde auch als Gleitflugzeug-Schlepper und Luftambulanz eingesetzt, wobei sie mit Radfahrgestell, Ski bzw. Schwimmern operierte. Über 5.400 Exemplare der Ju-52 wurden insgesamt gebaut -einige davon auf Lizenz in Spanien und Frankreich. Durch die Veränderungen, die schließlich den Ausgang des Kriegs bestimmen sollten war das nationalsozialistische Deutschland ab 1942 gezwungen zum Defensivkampf überzugehen. Entgegen dem Willen Hitlers begannen die Jäger die wichtigsten Flugzeuge der Luftwaffe zu werden; sie waren notwendig zur Bekämpfung der Alliierten-Bomber, die das Land und die besetzten Gebiete angriffen und verwüsteten. Die Deutschen hatten den Krieg mit zwei Haupt-Jagdflugzeugen begonnen - der einmotorigen Messerschmitt Bf-109 und der zweimotorigen Bf-110.

Die Bf-109 ist das Flugzeug, welches noch heutzutage am ehesten mit der deutschen Luftwaffe verbunden wird. Mit fast 35.000 gebauten Exemplaren war die Bf-109 das meisthergestellte Flugzeug des zweiten Weltkriegs und galt als einer der berühmtesten Jäger in der Geschichte der Luftfahrt. 1934 gab das deutsche Luftfahrt-Ministerium eine Spezifikation heraus, in der ein neuer, einsitziger Abfangjäger-Eindecker gefordert wurde, mit welchem die damals benutzten Doppeldecker ersetzt werden konnten. Das Ergebnis des Konstrukteurs Willy Messerschmitt ließ sich sehen: in nur 15 Monaten entwarf er sein erstes großes Flugzeug, die Bf-109. Es war eine kleine und leichte Ganzmetall-Maschine mit erstaunlich fortschrittlichen Merkmalen, die von dem damals stärksten, verfügbaren Motor - dem 695-PS Rolls-Royce Kestrel V - angetrieben wurde. An und für sich war die Bf-109 kein besonders innovativer Jäger, aber zum ersten Mal wurden bei einem Flugzeug verschiedene Neuheiten miteinander vereint: einziehbares Fahrwerk, geschlossenes Cockpit, Metallrumpf und -flügel sowie die slat-Steuerung an den Seiten der Tragflächen (Handley-Page-Klappen). Der Prototyp flog im September 1935. Kurz darauf machten auch die drei weiteren Konkurrenten auf sich aufmerksam: die Arado Ar-80, die Fw-Focke-Wulf Fw-159 und die Heinkel He-112. Letztere unterschied sich in Wirklichkeit nicht sehr von der Bf-109, verlor jedoch den Wettbewerb da eine Massenanfertigung der Maschine komplizierter war. Die Luftwaffe testete das Flugzeug in der Ausführung Bf-109B, die von dem deutschen Motor Jumo 210 angetrieben wurde bei Lufteinsätzen im spanischen Bürgerkrieg. Dort erwies sich die Maschine als weltweit bestes Jagdflugzeug jener Zeit. Der Entwurf des 109 war in dem Modell E (Emil) vollständig ausgereift. Dieses war die erste Messerschmitt, die ab 1939 in Massenproduktion hergestellt wurde und bemerkenswerte Verbesserungen enthielt, darunter den starken und zuverlässigen Daimler-Benz DB-601-Motor. Die Bf-109E war in den ersten Kriegseinsätzen stark vertreten, vor allem während des Luftgefechts um England, wo viele ihrer Piloten sich auszeichneten und zu gefeierten Flugassen wurden. Im Jahre 1940 traf der Jäger jedoch auf seinen ewigen Feind, die englischen Spitfire. Während des gesamten Kriegs sollten die beiden Flugzeuge gegeneinander konkurrieren, da die

129 Mitte rechts Professor Krauss, Direktor der aerostatischen Abteilung Messerschmitts. Hier ist er dabei, die Charakteristiken einer Holmtragfläche zu veranschaulichen.

129 unten rechts Adolf Galland, links und Werner Moelders, rechts, waren zwei der berühmtesten deutschen Flugasse. Hier ein Foto aus dem Jahr 1941, nachdem die beiden Piloten mit dem Ritterorden ausgezeichnet wurden. Galland leitete ein Sturmgeschwader JG.26, Moelders ein JG.51.

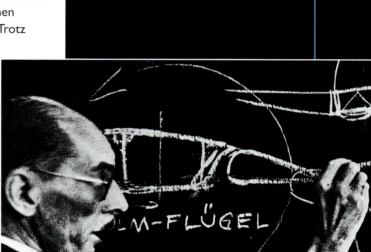

Konstrukteure beider Maschinen dauernd die jeweiligen Flugleistungen zu verbessern versuchten. Die wichtigste Version der Bf-109 war das Modell G (Gustav). Es wurde Ende 1942 in den Dienst eingeführt und verfügte über bemerkenswerte Verbesserungen im Bereich des Motors (einem DB-605 mit 1.800 PS) und der Bewaffnung. Man entwickelte elf Unterversionen der 109G und konstruierte insgesamt fast 20.000 Exemplare. Die Bf-109 war das bevorzugte Jagdflugzeug der größten, deutschen Meisterflieger. Unter ihnen befanden sich auch Gerhard Barkhorn, der insgesamt 301 Gegner abschoss, sowie Eric Hartmann - mit 352 Siegen das größte Flugass aller Zeiten. Hartmann kam als Unteroffizier mit zwanzig Jahren an die russische Front und führte im Oktober 1942 seine erste Kriegsmission durch. Nach dem ersten Sieg am 5.November 1942 entwickelte Hartmann eine ebenso raffinierte wie erbarmungslose Kampftechnik, die auf der Anfangsentscheidung gründete je nach Situation die Kampfherausforderung anzunehmen oder zu verweigern. Ein Jahr später hatte er bereits 148 Siege erzielt. Im März 1944 wurde Hartmann zum Oberleutnant berufen und gegen Kriegsende, nachdem er bereits die höchsten Auszeichnungen erhalten hatte (wie das Ritterkreuz aus Eichenzweigen, Schwertern und Brillanten) erreichte er den Titel des Majors mit Befehl über die 1.Gruppe des Geschwaders JG.52. Nach einiger Zeit begann das Flugzeug Hartmanns als persönliches Wappen eine schwarze Tulpe zu tragen, deren Blütenblätter die ganze Nase der Bf-109G bedeckten; aus diesem Grund wurde er von den Russen „der schwarze Teufel der Ukraine" genannt und bald von allen feindlichen Piloten gemieden. Hartmann hatte seinen Siegesrekord gegen Kriegsende nur der Tatsache zu verdanken, dass er damit begann ein anonymes Flugzeug zu fliegen.
Da die Produktion im Endstadium des Krieges immer mehr Schwierigkeiten bereitete führte man einige Änderungen beim Bf-109 ein, so dass die Herstellung des Flugzeugs vereinfacht und beschleunigt werden konnte. Das letzte Modell war die 1944 eingeführte K-4. Sie besaß einen 2.000-PS-Motor und ein beinahe doppelt so

hohes Abfluggewicht wie der erste Prototyp. In Bezug auf die ersten Serienmodelle handelte es sich tatsächlich um ein beinahe völlig neues Flugzeug, das die hervorragende Qualität und Flexibilität des Basisentwurfs bewies.
Die Karriere des anderen Vorkriegs-Jägers der Firma Messerschmitt, der Bf.110, war dagegen weniger erfolgreich. Dieses Flugzeug wurde 1934 als Antwort auf eine Spezifikation für einen schweren Langstreckenjäger entworfen. Trotz der frühen Erfolge über dem Landgebiet Polens hatte die Bf.110C während der Luftschlacht um England einige Probleme, da sie den englischen Jagdflugzeuge im Bereich der Steuerbarkeit und Beschleunigung nicht standhalten konnte. Ab 1941 begann die Luftwaffe das Flugzeug daher auch in anderen Rollen einzusetzen. Als Nachtjäger war besonders das Modell G aus dem Jahr 1942 erfolgreich - ausgestattet mit einem Lichtenstein-Radargerät. Die Bf.110 wurden auch als Aufklärungsflugzeuge und Jagdbomber eingesetzt. Bis 1945 bauten die deutschen Firmen über 6.100 Exemplare der berühmten Messerschmitt Bf.110.

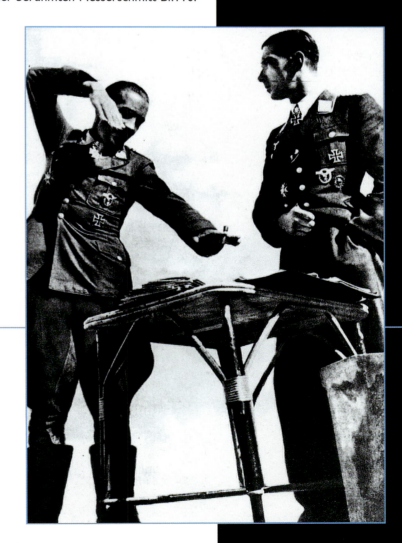

Charakteristisch war bei diesem Modell die neue, verlängerte und spitze Nase, in der ein 1.800-PS Jumo-Reihenmotor untergebracht wurde. Mit dieser Version konnten die deutschen Piloten den Kampf gegen die besten Alliierten-Jäger von 1944-45 aufnehmen - obwohl die Ausbildungsmöglichkeiten und die Kraftstoffversorgung nicht mehr entsprechend gut waren um der Luftwaffe wirksame und kontinuierliche Operationen zu ermöglichen. Das letzte Modell dieser Flugzeugserie war die Ta-152, ein extrem schneller und schwerbewaffneter Höhen-Abfangjäger, von dem nur knapp 150 Exemplare gebaut wurden. Bis zum Kriegsende wurden insgesamt ca. 20.000 Flugzeuge der FW-190- Serien produziert.

Die verzweifelten Anstrengungen der deutschen Waffenindustrie gegen Kriegsende führten zur Herstellung revolutionärer Flugzeuge, die - nach Absicht des Regimes - den Kriegsausgang verändern sollten. Es handelte sich dabei um die ersten operativen Flugzeuge mit Düsen- und Raketenantrieb. Die Maschinen beindruckten zwar die Alliierten, konnten aber aus verschiedenen Gründen nicht mehr den weiteren Verlauf der Ereignisse beeinflussen. Das erste, aktiv eingesetzte Düsenflugzeug der Geschichte war die Messerschmitt Me.262, deren Ursprünge bis in die Vorkriegszeit zurückgingen. Ihre verspätete Einführung kam vor allem aufgrund von Schwierigkeiten mit den BMW-Motoren zustande. Die Messerschmitt Me.262 flog zum ersten Mal am 18.April 1941 und wurde von einem Kolbenmotor angetrieben, der in der Nase installiert war. Der dritte Prototyp war bereits mit dem

Zusammen mit der Bf.109 war das beste deutsche Jagdflugzeug zweifellos die Focke-Wulf 190; sie war dem Bf.109 in vielen Aspekten sogar überlegen. 1937 bat das deutsche Luftfahrtministerium die Focke-Wulf darum einen neuen Abfangjäger zu entwerfen, der der Bf-109 an die Seite gestellt werden konnte. Die Konstruktionsabteilung wurde damals von dem Ingenieur Kurt Tank geleitet, der sich 1924 mit der Herstellung eines Wasserflugzeugs in den Luftfahrtbereich wagte. Tank, der außerdem auch ein guter Testpilot war wollte ein weniger extremes Flugzeug als die Bf-109 bzw. die Spitfire entwerfen; es sollte ein schneller Jäger werden, der aber auch groß, robust und schwer sein sollte - eine wahre Kampfmaschine eben. Die Verwirklichung seines Vorhabens gelang ihm dank der Einführung des 14-zylindrigen Radialmotors BMW 139, der beeindruckende 1.550 PS produzierte. Der Prototyp flog am 1. Juni 1939 und erwies sich sofort als äußerst vielversprechend. Nach einer Vorserien-Herstellung von 40 Exemplaren, die für operative Tests bestimmt waren trat die FW-190A im Jahr 1941 in den Dienst ein. Schon bei den ersten Begegnungen mit der Spitfire Mk.V bewies die FW-190A ihre Überlegenheit, die besonders in der guten Steuerung, hohen Geschwindigkeit und Wendigkeit zum Ausdruck kam. Auf die Jägerversion FW-190A folgten 1942 die Modelle F und G; beide waren zu Jagdbomberrollen bestimmt. General Douglas von der RAF behauptete im selben Jahr: „Weder ich noch meine Piloten haben Zweifel daran, dass die Fw-190 heutzutage der beste Jäger der Welt ist." Anfang 1944 erschien schließlich die letzte, in Massenproduktion hergestellte Version - die FW-190D.

130 oben Die deutsche Arado Ar.234 war der erste Düsenbomber der Geschichte. Hier wurde er während eines Testflugs ohne Fahrgestell fotografiert. Angetrieben von zwei Jumo 004 -Motoren mit 890 kg Schubkraft flog die Arado bis zu 740 km/h und trug ca. 2.000 kg Bomben. Die Maschine wurde auch als Aufklärer benutzt.

endgültigen Motor Junkers Jumo 004 ausgestattet und flog zum ersten Mal am 18.Juli 1942; er bewies sofort hervorragende Flugleistungen.

Trotz allem litt die Me.262 unter einem großen Problem: die konventionelle Anordnung des Fahrgestells und Spornrads bewirkte, dass während des Startens der Abgasausstoß des Düsentriebwerks mit den Bewegungen der Tiefenruder interferierte und das Flugzeug dadurch Schwierigkeiten hatte an Höhe zu gewinnen. Um dieses Problem zu lösen entwickelten die Testpiloten ein ebenso einfaches wie gefährliches Verfahren: durch einen leichten Druck auf das Bremspedal während des Startanlaufs senkte sich die Schnauze, der Gasfluss wurde modifiziert und somit die Wirksamkeit der Höhenruder wiederhergestellt. Natürlich konnte diese Prozedur nicht bei gewöhnlichen Einsätzen angewendet werden; das Flugzeug musste also durch die Anbringung eines Vorderrads modifiziert werden damit die Fluglage den aerodynamischen Erfordernissen angepasst wurde. Die durchgeführten Flugproblem brachten noch ein weiteres Problem zum Vorschein: die Motoren. Diese mussten besonders feinfühlig behandelt werden, da sie dazu neigten abzusaufen und zuweilen sogar Feuer fingen. Dazu wurden in gewissen Drehzahlbereichen anomale Vibrationen festgestellt, die auch zu Rissen in den Verdichterschaufeln führen konnten. Um das Problem lösen zu können richtete sich die Firma Messerschmitt an einen Berufsgeiger, der mit seinem kleinen Bogen die einzelnen Turbinenblätter „spielen" sollte. Jener identifizierte deren natürliche Frequenz und erkannte auch, dass sie bei normaler Reisegeschwindigkeit begannen, in Resonanz zu treten. Man entschied also die Dicke der Blätter zu reduzieren und den Drehzahlbereich des Motors bei Reisegeschwindigkeit zu verändern; durch diese beiden Maßnahmen wurde das Problem wie durch ein Wunder gelöst. Aufgrund Hitlers Anordnung aus der Me.262 einen Bomber zu machen wurde die Entwicklung und Produktion jedoch nur sehr langsam vorangetrieben; die ersten Exemplare der Vorserie flogen erst im Frühling 1944. Insgesamt wurden 1.433 Exemplare der Me.262 konstruiert, darunter waren jedoch viel zu viele Versionen und Unterversionen (17 insgesamt): u.a. ein- und zweisitzige Aufklärer, Bodenangriffsmodelle sowie Tages- und Nachtjägerversionen. Auf diese Weise verschleuderte man also Energien, und die Me.262 besaß auf dem Kriegsschauplatz eine geringe Wirksamkeit obwohl er in technischer Hinsicht keine Konkurrenz zu fürchten hatte.

Die Messerschmitt Me.163 Komet war dagegen ein kleiner, raketenangetriebener Abfangjäger. Sie war praktisch das Ergebnis der Forschungen zu Keilflügel-Wasserflugzeugen, die der Ingenieur Lippisch in der Vorkriegszeit durchgeführt hatte. Trotz allem war die Entstehungszeit des Flugzeug lang, da der Gebrauch des höchst unstabilen zwei-Komponenten-Kraftstoffs beträchtliche, technische Schwierigkeiten bereitete. Beim Kriegsbeginn stand das Me.163-Projekt auf einer niedrigen Prioritätsstufe. Der Testflug des raketenangetriebenen Flugzeugs wurde am 13.August 1941 durchgeführt; das Vorserien-Modell Me.163B flog dagegen zum ersten Mal am 23.Juni 1943. Die Produktion begann im Februar 1944 und im Sommer wurde das Flugzeug im Dienst eingesetzt. Die mit zwei 30mm-Kanonen bewaffnete Komet wurde von dem Raketenmotor Walter HWK auf eine Höchstgeschwindigkeit von 960 Km/h angetrieben - jedoch nur für 7,5 Minuten. Nach dem Erlöschen des Motors sank die Maschine wie ein Gleitflugzeug zu Boden und machte dabei eine Bauchkufenlandung. Ende 1944 befand sich Deutschland jedoch bereits kurz vor der Niederlage, und die über 400 gebauten Komet-Exemplare konnten für die Luftverteidigung ihres Heimatlands nicht mehr viel ausrichten.

Ebenfalls deutscher Produktion entstammte die Arado Ar.234 Blitz - der erste Jet-Bomber der Geschichte. Dieses Flugzeug, das die gleichen Jumo-Motoren wie die Me.262 benutzte, hatte ebenfalls eine mühselige Entwicklung erfahren; von der Entstehung des Entwurfs bis zum ersten Flug (15.Juni 1943) vergingen gut zwei Jahre. Die Blitz trat im Sommer 1944 mit einer experimentellen Fliegereinheit in den Dienst ein, wurde aber nur 1945 als Bomber und Aufklärungsflugzeug eingesetzt. Insgesamt wurden 200 Exemplare in 22 verschiedenen Versionen produziert. Das Düsenflugzeug besaß ein maximales Abluggewicht von beinahe zehn Tonnen und wurde von einem einzigen Piloten geflogen. Es konnte mit einer Ladung von 2.000 Kg Bomben 740 Km/h über 1.630 Km fliegen.

130 Mitte Die Focke-Wulf Fw-190 war ein weiteres Spitzenjagdflugzeug während des Konflikts. Die schnelle, wendige und robuste Maschine wurde im August 1941 eingeführt und brachte die Alliierten in ernsthafte Schwierigkeiten.

130 unten Die Messerschmitt Me.262 war das erste Düsenjagdflugzeug, das im Kampf eingesetzt wurde. Ihre mühselige Entwicklung kam vor allem durch den Entschluss Hitlers zustande, das Flugzeug als Jagdbomber einzusetzen.

131 oben Der Düsen-Abfangjäger Messerschmitt Me.163 Komet war eine ungewöhnliche Maschine, die entwickelt wurde um die Bomber-Angriffe der Alliierten auf Deutschland zu abzuwehren. Es war auf jeden Fall ein schwierig zu fliegendes Flugzeug.

131 unten Eine Reihe von Messerschmitts Me.262B-1a, der zweisitzigen Übungsversion. Die U-1-Version dieses Modells war mit einem Liechtenstein-Radargerät an der Nase ausgestattet und wurde als Nachtjäger eingesetzt.

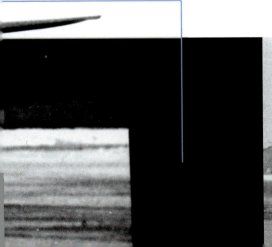

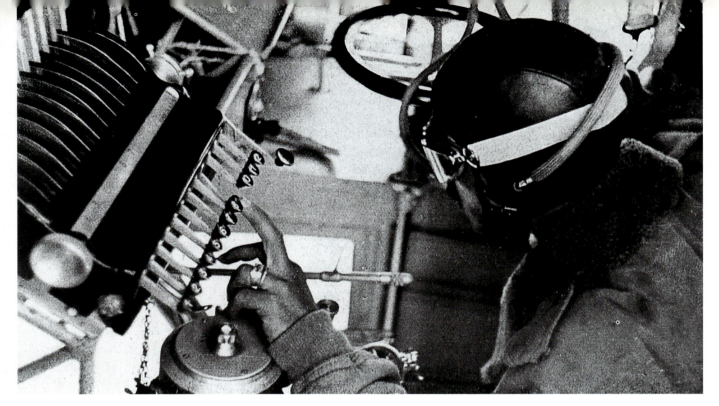

132 oben An Bord eines italienischen Bombers wählt ein Richtkanonier den Bombenabwurf mittels eines primitiven Systems.

132 unten links Eine Formation von FIAT CR.42 Doppeldecker-Jägern über dem Mittelmeer. Das Flugzeug - bereits 1938 veraltet - wurde bis 1944 produziert.

132 unten rechts Obwohl sie ein moderneres Äußeres hatte als die CR.42 bot die FIAT G.50 von 1937 keine besseren Leistungen als der Doppeldecker, er besaß nur zwei Maschinengewehre und erreichte knapp 470 km/h.

Deutschlands Hauptverbündeter war Italien, ein Land das sich in den zwanziger und dreißiger Jahren an der Spitze der Luftfahrttechnologie befand; dies war vor allem den Unternehmungen einiger rekordbrechender Flugzeuge sowie den Überflügen der militärischen Luftfahrt zu verdanken. Durch die Beteiligung an den Kolonialkriegen sowie dem spanischen Bürgerkrieg wurde Italien jedoch beträchtlich geschwächt, und die alternde Luftwaffe verfügte 1940 über weniger als 1.800 einsatzfähige Flugzeuge. Im weiteren Verlauf des Krieges verschlechterte sich die Situation: in Anbetracht der übermäßigen Modellvielfalt der eingesetzten Flugzeuge war die nationale Industrie weder in der Lage die benötigte Menge neuer Flugzeuge noch die entsprechenden, modernen Motorentypen herzustellen.

Zu Beginn des Konflikts war der Doppeldecker Fiat CR.42 Falco das wichtigste Jagdflugzeug der Königlichen Italienischen Luftwaffe. Die Maschine besaß ein festes Fahrwerk, welches bei der Einführung des Jägers am 23.Mai 1938 bereits veraltet war. In Italien war man überzeugt davon, dass ein leichter und wendiger Doppeldecker im Luftkampf vorzuziehen sei. Und so geschah es, dass während Deutschland mit der Produktion der Bf.109E begann, Italien die Herstellung der Falco einleitete. Diese wurde von einem 840-PS-Radialmotor angetrieben, besaß eine Höchstgeschwindigkeit von 430 Km/h und war mit zwei 12,7mm-Maschinengewehren bewaffnet. Italiens CAI (Corpo Aereo Italiano) beteiligte sich also (dem Willen Mussolinis entsprechend, doch entgegen des deutschen Rats) beim Luftangriff auf England, wo sich unter den eingesetzten Jägern auch die CR.42 befand. Deren Piloten mussten dabei weitaus besseren Flugzeugen gegenübertreten und befanden sich selber auf einem veralteten Jäger, der obendrein ein offenes Cockpit besaß, wodurch sogar einige Fälle von Erfrierungen verursacht wurden. Trotz der Verfügbarkeit besserer Flugzeuge (worauf sich die italienische Produktion konzentrieren sollte) wurden bis Juni 1943 1.782 Exemplare der CR.42 hergestellt. Seit 1941 setzte man das Flugzeug für weniger anspruchsvolle Aufgabenbereiche ein, wie z.B. Bodenangriffe, Aufklärung sowie Nachtjagd.

Am 26.Februar 1937 (ein Jahr vor der Einführung der Falco) führte ein anderer Fiat-Jäger seinen Erstflug durch: die G.50 Freccia, ein Ganzmetall-Eindecker mit Einziehfahrwerk. 1938 verlor die G.50 gegen die Macchi MC.200 bei einem Wettbewerb zur Ernennung eines neuen Abfangjägers für die Luftwaffe. Trotzdem wurde die Serienherstellung der G.50 gebilligt. Die G.50 Freccia war - ausgestattet mit demselben Motor wie die CR.42 - kein großer Erfolg, und die Flugleistungen (Höchstgeschwindigkeit 470 Km/h) waren nicht viel besser als diejenigen der Falco. Insgesamt wurden 780 G.50 Freccias konstruiert.

Eine weit bessere Maschine war dagegen die Macchi MC.200 Saetta. Dieser Jäger flog zum ersten Mal am 24.Dezember 1937 und trat im Sommer 1939 in den Dienst ein. Obwohl die Macchi mit einem nicht besonders leistungsfähigen (870 PS) Radialmotor ausgerüstet war bewies sie hervorragende Flugleistungen. Bis Juli 1942 wurden 1.151 Exemplare konstruiert; danach wurde das Flugzeug von dem Modell MC.202 Folgore abgelöst. Bei dem letzteren handelte es sich praktisch um die Saetta, die man mit dem deutschen Triebwerk Daimler-Benz DB.601 (von Alfa Romeo auf Lizenz gebaut) umgerüstet hatte. Dieser 1.100-PS-Reihenmotor trieb die Folgore auf eine Höchstgeschwindigkeit von 600 Km/h an. Nach ihrem ersten Flug am 10.August 1940 kam die MC.202 in Produktion: insgesamt wurden 1.070 Exemplare hergestellt, die erfolgreich an allen Fronten operierten.

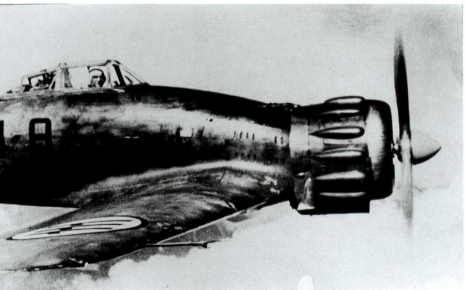

133 Mitte rechts Ein Maschinengewehrschütze in einem italienischen Bomber in Verteidigungsstellung am Heck während einer Mittelmeer-Mission.

133 unten Trotz seiner Mängel war die CR.42 sehr wendig und zuverlässig. Sie wurde von der Regia Aeronautica sogar nach 1941 als leicht bewaffnetes Angriffsflugzeug und Nachtjäger benutzt.

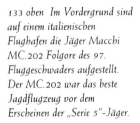

133 oben Im Vordergrund sind auf einem italienischen Flughafen die Jäger Macchi MC.202 Folgore des 97. Fluggeschwaders aufgestellt. Der MC.202 war das beste Jagdflugzeug vor dem Erscheinen der „Serie 5"-Jäger.

133 Mitte links Nahaufnahme einer Macchi MC.200 Saetta des Geschwaders 74a. Die MC.200 war ein hervorragendes Flugzeug, das jedoch aufgrund des schwachen Radial-Motors und der reduzierten Bewaffnung (nur zwei Maschinengewehre) benachteiligt war.

133

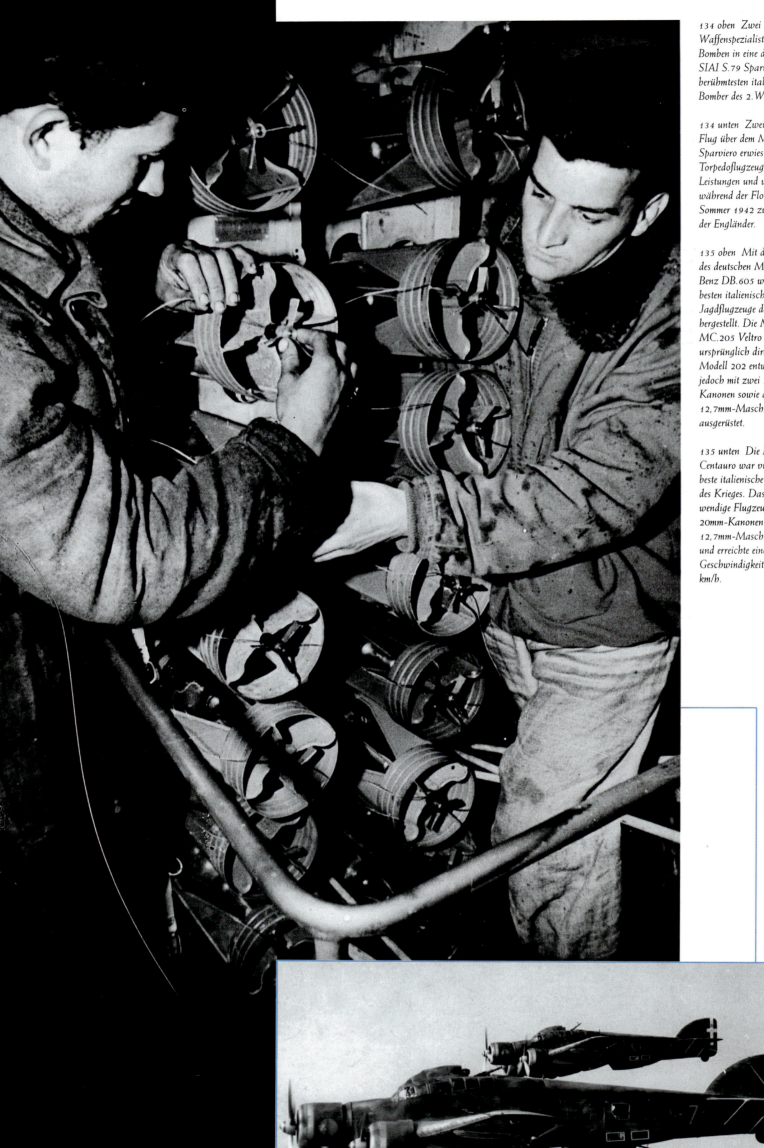

134 oben Zwei Waffenspezialisten laden Bomben in eine dreimotorige SIAI S.79 Sparviero, dem berühmtesten italienischen Bomber des 2. Weltkriegs.

134 unten Zwei S.79 beim Flug über dem Mittelmeer. Die Sparviero erwies auch als Torpedoflugzeug gute Leistungen und wurde während der Flottenangriffe im Sommer 1942 zum Alptraum der Engländer.

135 oben Mit der Einführung des deutschen Motors Daimler Benz DB.605 wurden die besten italienischen Jagdflugzeuge des Kriegs hergestellt. Die Macchi MC.205 Veltro wurde ursprünglich direkt aus dem Modell 202 entwickelt, war jedoch mit zwei 20mm-Kanonen sowie den zwei 12,7mm-Maschinengewehren ausgerüstet.

135 unten Die FIAT G.55 Centauro war vielleicht das beste italienische Jagdflugzeug des Krieges. Das robuste und wendige Flugzeug trug drei 20mm-Kanonen und zwei 12,7mm-Maschinengewehren und erreichte eine Geschwindigkeit von 630 km/h.

Die letzte Version dieser Macchi MC-Familie war die MC.205 Veltro, die ihren Jungfernflug am 19.April 1942 durchführte. Bei der Konstruktion dieses Modells wollte man versuchen die größten Schwachpunkte der 202 zu überwinden: es war stärker und schwerer bewaffnet. Die Veltro wurde mit dem 1.475-PS-Motor DB.605 bestückt und mit zwei 20mm-Kanonen sowie den herkömmlichen zwei 12,7mm-Maschinengewehren ausgerüstet. Es war ein hervorragendes Flugzeug, dass den alliierten Gegnern ohne weiteres gewachsen war. Trotzdem wurden nur knapp über 200 Exemplare konstruiert, die erst ab April 1943 im Luftkampf eingesetzt wurden. Nachdem zwischen Italien und den Alliierten Waffenstillstand geschlossen wurde, benutzte die Nationale Republikanische Luftwaffe (ANR) weitere 112 Exemplare der Veltro im Norden des Landes.

Vielleicht war das beste italienische Jagdflugzeug des Kriegs die Fiat G.55 Centauro, die zum ersten Mal am 30.April 1942 flog. Der Fiat-Jäger wurde ebenfalls von dem DB.605-Motor (wiederum auf Lizenz von Alfa Romeo erbaut) angetrieben und war mit drei 20mm-Kanonen sowie zwei 12,7mm-Maschinengewehren ausgerüstet. Es war ein robustes und wendiges Flugzeug, das eine Höchstgeschwindigkeit von 630 Km/h erreichen konnte. Die ANR benutzte die Centauro vor allem bei Einsätzen, die die

Angriffe der Alliierten-Bomber auf Norditalien verhindern sollten. Nur knapp mehr als 250 Exemplare des Jägers wurden gebaut bevor die bereits reduzierte Produktionskapazität vollständig zusammenbrach. Das letzte Flugzeug der berühmten „5 Serien" (Jäger, die mit dem DB.605-Motor ausgestattet waren) war die Reggiane Re.2005 Sagittario, die zum ersten Mal am 9.Mai 1942 flog. Obwohl es ein optimales Flugzeug war baute man bis zum Waffenstillstand am 8.September nur 29 Sagittarios.

Unter den weiteren, von Italien im Konflikt eingesetzten Flugzeugen gebührt der SIAI S.79 Sparviero ein besonderer Platz. Es war ein dreimotoriges Flugzeug mit traditionellen Außenformen, das für verschiedene Aufgaben während der gesamten Kriegszeit im Einsatz

blieb. Die Sparviero wurde ursprünglich als achtsitziges Ziviltransportflugzeug entworfen und war ausgestattet mit drei 750-PS-Radialmotoren, tiefen Holzflügeln sowie einem Einziehfahrwerk. Der erste Flug der S.79 fand am 8.Oktober 1934 statt. Das Flugzeug zeichnete sich sofort durch seine unglaubliche Schnelligkeit aus und stellte dabei sechs Weltrekorde auf. Das Interesse der Militärautoritäten war damit erweckt, und man beschloss daraufhin eine Bomberversion zu realisieren. Die Produktion begann im Oktober 1936; bald darauf erbrachte das Flugzeug gute Leistungen im spanischen Bürgerkrieg. Beim Ausbruch des zweiten Weltkriegs waren bereits fast 600 Exemplare der S.79 im Dienst. Zu den Bombardierungseinsätzen wurden bald darauf noch Torpedierungsmissionen hinzugefügt, die aufgrund einer Reihe heldenhafter Mittelmeer-Operationen das Ansehen des S.79-Jägers noch steigerten. Einige der glorreichsten Errungenschaften der italienischen Luftwaffe während des 2.Weltkrieg waren der 132.Fluggruppe zu verdanken, die von dem Major Carlo Emanuele Buscaglia kommandiert wurde und deren Basis sich erst in Sizilien und später in Pantelleria befand. Berühmte Piloten

wie Giulio Cesare Graziani und Carlo Faggioni gehörten dieser autonomen Einheit an. Die Gruppe zeichnete sich bei den Luft- und Flottenoperationen im Sommer 1942 aus - besonders während der Luftkämpfe des „Mezzogiugno" und „Mezzagosto" (Junimitte, Augustmitte), bei denen zahlreiche Kriegs- und Transportschiffe der britischen Marine versenkt bzw. beschädigt wurden. Der Grund dieser beiden Angriffe war der Kampf um die Insel Malta. Die Besatzungen der S.79 bewiesen ihren großen Mut gegenüber einer mörderischen Flakartillerie: in der Luft waren die englischen Jagdflugzeuge, und wenige Meter darunter das Meer und die vorbeiziehenden Kriegsschiffe, die ihre Torpedos abfeuerten. Während der Schlacht von Mezzagosto schafften es die italienischen Flugzeuge - in Zusammenarbeit mit den Deutschen - einen Zerstörer und fünf Transporter zu versenken sowie zwei Flugzeugträger und weitere zwei Transporter zu beschädigen. Dies war die letzte, erfolgreiche Mission der italienischen Torpedoflugzeuge: der Krieg im Mittelmeer wandte sich für die Achsenmächte von nun an zum Schlechten hin. Am 12.November wurde der Major Buscaglia bei einem Angriff niedergeschossen und für tot erklärt. In Wirklichkeit lebte er und wurde von den Alliierten gefangengenommen. 1944 kehrte er zurück um das Kommando über die 132.Fluggruppe weiterzuführen. Diese war nun mit dem englischen Zweimotor Baltimore ausgestattet und operierte in der Aeronautica Cobelligerante. Buscaglia starb kurz darauf am 23.August 1944 bei einem Flugunfall im Gebiet des Vesuv. Die S.79 wurde nach 1943 auch von der ANR als Torpedoflugzeug eingesetzt und in über 1.300 Exemplaren hergestellt. Das Flugzeug wurde auch ins Ausland exportiert bzw. dort auf Lizenz gebaut. In der Nachkriegszeit benutzte man die S.79 noch bis zu den Sechziger Jahren als Transportflugzeug.

Auf der anderen Erdseite begann Japan, der dritte Achsenalliierte (ein Land, das keine große Luftfahrt-Tradition besaß) seinen Kampfeinzug mit einem hervorragendem Jagdflugzeug. Es handelte sich um die Mitsubishi A6M Zero, die aufgrund ständiger Erneuerungen und Ausbesserungen während des gesamten Kriegs im Einsatz blieb. Die Maschine wurde Ende der dreißiger Jahre als neuer Decklandejäger für die kaiserliche japanische Marine entworfen und als Antwort auf eine besonders anspruchsvolle Spezifikationen hin entwickelt, die der Konkurrent Nakijima für geradezu unrealisierbar hielt. Die A6M1, die ihren Jungfernflug am 1.April 1939 durchführte, erfüllte jedoch vollkommen die geforderten Bedingungen (abgesehen von der Höchstgeschwindigkeit, die unter den gewünschten 500 Km/h lag). Nachdem der Motor gegen ein stärkeres Modell ausgetauscht wurde begann man die Serienproduktion des Flugzeugs einzuleiten. Im Juli 1940 trat die Zero in den Flugdienst ein und blieb bis Mitte 1942 der wahrscheinlich beste Jäger im Pazifikbereich. Es war ein schnelles und wendiges Flugzeug; die Maschine besaß jedoch weder eine Panzerung noch selbstabsichernde Tankbehälter und war so durch feindlichen Beschuss sehr verwundbar. Die beste Zero-Version war die A6M5, die 1943 eingeführt wurde um die amerikanischen Jäger Hellcat und Corsair zu bekämpfen. Das Modell war mit zwei 20 mm-Kanonen sowie zwei 13,2 mm-Maschinengewehren bewaffnet und wurde von einem 1.130-PS-Motor zu einer Höchstgeschwindigkeit von 565 Km/h angetrieben. Trotzdem konnte das Flugzeug die amerikanischen Entwürfe nicht schlagen. Bis August 1945 wurden insgesamt 10.499 Zeros (von den Amerikanern „Zeke" genannt) gebaut. Der Untergang der Zero begann jedoch schon zwei Jahre früher offensichtlich zu werden - parallel mit dem Verlust von Japans besten Piloten. Die Einführung des letzten Modells A6M8 mit 1.560-PS-Motor konnte die Situation nicht verbessern.

Ein weiterer japanischer Jäger, der bis Ende des Krieges im Dienst blieb war die weniger berühmte Nakajima Ki-43. Das Flugzeug wurde der Nakajima ohne Wettbewerb direkt in Auftrag gegeben und flog zum ersten Mal im Januar 1939. Es war ein Ganzmetall-Tiefdecker mit Einziehfahrwerk und Radialmotor, der sich anfangs als schwer und plump erwies. Mit der Zeit wurde die Ki-43 leichter und wendiger - sie galt bei Kriegsbeginn sogar als fast unschlagbar. Trotz ständiger Verbesserungen - besonders im Triebwerkbereich - wurde die Ki-43 („Oscar" für die Amerikaner) von den Jägern der Alliierten überholt, vor allem da die japanische Industrie nicht in der Lage war entsprechend leistungsstarke Flugzeugmotoren herzustellen. Insgesamt wurden 5.919 Exemplare der Ki-43 gebaut. Ein drittes, berühmtes Flugzeug der japanischen Streitkräfte war der zweimotorige Bomber Mitsubishi G4M. Er führte seinen ersten Flug am 23.Oktober 1939 durch und kam 1940 in Produktion. Die G4M

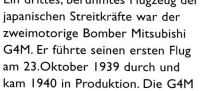

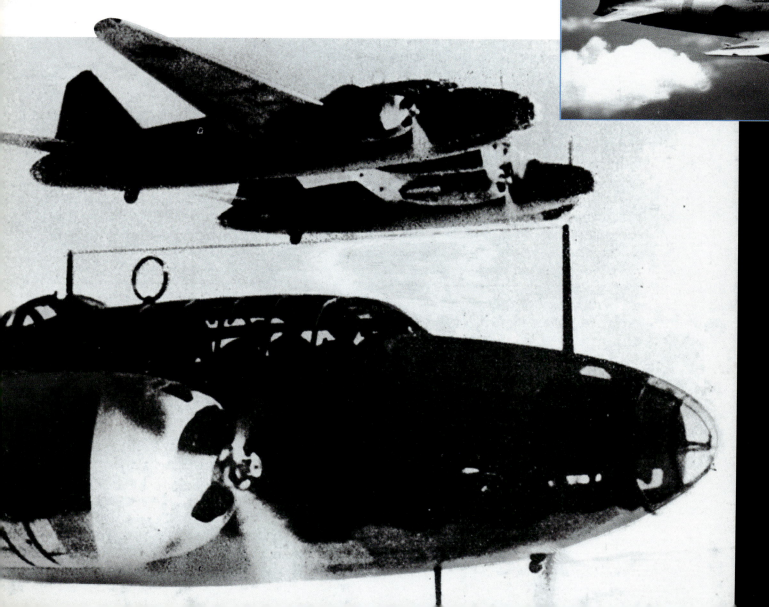

136 oben Nahaufnahme eines japanischen Maschinengewehrschützen 1942. Japan produzierte nach 1942 keine besonders fortschrittlichen Flugzeuge mehr, aber der Mut der japanischen Besatzungen stand außer Frage.

136 Mitte rechts Die Mitsubishi A6M Zero war zweifellos das meistbekannte japanische Flugzeug. Sie war ein ausgezeichneter Jäger, dessen einziger Schwachpunkt in der fehlenden Panzerung sowie dem Mangel an selbstabsichernden Kraftstoffbehältern lag.

war ein Boden-Langstreckenbomber, der bis zu 1.000 Kg Bomben bzw. einen Torpedo auf bis zu 4.000 Km transportieren konnte. Die Höchstgeschwindigkeit betrug 470 Km/h und die Bewaffnung bestand aus vier 20mm-Kanonen und zwei 7,7mm-Maschinengewehren. Trotz alledem hatte die G4M (von den Amerikanern „Betty" ernannt) eine schwache Blechverkleidung und besaß keine selbstabsichernden Behälter, weshalb die Amerikaner ihr den Beinamen „das fliegende Feuerzeug" gaben. Bis August 1945 wurden 2.446 Exemplare der G4M gebaut - es war der japanische Bomber mit der höchsten Produktionsanzahl.

136 unten Die Mitsubishi G4M (von den Alliierten „Betty" genannt) war unter den japanischen Bombern am zahlreichsten vertreten. Seine Blechverkleidung war jedoch zu schwach; die Amerikaner nannten die Maschine „das fliegende Feuerzeug".

137 oben Ein japanisches Torpedoflugzeug stürzt am 25.Oktober 1944 ins Meer, nachdem es von den 127mm-Luftabwehrkanonen des Flugzeugträgers USS Yorktown getroffen wurde.

137 Mitte Auch Japan besaß während des Konflikts eine starke Marine, die mit guten Decklandeflugzeugen ausgerüstet war. Diese Zero-Jäger werden zum Abflug von einem Flugzeugträger vorbereitet.

137 unten Gegen Kriegsende konnten die Japaner keine bessere Taktik finden, als den Einsatz von Kamikazefliegern um die amerikanische Flotte aufzuhalten. Auf dieser Fotografie vom 4.Mai 1945 wurde ein japanischer Jäger bei dem Versuch in den Flugzeugträger USS Sangmon zu stürzen getroffen.

Der zweite Weltkrieg: die Achsenmächte

Kapitel 9

Die ersten Jets und der Korea-Krieg

In der ersten Hälfte der vierziger Jahre hatte das traditionelle Flugzeug (das sich durch einen Hubkolbenmotor auszeichnete, an den ein oder mehrere Propeller angekuppelt waren) seine Leistungsgrenzen erreicht. Während des zweiten Weltkriegs stießen die schnellsten Jagdflugzeuge gegen die 800 Km/h -Mauer - eine Geschwindigkeit, in der die Propeller an Wirksamkeit verlieren. Um schneller fliegen zu können wären außerordentlich starke Motoren nötig gewesen, die jedoch ein unannehmbar hohes Gewicht und Ausmaß gebraucht hätten. Letzten Endes wäre dadurch die Leistung nur theoretisch erhöht worden - die praktischen Werte aber wären unverändert geblieben.
Seit einiger Zeit aber arbeiteten zwei Männer, Frank Whittle in Großbritannien und Hans von Ohain in Deutschland unwissend voneinander an der Entwicklung eines Motors, der für ebenso revolutionär wie unrealisierbar gehalten wurde: der gasbetriebene Turbomotor.
Die Funktion dieses Motors (im Industriebereich wurden Gasturbinen bereits angewendet) war sehr einfach: die Luft trat von der Vorderseite ein, wurde komprimiert und in eine Verbrennungskammer gedrückt, wo sie sich mit dem Kraftstoff vermischte; daraufhin entzündete sich die Mischung und trat mit einer hohen Geschwindigkeit aus der hinteren Düse heraus; diese trieb ein Hubgebläse an, welches seinerseits den vorderen Kompressor in Bewegung brachte. Die Schwierigkeit bestand darin, eine entsprechend kleine, starke und leichte Turbine zu erschaffen, die man

erfolgreich in ein Flugzeug installieren konnte. Von Ohain, ein Ingenieur der Firma Heinkel, veranstaltete im Februar 1937 eine erste Vorführung seines Turbomotors. Die Probe ging erfolgreich vonstatten, und Ernst Heinkel wurde zum Förderer des neuen Triebwerks: Mit seiner Firma baute er das erste Düsenflugzeug der Welt, die He-178. Dieser kleine und einfache Metall-Eindecker besaß ein besonderes Merkmal, das in wenigen Jahren üblich werden sollte: eine Lüftungsklappe auf der Nase, wo gewöhnlich der Propeller angebracht war. Die He-178 flog zum ersten Mal am 27.August 1939 - damit begann die moderne Ära des Fluges.
In Großbritannien war es Whittle, ein Ingenieur der RAF, der 1929 die Idee des Turbomotors entwickelte, doch erst ab April 1937 konnte er sich der Arbeit daran richtig widmen. Im Juni 1939 war Whittle bereit, eine Vorführung seines

WU-Motors für das Luftfahrt-Ministerium vorzubereiten, dessen Vertreter sich von der neuen Erfindung begeistert zeigten. Sofort wurde die Firma Gloster damit beauftragt, einen Prototyp mit Einbau des W.1- Motors zu bauen. Es erschien also daraufhin die Gloster E.28/39, ein Versuchsmodell mit niedrigen Flügeln, Dreirad-Fahrgestell und Lüftungsklappe an der Schnauze. Der Erstflug wurde am 15.Mai 1941 durchgeführt.
In England führten die unternommenen Experimente zum Bau des Jagdflugzeugs Gloster Meteor mit Rolls-Royce-Motoren (siehe Kapitel 7), während in Deutschland die Zellen - und

138 oben Die Heinkel He-178 war das erste Düsenflugzeug der Welt und flog zum ersten Mal im August 1939. Ihre Entwicklung war aufgrund des perfektionierten Düsenmotors von Ohains möglich.

138 unten Die de Havilland Vampire war das erste erfolgreiche Düsenflugzeug. Insgesamt wurden 19 Versionen und über 3.700 Flugzeuge gebaut. Die Vampire wurde von England und weiteren 25 Ländern benutzt. Auf der Fotografie ist eine zweisitzige Übungsversion zu sehen.

139 oben Die italienische Caproni Campini N.1 war - zusammen mit den deutschen und englischen Entwürfen - eines der ersten Düsenflugzeuge. Der Erstflug fand am 28.August 1940 statt, die Höchstgeschwindigkeit betrug nur 360 Km/h, und es wurden zwei Prototypen gebaut.

139 unten Mit dem Erscheinen von Düsenmotoren wurden die Forschungen zur Aerodynamik immer wichtiger. Auf dieser Fotografie von 1945 sind zwei Männer in einem riesigen Windkanal zu sehen.

Motorenentwicklung zu einem Wettstreit zwischen den einzelnen Firmen führte: Heinkel und Messerschmitt konkurrierten um die Flugzeugherstellung, und BMW und Junkers um die Motoren. Das deutsche Luftfahrt-Ministerium ordnete bei Heinkel und Messerschmitt die Entwicklung eines Düsenflugzeug -Entwurfs an. Der dazugehörige Motor sollte von einer der drei beschäftigten Firmen gebaut werden. Im September 1940 hatte Heinkel als erster seine Arbeit fertiggestellt, aber da noch keiner der Motoren fertig war ließ Heinkel im März 1941 sein Zweidüsenflugzeug He-280 mit den Motoren aus eigener Produktion fliegen. Die He-280 war ein schönes Flugzeug, das bereits mit den vorläufig eingebauten Motoren an die 780 Km/h herankam und auch einige interessante Erneuerungen enthielt, wie z.B. den Schleudersitz und das Dreiradfahrgestell. Dennoch bevorzugte das Ministerium aus politischen und technischen Gründen das Flugzeug von Messerschmitt, die Me-262, obwohl diese später fertig wurde und - ausgestattet mit den endgültigen Jumo-004-Motoren von 900 Kg Schubkraft - erst im Juli 1942 flog. Ein Pluspunkt des Flugzeugs war die größere Autonomie und Feuerkraft (siehe Kap.8).

Die Gloster Meteor hatte man nach und nach verbessert und jeweils auf den neuesten Stand gebracht. Bis 1954 wurden über 3.900 Exemplare konstruiert, die man in viele Ländern exportierte. Das zweite britische Düsenflugzeug war die de Havilland Vampir. Diese wurde 1941 in Auftrag gegeben und vollbrachte ihren ersten Flug am 26.September 1943. Es handelte sich um einen kleinen Halbhochdecker (Metallflügel), der ausgestattet war mit Lüftungsklappen am Luftschraubenansatz des kurzen Holz-Rumpfs und ein Dreirad-Bugfahrgestell besaß. Die Schwanzflächen waren - ähnlich wie bei der Lockheed P-38 - auf einem doppelten Balken gestützt, der sich rückwärts zu den Flügeln hin erstreckte. Nur mit einem einzigen Motor ausgerüstet - dem Havilland Goblin 1 mit 1.225 Kg Schubkraft - erreichte das Flugzeug eine Höchstgeschwindigkeit von über 800 Km/h. Obwohl die Vampir (anfangs „Spider Crab" benannt) sich als hervorragender Jäger erwies, war es nicht möglich sie noch rechtzeitig zum Kriegsende in den Flugdienst aufzunehmen, da die ersten Serien-Modelle F Mk.I erst im April 1946 geliefert wurden. Die F Mk.I wurden von dem 1.406 Kg-Goblin 2-Motor zu einer Höchstgeschwindigkeit von 870 Km/h angetrieben und besaßen eine Bewaffnung von vier 20mm-Kanonen. Mit der Zeit wurde auch die Vampir ständig verbessert, was zum Bau von neuen Modellen führten: dem Jäger (F), Jagdbomber (FB), Nachtjäger (NF), Schulungsflugzeug (T), und der Marineversion (Sea Vampir). Neue Flügel und Schwanzflächen waren Charakteristiken der Modelle Venom und Sea Venom. Insgesamt wurden über 3.700 Exemplare konstruiert, die von 26 Ländern auf der ganzen Welt benutzt wurden. Die letzten „Vampires" waren im Gebrauch der schweizerischen Luftwaffe und wurden erst in den achziger Jahren zurückgezogen.

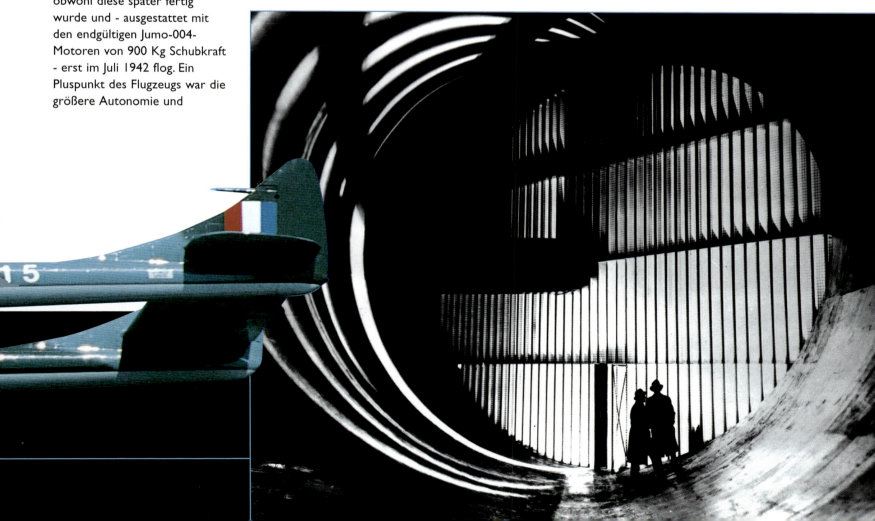

140 oben Zwei Fotografien einer Lockheed T-33A Silver Star. Das Düsenflugzeug stammte von dem Jäger P-80 Shooting Star und war zum Jet-Übungsflugzeug bestimmt. Die Silver Star flog zum ersten Mal am 22.März 1948.

Auch in den Vereinigten Staaten beschäftigte man sich intensiv mit der Realisierung eines Düsenflugzeugs; dank des technologischen Informationsaustauschs mit Großbritannien während des Krieges wurde die General Electric (die bereits über bemerkenswerte Erfahrungen mit Turbinen verfügte) ausgewählt, um ein neues Triebwerk auf den Grundlagen von Whittles Forschungen herzustellen. Am 5.September 1941 hatte man die Bell damit beauftragt, einen Prototyp des Flugzeugs zu bauen, das mit dem neuen Motor ausgestattet sein sollte - der Turbine General Electric I-A mit 567 Kg Schubkraft. Von der Bell wurde daraufhin das Model 27 konstruiert, ein zweimotoriges Flugzeug mit traditionellen Außenformen, das mit geraden Mittelflügeln, Dreirad-Bugfahrgestell sowie im Luftschraubenansatz versenkten Motoren ausgestattet war. Das Flugzeug, genannt XP-59A Airacomet, flog zum ersten Mal am 1.Oktober 1942 von der Rogers Dry Lake nach Muroc Field in Kalifornien. Auf die drei Prototypen folgten 1944 die 13 Vorserienmodelle der YP-59A, die die I-16-Motoren mit 748 Kg Schubkraft besaßen. Doch auch diese Motoren boten keine Lösung für die Probleme des langsamen (ca. 650 Km/h) und unstabilen Flugzeugs. Später wurden 20 Exemplare der P-59A und 30 der P-59B in Auftrag gegeben (letztere mit den Motoren J31-GE-5, 907 Kg Schubkraft), die aber ausschließlich für eine große Reihe von experimentellen Tests, Bewertungs- und Schulungsflügen seitens der US Army und Navy benutzt wurden. Trotz des Misserfolgs trug der Airacomet viel zu der Entwicklung der Düsenflugzeug-Technologie mit bei, und der nächste amerikanische Flugzeug-Entwurf aus diesem Bereichs wurde ein großer Erfolg. Während die Bell sich mit der unbefriedigenden P-59 plagte, wurde der Lockheed der Auftrag zur Konstruktion eines operativen Jäger-Jets zugewiesen. Der Entwurf wurde innerhalb von nur sechs Monaten fertiggestellt, und der Prototyp XP-80, ausgestattet mit dem Düsenmotor de Havilland Goblin, flog am 8.Januar 1944. Man beschloss, die Lizenz-Produktion des englischen Motors nicht fortzuführen, und so startete im Juni 1944 die von einem General-Electric-J33-Motor angetriebene XP-80A zu seinem Erstflug. Sobald die ersten der 13 Vorserien-Exemplare fertig waren und die angeordnete Serienproduktion den Bau von mehr als 5.000 P-80As vorsah, begann man im Oktober 1944 mit den operativen Testflügen. Doch aufgrund des sich nahenden Kriegsendes verringerte sich die Anzahl der benötigten Flugzeuge, so dass die USAAF nur noch 917 Exemplare benötigte. Die P-80A Shooting Star besaß eine Flügelspannweite von 12,1 Metern, eine Länge von 10,5 Metern und ein Höchstgewicht von 6.575 Kg. Die Schubleistung des Motors betrug 1.745 Kg und erlaubte dem Flugzeug eine Höchstgeschwindigkeit von 900 Km/h. Die Shooting Star hatte dieselbe Waffenausrüstung wie die Propeller-Jagdflugzeuge: sechs Maschinengewehre und bis zu 907 Kg Bombenlast. 1948 wurde die verbesserte Version F-80C eingeführt (mit der Gründung der Air Force als autonome Streitkraft im Jahre 1947 wurden die Flugzeugbenennungen von P = Pursuit auf F = Fighter geändert), von

141 oben links Das Kunstfluggeschwader der USAAF „Acrojets" benutzte vier F-80 Jäger. Dieses Flugzeug wurde Anfang 1945 in den Dienst eingeführt - zu spät für den Einsatz im zweiten Weltkrieg.

141 oben rechts Diese Formation von Bell-Jägern wurde 1944 fotografiert. Von oben nach unten: eine XP-77, eine P-39Q, eine P-63A und die P-59 Airacomet - das erste amerikanische Düsenflugzeug, hier in der Vorserienversion YP-59.

141 Mitte 1947 führte McDonnell den neuen Düsenjäger „Banshee" ein, der von der „Phantom" abgeleitet wurde. Auf der Fotografie ist der Prototyp XF2H-1 zu sehen.

141 unten links Das erste Düsenflugzeug der US Navy war eine Kreuzung von Propeller- und Düsenantrieb. Hier sieht man den Prototyp des Ryan FR Fireball von 1944.

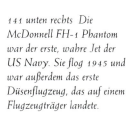

der die 798 konstruierten Exemplare auch im Korea-Krieg eingesetzt wurden. Die F-80C bildete auch die Grundlage eines Übungs-Zweisitzers mit hervorragenden Eigenschaften, der zum ersten Mal am 22.März 1948 flog. Von diesem Flugzeug - anfangs TP-80C und später T-33A Silver Star benannt - wurden über 6.500 Exemplare gebaut, die in mehr als 40 Länder auf der ganzen Welt benutzt wurden. Noch heutzutage werden einige Modelle der T-33 von verschiedenen Luftstreitkräften geflogen und beweisen die Qualität und Solidität des Entwurfs.
In der Zwischenzeit begann sich auch die US Navy vorsichtig den Düsenflugzeugen anzunähern, doch da die Marineflugzeuge eine höhere Zuverlässigkeit erforderten, handelte es sich bei dem ersten Flugzeug in Wirklichkeit um einen Misch-Typ. Die Ryan Fireball FR flog zum ersten Mal am 25.Juni 1944 und war tatsächlich eine Versuchs-Maschine, die mit einem 1.350 PS starken Propeller-Radialmotor vom Typ Wright Cyclone sowie der General Electric I-16 Strahlturbine mit 725 Kg Schubkraft ausgestattet war. Auch in diesem Fall war das Kriegsende der Grund für die eingeschränkte Produktion: nur 66 Exemplare, die alle 1945 geliefert wurden. Zu jener Zeit blickte die Navy schon auf ihren ersten „richtigen" Decklande-Jet, die McDonnell Phantom FH, die 1943 entworfen wurde. Die Phantom flog zum ersten Mal am 26.Januar 1945 und wurde von zwei Westinghouse 19XB-2B Strahltriebwerken von je 530 Kg angetrieben (in den Serienmodellen wurden jene durch die J30-Strahltriebwerke von 725 Kg ersetzt), die das Flugzeug auf eine Höchstgeschwindigkeit von 770 Km/h brachten. Am 21.Juni 1946 landete die Phantom als erstes amerikanisches Düsenflugzeug auf einem Flugzeugträger. Durch die Produktionseinschränkung kam es wiederum nur zu 60 konstruierten Exemplaren der FH-1, deren Auslieferungen zwischen 1947 und 1948 stattfanden. Die Fortschritte in dem Bereich wurden ständig vorangetrieben, und die McDonnell arbeitete bereits an einem Nachfolger der FH-1: im Januar 1947 erhob sich die XF2H-1 Banshee in die Lüfte. Trotz der großen Ähnlichkeit mit der Phantom war die Banshee dieser in jeder Hinsicht weit überlegen - natürlich eingeschlossen der zwei Westinghouse-J34-Motoren von je 1.475 Kg, die eine exzellente Höchstgeschwindigkeit von 935 Km/h ermöglichten. Mit vier 20mm-Kanonen und zwei Bomben von je 225 Kg war das Flugzeug auch schwerer bewaffnet. Im März 1949 kam die F2H Banshee in den Dienst.

141 unten rechts Die McDonnell FH-1 Phantom war der erste, wahre Jet der US Navy. Sie flog 1945 und war außerdem das erste Düsenflugzeug, das auf einem Flugzeugträger landete.

Die ersten Jets und der Korea-Krieg | 141

Es sollte bemerkt werden, dass es die amerikanischen Streitkräften bis Ende der vierziger Jahre nicht schafften, einen operativen Jäger aufzustellen, der der deutschen Messerschmitt 262 des zweiten Weltkriegs überlegen wäre. Doch trotz allem befanden sich verschiedene Entwürfe bereits im Versuchsstadium, und einige hervorragende Düsenflugzeuge sind rechtzeitig fertiggeworden um bei einem neuen internationalen Konflikt eingesetzt zu werden. Obwohl dieser sich geographisch nur auf Korea beschränkte, war es in Wirklichkeit eine Konfrontation zwischen den West- und Ostmächten, die es riskierte die Welt erneut in einen Krieg mit verheerenden Folgen zu stürzen. Am Sonntag 25.Juni 1950 um vier Uhr morgens setzte die Armee des kommunistischen Nord-Korea zu einem Massenangriff auf das angrenzende Süd-Korea an. Da die Kräfte ungleich verteilt waren hatten die Nordkoreaner ein leichtes Spiel beim Durchbrechen der Verteidigungslinien und drangen bis tief in den Süden ein. Nach wenigen Tagen verordnete der Sicherheitsrat der Vereinten Nationen die Gewaltanwendung um die Invasoren zurückzudrängen und die Grenze auf dem 38.Breitenkreis wiederherzustellen. Die Vereinigten Staaten wurden zum Initiator dieser Kampfhandlung und griffen zusammen mit 16 weiteren Ländern massiv in das Geschehen ein. Dagegen konnte Nord-Korea jedoch auf die - erst indirekte, später sichtbare und konkrete - Unterstützung der chinesischen Volksrepublik und auch der Sowjetunion zählen. Das Ergebnis war ein langer, harter und blutiger Krieg, der sich bis 1953 über drei Jahre lang hinzog.

Die Vereinigten Staaten begannen den Konflikt mit den Flugzeugen der 5th Air Force, die in Japan stationiert war. Es handelte sich dabei größtenteils um die F-80 Düsenflugzeuge sowie die F-82 Twin Mustang - die letzten Propeller-Jäger der USAF. Von der Gegenseite griffen die Nordkoreaner mit entschieden schwächeren Maschinen an, den sowjetischen Propeller- Jagdflugzeugen Jak-9 und den Jagdbombern Ilyushin Il-10 Shturmovik. In der ersten Kriegsphase brachten die Amerikaner

142 oben 28.Mai 1951. Zwei Grumman F9F Panther Jäger fliegen über den Flugzeugträger USS Princeton während des Koreakriegs. Aus den Tragflächenden wird vor der Landung der übermäßige Kraftstoff entladen.

142 Mitte Dieser Prototyp der Grumman Panther wurde während einem seiner ersten Flüge fotografiert. Der Einweihungsflug fand am 24.November 1947 statt. Das Jagdflugzeug trat im Mai 1950 als VF-51 in den Dienst ein, kurz vor dem Ausbruch des Koreakriegs.

142 unten Zwei Prototypen des Aufklärers „Republic" aus der Pfeilflügel-Serie 84. Das Flugzeug im Hintergrund besitzt bereits die endgültige Nasenform der RF-84F Thunderflash.

weitere zwei Kampf-Jets ins Gefecht: die Republic F-84 Thunderjet der USAF sowie die Grumman F9F Panther der Navy.
Die Arbeiten an der Thunderjet wurden 1944 begonnen, als der Konstrukteur der Republic Alexander Kartveli ein Düsenflugzeug als Nachfolger seines Jagdbombers P-47 Thunderbolt plante. Der Prototyp erschien Anfang 1945 und wurde in Hinblick auf den Einbau des Motors General Electric J35 entworfen. Am 28.Februar 1946 startete als erstes die XP-84 zu ihrem Jungfernflug und bewies bei der Probe die Gültigkeit des Entwurfs. Der Rumpf war groß und schlank und besaß auf der Nase einen Lufteinlass. Ferner war das Flugzeug mit Mittelflügeln, einem Dreirad-Bugfahrgestell und traditionell kreuzförmigem Schwanzleitwerk ausgestattet. Im Sommer 1947 begann man die ersten Serienexemplare der F-84B an die Fluggeschwader zu verteilen. Das Flugzeug wurde ständig Weiterentwicklungen unterzogen, die in immer besseren Versionen - hinsichtlich des Gerüsts und der Motoren - Form annahmen. Im November 1950 erschien das endgültige Modell mit geraden Flügelflächen, die F-84G. 3.025 Exemplare des Flugzeugs wurden hergestellt, mit denen viele alliierte Nationen ausgerüstet wurden. Das Modell G (mit nuklearer Beschuss-Fähigkeit) besaß eine Spannweite von 11,1 Metern, eine Länge von 11,6 Metern und ein Start-Höchstgewicht von 10.670 Kg. Der Motor Allison J35-A-29 entwickelte 2.540 Kg Schubkraft und brachte das Flugzeug auf eine Höchstgeschwindigkeit von 1.000 Km/h auf Seehöhe. Die Bewaffnung bestand aus sechs 12,7mm- Maschinengewehren und 1.815 Kg Bomben bzw. Raketen. Die letzte entwickelte Version war die F-84F Thunderstreak, die jedoch in Korea nicht eingesetzt wurde. Dieses Flugzeug war schon sehr verschieden von dem Ur-Modell Thunderjet, vor allem aufgrund der 45° pfeilförmigen Flügel und Leitwerke sowie dem neu entworfenen Kabinendach. Der Prototyp flog am 5.Juni 1950, und die Serienflugzeuge kamen ab 1954 in die Flugabteilungen. Über 2.700 Exemplare wurden verwirklicht und wiederum an zahlreiche verbündete Nationen geliefert. Die

Aufklärungsversion RF-84F Thunderflash war charakterisiert durch den gespaltenen Lufteinlass, der sich am Flügelansatz befand, da die Flugzeugnase von Fotoapparaten belegt worden war.
Das führende Jagdflugzeug der amerikanischen Marine war dagegen die Grumman Panther, deren Erstflug am 24.November 1947 durchgeführt wurde und die die Benennung XF9F-2 erhielt. Das Flugzeug hatte man ursprünglich während des Kriegs als viermotorigen Nachtjäger bestellt; die Entwicklung des Modells verzögerte sich jedoch aufgrund verschiedener Probleme. Den Bedürfnissen der Navy folgend wurde das Flugzeug also zu einem Tagesjäger umgeplant. Die Prototypen der F9F wurden von einem 2.270 Kg starken Pratt & Whitney J42- Motor angetrieben (gebaut auf Lizenz von Rolls Royce Nene) bzw.

143 oben Zwei Republic F-84G -Jäger Anfang der fünfziger Jahre. Die Thunderjet war der erste USAF-Jagdbomber, der für den Transport von Atombomben entworfen wurde.

143 unten Die F-84 wurde aufgrund ihrer 1.815 kg Bomben- und Raketenlast von der USAF breitflächig während des Koreakriegs als Jagdbomber eingesetzt. Auf dem Foto ist eine F-84G zu sehen, die eine Raketensalve auf nordkoreanische Stellungen abschießt.

von einem Allison J33 mit 2.090 Kg Antriebskraft. Bessere Ergebnisse erzielte das Modell mit dem J42-Motor, das daraufhin als F9F-2 in Serie produziert und später in der Version F9F-5 verbessert wurde. Im Mai 1949 trat die „Panther" in den operativen Dienst ein und wurde in über 1.300 Exemplaren hergestellt. Die F9F-5 war ausgestattet mit einem Pratt & Whitney J48-Motor von 2.835 Kg, der ihr eine Höchstgeschwindigkeit von 970 Km/h ermöglichte. Das maximale Abfluggewicht betrug 8.490 Kg und die Waffenausrüstung bestand aus vier 20mm-Kanonen sowie 900 Kg Bomben- bzw. Raketenlast. In Korea wurde die Panther sowohl von der Navy als auch von den Marines eingesetzt und fand hauptsächlich als Bodenangriffs-Jäger Verwendung, zeichnete sich jedoch durch einige Siege auch im Luftkampf aus.
Dank der verfügbaren Informationen zu den Pfeilflügeln dachte auch die Grumman daran die Panther in dieser Hinsicht zu modifizieren - so wie es die Republic mit der F-84G getan hatte. Am 20.September 1951 flog also die XF9F-6 Cougar. Das Flugzeug wurde von einem J48-Motor von 3.290 Kg Schubkraft angetrieben und besaß die in 35° gewinkelten Pfeilflügel mit Klappen und slats. Die Cougar trat im November 1952 in den Dienst ein. Trotz derselben Waffenausrüstung ihres Vorgängers und einer Höchstgeschwindigkeit

von 1.040 Km/h war keine Verbesserung in Bezug auf die Panther zu erkennen. Wie dem auch sei - es wurden über 1.000 Exemplare der Cougars hergestellt (auch Aufklärungs- und Übungsversionen), die bis Ende der sechziger Jahre im Flugdienst behalten wurden.

Mit diesen Flugzeugen schafften es die Amerikaner den Vormarsch der Nordkoreaner aufzuhalten und ergriffen nun die Offensive. Am 29.September 1950 hatten die Streitkräfte Süd-Koreas zusammen mit der ONU erneut den 38° Parallelkreis wiedergewonnen. Dennoch entschied General Mac Arthur, Befehlshaber über die Alliierten, den Feind bis über die Grenze hinweg zu verfolgen um ihn endgültig zu schlagen. Der Vormarsch der Alliierten im Norden verursachte schließlich das direkte Eingreifen seitens der chinesischen Militärkräfte: am 25.Oktober stürzte sich eine Armee von 180.000 Mann zum Gegenangriff auf die Amerikaner und zwang diese zum Rückzug. Als wäre dies nicht genug, erschien am 1.November eine tödliche, neue Bedrohung über dem koreanischen Himmel; es war ein wendiger und extrem schneller Jet mit Pfeilflügeln, der die westliche Welt in Erstaunen versetzte: die MiG-15.

Die Kriegsbeute, dargestellt durch die extrem fortschrittlichen, technologischen Forschungen des nationalsozialistischen Deutschlands ging nicht allein in die Hände der Amerikaner. Auch die Russen konnten bei ihrem Vormarsch vom Osten eine bemerkenswerte Menge von Forschungsunterlagen- und Entwürfen in die Sowjetunion bringen; ebenso fielen ihnen einige Prototypen und Serien-Düsenflugzeuge sowie eine stattliche Anzahl von Ingenieuren „in die Hände". Im Jahr 1946 gelang es dann der UdSSR von der englischen Labour-Regierung die Produktionspläne und einige Exemplare des Turbostrahltriebwerks Rolls Royce Nene zu erhalten, das zu jener Zeit vielleicht die fortschrittlichste Strahlturbine der Welt war. Diese Faktoren, vereint mit den großen Fortschritten, die die sowjetische Luftfahrt gegen Ende des Krieges erreicht hatte, brachten die UdSSR dazu den technologischen Unterschied, der sie von den Amerikanern trennte zu überbrücken und unter strenger Geheimhaltung neue, hervorragendste Flugzeuge zu bauen.

Die ersten produzierten, russischen Düsenflugzeuge waren die MiG-9 und die Yak-15, die beide mit Motoren aus deutscher Konzeption ausgestattet waren. Der Prototyp der MiG-9, den man von dem F-Projekt aus dem Jahr 1944 hergeleitet hatte, war ein Jagdflugzeug mit geraden Mittelflügeln und Lufteinlass auf der Nase. Es wurde angetrieben von zwei RD-20-Motoren (d.h. in Wirklichkeit dem BMW 003A von 800 Kg) und flog zum ersten Mal am 24.April 1946. Die Flügelspannweite betrug 10 Meter, die Länge 9,75 Meter und das Start-Höchstgewicht des Flugzeugs erreichte 5.070 Kg. Die MiG-9 flog bis zu 910 Km/h und war bewaffnet mit einer 37mm- sowie zwei 23mm-Kanonen. Nachdem man einige strukturelle Probleme gelöst hatte, wurden über 1.000 Exemplare des Jägers in verschiedenen Ausführungen hergestellt, u.a. auch ein Schulungsmodell (MiG-9 UTI). Auch die Yak-15 führte ihren Erstflug am 24. April 1946 durch. Es handelte sich dabei um ein in Eile produziertes Flugzeug, das sozusagen Ergebnis einer Kombination des Motors (Triebwerksgondel miteingeschlossen) Junkers Jumo 004 (von den Russen RD-10 genannt) mit allen möglichen Komponenten des Propeller-Jagdflugzeugs Yak-3 darstellte. Innerhalb von zwei Jahren wurden weniger als 300 Exemplare gebaut. Die Yak-15 erreichte eine Höchstgeschwindigkeit von 785 Km/h und war mit zwei 23mm-Kanonen ausgerüstet. Von diesem Modell ausgehend wurde im darauffolgendem Jahr die Yak-17 entwickelt, die mit einem RD-10A-Motor von 1.000 Kg bestückt war und bis zu 830 Km/h fliegen konnte.

Diese anfänglichen sowjetischen Konstruktionen waren noch relativ bescheiden und im Großen und Ganzen den deutschen Flugzeugen - von denen sie eigentlich abstammten - unterlegen. Der Wendepunkt kam mit dem Erscheinen des Motors Nene, mit dem - einem Entwurf des MiG folgend - ein Flugzeug mit Pfeiltragflächen motorisiert werden sollte, das Ende 1945 als Projekt S eingeleitet wurde und aufgrund des Mangels eines angemessenen Motors nicht weiterentwickelt wurde. Genannt I-310, vollbrachte der Prototyp am 30. Dezember 1947 seinen ersten Flug. Die MiG-15 (bei der NATO als „Fagot" bekannt) hatte einen ziemlich kurzen Rumpf mit Luftklappe auf der Schnauze und besaß 35° - winkelige Pfeilflügel bzw. -Leitwerke. Ausgerüstet mit dem Motor RD-45F (eine Kopie des englischen Nene-Motors), der eine Schubkraft von 2.270 Kg entwickelte konnte die MiG-15 eine Höchstgeschwindigkeit von 1.030 Km/h erreichen. Das 10-Meter lange Flugzeug besaß eine ebenso lange Flügelspannweite und wog beim Start bis zu 4.806 Kg; die Bewaffnung bestand aus einer 37mm-Kanone und zwei 23mm-Kanonen. Ende 1948 trat die MiG-15 in den Dienst der sowjetischen Luftwaffe. Nach weiteren Ausbesserungen wurden schließlich über 9.000 Exemplare in verschiedensten Ausführungen hergestellt, darunter auch Übungsversionen und ein Allwetter-Abfangjäger. Tausende von Exemplaren wurden auf Lizenz in Polen (wie der LIM-1, später -2 und -3), der Tschechoslowakei (S-102 und 103) und China (J-2) hergestellt. Der Jäger wurde in über 30 Länder exportiert und blieb bis in die achziger Jahre hinein

144 oben Eine MiG-15 in den Farben der Sowjetunion. Dieses Flugzeug trat überraschend während des Koreakriegs auf und brachte die UN Luftstreitkräfte in ernsthafte Schwierigkeiten.

144 unten Der sowjetische Jäger Yakovlev Yak-15 ging aus einem Not-Programm hervor, das die möglichst schnelle Ausstattung der russischen Luftwaffe mit einem Düsenflugzeug vorsah. Die Maschine vereinte den deutschen Motor Jumo 004 mit der Zelle der Jak-3. Der erste Flug fand 1946 statt.

145 oben Die North American F-86D - eine Abfangjägerversion mit dem Radargerät des Tagesjäger-Modells. Die Maschine leistete während des Koreakriegs gute Dienste. Auf dem Bild ist das Exportmodell F-86K mit den Farben der französischen Luftwaffe zu sehen.

145 unten Die F-86A Sabre trat im Februar 1949 in den USAF-Dienst ein und wurde ab Dezember 1950 mit dem „4th Fighter Interceptor Wing" im Koreakrieg eingesetzt. Es war das NATO-Jagdflugzeug der fünfziger Jahre.

noch im Flugdienst.

Am 8.November 1950 fand der erste Kampf zwischen Jet-Flugzeugen in der Luftfahrt-Geschichte statt. Es handelte sich dabei um ein Duell einer MiG-15 mit der F-80 des Oberleutnants Russel Brown, wobei letzterer die Oberhand gewann. Trotz dieses Ausgangs konnten weder die F-80 noch die F-84 auf die Dauer erfolgreich gegen die MiG-15 standhalten, so dass die USAF beschloss ihr fortschrittlichstes Jagdflugzeug nach Korea zu senden: die North American F-86 Sabre. Der Entwurf dieses Modells (NA134) ging bis in das Jahr 1944 zurück und bezog sich auf ein experimentelles Flugzeug für die Marine, das nachfolgend XFJ-1 Fury benannt wurde. Dieses war mit geraden Flügeln, einem in der Rumpfmitte angelegtem Motor sowie dem Lufteinlass auf der Nase bestückt. Die North American empfahl das Flugzeug auch der Armee, die es XP-86 benannte. Die Leistungen des Prototyps schienen jedoch nicht sehr beeindruckend gewesen zu sein, und im Juni 1945 - nachdem man von den technologischen Errungenschaften in Bezug auf die Pfeilflügel zu hören bekam - schlug die Firma bei der USAAF den Aufschub jenes Projekts vor - zugunsten der Realisierung eines mit dem neuen Flügeltyp ausgestatteten Flugzeugs. Der Prototyp mit Pfeilflügeln (angetrieben von einem Allison-J53-Motor mit 1.700 Kg Schubkraft) flog zum ersten Mal am 1.Oktober 1947; der Qualitätsunterschied war so enorm, dass die Air Force sofort 221 Exemplare der Version P-86A bestellte, - bald auf „F-86A" umbenannt - die ab Februar 1949 in den Dienst eintrat. Diese Variante war ausgestattet mit dem General Electric J47-GE-13 Motor, der eine Schubkraft von 2.360 Kg produzierte und dem Flugzeug eine Höchstgeschwindigkeit von 1.080 Km/h ermöglichte.

Am 13.Dezember 1950 traf der 4th FIW (Fighter Interceptor Wing) mit seinen neuen Sabre-Jägern in Kimpo, Korea ein: die Dinge begannen sich zu ändern. Die MiG-15 behielt ihren Vorsprung in Bezug auf die Steigfluggeschwindigkeit, besaß eine höhere Maximal-Flughöhe und war wendiger; aber das Flugzeug besaß auch große Mängel: bei einer hohen Fluggeschwindigkeit wurde es sehr unstabil und drehte nach recht ab, so dass der Pilot zeitweise die Lenk-Kontrolle verlor. Außerdem war der Beschuss-Kollimator dem amerikanischen unterlegen, und den Piloten wurden nicht mit den Anti-G-Anzügen ausgestattet. Letztlich waren auch die von den amerikanischen Piloten angewandten Taktiken den gegnerischen oftmals überlegen. Ende Dezember 1950 hatten die Sabre-Flugzeuge ein Siege-Verhältnis von acht zu eins erreicht und beherrschten den „MiG Alley" (die MiG-Gasse), einen 160 Km langen Streifen entlang des Yalu-Flusses, an dem patrouilliert wurde um einem Angriff von MiGs aus China vorzubeugen. Die von den Amerikanern geflogenen Sabres wurden regelmäßig geprüft und erneuert; es entstand so die E-Version (Erstflug im September 1950), die mit vollständig beweglichen Schwanzflossen ausgestattet war. Daraufhin erschien die F-86F, die den neuen Flügeltyp „6-3" ohne slats einführte und sich dadurch bei hoher Geschwindigkeit als viel wendiger erwies. Der Motor war vom Typ J47-GE-27 und besaß eine Schubkraft von 2.680 Kg; die Höchstgeschwindigkeit des Flugzeugs stieg auf 1.120 Km/h an. Ferner betrugen die Länge der F-86F 11,4 Meter, die Flügelspannweite 11,3 Meter und das Höchstgewicht bis zu 9.234 Kg. Die Bewaffnung gründete sich immer auf sechs 12,7mm-Maschinengewehren sowie 907 Kg Außenlasten. Weitere Versionen der Sabre schlossen den Allwetter-Abfangjäger F-86D ein, der ein an der Flugzeugnase angebrachtes Radargerät besaß, das computerisierte Hughes-Wurf-System für die 24 Raketen und außerdem den J47-GE-17B-Motor (plus Nachbrenner) mit 3.470 Kg Schubkraft. Die D bewies eine schwierige Entwicklung und trat erst im März 1951 in den Dienst ein; immerhin wurden mehr als 2.000 Exemplare konstruiert. Die F-86K war dagegen die vereinfachte Version für den Gebrauch seitens der NATO-Länder. Das Flugzeug besaß eine herkömmliche Bewaffnung in Form von vier 20mm-Kanonen und erschien im Jahr 1954. 341 Exemplaredes F-86K wurden für Frankreich, West-Deutschland, Holland, Norwegen und Italien hergestellt.

Die letzten Entwürfe der Sabre waren die F-86H und L, beide enthielten verbesserte Avionik, Motoren und Flugwerke. Insgesamt ist die F-86 ein für jene Zeit hervorragendes Jagdflugzeug gewesen, von dem ca. 9.800 Exemplare in verschiedensten Versionen hergestellt wurden (auch auf Lizenz in Kanada und Japan). Es wurde von Luftstreitkräften aus weltweit über 30 Ländern benutzt und in einigen Fällen bis in die achziger Jahre im Dienst behalten. Auch die US Navy flog - nach dem kurzen Abstecher der FJ-1 - ein vom F-86 abgeleitetes Modell; es war die FJ-2, der der F-86E ähnelte, von der er wichtige, für die Marineversion erforderlichen Änderungen sowie die aus vier 20mm-Kanonen bestehende Bewaffnung übernahm. Die FJ-2 trat 1954 in den Dienst ein und wurde gefolgt von den Modellen FJ-3 und -4; über 1.000 Exemplare der Fury wurden gebaut und bis Anfang der sechziger Jahre im Dienst behalten.

Kapitel 10

Das Zeitalter der großen Transportflugzeuge

Der zweite Weltkrieg hatte abrupt die Entwicklungen der Luftbeförderung unterbrochen, aber dieser Stopp sollte sich nicht als ausschließlich negative Tatsache erweisen. In den dreißiger Jahren war noch die Tendenz zu Bodenflugzeugen und Hydroplanen spürbar - letztere wurden vor allem für die Ozean-Verbindungen bevorzugt. Der Krieg trug daraufhin zu beträchtlichen Änderungen mit bei - sei es aufgrund des Baus zahlreicher Flughäfen auf der ganzen Welt, sei es dank den technischen Entwicklungen, die zur Schaffung von mehrmotorigen Flugzeugen mit hervorragenden Leistungen im Bereich der Autonomie, Zuverlässigkeit und Belastungsfähigkeit führten. Mit dem Ende des Konflikts verstand es sich daher von selbst, dass die Zivil-Luftfahrtbeförderung wiederbelebt wurde indem sie die Maschinen und Landeplätze (manchmal gar die Flugstrecken) benutzte, die in den Kriegszeiten von der Militär-Luftbeförderung entwickelt bzw. errichtet wurden. (Andererseits bedeuteten diese Veränderungen auch das Ende des Hydroplans als Transportflugzeug.) Der Löwenteil bei diesem neuen Handel wurde natürlich von den Amerikanern geleitet, die - um ihr Heimatland mit den fernen Kriegsschauplätzen in Europa bzw. Pazifikbereich verbinden zu können - gezwungen waren beste Transportflugzeuge zu entwickeln. Doch bereits vor dem Krieg waren die wichtigsten amerikanischen Fluggesellschaften auf der Suche nach neuen und leistungsstärkeren Flugzeugen; der Entwurf von der Lockheed L-049 Constellation stammte aus dem Jahr 1939, während die frühesten Entwicklungen der Douglas DC-4 bis 1936 zurückgingen. Beide Flugzeuge traten während des Krieges in den Dienst mit der Army Air Force, mit den Benennungen C-69 für das erste, und C-54 Skymaster für das zweite Flugzeug.
In der unmittelbaren Nachkriegszeit - und damit auch dem Ende der Reiseeinschränkungen - begannen sich Amerika und seine motivierten Luftfahrtgesellschaften erneut auf den internationalen Markt, und insbesondere auf die transatlantische Flugstrecke für die Europa-Verbindungen zu konzentrieren. Im Jahr 1947 produzierten die Boeing, Lockheed und Douglas Langstrecken-Transportflugzeuge mit Druckkabine. Damit war das Zeitalter der großen Kolbenmotor-Linienflugzeugen geboren, zu denen die Douglas DC-6 und DC-7, die Lockheed Constellation und Super Constellation sowie die Boeing 377 Stratocruiser gehörten. Die Douglas DC-6 entstand auf eine Nachfrage der USAAF hin, die bereits erfolgreich den C-54 einsetzte und nun ein noch leistungsstärkeres Flugzeug benötigte. Der Prototyp des neuen Flugzeugs (genannt XC-112A) führte am 15.Februar 1946 seinen ersten Flug durch - zu spät um beim Krieg eingesetzt zu werden, aber gerade rechtzeitig, um an die Luftfahrtgesellschaften verkauft zu werden. Das erste der 50 von der American Airlines bestellten Exemplare flog zum ersten Mal am 29.Juni 1946 und begann seinen Dienst im April 1947 auf der Strecke New York-Chicago. Der Flugzeugentwurf behielt die Flügel des DC-4 bei, wurde jedoch mit neuen und stärkeren Motoren ausgestattet und besaß einen verlängerten Rumpf, der in verdichteter Konfiguration bis zu 86 Passagiere aufnehmen konnte. Die DC-6B (eine 1948 erschienene Version mit erhöhter Leistung und vergrößertem Innen-Volumen) verfügte über vier Sternmotoren Pratt & Whitney R-2800-CB17 Double Wasp von je 2.535 PS und erreichte ein Start-Höchstgewicht von 48.500 Kg. Die Reisegeschwindigkeit betrug 507 Km/h bei 7.600 Metern und der maximale Flugbereich erreichte 7.600 Km. Als C-118A Liftmaster (bzw. R6D für die US Navy) war die DC-6 auch im Einsatz der amerikanischen Streitkräfte, die über 160 Exemplare bestellt hatten. Insgesamt wurden 704 Exemplare der DC-6 in zahlreichen Varianten hergestellt. Die Entwicklung des Nachfolgers DC-7 erfolgte auf

146 oben Februar 1954. Eine viermotoriger Breguet Provence der Air France wird auf dem Marignane-Flughafen in Marseille vom Bodenpersonal zu ihrem Parkplatz geleitet.

146 unten Eine Lockheed Constellation der KLM landet kurz nach dem Ende des zweiten Weltkriegs auf dem Schiphol-Flughafen. Man beachte die provisorischen Gebäude der Flugstation im Hintergrund.

147 oben Der Kontrollraum des Flughafens von Northolt, 1948. Die Entwicklung der Luftbeförderung in der Nachkriegszeit erforderte auch den Ausbau der Bodendienste.

147 Mitte Dieses viermotorige TWA-Transportflugzeug Douglas-4 wurde 1953 fotografiert. Das Flugzeug stammte ursprünglich von der Militärversion C-54 ab, die zum ersten Mal 1942 flog.

147 unten Eine Douglas DC-6 der britischen Eagle Airways. Dieses Flugzeug wurde aus der C-54/DC-4 entwickelt. Die Flügel waren dieselben des Vorgängers, aber die DC-6 verfügte über einen neuen, geräumigeren Rumpf sowie neue Motoren.

den Wunsch der American Airlines, die ein Linienflugzeug forderte, das die von dem Konkurrent TWA benutzte Super Constellation in den Leistungen übertraf. Der Prototyp des neuen Flugzeugs flog zum ersten Mal am 18.Mai 1953. In Wirklichkeit handelte es sich dabei um eine DC-6B mit verlängertem Rumpf, die ausgestattet war mit derselben Wright R-3350 Turbo-Compound-Motoren (3.295 PS) wie die Super Constellation. Da die ersten DC-7 jedoch nicht über den erforderlichen Flugbereich verfügten, um vollbelastet und bei Gegenwinden sicher den Atlantik zu überqueren können entwickelte man daraufhin die DC-7C. Dieses Modell besaß eine vergrößerte Flügelspannweite, stärkere Motoren sowie einen 1-Meter längeren Rumpf, der nun bis zu 105 Reisende aufnehmen konnten. Die Motoren waren von demselben Wright-Typ, besaßen aber eine auf 3.447 PS erhöhte Leistungskraft, so dass das Flugzeug bei 6.600 Metern Höhe eine Höchstgeschwindigkeit von 653 Km/h erreichte. Bei voller Belastung betrug der Flugbereich 7.411 Km; das Höchstgewicht beim Start kam auf 64.850 Kg.

Das Zeitalter der großen Transportflugzeuge

148 oben Die Lockheed Constellation war ein Militärflugzeug aus dem Jahr 1943; in der Nachkriegszeit wurde sie sofort in ein Ziviltransportflugzeug umgebaut. Auf der Fotografie ist ein Exemplar der Fluggesellschaft Eastern Airlines zu sehen.

Der große Zivillufttransporter der Boeing entsprang dagegen militärischen Flugzeugentwürfen. Das Modell 377, welches am 8.Juli 1947 zum Erstflug startete besaß auffallende Verbindungen zum Transportflugzeug C-97 aus dem Jahr 1944; dieses seinerseits wurde von einem Entwurf des Bombers B-29 hergeleitet. Die 337 Stratocruiser war in verschiedenen Ausstattungen erhältlich und konnte bis zu 112 Passagiere oder 28 Liegewagenplätze auf zwei Decks aufnehmen. Das Flugzeug wurde anfangs von der Pan Am sowie von der englisch BOAC benutzt, doch nur 55 Exemplare standen zur Verfügung. Das Super Stratocruiser Modell enthielt in Hinblick auf die Atlantiküberquerung modifizierte Tankbehälter und war ausgestattet mit vier Pratt & Whitney R-4360 Wasp Major -Motoren von je 3.549 PS, wobei das Flugzeug bei 7.600 Metern mit einer Reisegeschwindigkeit von 547 Km/h flog. Das Höchstgewicht des 337 betrug 66.134 Kg und sein Flugbereich erstreckte sich auf 6.760 Km. Nach einem kurzandauernden Militäreinsatz während des Krieges (zwischen 1944 und 1945 traten nur 22 Exemplare in den Dienst ein) entwickelte sich die Karriere der Lockheed Constellation zunehmend im Bereich der Zivilluftfahrt, vor allem nachdem das Flugzeug im Dezember 1945 die betreffende Zulassung erhalten hatte. Die Constellation trat sofort in den Dienst der Pan Am und der TWA, die im Februar 1946 damit begann Linienflüge zwischen den Vereinigten Staaten und Paris anzubieten. Das erste, wahre Constellation-Zivilflugzeug war jedoch die L-649, der mit luxuriöseren Innenräumen ausgestattet war und bis zu 81 Passagiere aufnehmen konnte (48-64 Personen in der normalen Flugzeugversion). Mit der Ausbreitung der Luftbeförderung waren es 1949 immer mehr Überträger, die ein Flugzeug mit erhöhtem Fassungsvermögen benötigten. Man entwickelte somit die Super Constellation (L-1049), deren Rumpf um 5,59 Meter verlängert wurde und die bereits bis zu 109 Reisende beherbergen konnte. Insgesamt wurden 856 Constellations konstruiert, wobei die Militär-Versionen der Nachkriegszeit miteingeschlossen sind. Das letzte Modell der Flugzeugserie war die L-1649 Starliner, die - ausgestattet mit vier 3.447-PS-Motoren vom Typ Wright 988TC-18EA-2 - auf 5.700 Meter eine Höchstgeschwindigkeit von 606 Km/h erreichte. Ihr Startgewicht betrug bis zu 72.575 Kg und die Autonomie grenzte an 7.950 Km. Dieses Modell wurde aber kein großer Verkaufserfolg, da sich die Nachfrage nach Düsenflugzeugen immer mehr geltend machte.

In der zweiten Hälfte der vierziger Jahre begann der Düsenantrieb im Militärbereich immer mehr Fuß zu fassen, während er im Zivilsektor noch ein wenig als Träumerei abgetan wurde. Die Düsentriebwerke jener Zeit benötigten unglaubliche Mengen von Kraftstoff, und man hielt sie deshalb für nicht geeignet den Erfordernissen des Handelsflugs gerecht zu werden. Doch in Großbritannien gewann eine interessante Berücksichtigung die Oberhand über das Problem: die Düsenmotoren waren der einzige technologische Luftfahrtbereich, in dem die Engländer im Vorteil gegenüber den Amerikanern waren. Um wieder eine führende Rolle in der Luftfahrt übernehmen zu können, beschlossen die Briten ein Zivil-Düsenflugzeug zu konstruieren, das jeglichen propellerbetriebenen Rivalen weit überlegen sein würde. Dieses war ein Ratschlag des Brabazon Komitees, einer Regierungsstudien-Gruppe, die die britische Luftfahrtindustrie wieder in die Welt der Handelsbeförderung einführen sollte. Es gab nur eine Firma im Vereinten Königreich, die in der Lage wäre ein solches Projekt in Angriff zu nehmen: die De-Havilland. Diese Gesellschaft hatte bereits Erfahrungen im Entwerfen und Bauen von Flugzeug und den entsprechenden Düsenmotoren gemacht - insbesondere mit dem Jagdflugzeug Vampire. Die Arbeiten begannen 1947 und wurden von einem Schlüsselkonzept geleitet: die Düsenmotoren hatten in einer Höhe von 10.000 und mehr Metern einen annehmbaren Treibstoffverbrauch, und die Senkung der zum Höhenflug benötigten Schubkraft wurde von dem niedrigerem Luftwiderstand ausgeglichen. Außerdem musste noch ein Problem gelöst

148 unten Die L-1049 Super Constallation wurde aus dem Basismodell L-649 entwickelt. Sie besaß einen 5,59 Meter längeren Rumpf, der eine Aufnahme von 28 Passagieren ermöglichte.

149 oben links Die de Havilland DH.106 Comet war der erste Passagiertransport-Jet und sollte das Flugzeug der Zukunft werden. Zahlreiche Unfälle schadeten jedoch ihrem Ansehen.

werden; da in 10.000 Metern Höhe ein unglaublicher Überdruck entstand, wäre auch das Flugwerk einer experimentell nie durchgeführten Druckbelastung ausgesetzt. Die nach einigen Versuchen gewählte Architektur war von traditionellem Typ, mit 20-gradwinkeligen Pfeilflügeln und Schwanzleitwerken. Die vier Motoren würden paarweise in den Flügelwurzeln verborgen werden. Der Entwurf wurde D.H.106 Comet ernannt. Da die britische Fluggesellschaft BOAC das Potenzial des Flugzeugs sah und zudem von nationalem Stolz angetrieben wurde, bestellte sie sofort acht Exemplare, mit einem weiteren Vorzugsrecht auf die nach dem 14.Exemplar gebauten Flugzeuge.

Die Comet, die unter weiten Sicherheitsvorkehrungen konstruiert wurde und bis dahin nie angewandten Beständigkeitstests unterzogen wurde führte ihren ersten Flug am 27.Juli 1949 durch, wobei sie sofort ihr Potential bewies, eine schnelle und vielversprechende Maschine zu sein. Es folgten daraufhin Bestellungen von den Fluggesellschaften British Commonwealth Pacific, Air France, Union Aéromaritime de Transport, Canadian Pacific, Japan Air Lines, Royal Canadian Air Force und sogar von der Pan Am. Am 2.Mai 1952 wurde die Linienflugtätigkeit der Comet mit dem Flug von London nach Johannesburg, Südafrika eingeweiht.

Der Linien-Jet war zweifellos ein Vertreter der Zukunft; die erschreckend komplexen Kolbenmotoren hatten nun ihre Leistungsgrenzen erreicht. Dazu kamen die auf den großen Viermotoren entstehenden Geräusche und Vibrationen, die die Flüge für die Reisenden weniger komfortabel gestalteten. Dagegen blieben die Passagiere nun angenehm überrascht von der Lautlosigkeit und Glätte, mit der die neuen Düsentriebwerke arbeiteten. Die Comet war sofort erfolgreich, und im ersten Jahr beförderten die Flugzeuge der BOAC 28.000 Passagiere - das entsprach einer Sitzplatzfüllung von 88 Prozent. 1953 bekam die de-Havilland eine Bestellung für 50 Exemplare, und ungefähr 100 Stück waren bereits in Verhandlung. Die Comet konnte in 11.000 Meter Höhe bis zu 780 Km/h fliegen und besaß eine Reichweite von über 5.000 Km. Trotz einiger - in der Norm bleibender - Unfälle begann der Erfolg der Comets am 10.Januar 1954 abzunehmen. Dieses Datum steht für den Flug von Rom-Ciampino, bei dem das Flugzeug mit 35 Passagieren an Bord in der Nähe der Insel Elba im Meer versank. Die Flotte der BOAC wurde

149 oben rechts Die große, viermotorige Boeing 377 stammte größtenteils von dem Militärtransporter C-97 (1944) ab. Obwohl die Maschine bis zu 112 Passagiere befördern konnte wurde sie zu keinem großen Verkaufserfolg.

149 unten Die Boeing 377 konnte auch mit 28 Liegewagenplätzen für Nachtflüge ausgestattet werden. Auf dieser Fotografie von 1949 ist eine Mutter zu sehen, die ihre Kindern während eines Flugs zu Bett bringt.

bereitgestellt und sofort begannen die britischen Luftfahrtbehörden Nachforschungen anzustellen. Trotz allem wurden keine Proben gefunden, die zu einer Identifizierung der Ursache der Katastrophe führen könnten. Daraufhin wurde beschlossen 50 verschiedenartige Veränderungen bei dem Flugzeug einzuführen, die die Sicherheit verbessern sollten und zweifellos auch jedes Problem aus der Welt schaffen würden. Im März nahm die Comet ihre Flugtätigkeit wieder auf; währenddessen fuhr man fort die Schrotteile des Flugzeugwracks einzusammeln, die dann in Farnborough von dem Royal Aircraft Establishment überprüft wurden. Kurze Zeit später, am 8.April stürzte eine weitere Comet unter geheimnisvollen Umständen ab; diesmal während eines Flugs von Rom nach Kairo. Wiederholt stellte man die Flotte auf, während die RAF unter äußersten Druck gestellt wurde eiligst die Lösung des Mysteriums zu finden. Nach dem alle mögliche Tests gemacht wurden, stellte die RAF die Hypothese von der Strukturschwäche auf. Am Ende einer Simulation, die man mit dem vollständigen Flugzeugrumpf in einer großen, mit Wasser gefüllten Wanne durchführte wurde der gesuchte Beweis endlich sichtbar. Nach einer gewissen Anzahl von Überdruck-Zyklen, brach der Rumpf der Comets von den rechteckigen Fensterwinkeln an - die schon früher von den amerikanischen Luftfahrtautoritäten kritisiert wurden - auseinander. Es war nicht nur der rechteckige Fenster-Grundriss, der Probleme bereitete, sondern seine Zusammenführung mit dem Rumpf, den man extrem leicht gemacht hatte, um dafür zu sorgen, dass das Flugzeug höher fliegen konnte und dadurch seine Reichweite vergrößert wurde. Die Unfälle untergruben das Vertrauen der Passagiere in das Flugzeug. Die de-Havilland wollte dem Abhilfe schaffen und führte ab der 3.Serie ovale Fenster ein; auch andere Abänderungen machten die Comet immer besser, doch ihr Schicksale war bereits vorhersehbar. Die amerikanischen Konstrukteure profitierten indes von der Zeit, die den Briten verloren ging und begannen nun damit ihre eigenen Linien-Düsenflugzeuge hervorzuholen. Die Comet flog als Passagierflugzeug noch bis 1980, doch insgesamt wurden nur knapp achtzig Comet-Exemplare gebaut. Großbritannien hatte für immer die Vorherrschaft über die Handelsluftfahrt verloren.

Das Zeitalter der großen Transportflugzeuge

Die Betriebe in den Vereinigten Staaten sind sicher nicht passiv geblieben, doch letztendlich war es gerade die Boeing, Hersteller der wenig erfolgreichen Kolbenmotor-Flugzeuge, die sich am meisten darum bemühte ein Düsen-Transportflugzeug herzustellen. Sicherlich kam dies auch aufgrund der Tatsache zustande, dass die Boeing die einzige Großindustrie war, die mit der Verwirklichung der Boeing B-47 Stratojet bereits Erfahrungen mit Düsenflugzeugen gemacht hatte.(Die Stratojet war ein Bomber mit sechs Motoren und Pfeilflügeln, der bereits im Dezember 1947 zum ersten Mal flog.)

An erster Stelle überzeugten sich die Ingenieure der Boeing davon, dass einer der Fehler der Comets ihre Proportionen betraf: sie war zu klein um wirtschaftlich lohnend zu sein. Die neue Boeing sollte die doppelte Anzahl von Passagieren befördern können. Am Anfang dachte man daran, das neue Flugzeug auf der Basis des Stratocruisers zu entwickeln, aber bald schon wurde ersichtlich, dass dies nicht nötig war. Der Plan wurde also erneut vollständig durchgearbeitet und behielt trotzdem - u.a. auch aufgrund von „Desinformation" seitens der Konkurrenz - seine ursprüngliche Serien-Nummerierung 367 bei. In Wirklichkeit hatte das neue Flugzeug im begrenzten Kreis der Projekt-Mitarbeiter bereits einen anderen Namen: 707, da es der 707.Entwurf der Firma Boeing war. Das Flugzeug besaß auf 35 KC-97 ersetzen konnte. Die Boeing musste das 707-Projekt also selbst anleiten und finanzieren. Im April 1952 jedoch genehmigte der Verwaltungsrat eine Investierung in Höhe von 15 Millionen Dollar in das Projekt; das war ein Viertel des gesamten Firmenvermögens! Die Boeing musste ein wirklich enormes Risiko eingehen: die 707 bedeutete Erfolg oder das Ende der Firma.

Die Entwurf- und Entwicklungsarbeiten des Projekts wurden unter größtem Einsatz ausgeführt, und das daraus hervorgehende neue Flugzeug erwies sich allem voran als sicher und extrem robust. Der Rumpf, beispielsweise, hatte vollkommen einer strapaziösen Reihe von 50.000 Druckfestigkeits-Zyklen widerstanden.

Die erste Boeing 707 war für jene Zeit ein wirklich großes Flugzeug: ihre Länge betrug 39 Meter und sie wog gut 72.500 Kg. Angetrieben von vier Pratt & Whitney JT3P- Düsenmotoren (je 4.300 Kg Schubkraft) vollbrachte die 707 am 15.Juli 1954 ihren ersten Flug. Das Flugzeug bewies sofort hervorragende Eigenschaften. Die Boeing zielte zu Beginn auf den Militär-Kunden, und um auf die Möglichkeiten des düsenbetriebenen Flugzeugs besonders aufmerksam zu machen, wurde der Prototyp der 707 (ausgestattet mit einer festen Luftbetankungssonde) der USAF daraufhin vorgeführt. Im März 1955 ordnete die Air Force eine erste Serie von 29 KC-135A an, der militärischen Lufttankerversion der 707 (am Ende erweckt, denen der Entwurf 1952 heimlich gezeigt wurde. Sie bevorzugten das neueste Propeller-Transportflugzeug, die DC-7. Der Schock für das Unternehmen kam im Jahr 1955, als das Management der Pan Am erklärte, dass mit dem Erscheinen der Boeing 707 für die Douglas „der Zug beim Abfahren" sei. Die Pan Am wollte, dass durch das Auslösen eines Wettbewerbs zwischen den zwei Firmen-Kolossen bessere und ökonomischere Flugzeuge hervorgingen - ein Monopol der Boeing im Bereich der Viermotoren war nicht wirklich wünschenswert. Die Aufgabe war schwierig, da die DC-8 bereits voll entwickelt erscheinen müsste um den Konkurrenten der Boeing schlagen zu können. Die Douglas profitierte natürlich von den Erfahrungen und gleichzeitig den Mängeln, die die 707 auszeichneten. Bei der Projektierung ging man besonders gewissenhaft vor, denn angesichts der Kosten und der Verspätung der Boeing musste das Flugzeug bereits aus dem ersten Versuch fertig hervorgehen. Die Passagier-Kabine war größer und auch in Hinblick auf die Reichweite war das Douglas-Modell der 707 überlegen. Der Mut der Douglas wurde belohnt, und weniger als fünf Monate nach der Startankündigung des Programms verkündete die Pan Am, dass sie 25 DC-8 und 20 B.707 kaufen würde; zwei Wochen später gab auch die United öffentlich die Absicht bekannt, 30 Exemplare der DC-8 erwerben zu wollen. Die Boeing war

Grad ausgeprägte Pfeilflügel, an denen vier voneinander getrennte Gondeln zur Aufnahme der ebenfalls vier Motoren befestigt waren. Der Rumpf war schlank und stromlinienförmig, und auch die Schwanzflächen hatte man pfeilförmig gestaltet. Unabhängig von der Endgestaltung wollte der Präsident der Boeing, William Allen, dass das Flugzeug in der Lage war sowohl als Ziviltransporter als auch als Militär-Lufttanker operieren zu können. Tatsächlich wusste Allen, dass die Air Force neue Düsen-Tankflugzeuge benötigte um die alten, propellerbetriebenen Boeing KC-97 ersetzen zu können, deren Leistungen nicht länger den Bedürfnissen der B-47 und der zukünftigen B-52 entsprachen.

Auch unter den amerikanischen Luftfahrtgesellschaften begann nun das Interesse an einem Passagiertransport-Jet zu erwachen. Leider jedoch fanden sich jene zu dem Zeitpunkt ziemlich tief verschuldet, da man aufgrund der Expansions-Programme Hunderte von Propellerflugzeugen erworben hatte. Auch der USAF fehlten die nötigen Mittel zum Erwerb eines Flugzeugs, das die hatte die Air Force insgesamt über 800 Stück erworben). Nachdem man also die Billigung seitens des Militärs erreicht hatte, begann man den Prototyp in Hinblick auf den Zivilgebrauch zu modifizieren. Mit dieser Ausgestaltung überholte die 707 alle anderen Linienflugzeuge jener Zeit. Am 13.Oktober 1955 bestellte die Pan Am die ersten sechs Exemplare der Serienausführung 707-120. In Wirklichkeit hatte die 707 keine ganz komplikationslose Geburt hinter sich gebracht; am Anfang gab es Probleme mit den Bremsen, die Schubleistung der Motoren war bei Flugzeug-Vollbelastung nicht ausreichend hoch, ebenso wie auch der Flugbereich, der zur Durchführung vollbelasteter Transatlantik-Flüge nicht genügte. Die 707-120 wurde dagegen sofort mit den Motoren JT3C-6 ausgestattet, die eine Schubkraft von 6.120 Kg produzierten.

Der damals größte Großbetrieb zur Konstruktion von Zivilflugzeugen war die Douglas, die sicher nicht untätig geblieben ist. Doch das neue DC-8-Projekt, ein Viermotor-Jet mit 900 Km/h, hatte kein großes Interesse bei Luftfahrtgesellschaften verblüfft: Douglas verkaufte mehr Jets als sie, ohne davor ein einziges Düsenflugzeug konstruiert zu haben, und die Fluggesellschaften schienen sogar mehr von der DC-8 als der 707 angezogen zu sein. Der Prototyp der DC-8 flog zum ersten Mal am 30.Mai 1958: seine Vorzüge gegenüber der 707 waren die stärkeren Motoren, der erhöhte Flugbereich und eine größere Kabine. Der Boeing blieb nichts anderes übrig als die 707 wieder neu zu entwerfen.

So entstand daraufhin die 707-320 Intercontinental, die am 10.Oktober 1959 zum ersten Mal flog. Es handelte sich dabei um die erste Übersee-Ausführung; darauf folgte die 707-320C, die mit den Motoren JT3D-7 von 8.620 Kg Schubkraft ausgestattet war und eine Reisegeschwindigkeit von 975 Km/h erreichte. Die Gipfelhöhe betrug 11.900 Meter, der maximale Flugbereich erreichte mit 147 Passagieren 9.262 Km und das Start-Höchstgewicht betrug 151.320 Kg.

Mit diesem Flugzeug und dank der Flexibilität der Rumpf-Grundzeichnung der 707, erreichte die Boeing erneut die Vorherrschaft über Douglas. In

der Zwischenzeit hatten sich die internationalen Fluggesellschaften von der Notwendigkeit des Einsatzes von Düsenflugzeugen überzeugt. Die American Airlines erwarb 30 B.707 mit dem Bezugsrecht auf weitere 20 Flugzeuge. Delta, Eastern, Trans Canada, Wildwest, Japan Air Lines, KLM, SAS, Alitalia und Swissair entschieden sich für die DC-8, während die 707 von der Lufthansa, Air France, Sabena, Continental, Western, TWA und Air Indios bestellt wurde. Über 1.000 Boeing-707-Exemplare sowie mehr als 550 Exemplare der Douglas DC-8 wurden hergestellt.

Die Fluggesellschaften wussten die niedrigen Kosten bei der Verwendung der neuen Jets zu schätzen, während die Passagiere besonders über die neuen Komfortangebote glücklich waren: höhere Bequemlichkeit und Geschwindigkeit und, mit der steigenden Fluganzahl sogar billigere Tickets. Die Welt hatte sich wirklich verkleinert; weit entfernte Länder und das Leben der VIPs - alles schien nun für jeden erreichbar zu sein. Während man in Amerika um die Vorherrschaft im Langstrecken-Bereich kämpfte, wurde man sich in Europa der Marktmöglichkeiten bewusst, die ein Mittelkurzstrecken-Düsenflugzeug bieten könnte. Tatsächlich waren auf dem alten Kontinent die großen Jets noch unbrauchbar und viel zu teuer. 1951 verkündete die französische Regierung einen Wettbewerb zwischen den nationalen Luftfahrtindustrien zur Realisierung eines Flugzeugs mit über 60 Plätzen und einem Flugbereich von weniger als 2.000 Km. Sechs Unternehmen antworteten auf den Aufruf, und 1952 wurde der Entwurf der Sud Est (SNCASE) aus Toulouse als Sieger bekannt gegeben. Die „Caravelle", wie das Flugzeug ernannt wurde, besaß eine innovative Außengestaltung, die sich durch die Heck-Anbringung der Motoren an den Seiten der Abdrift auszeichnete.

Das Flugzeug war ausgestattet mit zwei starken Motoren vom Typ Rolls Royce Avon RA.29 Mk.552, die eine Schubkraft von 4.763 Kg produzierten. Im Notfall war es sogar möglich mit nur einem funktionierenden Motor zu fliegen. Durch die Tatsache, dass die Motoren im Heck eingebaut waren ergaben sich später auch neue Vorteile, wie z.B. sauberere und wirksamere Flügel sowie erhöhte Geräuschlosigkeit in der Kabine. Der erste Kunde des neuen Flugzeugs war natürlich die Air France.

Ihren Jungfernflug führte die Caravelle am 27.Mai 1955 durch und erwies sich schon bald als erfolgreiche Konstruktion. Von der Caravelle, die

150 Eine Sud-Est Caravelle der schweizerischen Fluggesellschaft Air City. Das Caravelle-Projekt war das erste Düsenflugzeug Europas und wurde an 35 Fluggesellschaften verkauft.

151 oben Die DC-8 war die Antwort der Douglas auf die Boeing 707 und erwies sich anfangs sogar dem Konkurrenten überlegen. Auf der Fotografie ist eine DC-8-63 aus dem Jahr 1967 zu sehen, bei der verschiedene Verbesserungen im Bereich der Aerodynamik, den Motoren, dem Flugbereich und den Flügelklappen vorgenommen wurden.

151 Mitte Eine dreimotoriger Hawker Siddley HS.121 Trident der British Airways. Dieses Flugzeug war für Kurzstreckenflüge entworfen worden, traf jedoch nicht auf das Wohlwollen der Fluggesellschaften, nur 117 Exemplare wurden gebaut.

151 unten Eine Boeing 707 der Lufthansa beim Flug. Die 707 wurde als Militärflugzeug entworfen - die Entwicklungskosten konnten somit durch eine Regierungsbestellung gedeckt werden.

ständig perfektioniert und verbessert wurde (mit einem Fassungsvermögen bis zu 140 Passagieren), hatte man 281 Exemplare gebaut, die von mehr als 35 Fluggesellschaften eingesetzt wurden. Auch die Engländer begannen nun den Bereich der kleineren Jets für Mittelkurzstrecken anzupeilen, nachdem sie den Erfolg der Caravelle sahen und sich den effektiven Markterfordernissen bewusst wurden. Das Ergebnis war die 1956 fertiggestellte de-Havilland D.H.121, die aufgrund des Erwerbs der Firma durch die Hawker Siddley kurze Zeit später als H.S.121 Trident bekannt wurde. Der erste Flug der Trident fand am 9.Januar 1962 statt. Trotz einiger interessanter Eigenschaften (es war das erste Flugzeug der Welt mit automatischem Landesystem) konnte die Trident keinen besonders großen Erfolg verzeichnen, und bis 1975 wurden nur 117 Exemplare bebaut. Andererseits waren nun auch in Amerika die Firmen damit beschäftigt ihren Mittel- und Kurzstreckenflugsektor zu entwickeln, und einige der gelungensten und berühmtesten Flugzeuge der Geschichte der Luftfahrt waren dabei aufzufliegen (siehe Kapitel 18).

Kapitel 11

Die großen Jagdflugzeuge der fünfziger Jahre

Wahrscheinlich hatte keine andere Periode der Luftfahrtgeschichte eine solche gedrängte Vermehrung von modernen Flugzeugen - besonders in den Vereinigten Staaten - erfahren wie die fünfziger Jahre. Es gab zahlreiche Gründe für dieses Phänomen. Die aufgrund der Bedürfnisse des zweiten Weltkriegs vorangetriebenen Forschungen auf dem Gebiet der Luftfahrt wurden ständig fortgesetzt, da es immer neue Grenzen zu überschreiten gab: die Entwicklung des Düsenmotors und der Pfeilflügel sowie nicht zuletzt das Durchbrechen der Schallmauer. Außerdem bot der drohende Hintergrund des kalten Krieges einen zusätzlichen Forschungsantrieb. Die Konfrontation der Westmächte mit der kommunistischen Welt - besonders im Korea-Krieg - ermutigte die Regierungen zur Bereitstellung riesiger Finanzierungen, mit denen die Forschung und Entwicklung im Militärbereich sowie der Raumfahrt unterstützt werden sollten. Auch wenn kein offener Konflikt zwischen Ost und West ausgetragen wurde (aufgrund der Kernwaffen-Präsenz), entwickelte sich die Gegenüberstellung auf einer technologischen Ebene, die letztendlich darauf zielte den Gegner einzuschüchtern.

Der koreanische Konflikt hatte die Amerikaner schockiert. Das Erscheinen der MiG-15 und ihre technischen Eigenschaften waren eine vollkommene Überraschung für die westlichen Luftfahrt-Experten und hatten klar bewiesen, dass die Sowjetunion in der Lage war genauso gute oder sogar den besten amerikanischen Jets überlegene Flugzeuge hervorzubringen. Jeglicher bewiesener Vorteil auf dem Gebiet - in bezug auf den Gegner - reichte nicht aus, um die USAF und die US Navy zu beruhigen. Amerika benötigte eindeutig Flugzeuge, die denjenigen des Gegners überlegen waren. In Kürze, und vor allem dank der Erfahrungen und der aufgehobenen Daten seitens der NACA (später NASA) und der USAF aus der X-Serie experimenteller Flugzeuge war die amerikanische Industrie in der Lage, Flugzeuge mit immer erstaunlicheren Merkmalen herzustellen. Innerhalb von knapp vier Jahre erschienen nicht weniger als sechs neue Jäger, die berühmt Flugzeuge der „Century Series". Das erste unter ihnen war die North American F-100 Super Sabre, die als Nachfolger der

besonders erfolgreichen F-86 von derselben Firma entworfen wurde. Das Projekt wurde 1949 auf der Grundlage der Sabre in Angriff genommen - die Unterschiede bestanden in den hinzugekommenen 45 gradwinkeligen Pfeilflügeln sowie des J57-Motors mit Nachbrenner. Außerdem war das neue Flugzeug in puncto Flugleistungen und Gewicht weit überlegen. Mit dem Ausbruch des Korea-Kriegs beschleunigte die USAF enorm die Arbeiten, und der erste Prototyp flog am 25.Mai 1953. Trotz einiger Probleme in der Inerzial-Kupplung schaffte es die Super Sabre als erstes, zum operativen Gebrauch entworfenes Flugzeug der Welt, die Mach 1 im Horizontalflug zu übertreffen. Das Programm wurde also schnell genehmigt und als F-100A in Produktion gebracht, so dass die ersten Exemplare im September 1954 in den Fluggeschwadern eintrafen. Nach einigen Unfällen, die in Verbindung mit der Inerzial-Roll-Schaltung standen wurde jedoch die F-100A-Produktion eingestellt und mit der Entwicklung der F-100C -Version begonnen. Diese besaß verlängerte Flügel und Seitenflossen sowie eine Luftbetankungssonde. Das endgültige Super-Sabre-Modell war die F-100D, die grundlegende Veränderungen im Bereich der Zelle, Flugelektronik und Bewaffnung erfahren hatte, wobei die letztere auch Kernbomben mit einschloss. Das Modell war 14,3 Meter lang, besaß eine Spannweite von 11,8 Metern und erreichte beim Start ein Schwergewicht von 15.800 Kg. Die Pratt & Whitney J57-P-21A -

Motoren erzeugten eine Schubkraft von 7.690 Kg, die das Flugzeug zu der Höchstgeschwindigkeit von 1.390 Km/h antreiben konnte. Die Waffenausrüstung schließlich bestand aus vier 20mm-Kanonen und bis zu 3.400 Kg Außenlasten in Form von Abwurftanks, Bomben und Raketen. Die letzte Flugzeugversion war die zweisitzige F-100F, die erfolgreich im Vietnamkrieg für den Angriff auf die feindliche Luftverteidigung eingesetzt wurde. Insgesamt hatte man 2.294 Super Sabre gebaut und viele davon auch nach Dänemark, Frankreich, Taiwan und die Türkei exportiert. Bei der USAF wurde das Jagdflugzeug sehr geschätzt, und außer als zur Ausstattung des Kunstfluggeschwaders der Thunderbirds zu dienen, setzte man das Flugzeug auch intensiv in der ersten Hälfte des Vietnam-Konflikts ein. Die letzten Exemplare der USAF wurden Anfang der achtziger Jahre einbezogen, nachdem sie noch bei der Nationalgarde gedient hatten.

Das zweite Flugzeug der Century Series war die Convair F-102 Dagger Delta, deren Entwurf von dem Experimental-Flugzeug XF-92A aus dem Jahre 1948 abgeleitet wurde und von den Forschungen im Bereich des Überschallflugs beeinflusst wurde. Der erste Prototyp, charakterisiert durch die Delta- Flügel und das Ausbleiben der Schwanzflossen bzw. Höhenrudern, vollbrachte seinen ersten Flug am 24.Oktober 1953 Flug. Doch die Flugleistungen waren enttäuschend: bei Höchstgeschwindigkeit schaffte die Delta Dagger es nicht mal, in

152 Die Convair F-102A Delta Dagger war das erste Überschalljagdflugzeug mit Deltaflügeln. Sie flog zum ersten Mal im Oktober 1953. Über 1.000 Exemplare wurden gebaut, darunter auch die zweisitzige TF-102A.

153 oben und Mitte Die F-102 war das erste Jagdflugzeug, bei dem die sogenannten „Flächen-Regeln" zur Optimierung der Leistungen bei Transsonik- und Überschallgeschwindigkeit angewendet wurden. Zu beachten ist die unterschiedliche Form des Rumpfs beim ersten Prototyp (oben) und nach der Änderung (unten).

153 unten Die North American F-100 Super Sabre - ausgestattet mit einem Strahltriebwerk und Nachbrenner - war das erste Jagdflugzeug der Welt, das horizontal mit Überschallgeschwindigkeit fliegen konnte. Hier ist das zweisitzige Exemplar F-100F zu sehen.

Überschallgeschwindigkeit überzugehen. Dank der gerade vervollständigten Tests im Windkanal, die die Gesetze der Aerodynamik betrafen (die wissenschaftliche Kodifikation von Formen und Volumen, die sich am besten zum Durchbrechen der Schallmauer eigneten) wurde der Rumpf der XF-102 neu entworfen um die typische Form einer „Coca-Cola-Flasche" anzunehmen (an der Flügelverbindungsfläche dünner). Der anhand der neuen Berechnungen entwickelte Prototyp YF-102A flog zum ersten Mal am 19.Dezember 1954. Von seinem ersten Flug an erwies sich das Flugzeug mit Abstand der Mach 1 überlegen.
Die in Serie produzierte F-102A trat 1956 in den Dienst ein und obwohl es nur ein Übergangs-Jäger war zeichnete sich das Flugzeug durch die fortschrittlichen Konstruktionselemente aus(wie die Bienenstockformen). Die moderne Abfang-Bewaffnung bestand aus einem radarkontroliertem Beschusssystem sowie den Luft-Luft-Raketen GAR-1D Falcon. Die Delta Dagger war 20,8 Meter lang, besaß eine Spannweite von 11,6 Metern und ein maximales Abfluggewicht von 14.187 Kg. Die Motorausstattung bestand aus einem Pratt & Whitney J57-P-23 Strahltriebwerk von 7.802 Kg mit Nachbrenner und konnte das Flugzeug zu einer Höchstgeschwindigkeit von 1.328 Km/h bzw. Mach 1.25 in 10.700 Meter Höhe antreiben. Insgesamt wurden um 1000 Exemplare der F-102 produziert, eingeschlossen der zweisitzigen Ausbildungsversion TF-102A. Die operative Karriere des Jägers endete in den sechziger Jahren bei der Nationalgarde; nachfolgend wurde er als PQM-102A zum Zieldarstellungsflugzeug konvertiert.

Das dritte Flugzeug der Century Series nach chronologischer Erscheinungszeit war der Lockheed F-104 Starfighter. Er führte seinen ersten Flug als XF-104 am 7.Februar 1954 durch. Der Starfighter, dessen Entwurf aus den Erfahrungen und Ratschlägen der im Korea-Krieg beschäftigten Piloten erwuchs war das erste operative Jagdflugzeug, das Mach 2 erreichte und die Schallmauer im Steigflug durchbrach. In der Tat forderte die USAF von dem Flugzeug vor allem Beschleunigung und äußerste Schnelligkeit, und um diese Objektive zu erreichen ging der Lockheed-Konstrukteur Clarence „Kelly" Johnson (bereits „Vater" des P-38 und F-80) keine Kompromisse ein. Der F-104 besaß laminarförmige Flügel mit kleinster Spannweite sowie einen langen, aerodynamischen Rumpf, der wenig größer als der dort beherbergte Motor war. Auf dem streng begrenzten Raum der Flugzeugnase mussten sich Pilot, Waffensystem, Radar und die Flugelektronik-Systeme den Platz teilen. Der F-104A wurde am 26.Januar 1958 für den Einsatz bei der USAF aufgenommen; er war 16,6 Meter lang, besaß eine Spannweite von 6,6 Metern und ein Höchstgewicht von 9.980 Kg beim Abheben. Der Motor war ein General Electric J79-GE-3B mit 6.715 Kg Schubkraft, der das Flugzeug eine Höchstgeschwindigkeit von 2.200 Km/h bzw. Mach 2.2 fliegen ließ. Die typische Bewaffnung bestand aus zwei Luft-Luft-Raketen AIM Luft-9B Sidewinder und einer 20mm-Kanone M61 Vulcan. Obwohl das Flugzeug hervorragende Flugleistungen erbrachte, befriedigte es in seiner Gesamtheit nicht die Streitkräfte, da es zu schwer zu lenken war, eine beschränkte Reichweite besaß und zu kleine Waffenausrüstung besaß: es wurde so bald darauf den Reserve-Geschwadern übergeben. Dem nachfolgenden F-104C, der mit einem stärkeren Motor ausgestattet und als Jagdbomber optimiert worden war widerfuhr kein besseres Schicksal; beide Flugzeuge waren eingeschränkt auch im Vietnamkrieg im Einsatz, aber in Wirklichkeit vom Dienst ausgeschlossen worden - auch wenn der Starfighter noch bis in die siebziger Jahren bei der Nationalgarde flog. Die Exportversion des Flugzeugs, der F-104G

154 unten Der Jäger McDonnell F-101A Voodoo besitzt eine ziemlich bewegte Entwicklung. Das Flugzeug trat 1957 als Abfangjäger in den Dienst ein. Auch Kanada erwarb die Maschine und behielt sie als „CF-101" bis Anfang der achtziger Jahre im Dienst.

154 oben rechts Die F-101A konnte als Abfangjäger auch Luft-Luft-Atomsprengkopfraketen abschießen, wie auf dieser Fotografie eines Flugzeugs der Nationalgarde von Maine zu sehen ist.

Super Starfighter (und der Zweisitzer TF-104G) hatte mehr Glück, vor allem weil den alliierten Ländern die Möglichkeit zum eigenen Lizenzbau gegeben wurde. Das Angebot wurde von Deutschland, Holland, Belgien, Italien, Kanada und Japan angenommen. Am 7.Juni 1960 startete der F-104G zu seinem ersten Flug. Er besaß ein verstärktes Flugwerk (das Höchstgewicht stieg bis auf 13.054 Kg), bessere Flugelektronik und einen neuen Motor J79-GE-11A von 7.170 Kg mit Nachbrenner. Die Höchstgeschwindigkeit überstieg 2.200 Km/h oder Mach 2.2 in 11.000 Meter Höhe. Man verwendete dieselbe Waffenausstattung wie beim F-104C, mit Vulcan-Kanone und Außenlasten bis zu 1.815 Kg, wobei zusätzlich Abwurftanks, Bomben, Raketen oder sogar eine Kernbombe miteingeschlossen waren. Der Starfighter wurde von 16 Länder verwendet und in 2.576 Exemplaren (alle Varianten eingeschlossen) hergestellt. 1966 entschloss sich Italien dazu eine der fortschrittlichen Versionen weiterzuentwickeln. Das neue Modell wurde F-104S ernannt und trat 1969 in den Dienst ein; es war mit besserer Flugelektronik ausgestattet und besaß eine nochmals verstärkte Zelle (die auch zwei neue Unterflügel-Pfeiler einführte), wodurch das Start-Höchstgewicht auf 14.000 Kg erhöht werden konnte, außerdem ein J79-GE-19-Motor von 8.120 Kg benutzt und eine schwerere Kriegsfracht geladen werden konnte. Die Höchstgeschwindigkeit betrug ca. 2.400 Km/h und die Hauptbewaffnung bestand aus den vom halbaktiven Radar AIM-7 Sparrow aus gesteuerten Luft-Luft- Raketen. Der F-104S.ASA-M wurde noch öfters modernisiert und ist noch heute im Dienst mit der italienischen Luftwaffe.

eines Bomber-Geleitflugzeugs erwies. Die F-101 wurde daher zum zweisitzigen Allwetter-Abfangjäger für den taktischen Befehl umgebaut und trat Anfang 1957 als F-101B den Dienst an. Das Modell B war 20,5 Meter lang, verfügte über eine Spannweite von 12 Metern und erreichte das Höchstgewicht von 23.770 Kg. Die Motoren waren zwei Pratt & Whitney J57-P-55 von 6.750 Kg mit Nachbrenner und ermöglichten eine Höchstgeschwindigkeit von 1.965 Km/h bzw. Mach 1.85. Die Bewaffnung war zusammengesetzt aus zwei Atomsprengkopfraketen GAR-2 Genie oder aus maximal sechs Luft-Luft- Raketen AIM-4. In der Rolle des Abfangjägers wurde das Modell B bald von wirksameren Flugzeugen ersetzt, während die Aufklärungsversionen (RF-101A und C) länger im Dienst behalten wurden. Knapp mehr als 800 Exemplare hatte man vom Voodoo hergestellt, von denen 132 an Kanada verkauft wurden und dort bis 1984 als CF-101 Abfangjäger eingesetzt wurden.
Das fünfte Flugzeug der Serie wurde von der Republic in Eigeninitiative verwirklicht, mit der Hoffnung, dass damit die bereits im Dienst eingesetzte F-84 ersetzt werden konnte. Der Entwurf ging bis 1951 zurück und sah die Realisierung eines großen, einsitzigen Überschall-Jagdbombers vor, der eine gute, schwere Kriegslast - auch in Form von Kernwaffen - tragen konnte. 1954 wurde das Projekt von der USAF genehmigt, und der erste Prototyp YF-105A flog am 22.Oktober 1955. Das Flugzeug hatte - wie es bei der Republic-Konstruktion üblich war - einen großen Rumpf, in dem ein einziges Strahltriebwerk Pratt & Whitney J57

beherbergt war; ferner besaß das Modell Mittelflügel mit Lüftungsklappen an den Wurzeln sowie pfeilförmige Leitwerke. Kurze Zeit darauf war aber schon der neue, stärkere Motor J75 verfügbar, und das mit jenem neu motorisierte Flugzeug - genannt YF-105B - führte am 22.Mai 1956 seinen Einweihungsflug durch. Die Serienversion des Flugzeugs - die F-105B Thunderchief - begann im Mai 1958 im Dienst eingesetzt zu werden. Nach 75 konstruierten Exemplaren wechselte die Produktion auf das Modell F-105D mit stärkerem Motor und neuer Flugelektronik, die eine Allwetter-Operationskapazität ermöglichte. Der Motor J75-P-19W entwickelte bis zu 11.110 Kg Schubkraft, und erreichte in Flughöhe 2.000 Km/h. Das maximale Start-Gewicht des Flugzeugs betrug 23.965 Kg, von denen gut 6.350 Kg aus den Außenlasten - Abwurftanks, Bomben und Raketen - zusammengesetzt waren. Vervollständigt wurde die Bewaffnung durch eine 20mm-Vulcan-Kanone. Die Länge der F105D betrug 19,6 Meter, während die Spannweite 10,5 Meter maß. Nach dem Modell D entwickelte man die zweisitzige F-105F, die mit verlängertem Rumpf ausgestattet wurde. Dieses Modell erwies sich als extrem nützlich beim Kampf gegen die feindliche Luftverteidigung und wurde in den Versionen EF-105F und F-105G weiterentwickelt. Letztere wurden beide in der Rolle des „Wild Weasel" eingesetzt, mit speziellen elektronischen Ausrüstungen und den Strahlenschutz-Raketen Shrike und Standard. All diese Modelle wurden im Vietnamkrieg eingesetzt und erst in den frühen 80-er Jahren vom Dienst zurückgezogen.

Die McDonnell F-101 Voodoo, die ihren ersten Flug in der endgültigen Ausgestaltung am 29.September 1954 durchführte war das vierte Flugzeug der Centuries. In Wirklichkeit ging der ursprüngliche Entwurf bis 1946 zurück, als die USAAF wieder einen Begleit-Düsenjäger für Langstreckenoperationen forderte. Die McDonnell verwirklichte daraufhin 1947 den Prototyp XF-88, aber aufgrund politischer Veränderungen der Armee und der strategischen Kommandos (sowie auch Problemen in Verbindung mit den Motoren und der Finanzierung) wurde das Programm unterbrochen und erst angesichts der Entwicklungen des Korea-Kriegs wieder neu eingeführt. Der neue Entwurf wurde F-101 ernannt und war ein großes Flugzeug mit Pfeilflügeln, zwei Motoren und T-Leitwerk, das sich jedoch aufgrund seines ungenügenden Flugbereichs als nicht geeignet für die Rolle

155 oben Der Lockheed F-104 Starfighter war der erste Jäger, der die Geschwindigkeit von Mach 2 übertraf. Das gesamte Projekt wurde in Hinblick auf die Erhöhung der Beschleunigung und Geschwindigkeit entworfen. Die USAF hatte das Flugzeug nie sonderlich geschätzt.

155 unten Die Republic F-105 Thunderchief wurde als Überschall-Jagdbomber entworfen. Die Maschine konnte bis zu 6.350 kg Bomben und Raketen tragen. Auf der Fotografie sind zwei Exemplare während einer Luftbetankung über Vietnam zu sehen.

Die großen Jagdflugzeuge der fünfziger Jahre

156 oben Die Convair F-106 Delta Dart war viele Jahre lang der amerikanische Standard-Abfangjäger. Er wurde direkt aus der F-102 entwickelt und besaß eine Höchstgeschwindigkeit von 2.454 Km/h; die Bewaffnung bestand aus vier Luft-Luft-Raketen.

156 unten Die Vought F8U Crusader wurde 1952 entworfen um die US Navy mit einem luftüberlegenen Überschalljäger auszustatten. Das letzte Modell, das für die Navy flog war das Aufklärungsflugzeug RF-8A; es wurde auf diesem Foto - während es nach der Landung die Flügel faltet - eingefangen.

157 oben Die Grumman F11F Tiger war der erste Überschalljäger, der von der US Navy eingesetzt wurde. Die Maschine trat 1957 in den Dienst ein und wurde auch von dem Kunstfluggeschwader „Blue Angels" benutzt.

Das letzte Flugzeug der Century Series war die Convair F-106 Delta Dart, die im Grunde eine direkte Ableitung des Vorgängers F-102 war. Letzterer hatte nie vollkommen die USAF befriedigt, die einen Allwetter-Überschallabfangjäger mit computerisierter Feuerkontrolle forderte. Die F-102B sollte die endgültige Version darstellen, aber im Juni 1956 wurde das Projekt als F-106 neu entworfen. Das Flugzeug verfügte über einen neuen, leistungsstärkeren Motor (der J75) und das computergesteuerte Feuer-System Hughes MA-1, welches endlich richtig eingestellt zu sein schien. Die erste Delta Dart flog am 26.Dezember 1956. Die Außenform ähnelte derjenigen ihres Vorgänger, wobei die Länge 21,5 Meter, die Spannweite 11,6 Meter betrug und das Höchstgewicht 18.975 Kg maß. Der Motor (J75-P-17) war demjenigen der F-105 fast identisch und erlaubte dem Flugzeug eine Höchstgeschwindigkeit von 2.454 Km/h, über Mach 2.3 lag. Die Waffenausrüstung enthielt eine Atomsprengkopfrakete AIR-2A Genie bzw. 2B Super Genie oder vier Luft-Luft-Raketen AIM-4F/G Falcon. Die Leistungen des Waffensystems waren anfangs nicht zufriedenstellend, aber die USAF erwarb trotzdem eine Gesamtanzahl von 277 Einsitzern F-106A und 63 Zweisitzern F-106B, die im Oktober 1959 in den Dienst traten. Im Laufe der Jahre erwies sich die Dart Delta als gültiges und zuverlässiges Flugzeug, und wurde als Abfangjäger bei der Nationalgarde bis Mitte der 80-er Jahre im Dienst behalten. Daraufhin erfüllte sie die Rolle eines Zieldarstellungsflugzeugs, nachdem viele Exemplare in QF-106-Versionen umgewandelt wurden.

Während die USAF eine bemerkenswerte Vielfalt fortschrittlicher Jagdflugzeuge für die Ausführung verschiedenster Rollen erworben hatte, ist die US Navy bei diesem Modernisierungsprozess ziemlich im Rückstand geblieben. Einige der Marinekampfflugzeuge, wie z.B. der Jagdbomber AD-1 Skyraider wurden sogar noch propellerangetrieben, während unter der Jäger-Kampflinie eine Vermehrung diverser Modelle zu beobachten war, die jedoch bescheidene Leistungen erbrachten. Der Panther, Cougar und Fury wurden Anfang der 50-er Jahre Flugzeuge wie die Vought F7U Cutlass (erster Flug:1948), die McDonnell F3H Demon (1951) und die Douglas F4D Skyray (1951) zur Seite gestellt. Diese Flugzeuge hatten modernere, technische Eigenschaften gemein, aber charakterisierten sich gleichzeitig durch Probleme der Leistungsfähigkeit und Motorenstärke aus, die oft im Unter-Potenzialbereich lag. Keiner dieser Jäger besaß Überschallgeschwindigkeit.

Mit dem Erscheinen der Grumman F11 Tiger, einer Weiterentwicklung der Panther- und Cougar-Linie begannen sich die Dinge langsam zu ändern. Das Flugzeug war vollkommen neu, besaß ein dünnes Flügelprofil und war ausgestattet mit Pfeil-Leitwerken und einem stärkeren Motor. Der erste Prototyp flog am 30.Juli 1954, aber im Januar 1955 erschien der zweite Prototyp. Dieser verfügte über den J65-Motor mit Nachbrenner, der die Tiger mit einer Höchstgeschwindigkeit von 1.210 Km/h zum ersten Marine-Überschalljäger machte. Die F11F trat im März 1957 in den Dienst ein, aber ihre operative Karriere war ziemlich kurz, da das Flugzeug von einem neuen, exzellenten Entwurf in den Schatten gestellt wurde: der Vought F-8 Crusader, die als erster wahrer Superjäger der amerikanischen Marine gilt. Die Crusader wurde in Hinblick einer 1952 von der Navy herausgegebenen Spezifikation entworfen, die darauf zielte ein neues Marine-Überschallflugzeug zu erwerben. Vought gewann den Wettbewerb (benannt VAX) im darauffolgendem Jahr und erhielt die Anordnung zwei XF8U-1 Prototypen seines Projekts zu verwirklichen. Es handelte sich dabei um ein schlankes, einsitziges Flugzeug, das sich auszeichnete durch die hoch angebrachten Pfeilflügel mit variablem Einstellwinkel, der während des Abhebens und der Trägerlandung autonom vergrößert werden konnte, ohne dass der Pilot gezwungen war das Flugzeug in eine

157 unten Vier F-106 der Nationalwache von New Jersey in Formation. Der Jäger blieb bis 1988 im Dienst und wurde dann von der F-16 ersetzt.

zu steile Trimmlage einstellen zu müssen. Der erste Prototyp flog am 25.März 1955 und war ausgerüstet mit einem Pratt & Whitney J57-P-11- Motor von 6.715 Kg Schubkraft. Es entpuppte sich sofort als ein exzellentes, schnelles und wendiges Flugzeug. Die Serienproduktion wurde rasch eingeleitet und die ersten 318 bestellten Exemplare der F8U-1 traten bereits im März 1957 in den Dienst ein. Man unterzog das Flugzeug ständig Modifikationen um die Leistungsstärke, Robustheit, Waffenausrüstung sowie die Allwetter- und Aufklärungskapazitäten zu erhöhen bzw. verbessern. Die endgültige Version F8U-2NE erschien im Jahr 1961. (Seit 1962, der Rationalisierung der Militär-Kennzeichnungen folgend, wurde die Crusader zum F-8, und die F8U-2NE zur F-8E umbenannt.) Die F8U-2NE wurde von dem Düsenmotor J57-P-20A mit 8.165 Kg Schubkraft und Nachbrenner angetrieben und erreichte eine Fluggeschwindigkeit über 1.800 Km/h, was ca. Mach 1.7 entsprach. Die maximale Länge betrug 16,6 Meter, die Spannweite 10,7 Meter und das Höchstgewicht maß 15.420 Kg. Im Waffensystem wurden die originalen vier 20mm-Kanonen beibehalten - mit dem Erscheinen des F-4 brachten sie dem Flugzeug den Beinamen „The Last of the Gunfighters" ein. Dazu gab es die Möglichkeit bis zu vier Luft-Luft-Raketen AIM-9 Sidewinder bzw. bis zu 2.270 Kg Bomben oder Raketen an den beiden Unterflügel-Pfeilern anzubringen. Insgesamt wurden 1.259 Crusaders in verschiedenen Versionen gebaut, die sich durch ausgezeichnete Kampffähigkeiten im Vietnamkrieg auszeichneten. Als Aufklärungsmodell RF-8G wurde die Crusader noch bis Anfang der 80-er Jahre geflogen. Einige Exemplare wurden an die philippinische Luftwaffe verkauft, während 42 Exemplare der F-8E (FN) ab Januar 1965 der französischen Marine geliefert wurden. Es handelte sich dabei um die letzten operativen Crusaders, deren Tätigkeit im Dezember 1999 beendet wurde.

157

158 oben und Mitte Auf dieser berühmten Sequenz vom 3.Juni 1967 ist eine nordvietnamesische MiG-17 zu sehen, die von einem F-105 der USAF mit einer 20mm-Vulcan-Kanone abgeschossen wird.

158 unten Die MiG-17 wurde 1950 direkt aus der MiG-15 entwickelt und war der erste, mit Raketen bewaffnete sowjetische Jäger. Auf der Fotografie ist ein vollständig restauriertes MiG-17-Exemplar zu sehen, das von einem amerikanischen Flughafen aus startet.

159 oben Die MiG-19 war der erste sowjetische Überschall-Abfangjäger, sie besaß 55-Grad-Pfeilflügel und zwei Tumansky Motoren mit Nachbrenner. Die Maschine wurde 1954 in den Dienst eingeführt.

159 unten Die Mikoyan-Gurevic MiG-21 war mit fast 12.000 Exemplaren das am zahlreichsten vertretene, sowjetische Düsenjagdflugzeug. Es wurde von über 50 Luftstreitkräften auf der ganzen Welt benutzt. Auf dem Foto ist ein Exemplar der finnischen Luftwaffe zu sehen, die die MiG-21 1998 vom Dienst zurückzog.

Die oben beschriebenen Flugzeuge gehörten zu den wichtigsten amerikanischen Entwürfen der 50-er Jahre. Doch auch auf der anderen Seite des eisernen Vorhangs blieben die Luftfahrt-Ingenieure nicht tatenlos. Nach dem Erfolg des Jägers MiG-15 begann man in dem verantwortlichen MiG-Büro (geleitet von den technischen Zeichnern Mikoyan und Gurevich) bald an der Verwirklichung eines neuen Flugzeugs zu arbeiten, bei dem die beim Vorgänger aufgetauchten Mängel - vor allem im Bereich der Aerodynamik - beseitigt werden sollten. Im Januar 1950 erschien also der Prototyp I-330, der die Grundlinien des vorhergehenden Entwurfs übernahm, jedoch einen verlängerten Rumpf, größere Schwanzflächen und 45-gradwinkelige Pfeilflügel sowie - natürlich - einen stärkeren Motor enthielt. Das Flugzeug wurde 1951 als MiG-17 in Produktion gebracht und im folgenden Jahr in die ersten operativen Abteilungen verteilt worden. Der Klimov VK-1A - Motor entwickelte eine Schubkraft von 2.700 Kg und verlieh dem Flugzeug eine Höchstgeschwindigkeit von 1.110 Km/h. Die Ausmaße des Modells betrugen in der Länge 11,2 Meter und in der Spannweite 9,6 Meter, während das Höchstgewicht bis zu 6.075 Kg maß.

Nach dem ersten Modell (in der NATO benannt mit „Fresco-A") folgten der Allwetter-Abfangjäger MiG-17P und die MiG-17F. Letztere war mit einem VK-1F-Motor und Nachbrenner ausgestattet, der eine Schubkraft von 3.380 Kg spendete und für das Erreichen einer Höchstgeschwindigkeit von 1.150 Km/h sorgte. Die Bewaffnung war derjenigen der MiG-15 überlegen: drei 23mm-Kanonen, eine 37mm.Kanone sowie bis zu 500 Kg schwere Fallwaffen. Es folgte später die MiG-17FP, mit Abfang-Radargerät Izumrud und schließlich die MiG-17PFU, die keine Kanonen besaß aber mit bis zu vier radargesteuerten Luft-Luft-Raketen AA-1 „Alkali" ausgerüstet war. Die verschiedenen Varianten der MiG-17 blieben bis 1958 in Produktion. Insgesamt wurden über 9.000 Exemplare hergestellt, von denen man 3.000 Stück auf Lizenz in China (wie der J-5) und Polen (LIM-5) produzierte. Die einfache und stabile MiG-17 blieb außer bei den Luftstreitkräften der UdSSR, im Dienst aller kommunistischen Ländern - in einigen Fällen sogar noch bis in unsere Zeit hinein.

Die natürliche Weiterentwicklung der Serie führte daraufhin zur MiG-19, die aus dem Projekt I-350 entstand und mit der Absicht entworfen wurde, als Überschallflugzeug der Sowjetunion das Standhalten beim Wetteifern mit den neuen amerikanischen Jägern ermöglichen zu können. Der Prototyp erschien 1953 und besaß 55-Grad stark-gewinkelte Pfeilflügel, neue Schwanzflächen mit horizontalen Tiefflächen und zwei AM-5-Motoren ohne Nachbrenner. Das Flugzeug, das seinen ersten Flug am 18.September 1953 durchführte trat 1954 in den Dienst ein (in der

NATO als „Farmer-A" kodifiziert), ausgestattet mit AM-5F-Motoren und Nachbrenner. Das Modell war jedoch noch nicht vollständig entwickelt und bewies bei hoher Fluggeschwindigkeit ernsthafte Instabilitätsprobleme. Daraufhin wurde die Version MiG-19S entwickelt, die über neue, vollständig bewegliche Schwanzflächen verfügte. Es folgte die SF mit den neuen Motoren Tumansky RD-9BF, die mit einer Schubkraft von 3.300 Kg das Flugzeug bis auf 1.450 Km/h Höchstgeschwindigkeit antrieben. Die SF besaß außerdem eine Länge von 12,6 Metern, eine Spannweite von 9,2 Metern und wog beim Abheben bis zu 9.100 Kg. Die Waffenausrüstung sah drei 30mm-Kanonen und bis zu 500 Kg Außenlasten vor. 1958 wurde der Allwetter-Abfangjäger MiG-19P eingeführt, der mit Radargerät und zwei 23mm-Kanonen ausgestattet war. Diesem folgten die mit Radar und vier Luft-Luft-Raketen AA-1 ausgerüstete MiG-19PFM, ferner der Abfangjäger PF mit zwei 30mm-Kanonen, das Aufklärungsflugzeug MiG-19R und schließlich das zweisitzige Schulungsmodell MiG-19UTI. Es scheint, dass in der UdSSR insgesamt über 2.500 Exemplare der MiG-19 gebaut wurden, während eine doppelte Anzahl des Modells in China fertiggestellt wurde, wo man 1958 die Produktionslizenz für die MiG-19S erhalten hatte. China konstruierte also die MiG-19 und exportierte sie in zahlreiche Länder als J-6/F-6 und - in der zweisitzigen Version - als FT-6. Diese zuletzt erwähnten Flugzeuge sowie deren Abzweigungen befinden sich noch heutzutage im Dienst einiger asiatischer Länder.

Die Einführung der MiG-21 gab dem sowjetischen Flugwesen eine entschiedene technische und operative Wendung. Die MiG-21 war der erste Jäger vom Warschauer Pakt mit Mach 2; ähnlich wie vor einiger Zeit die MiG-15, stellte das neue Flugzeug eine unangenehme Überraschung für den Westen dar. Die Arbeiten an einem neuen, leichten supersonic-Jäger hatten bereits 1953 begonnen. Der erste Konstruktionsaufbau (E-2) - mit Pfeilflügelverwendung - war die logische Verwirklichung der vorausgegangenen Entwicklungsphasen. Später aber wurde der Entwurf E-5 bevorzugt, der, mit Delta-Flügeln ausgestattet zum ersten Mal am 9.Januar 1956 flog. Aus diesem experimentellen Flugzeug wurde schließlich die E-6 entwickelt, bei der es sich praktisch um den Prototypen der MiG-21 handelte. Der Erstflug fand am 20.Mai 1958 statt. Um die Delta-Flügel anbringen zu können, behielt der Jet die traditionellen, stark pfeilförmigen Schwanzflächen bei und besaß einen an der Nase angebrachten Lufteinlass mit Antischock-Kegel, so dass die Versorgung des Strahltriebwerks Tumanski R-11 mit Nachbrenner gesichert werden konnte. Benannt als MiG-21F („Fishbed-C" für die NATO) wurde die Produktion des Flugzeugs 1959 gestartet. Der Jäger erwies hervorragende Geschwindigkeitsleistungen und Aufstiegsfähigkeiten und verfügte über eine ausreichende Wendigkeit. Die Bewaffnung war dagegen spärlich und bestand aus nur zwei 20mm-Kanonen. Die MiG-21F war 13,4 Meter lang, besaß eine Spannweite von 7,1 Metern und ein Höchstgewicht von 7.575 Kg. Ihr Motor

spendete 5.750 Kg Schubkraft und ermöglichte eine Höchstgeschwindigkeit von 2.000 Km/h in Flughöhe. Im darauffolgenden Jahr erschien die erste, in Massen produzierte Version: die MiG-21F-13, die mit Radargerät und zwei Luft-Luft-Raketen K-13 (AA-2 „Atoll") ausgestattet war; es handelte sich um die sowjetische Kopie des AIM-9B Sidewinder. Das Flugzeug wurde über Jahre hinweg ständig verbessert und weiterentwickelt. Unter den zahlreichen Ausführungen erschienen vier Haupt-Modelle: die MiG-21PF (stärkerer Motor, erhöhte Kraftstoffaufnahme und neues Radargerät), die MiG-21PFM (seit 1964 - mit neuem Auftriebssystem, vergrößerter Abdrift, neuer Bewaffnung und Flugelektronik) sowie die MiG-21R (Aufklärungsversion mit Pod und vergrößerter Rück-Verkleidung) und die MiG-21S bzw. SM (stärkerer Motor, neues Radargerät, vier Flügelunterpfeiler und Innenkanone; die Exportversion wurde MiG-21MF ernannt). Im Jahr 1972 erschien die MiG-21BIS („Fishbed-L"), die eine erweiterte Flugelektronik einführte und mit den neuen Luft-Luft-Raketen R-13M, R-55 und R-60 ausgestattet war. Der ebenfalls neue Motor Soyuz-Gavrilov R-25-300 mit Nachbrenner verfügte über 7.500 Kg Schubkraft, die ausreichte um das Flugzeug auf die Höchstgeschwindigkeit von 2.175 Km/h, oder Mach 2.05 anzutreiben. Das maximale Start-Gewicht stieg bis auf 10.400 Kg, von denen 1.200 Kg aus Waffen-Außenlasten zusammengesetzt wurden. Der Entwurf der MiG-21 bildete auch die Grundlage für verschiedene zweisitzige Ausbildungsmodelle, angefangen von der ursprünglichen MiG-21U (abstammend von der MiG-21F-13 und von der NATO „Mongol-A" benannt), zur MiG-21US und schließlich der MiG-21UM.

Über 11.950 Exemplare der MiG-21 wurden in der UdSSR, sowie - auf Lizenz - auch in China (wie der J-7/F-7), der Tschechoslowakei und Indien produziert. In den 60-er und 70-er Jahren waren alle kommunistischen Länder im Besitz des Flugzeugs, das sich somit im Einsatz von fast 50 Luftstreitkräften befand. Man schätzt, dass sich heutzutage noch über 3.000 Fishbeds im Dienst befinden, da in den 90-er Jahren zwei Projekte zur Modernisierung der sich im Gebrauch befindenden MiG-21 eingeführt wurden. Die Modifizierungen sahen intensive Ausbesserungen im Zell-Bereich, der Flugelektronik und der Bewaffnung vor. Das sowjetische MAPO-MiG - Programm entwickelte die MiG-21-93, die von Indien erworben wurde. Israel (IAI) dagegen bietet die MiG-21-2000 an - die von Rumänien gewählte, mit „Lancer" benannte Version. Es ist sehr wahrscheinlich, dass noch andere Länder von diesen Modellentwicklungen Gebrauch machen, um weiterhin ein Flugzeug einsetzen zu können, das noch vierzig Jahre nach seinem ersten Flug eine eindrucksvolle Waffe geblieben ist.

Die großen Jagdflugzeuge der fünfziger Jahre | 159

Kapitel 12

Der kalte Krieg

Die Allianz zwischen den Vereinigten Staaten und der Sowjetunion hatte nur bis zu der Niederlage des gemeinsamen Nazi-Feindes gehalten. Trotz des unaufhörlichen Stroms von Militärhilfen, die Amerika an die UdSSR während des Konflikts sandte (Flugzeuge, Lastwagen, Panzer und riesige Mengen von Rohstoffe) hatte sich Stalin nicht gerade freundschaftlich gegenüber den westlichen Alliierten erwiesen - sowohl vom politischen als auch militärischen Standpunkt aus betrachtet. Einige amerikanische Bomber-Besatzungen, die 1944 und 1945 hinter den russischen Linien notlanden mussten, wurden wie gewöhnliche Sträflinge ins Gefängnis gesperrt und erst nach mehreren Monaten wieder freigelassen - während die Flugzeuge, Gegenteil noch zu hohen Verlusten. Churchill, ein überzeugter Antikommunist erriet, dass das geheime Ziel der UdSSR darin bestand, den Krieg auszunutzen um die Kontrolle über die weiteste Fläche Europas zu erlangen. In den Vereinigten Staaten war das Verhalten gegenüber der UdSSR noch von Vertrauen geprägt, aber dies änderte sich nach dem Tod des Präsidenten Roosevelt im April 1945. Bei

Kräfteblöcken bei, - der sogenannten „freien Welt" im Westen und den kommunistischen Oststaaten - die sich in einem ewigen Stadium von Gegenüberstellung und Spannung befanden. Dieser Konflikt wurde nicht offen ausgetragen, und wurde später als der „Kalte Krieg" bekannt.
Neben der politischen bzw. ideologischen Propaganda und der internationalen Spionage

vor allem der Bomber B-29 einbezogen wurden. Während der Schlacht von Warschau im August-September 1944 begann den westlichen Alliierten die sowjetische Strategie klar zu werden. Es geschah tatsächlich, dass nach dem Aufstand Warschaus gegen die Deutschen die russischen Truppen wenige Kilometer von der polnischen Hauptstadt unbeweglich in ihren Posten ausharrten und zuließen, dass die rebellierende Bevölkerung ergriffen und massakriert wurde. All das weil die Poltiker des freien Polens es in London abgelehnt hatten sich dem Autoritäten Moskaus zu unterwerfen. Die von den Alliierten unternommenen Versuche, Warschau von der Luft aus zu versorgen nahmen kein gutes Ende, und führten im der Potsdamer Friedenskonferenz spitzten sich die Meinungsverschiedenheiten zu und die fortschreitende Verschlechterung der Verhältnisse zwischen dem Westen und der Sowjetunion kam immer deutlicher ans Licht. Auch weitere Faktoren begannen in diesem Abwendungsprozess der beiden Blöcke eine Rolle zu spielen: der Besitz der Atombombe seitens der Amerikaner (1945), und nachfolgend seitens der Sowjetunion (1949); die Entstehung von Regierungen in Osteuropa, die der UdSSR unterworfen waren; die Gründung des Militärbündnisses NATO, 1949; der Korea-Krieg 1950 und schließlich die Gründung des Warschauer Pakts im Jahr 1955. All diese Ereignisse trugen zur Schöpfung von zwei kontrastierenden waren die Haupt-Waffen des Kalten Kriegs die Flugzeuge; und unter ihnen besonders die strategischen: Nuklearbomber, Luftversorgungsflugzeuge und Aufklärer. Von Anfang an hingen die im kalten Krieg angewendeten Taktiken mit dem nuklearfähigem Bomber zusammen. Das erste Flugzeug diesen Typs war die Boeing B-29, der Protagonist bei den Angriffen auf Hiroshima und Nagasaki. Nach dem Krieg, ab 1947 begann das Flugzeug ersetzt zu werden von einer fortschrittlichen Version, genannt B-50, die mit strukturellen Modifizierungen versehen wurde, um die Kriegsausrüstung und den Flugbereich erhöhen zu können. Doch bereits 1949 wurde das Flugzeug von anderen Entwürfen überholt und für weniger

anspruchsvolle Aufgaben verwendet, wie die Aufklärung und Luftversorgung. Der erste wahre, strategische Bomber wurde von der Convair verwirklicht, die auf 1941 aufgestellte Spezifikation der USAAF antwortete. Darin wurde nach einem interkontinentalem Bomber gefragt, der fähig wäre eine Kriegslast von 4.500 Kg auf Entfernungen von 8.000 Km zu befördern. Die Realisierung des Flugzeugs ging aufgrund der technischen Schwierigkeiten und den fortschreitenden Konfliktentwicklungen nur sehr langsam voran, so dass der erste Prototyp erst am 8.August 1946 flog, als der Krieg bereits beendet war. Aufgrund der internationalen Lage wurde jedoch die Serienproduktion des Flugzeugs genehmigt, und im August 1947 gelangten die ersten Exemplare in die Flugabteilungen. Die B-36 Peacemaker war ein wahrhaft riesiges Flugzeug mit einer Länge von 49,4 Meter sowie einer Spannweite von gut 70,1 Meter. Angetrieben wurde die Peacemaker von den sechs Radial-Motoren Pratt & Whitney R-4360 mit 3.800 PS, und das maximale Gewicht betrug über 150 Tonnen. Die erbrachten Flugleistungen waren jedoch enttäuschend, so dass 1949 die B-36D eingeführt wurde. Dieses Modell war mit vier Düsenmotoren J47 ausgestattet, die je 2.360 Kg Schubkraft bildeten. Ebenfalls 1949 erschien auch die erste Version zur strategischen Aufklärung, der RB-36D. Die endgültige Ausführung war die B-36J, die zum ersten Mal 1953 erschien; dieses Flugzeug besaß eine Höchstgeschwindigkeit von 661 Km/h, ein maximales Start-Gewicht von 185.973 Kg sowie einen 10.944 Km weiten Flugbereich. Das Waffensystem war zusammengesetzt aus 39.000 Kg Bombenlast, 16 20mm-Kanonen sowie einer 15-Mann-starken Besatzung. Bis 1954 wurden 383 Exemplare der Peacemaker gebaut, wobei das Flugzeug bis Ende der fünfziger Jahre im Dienst blieb.

In der Zwischenzeit, seit 1948, unterstand der Strategic Air Command (SAC), der verantwortlich für die Nuklear-Bomber sowie die Luftversorgungsflugzeuge war, dem Befehl des Generals Curtiss LeMay. Dieser war ein harter Mann, der während des Kriegs auf sich aufmerksam gemacht hatte - und besonders bei den Bombardierungen auf Japan. LeMay schaffte es, dank härtester und zermürbender Übungs-Zyklen sowie ferner dem Erwerb neuer Flugzeuge die SAC aus ihrem niedrigen Leistungsstand zu einer effizienten, zuverlässigen und gefürchteten Einheit zu erheben. Die Kalte-Krieg-Strategie der Vereinigten Staaten verlangte, dass bewaffnete Bomber mit globaler Angriffsfähigkeit ständig am Himmel präsent waren, um in der Lage zu sein sicher und schnell auf einen nuklearen Überfall der UdSSR antworten zu können. Mit der Einführung von düsenbetriebenen Bombern und Luftversorgungsflugzeugen - „tanker" - wurden diese Forderungen ermöglicht.

160 Der strategische Bomber Avro Vulcan wurde ab 1947 entwickelt um die britische RAF mit einem Nuklear-Überträger zu versorgen und England von der USA militärisch unabhängig zu machen. Die Vulcan - ab 1956 im Dienst - besaß die typischen Deltaflügel und war das zweite Modell der britischen „Triade" englischer Nuklear-Bomber (die anderen zwei waren die Vickers Valiant und die Handley Page Victor).

161 oben Der strategische Superbomber Convair B-36 wurde in Folge einer zukunftsorientierten Spezifikation von 1941 entwickelt: es wurde dabei ein Flugzeug mit einem Flugbereich von über 16.000 km und einer Geschwindigkeit von mindestens 390 Km/h gefordert. Hier ist das Modell B-36J zu sehen, das sechs Propeller-Triebwerke sowie vier Strahltriebwerke vereint und eine Geschwindigkeit von 661 Km/h erreicht.

161 unten Die viermotorige Boeing B-50 wurde aus der B-29 entwickelt und wurde am Ende des zweiten Weltkriegs mit nur 79 Exemplaren in den Dienst eingeführt. Sie war stärker und mit einer größeren Nutzlast ausgestattet als ihr Vorgänger.

Der kalte Krieg

162 oben Der erste, wirklich moderne Bomber der USAF war die Boeing B-47 Stratojet, die 1950 in den Dienst trat. Die Maschine besaß Pfeilflügel, flog 975 Km/h und trug bis zu zehn Tonnen Bomben. Auf dem Foto ist ein Schnellstart zu sehen, der von Raketenmotoren unterstützt wird.

162 unten Die B-52H - bereits öfters für überholt erklärt - befindet sich 50 Jahre nach ihrem ersten Flug noch im Dienst. Sie wurde kürzlich bei den Konflikten im Kosovo und in Afghanistan eingesetzt.

163 oben Luftbetankung einer Boeing B-52 Stratofortress seitens einer Boeing KC-135 Stratotankers über den Bergen der Sierra Nevada in Kalifornien 1958. Mit diesem Flugzeugpaar verfügte die USAF über eine strategische Komponente von globaler Reichweite.

163 unten Eine B-47 beim Flug über den Wolken. Die Stratojet verfügte über eine 3-Mann-Besatzung (der Pilot und Navigator befanden sich im Tandem-Cockpit) und blieb bis 1966 im Dienst. Es wurden ca. 1.800 Exemplare gebaut.

Der Aufgabenbereich der B-36 ist bereits seit dem Erscheinen des ersten strategischen Düsen-Bombardierungsflugzeugs, der Boeing B-47 Stratojet verkleinert worden. Dieser Entwurf erblickte 1944 das Tageslicht, nachdem sich die Boeing zusammen mit drei anderen Industrien (Convair, Martin und North American) daran machte, einen Bomber mit Düsenantrieb zu realisieren. Nach verschiedenen Forschungen, die sich anfangs besonders auf die Modelle mit geraden Flügeln bezogen, akzeptierte die Air Force das Boeing-Modell 450. Das Flugzeug besaß sechs unter den Flügelflächen eingestellte Motoren und zeichnete sich besonders durch die innovativen, 35-gradwinkeligen Pfeilflügel (aus den deutschen Forschungserkenntnissen erworben) sowie das einspurige Fahrgestell unter dem Rumpf aus. Das erste Prototyp XB-47 startete am 17.Dezember 1947 zu seinem Erstflug und

war ausgerüstet mit den Strahltriebwerken Allison J35, die ab dem zweiten Prototyp von den stärkeren General Electric J47 ersetzt wurden. Die erste fertiggestellte B-47A flog am 25.Juni 1950, am Tag des Kriegsausbruchs in Korea. Die bedeutendste Version der Stratojet wurde die B-47E, die 1951 erschien und von der 1.614 Exemplare konstruiert wurden; darunter waren 255 Aufklärungsversionen RB-47E. Das Modell war 33,4 Meter lang, besaß eine Spannweite von 35,3 Metern und ein Start-Höchstgewicht von fast 90.000 Kg. Die Bewaffnung war aus 10.000 Kg Bomben und zwei 20mm-Kanonen zusammengesetzt. Für den Antrieb sorgten sechs J47-GE-25 Strahltriebwerke mit je 3.266 Kg Schubkraft. Das Flugzeug besaß eine Höchstgeschwindigkeit von 975 Km/h und einen Flugbereich von 6.440 Km, der dank Luftversorgung vergrößert werden konnte. Die drei-Mann-Besatzung verfügte über Schleudersitze. Die B-47 war viel kleiner als die B-36, andererseits war es ein moderneres und schnelleres Flugzeug, dass sich auch leichter den veränderlichen, operativen Erfordernissen anpassen konnte. Dieses Modell bildete die Grundlage für die späteren Aufklärer-Versionen RB-47E/H/K und blieb bis 1967 im Dienst der USAF.

Im Bereich der ultraschweren Bomber arbeitete die Boeing schon seit 1945 an der Verwirklichung eines Ersatzflugzeugs für die B-36, die sich von Beginn an nie als völlig zufriedenstellend erwies. Das neue Flugzeug war ausgestattet mit 20-gradwinkeligen Pfeilflügeln und Turboproptriebwerk. Aufgrund des Erfolgs der B-47 und der Verfügbarkeit der neuen J57-Düsenmotoren (stark, zuverlässig und weniger Kraftstoffverbrauch bedürfend) beschloss die Boeing das Flugzeug neu zu entwerfen. So geschah es, dass aus dem neuen Bomber eine Art „größerer Bruder" der Stratojet wurde, von welcher die 35-gradwinkeligen Pfeilflügel, die in Unterflügel-Gondeln angebrachten Motoren sowie die Luftversorgungsfähigkeit übertragen bzw. weiterentwickelt wurden. Außerdem wurde im neuen Bomber das Rumpf-Fahrgestell und (wenigstens im Prototyp) das Cockpit mit Tandem-Plätzen ausgebessert. So wurde das Model 464-67 bzw. XB-52 geboren. Dieses flog zum ersten Mal sechs Monate nach dem Jungfernflug der YB-52 am 15.April 1952. Die B-52 Stratofortress war ein weiteres Flugzeug von riesigen Ausmaßen. Seine Länge betrug 49 Meter, die Flügelspannweite 56,3 Meter und das Start-Höchstgewicht erreichte über 200 Tonnen. Angetrieben wurde das Flugzeug von acht Düsenmotoren und konnte eine aus mehr als zwanzig Tonnen nuklear- oder konventionellen Bomben zusammengesetzte Kriegslast transportieren. 1954 wurde das erste Serienmodell, die B-52A eingeführt, der eine Vielzahl verschiedener, stetig ausgebesserter Modelle folgte, die schließlich 1961 in der B-52H gipfelten. Dieses Modell führte die neuen Düsenmotoren Pratt & Whitney TF33-P-3 ein, die eine Schubkraft von 7.710 Kg entwickelten. Das maximale Gewicht erreichte 221.000 Kg, während die Höchstgeschwindigkeit 958 Km/h betrug und der Flugbereich sich auf 16.000 Km erstreckte. Die Waffenlast betrug 27.200 Kg und die Flugzeugbesatzung bestand aus fünf Mann.

Weitere wichtige Versionen erschienen bereits früher, wie z.B. die B-52G aus dem Jahr 1958, bei der neue Flügel sowie neue, niedrigere Schwanzflossen eingeführt wurden (auch bei der B-52H vorhanden). Ferner erschien 1956 die B-52D, die ein höheres maximales Start-Gewicht als die Vorgängermodelle B und C besaß. Außerdem wurde 1955 noch die Aufklärungsversion RB-52B verwirklicht. Insgesamt bestellte die Air Force 774 Exemplare der Stratofortress in verschiedenen Versionen. Auch wenn das Flugzeug im Verlauf der Jahre ab und zu kritisiert und für veraltet erklärt wurde, hatte es immer bewiesen, der jeweiligen Lage gewachsen zu sein. Im Jahr 2001 flogen noch fünf Fluggeschwader der Air Force mit den jeweils auf neuesten Stand gebrachten Versionen der B-52H. Zwei Kürzungsprogramme, die den Dienstrückzug des Flugzeugs vorsahen wurden überstanden, und noch fünfzig Jahre nach seinem ersten Flug erfreut sich die B-52H „bester Gesundheit". Mit der B-47 und der B-52 verfügte die USAF, oder besser, die Strategic Air Command über eine wahrhaft mörderische nukleare Einsatzkraft, aber der Schwachpunkt dieser Organisation bestand in der Luftversorgung. Aufgrund der Besonderheit der zugeteilten Missionen waren die Bomber auf die konstante Verfügbarkeit und Verwendbarkeit der Tanker angewiesen.

Der kalte Krieg

Aufgrund dessen repräsentierten die Tanker eine ebenso wichtiges strategisches Element wie die Bomber. Mitte der fünfziger Jahre setzte die USAF jedoch vor allem die bereits überholten Propellerflugzeuge für jene Aufgabe ein, wie die KB-50 und besonders die KC-97, deren Langsamkeit die Bomber dazu zwang, das Auftanken gefährlich nahe an der Durchsackgeschwindigkeit ausführen zu müssen. Wieder war es die Boeing, die dem SAC eine gültige Lösung für das Problem vorschlug. In den frühen 50-er Jahren hatte die in Seattle ansässige Firma mit der Verwirklichung des ersten großen Passagiertransport-Jets, dem Modell 707 (grob auf den Grundzügen des Bombers B-47 entwickelt), das zu einem extrem populären Handelsflugzeug werden sollte. Um sich gegen das Risiko eines eventuellen wirtschaftlichen Misserfolgs zu sichern, wollte die Boeing vor der Einführung der 707 erst deren Entwicklungskosten abdecken, indem sie die Militärversion des Flugzeugs, das Modell 367-80 als Luftversorgungstanker bzw. Transporter an die Regierung verkaufte. Die USAF billigte diesen Entwurf, der sich auszeichnete durch den kleineren Rumpf-Durchmesser (die Mehrheit der Fenster fehlte), ein oberes Passagier- und Warendeck sowie eine untere Zone, in der der Kraftstoff und die Auftankanlagen untergebracht waren. Die Boeing entwickelte auch ein Versorgungssystem mit Gebrauch einer Starr-Sonde, die von einem an der Schwanzfläche positioniertem Bediener betätigt werden konnte, in der Weise, dass Ankuppeln erleichtert wurde. Die erste KC-135A Stratotanker flog am 31.August 1956 und drei Monate später begannen bereits die Auslieferungen der Serienflugzeuge. Das Modell war 41 Meter lang, besaß eine Spannweite von 39,9 Metern und ein Höchstgewicht von 143.340 Kg. Die Motoren waren vier Pratt & Whitney J57-P-59W mit 6.240 Kg Schubkraft, die eine Höchstgeschwindigkeit von 940 Km/h ermöglichten; die Kraftstoffmenge betrug über 118.000 Liter. Mit der Stratotanker machte die SAC einen enormen Schritt vorwärts. Das Flugzeug war unter jedem Gesichtspunkt den Leistungen der KC-97 überlegen, eingeschlossen der Kraftstofftransfer-Geschwindigkeit. Natürlich erwies sich die KC-135 als sehr nützlich für die Jäger und Jagdbomber der Tactical Air Command (TAC). Die USAF erwarb 820 Exemplare der Stratotanker, von denen viele (u.a. die aktualisierten Versionen E und R)

164 Eine KC-135 der USAF während der Luftbetankung eines F-15A Jägers.

164-165 Luftbetankung einer KC-135, fotografiert vom Cockpit eines zweisitzigen USAF-Jägers F-15B Eagle über dem Pazifischen Ozean.

165 unten Eine Formation von F-106A Abfangjägern wird während des Flugs von einer KC-135 betankt. Diese Prozedur ist seit fast 50 Jahren Routine für die amerikanischen Piloten.

noch heute das Gerüst der USAF-Tanker-Flotte bilden. Die KC-135R ist gegenwärtig die neueste, sich im Dienst befindende Version und erschien zum ersten Mal im Jahr 1972. In Wirklichkeit handelt es sich bei dem Modell um eine Neubearbeitung der Vorgänger-Modelle. So verfügt das Flugzeug über ein verstärktes Flugwerk, neue Hauptanlagensysteme sowie die neuen CFM International F108-CF-100-Zweikreistriebwerke mit 10.000 Kg Schubkraft. Die 135R kann über sechs Tonnen Kraftstoff aufnehmen und verfügt - dank der neuen Motoren - über einen weiteren Aktionsbereich, bessere Start-Kapazitäten und die Möglichkeit 150% mehr Kraftstoff auf andere Flugzeuge zu übertragen, im Vergleich mit dem Original-Modell KC-135A.

Unnütz sagen zu müssen, dass auch die Sowjetunion mit der Entwicklung neuer Bomber beschäftigt war, auch wenn die Fortschritte dort langsamer vorangingen als bei den Amerikanern. Außer dem viermotorigen Propellerflugzeug Tupolev Tu-4 (eine Kopie des Boeing B-29) handelte es sich bei den ersten, in der UdSSR erschienen Düsenbomber um nicht um Flugzeuge mit strategischen Fähigkeiten, sondern vielmehr um taktische Zweimotoren. Zu diesem Flugzeugtyp gehörten auch die Tupolev Tu-14 (NATO-Kennname „Bosun") aus dem Jahr 1947 und die Ilyushin Il-28 „Beagle" von 1948. Letzterer erfuhr jedenfalls einen großen Erfolg mit dem Bau von über 10.000 Exemplaren. Die Il-28 trat 1950 in den Dienst der UdSSR ein und wurde auch von vielen Ländern des kommunistischen Blocks erworben, wo sie bis in die 60-er Jahre im Dienst blieb.

Die ersten strategischen Düsenflugzeuge waren die Myasishchev M-4 und die Tupolev Tu-16.

Die M-4 war ein großer Viermotor mit pfeilförmigen Flügeln und Leitwerken, der 1949 auf eine Anordnung Stalins hin entworfen wurde. Jener verlangte die Realisierung eines Bombers, der in der Lage wäre die Vereinigten Staaten anzugreifen. Das erste Exemplar erschien 1954 und wurde von der NATO mit dem Namen „Bison" identifiziert. Obwohl sie interessante Eigenschaften besaß, wurde die M-4 kein großer Erfolg, da sie bei Vollbelastung nicht die gewünschten Leistungen erbrachte. Das Flugzeug war 47,2 Meter lang, hatte eine Spannweite von 50,4 Meter und ein Start-Höchstgewicht von über 160.000 Kg. Es wurde angetrieben von vier Mikulin AM-3D Zweikreistriebwerken mit 9.500 Kg Schubkraft und erreichte eine Höchstgeschwindigkeit von 1.000 Km/h im Hochflug. Seine Kriegslast war zusammengesetzt aus 9.000 Kg Bomben sowie zehn 23mm-Kanonen für die Defensive. Die Besatzung bestand aus elf Mann. In seinem weiteren Dienstverlauf wurde die M-4 für weniger anspruchsvolle Aufgaben eingesetzt, wie die Aufklärung und Luftversorgung, deren Rolle sie bis in die 80-er Jahre ausführte. Die Tu-16 dagegen ging aus dem im Tupolev-Büro entworfenem Prototyp Nr.88 hervor, bei dem es sich anfangs um eine Ableitung des viermotorigen Propellerflugzeugs Tu-4 handelte. Der Entwurf wurde jedoch vollkommen geändert: man führte Pfeilflügel und -Leitwerke, in den Flügelwurzeln verborgene Motoren sowie eine verbesserte Aerodynamik ein. In den Grundzügen ähnelte das Flugzeug jedoch der M-4. Der erste Flug wurde am 27.April 1952 ausgeführt, und die Serienproduktion der definitiven Tu-16 begann ein Jahr später. 1954 wurde das Flugzeug zum ersten Mal der Öffentlichkeit vorgestellt und erhielt von der NATO den Erkennungsnamen „Badger". Die Tu-16 blieb für ca. zehn Jahre in der Sowjetunion in Produktion. Zusammen mit den in China konstruierten Versionen - wie z.B. der Xian H-6 - wurden insgesamt über 1.500 Exemplare der Tu-16 realisiert. Den Antrieb des Flugzeugs erzeugten zwei Mikulin AM-3M - Strahltriebwerke mit 9.500 Kg Schubkraft (praktisch dieselben Motoren, die die M-4 nutzte). Die Höchstgeschwindigkeit lag bei 980 Km/h, der Flugbereich umfasste 7.300 Km und das maximale Start-Gewicht betrug 75.800 Kg. Sieben 23mm-Kanonen und über 9.000 Kg

166 Mitte Eine Tupolev Tu-16 der sowjetischen Luftwaffe wird bei einer Aufklärungsmission von zwei F-4 Jägern begleitet; hier fliegt sie über den Flugzeugträger USS Kitty Hawk. Es handelte sich um eine Übung im Pazifik im Jahr 1963.

166 unten Januar 1963. Ein Paar von Tu-16-Bombern wird bei einer Überwachungsmission von einer F-4 und einer F-8 abgefangen. Diese Abfangjäger waren von einem amerikanischen Flugzeugträger im Nordpazifik aus gestartet. Während des kalten Kriegs waren diese „Nah-Begegnungen" üblich.

167 oben und unten Die Tu-22M3 besaß schwenkbare Tragflächen, konnte eine Geschwindigkeit von 2.000 Km/h erreichen und bis zu 24 Tonnen Bomben und Raketen laden. Die Maschine trat 1975 in den Dienst ein; 500 Exemplare wurden produziert. Dieses Modell gehört der ukrainischen Luftwaffe.

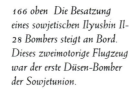

166 oben Die Besatzung eines sowjetischen Ilyushin Il-28 Bombers steigt an Bord. Dieses zweimotorige Flugzeug war der erste Düsen-Bomber der Sowjetunion.

nuklearen oder konventionellen Bomben bildeten die Waffenausstattung. Die Länge der Tu-16 betrug 36,2 Meter und die Spannweite 32,9 Meter. Verschiedene Versionen der Tu-16 wurden verwirklicht, sei es für die Schiffsabwehr (ausgerüstet mit den Raketen AS-2 „Kipper" bzw. den AS-6 „Kingfish"), Aufklärung, den elektronischen Krieg oder die Luftversorgung. Einige Exemplare sind noch heute im Dienst der chinesischen Luftstreitkräfte.

Zeitgenosse der Maysishchev M-4 war die auf dieselbe Spezifikation hin verwirklichte Tupolev Tu-20, die am 12.November 1952 ihren Erstflug durchführte. Dieses Flugzeug näherte sich dem Problem des geforderten Flugbereichs jedoch von einer anderen Seite, da es keine Düsenmotoren besaß und stattdessen von der billigeren Propellerturbine angetrieben wurde. Die Tu-20 - im Westen unter dem Namen „Bear" bekannt - trat 1956 in den Dienst ein und besaß schon bald die Möglichkeit die Nuklear-Rakete AS-3 „Kangaroo" abzuwerfen. Dies machte die Tu-20 zu einem gefürchteten Gegner der NATO. Das Flugzeug war 49,1 Meter lang mit einer Spannweite von 51 Metern. Sein Höchstgewicht betrug 154.200 Kg und wurde in den nachfolgenden Versionen bis auf 185.000 Kg erhöht. Die Waffenausstattung bestand aus 20.000 Kg Bombenlast sowie sechs zur Selbstverteidigung bestimmten 23mm-Kanonen. Die vier Kutznezov NK-12MV -Motoren mit je 14.795 PS waren mit doppeltem, gegenläufigem Propeller ausgestattet und trieben das Flugzeug zu einer Höchstgeschwindigkeit von 850 Km/h an. Der Flugbereich erstreckte sich auf über 12.000 Km und die Besatzung bestand aus zehn Mann. Die Produktion der Tu-20 wurde bis 1965 fortgesetzt und 1983 mit der neuentworfenen Version Tu-95MS (besaß Cruise-Missile-Beschusskapazität) wiederaufgenommen. Vom „Bear" hatte man auch diverse Versionen abgeleitet, die für strategische Aufklärung, den elektronischen Krieg, Aufklärung zur See und Luftüberwachung bestimmt waren. Das Modell Tu-142 wurde verwirklicht um im Bereich der U-Boot-Abwehr sowie dem Radiokommunikation zu operieren. Insgesamt wurden über 300 Exemplare der Tu-20 konstruiert und viele davon sind noch bis heute im Einsatz.

Der erste sowjetische Überschall-Bomber wurde dagegen Mitte der 50-er Jahre entworfen und vollbrachte 1959 seinen Jungfernflug. Das Projekt aus dem Tupolev-Büro - anfangs Tu-105 bezeichnet - wurde später als Tu-22 bekannt und war ein schlankes Flugzeug mit ausgeprägten aerodynamischen Linien. Es besaß pfeilförmige Flügel und Schwanzflächen sowie zwei an der Abdriftbasis positionierte Strahltriebwerke mit Nachbrenner, die je 12.250 Kg Schubkraft lieferten. Die Höchstgeschwindigkeit des neuen Bombers betrug ca. 1.500 Km/h und seine Kriegladung war aus über 9.000 Kg Bombenlast und einer 23mm-Verteidigungskanone zusammengesetzt. Fünf Mann bildeten die Besatzung; der Flugbereich erreichte 2.250 Km. Die Tu-22 (von der NATO „Blinder" benannt) wurde in über 250 Exemplaren hergestellt, darunter befanden sich auch Aufklärungs-, Schulungs- und Raketenangriffsversionen. Sowohl die Luftstreitkräfte Libyens als auch Iraks hatten das Flugzeug im Einsatz.

Einige Jahre später entwickelte Tupolevs Büro einen neuen Bombertyp, der im Westen unter dem Namen Tu-26 „Backfire" bekannt war. Die wirkliche Namensbezeichnung war Tu-22M. Das Flugzeug flog zum ersten Mal am 30.August 1969 und führte einige neue Merkmale ein, wie z.B. die Motoren, die im Innern des mit Lüftungsklappen versehenen Rumpfs angebracht waren, sowie neue, geometrisch veränderliche Flügel. Die Tu-22M war zweifellos ein überlegenes Flugzeug. Die zwei Samara NK-25-Turbostrahltriebwerke stellten 25.000 Kg Schubkraft her und ermöglichten eine Höchstgeschwindigkeit von über 2.000 Km/h sowie einen maximalen Flugbereich von 6.000 Km. Die Bewaffnung enthielt Bomben, Nuklear-Raketen und herkömmliche Raketen, die zusammen ein Gewicht von 24.000 Kg bildeten. Das Flugzeug trat 1975 in den Dienst ein und wurde in über 500 Exemplaren hergestellt, von denen viele noch bis heute fliegen.

Dieses Kapitel über den kalten Krieg soll nicht schließen ohne die Erwähnung zweier Flugzeuge, die zum Symbol jener Zeit wurden: die amerikanischen strategischen Aufklärungsflugzeuge Lockheed U-2 und SR-71. Die Lockheed entwarf Anfang der 50-er Jahre ein Flugzeug, das die amerikanische Regierung (oder besser die CIA) mit einer Maschine ausstatten sollte, die in der Lage war strategische Aufklärungsmissionen bis in die tiefsten Gebiete der Sowjetunion hinein auszuführen. Geleitet von Kelly Johnson entwickelten die Ingenieure der „Skunk Works" - ein geheimes kalifornisches Firmen-Laboratorium - eine hybride Maschine: zur Hälfte Flugzeug und zur Hälfte Gleiter. Der Rumpf beherbergte den Piloten, den elektronischen Sensorensysteme und den Pratt & Whitney J57-P-13-Motor von 5.080 Kg Schubkraft. Die Flügel sind enorm verlängert worden (Spannweite 24,3 Meter), um eine Flughöhe von über 20.000 Meter zu gewährleisten, wo die U-2 sicher vor den feindlichen Flak wäre. Der erste Flug der U-2A fand am 1.August 1955 statt, und den operativen Dienst begann das Flugzeug im darauffolgenden Jahr. Am 1.Mai 1960 wurde eine von Gary Powers geflogene U-2 von einer SA-2- Rakete abgeschossen. Dieser Verlust bewies die Verletzlichkeit des Flugzeugs und bewirkte, dass man die operativen Erfordernisse der strategischen Aufklärung nochmals studierte. Nachfolgend wurden zahlreiche verbesserte Versionen der U-2 entwickelt, die sowohl von der NASA als auch der USAF geflogen wurden. Darunter befanden sich die U-2C für die elektronische Aufklärung sowie auch die U-2R, die eine Spannweite von 31 Metern besaß und mit neuen Behältern für die Aufklärungssensoren ausgestattet war. Ferner war das Start-Gewicht gestiegen, wobei die neuen Motoren J75 eine Schubkraft von 7.700 Kg entwickelten. 1981 erschien die TR-1A, - eigentlich eine Variante der U-2R - die für die Radaraufklärung bestimmt war und besonders im europäischen Raum eingesetzt wurde. Und zuletzt, seit 1994 trat die U-2S in den Dienst ein - ein Flugzeug, das ausgestattet ist mit fortschrittlichsten elektronischen Aufklärungssensoren, dem data-link Satelliten und einem neuen Motor General Electric F118-GE-101 mit 8.625 Kg Schubkraft. Seit dem Abschuss Powers 1960 fuhr man fort, die U-2 in den verschiedensten Kriegs- und Krisengebieten einzusetzen, um Daten und Informationen einzufangen. Trotzdem hatte die Powers-Episode die amerikanischen Autoritäten davon überzeugt, dass es notwendig sei ein Flugzeug mit weit höheren Leistungen und Charakteristiken zu besitzen - eine Maschine, die auf der ganzen Welt und sogar über Feindgebieten problemlos und sicher operieren konnte. Der Auftrag wurde wieder der Lockheed zugewiesen, die praktisch aus dem Nichts ein Flugzeug mit den hervorragendsten Merkmalen erschuf. Die Formen, Dimensionen und angewendeten Materialien (wie z.B. Titan) waren fremd und ungewöhnlich, jedoch bedingt durch die extremen

168-169 Der strategische Aufklärer Lockheed SR-71A Blackbird war eines der „geheimsten" und faszinierendsten Flugzeuge der Geschichte. Er flog zum ersten Mal im Jahr 1962 und blieb bis 1997 im Dienst.

169 oben Eine SR-71A wird bei Tagesanbruch für eine Mission ausgefahren. Die Größe der zwei Pratt & Whitney J58 Motoren ist beeindruckend, zusammen mit den Nachbrennern spendeten sie fast 30 Tonnen Schubkraft.

169 Mitte Ein Lockheed U-2S Aufklärungsflugzeug bei einem Übungsflug über den kalifornischen Bergen. Die Maschine flog zum ersten Mal 1955 und befindet sich dank der Entwicklung ständig perfektionierterer Modelle noch heutzutage im Dienst.

169 unten Dank der hochentwickelten Technik war die Lockheed in der Lage die SR-71A zu produzieren. Das Flugzeug besaß eine Reisegeschwindigkeit von 3.000 Km/h auf einer Höhe bis zu 25.900 Metern.

Einsatz-Bedingungen sowie die Hitze, die sich während der Überschallfluggeschwindigkeit von über 3.000 Km/h entwickelte. Um diese Flugleistungen erreichen zu können, wurden zwei riesige Motoren Pratt & Whitney J58 mit 14.750 Kg Schubkraft und Nachbrenner benutzt. Die Motoren wurden daraufhin entwickelt, bei Höchstdrehzahl stundenlang operieren zu können, und nicht nur für wenige Minuten - wie es der Normalfall bei den Jägern war. Auch der Kraftstoff war von spezieller Art: genannt JP-7, besaß der speziell entworfene Kraftstoff einen extrem hohen Zündpunkt, der einen Zusatz von Boran-Tetraäthyl - eine chemische Verbindung, die bei Luftkontakt explodierte - benötigte, um die Motoren in Gang setzen zu können. Der erste Prototyp des Flugzeugs, anfangs genannt mit A-12, startete am 30.April 1962 von der streng geheimen Basis Area 51 in der Nevada-Wüste zum ersten Flug. Alle anfänglichen Flugtests der A-12 wurden von dieser Basis aus durchgeführt und dem 1129th SAS, einem CIA-kontrolliertem Geschwader anvertraut. Später wurde die SR-71A Blackbird (wie der Entwurf A-12 benannt wurde) von der USAF benutzt, die speziell dafür den 4200th Strategic Reconnaissance Wing mit Stützpunkt in Beale, Kalifornien gründete; außerdem wurde das Flugzeug von den operativen Truppenabteilungen in Japan und Großbritannien geflogen. Die Blackbird war 32,7 Meter lang und besaß eine Spannweite von 16,9 Meter. Das Höchstgewicht beim Start betrug 77.110 Kg und die Missionsausrüstung enthielt verschiedene, auswechselbare Pakete, die aus fotografischen, elektronischen und infraroten Sensoren zusammengesetzt waren. Die Besatzung bildeten ein Pilot und ein Systembetreiber. Die Höchstgeschwindigkeit der Blackbird betrug über 3.200 Km/h (Mach 3) in einer Höhe von 26.000 Meter. Der maximale Flugbereich umfasste 4.800 Km und war dank der Luftbetankung noch erweiterbar. Zu diesem Zweck wurden die KC-135A -Tanker in die KC-135Q umgeändert, um den besonderen Kraftstoff JP-7 befördern zu können. 50 Exemplare der Blackbird wurden gebaut (eingeschlossen der Prototypen und experimentellen Versionen, wie A-12B, YF-12 und M-21) und wurden erfolgreich - auch bei der NASA - eingesetzt. Das Flugzeug war bis 1990 im Dienst, und später von 1995 bis zum Jahr 1997, in welchem es endgültig zurückgezogen wurde ohne - soweit offiziell bekannt ist - von einem Flugzeug mit ähnlichen Fähigkeiten ersetzt zu werden.

Der kalte Krieg | 169

Kapitel 13

Die Hubschrauber

Was heutzutage einigen als „seltsame" Weise zu fliegen erscheinen mag, - senkrecht landend und startend sowie gar unbeweglich in den Lüften schwebend - war seit dem 14.Jh. für viele europäische Kinder ein geschätztes und lustiges Spiel. Das Spielzeug, dessen Ursprünge höchstwahrscheinlich aus China stammten bestand in einer Art mit Lederflügeln ausgestattetem Kreisel, der sich auf ein Ziehen am Schnürchen hin senkrecht enthob. Um 1480 ging Leonardo auf dieses einfache Prinzip des sich vertikalen Erhebens ein. In einem seiner Notizbücher zeichnete er Flugmaschine mit mechanisch aktiviertem, spiralförmigem Propeller, die dank eines Eigenvortriebs in der Lage zu sein schien sich in die Lüfte zu heben.

Das Prinzip des senkrechten Flugs begann vielen immer klarer zu werden, aber ab 1700 bis zum Beginn des 20.Jahrhunderts konnten Pioniere und Forscher wie Cayley, Phillips, Pénaud, Forlanini und Edison nur Mustermodelle von senkrechtstartenden Flugmaschinen konstruieren, da kein Motortyp verfügbar war, der fähig wäre die notwendige Kraft zu erzeugen um einen lebensgroßen, bemannten Prototyp anzutreiben.

Der erste Senkrechtstarter mit einem Mann an

170 oben Leonardo da Vincis „vite aerea" kann ohne weiteres als erstes Senkrechtflug-Projekt in der Geschichte bezeichnet werden.

170-171 Mitte Der Franzose Etienne Oehmichen war einer der Pioniere auf dem Gebiet der Senkrechtflug-Maschinen. Auf dieser Fotografie von 1923 ist er an der Steuerung eines seiner ersten Entwürfe zu sehen.

170 unten Der Hubschrauber von Paul Cornu vor dem Start in Lisieux, Frankreich, am 13.November 1907. Es war der absolut erste Flugversuch, der mit solch einem Maschinentyp unternommen wurde. Trotz des Erfolgs ließ Cornu das Projekt fallen.

Bord war der Giroplane Nr.1 von Breguet-Richet. Es handelte sich dabei um eine komplexe Maschine, deren 32 Blättern von einem Antoinette-Motor mit 40 PS angetrieben wurden. Am 29.September 1907 erhob sich dieser Flugapparat für eine Minute ca. 60 cm vom Boden. Man kann dabei nicht über einen wirklichen Hubschrauber sprechen, da der „Pilot" an Bord keine Kontrolle über die Maschine besaß - aber es war ohne Zweifel ein wichtiger Schritt nach vorne. Louis Breguet folgte später Paul Cornu, der am 13.November 1907 erfolgreich auf einem ähnlichen, aber verfeinertem Flugzeug. 1909 trat ein weiterer Vorreiter des Senkrechtflugs auf die Bühne, als der junge Russe Igor Sikorsky im Alter von zwanzig Jahren und frisch vom technischem Studium kommend seinen ersten Hubschrauber zu bauen begann. Er widmete sich mit Leidenschaft den Forschungen und der Entwicklung seines Projekts Nr.1 und später Nr.2, aber beide davon enthielten Probleme in Form von Instabilität, Vibrationen, Kraft und Kontrolle, die zu jener Zeit nicht gelöst werden konnten. Sikorsky konzentrierte sich daher - mit Erfolg - auf die Konstruktion von Flugzeugen, und mehrere Jahre sollten vergehen bevor der geniale russische Planer sich wieder den Hubschraubern zuwandte.

In den zwanziger Jahren erschienen drei weitere interessante Entwürfe. In den Vereinigten Staaten konstruierte George de Bothezat eine mit 38 Blättern ausgestattete Maschine mit 220-PS- Motor; in Frankreich war es der Spanier Paul Pateras Pescara, der mit dem Bau eines zwei-rotorblättrigen Hubschraubers auf sich aufmerksam machte; und schließlich verwirklichte der Franzose Etienne Oemichen ein kontrollierbares Flugzeug mit sechs großen Rotoren. Alle drei Entwürfe konnten erfolgreich fliegen, doch aufgrund der technischen Hindernisse waren es zerbrechliche, gefährliche und für jeglichen Einsatz unbrauchbare Maschinen; während die relativ schnellen und zuverlässigen Flugzeuge bereits gigantische Fortschritte erzielt hatten.

171 oben Der Gyroplane 1 wurde von Louis Breguet und Richet entworfen und war die erste vertikal fliegende Maschine, die es schaffte mit einem Passagier an Bord abzuheben. Der Flug fand in Douai am 29.September 1907 statt. Aufgrund der befestigten Sicherheitsanker kann das Unternehmen jedoch nicht als ein wahrer Freiflug bezeichnet werden.

171 unten Der 16-blättrige Hubschrauber von Raoul Pescara beim Abheben in Issy-les- Moulineaux, Frankreich, am 23.Januar 1924 während eines Rekord-Dauer-Versuchs.

Die Hubschrauber

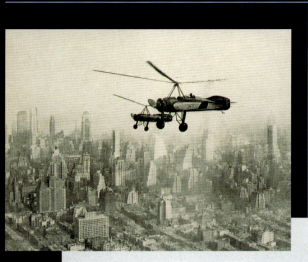

Doch es war gerade dem Flugzeug sowie dem Genie des Spaniers Juan de la Cierva zu verdanken, dass sich das Hubschrauber-Prinzip in eine neue Richtung weiterentwickeln konnte. De la Cierva, der seit seiner Jugend ein begeisterter Flugpionier war erkannte, dass das Problem der Flugsicherheit (und besonders des Durchsackens) bei Flugzeugen durch die Anbringung eines senkrechten Propellers gelöst werden konnte, der bei jeder Geschwindigkeit den notwendigen freischwingende Blätter anbrachte, die sich so an die Kräfte der verschiedenen Rotationsphasen anpassen konnten. Am 9.Januar 1923 flog La Cierva zum ersten Mal sein Modell C.4 und befand, das sich dieses in ausgezeichneter Weise verhalten hätte. Der Autogiro wurde von einem den Vorderpropeller antreibenden Motor zur Funktion gebracht. Der Apparat flog sodann wie andere Flugzeuge: er startete sobald die Blätter von dem Rotor mit dem notwendigem Auftrieb

Auftrieb liefern konnte. De la Cierva war weit davon entfernt einen Hubschrauber zu entwickeln und war nur an der Realisierung eines Mittelwegs interessiert- ein Flugzeug, das auch mit einem rotierendem Flügel ausgestattet war. 1920 patentierte La Cierva seine Erfindung und benannte seine Flugmaschine „Autogiro". Tatsächlich rief die Lösung des sich frei über dem Flugzeug drehenden Propellers das Phänomen der Autorotation (Eigendrehung) hervor, wodurch eine ständige Auftriebsquelle gewährleistete wurde ohne dass eine Motorenkraftanwendung und somit ein entgegenwirkender Drehmoment nötig gewesen wären. Um Probleme zu vermeiden, die aufgrund der Auftriebsunterschiede der sich selbst drehenden Blätter entstehen konnten baute La Cierva zwei übereinander aufgestellte, gegenläufige Rotoren. Sein neues Flugzeug, benannt C.1, war bereits im Oktober 1920 flugbereit, aber wie seine Vorgängermodelle litt die Maschine unter großen Stabilitätsproblemen bei der Einteilung des Auftriebs. Nach wiederholten Studien und Experimenten schaffte es La Cierva das Problem zu lösen, indem er versorgt wurden, konnte aber - auf einer minimalen Bodenstrecke entlang - senkrecht landen. Das Flugzeug überraschte in jeder Hinsicht und wurde auch im Ausland sehr geschätzt. In der Tat wurde der Autogiro nach sorgfältiger Bewertung von der englischen Regierung erworben, so dass die Entwicklung und der Bau dieser Maschine nun nach England versetzt wurden. Flugschrauber-Vorführungen fanden dagegen in den verschiedenen europäischen Ländern statt. Die Erfindung brachte bald darauf auch den finanziellen Erfolg, und Ende der zwanziger Jahre wurden die Autogiros La Ciervas auf Lizenz auch in Deutschland, Rußland, Frankreich, Japan und den Vereinigten Staaten konstruiert. Die technischen Entwicklungen wurden vorangetrieben, und 1933 führte De Cierva den „jump start" ein, der es dem Rotor erlaubte von dem Motor angetrieben zu werden. Dies bewirkte, dass der Autogiro senkrecht abheben konnte, indem der Anstellwinkel der Blätter vom Piloten kontrolliert werden konnte. Anfangs waren die Implikationen dieser Erneuerung nicht ersichtlich, doch schon bald sollte jene grundlegend für die Entwicklung des wahren Hubschrauber werden. Im Dezember 1936 starb Juan de la Cierva bei einem Unfall auf einem von London startendem Linienflugzeug - und mit ihm verschwand auch der Autogiro. So erfinderisch der Tragschrauber auch war, eignete er sich jedoch nicht zur Erfüllung der Transport-Aufgaben, die der Militär- und Handelsflug forderte, und auch seine Flugleistungen waren nicht herausragend. Ein weiterer Pionier auf dem Gebiet des Senkrechtflugs war der Italiener Corradino D,Ascanio, ein Luftfahrt-Ingenieur, der 1926 das Gebiet der feststehenden Flügel hinter sich ließ und seinen ersten Hubschrauber baute. 1927 entwarf er eine neue Maschine mit 85-PS-Motor und ernannte sie DAT-3, teils zu Ehren seines Förderers, dem Baron Pietro Trojani. Der Hubschrauber - ausgestattet mit zwei koaxial-Rotoren und einer steuerbaren Fläche am Rumpf - wurde dem Luftfahrt-Ministerium vorgeführt, welches darauf einen Prototyp zum Experimentieren in Auftrag gab. Am 8.Oktober 1930 in Rom fand der Jungfernflug dieses Modells statt und wurde ein großer Erfolg. Der DAT-3 begann Weltrekorde in Höhe, Flugbereich und -Dauer für diesen Flugzeugtyp aufzustellen, und die Zukunft des ersten italienischen Hubschraubers erschien für einen kurzen Moment rosig. Dennoch waren Techniker, Militär und Politiker des faschistischen Regimes skeptisch hinsichtlich des Hubschraubers, und

172 oben Ein Autogiro während eines Flugs über New York 1930. Anfang der dreißiger Jahre kaufte H. Pitcairn die amerikanischen Baurechte für Ciervas Autogiro, doch die Maschine schaffte es nicht, sich auf dem Markt durchzusetzen.

172 Mitte Das Autogiro - erfunden von dem Spanier Juan de la Cierva - war ein Mittelding zwischen einem Flugzeug und einer Senkrechtflug-Maschine. Es war der Schritt zur Entwicklung des wahren Hubschraubers.

172 unten Der italienische Ingenieur C. d'Ascanio widmete sich 1926 der Konstruktion eines Hubschraubers. Das Modell besaß zwei gleichachsige gegenläufige Rotoren - das faschistische Regime brachte der Maschine jedoch kein Vertrauen entgegen.

173 oben Das Autogiro C.30 la Ciervas besaß keine konventionellen Tragflächen mehr, für die Tragfähigkeit sorgten nur noch die rotierenden Flügel.

173 unten Der deutsche Hubschrauber Focke-Achgelis Fa.61 stammte vom Autogiro ab, obwohl die zwei Rotoren wie bei einem richtigen Helikopter von einem Motor angetrieben wurden.

der Plan geriet willentlich in Vergessenheit. Dasselbe Schicksal erfuhr auch der PD.2, ein zweisitziges Flugzeug, das ausgestattet war mit einem Haupt-Rotor sowie einem Gegenlaufrotor am Heck und 1939 von D,Ascanio und der Piaggio-Firma verwirklicht wurde. Italiens Gelegenheit einen führenden Platz in der Helikopterentwicklung einzunehmen verschwand auf diese Weise. Gleiches geschah jedoch nicht in Deutschland. Henrich Focke, ein Pilot des ersten Weltkrieg und späterer Gründer der Luftfahrt-Firma Focke-Wulf, wurde 1933 von seinem Leitungsposten des Betriebs entfernt, da er ein Widersacher des Nationalsozialismus war. Er widmete sich daraufhin der Konstruktion - auf Lizenz - des Autogiros und begann schon bald die Entwicklungsmöglichkeiten der Maschine zu erforschen, allem voran die Kraftanwendung am Rotor, um einen wahren Hubschrauber herstellen zu können. Am 26.Juni 1936 brachte Focke sein erstes Flugzeug, den Fa-61 zum fliegen. Innerhalb von einem Jahr bewies die Maschine derart wirksam zu sein, dass sie alle Rekorde jener Zeit brach und das Interesse der berühmten Testpilotin Hanna Reitsch, eines Lieblings des Regimes erweckte. Reitsch machte zahlreiche Vorführungsflüge in Deutschland, und die Regierung erlaubte schließlich die Gründung einer neuen Firma, der Focke-Achgelis, die damit beauftragt wurde einen neuen und stärkeren Hubschrauber zu bauen, der fähig wäre eine Nutzlast von 680 Kg zu heben. Das neue Flugzeug Fa-223 wurde 1940 fertiggestellt und war ausgerüstet mit einem 1.000-PS-Motor, zwei nebeneinandergestellten, dreiblättrigen Rotoren sowie einer geschlossenen, viersitzigen Kabine. Es konnte eine Höchstgeschwindigkeit von 185 Km/h erreichen, bis zu 7.000 Meter hochsteigen und bis zu einer Tonne Last tragen, die unter dem Rumpf angebracht wurde. Focke-Angelis fuhren fort damit, das Flugzeug ständig weiterzuentwickeln, doch die Produktion wurde durch die Luftangriffe der Alliierten behindert; gegen Ende des Krieges hatten die Engländer schließlich ein Exemplar des Fa-223 erbeutet. Ein anderer deutscher Ingenieur, der sich dem Bau von Hubschraubern widmete war Anton Flettner; er konstruierte 1930 sein erstes Exemplar. Nach verschiedenen experimentellen Entwürfen - darunter auch ein Autogiro - verwirklichte Flettner 1937 den Fl-265, einen richtigen Hubschrauber, der mit zwei gegenläufigen Motoren ausgestattet war. Die deutsche Marine wurde aufmerksam und bestellte 1938 eine kleine Serie des Modells. 1940 produzierte die Firma eine verbesserte Version: den Fl-282 Kolibri, der bis zu 145 Km/h fliegen konnte und eine Gesamtlast von ca. 360 Kg tragen konnte. Der Entwurf gefiel der Marine, die diesmal eine Bestellung von 1.000 Exemplaren machte. Über 20 Vorserienmodelle des Fl-282 wurden ab 1943 operativ im Mittelmeerraum eingesetzt, doch die vorgesehene Massenproduktion des Hubschraubers musste aufgrund der unaufhörlichen Bombardierungen seitens der Alliierten auf Deutschland gestrichen werden.

Auf der anderen Seite der Welt war ein weiterer berühmter Ingenieur dabei, den Hubschrauber zu dessen Reifephase zu führen. Nachdem er das von der Revolution heimgesuchte Russland 1919 verlassen hatte, ließ sich Igor Sikorsky schließlich in den Vereinigten Staaten nieder, wo er - einige Schwierigkeiten überbrückend - im Jahre 1923 die Sikorsky Aereo Engineering Corporation in Long Island gründete. Zu Beginn konzentrierte sich die Firma mit Erfolg auf die Herstellung von Flugzeuge und Hydroplans. Die finanzielle Sicherheit ermöglichte es Sikorsky, sich in der Freizeit wieder seiner Leidenschaft, dem Senkrechtflug widmen zu können. Die Gelegenheit seine Forschungen konkret anzuwenden erfolgte 1938, als Sikorsky mit der Konstruktion eines Flugzeugs begann, welches die Grundzeichnung des 1935 patentierten Entwurfs anwandte: ein einziger Haupt-Rotor sowie ein kleiner Gegenlaufrotor in senkrechter Lage am Heck. Am 14.September

174 oben Der VS-300 erschien 1939 und war Igor Sikorskys erster Hubschrauber. Auf der Fotografie ist die zweite Version mit zwei waagerechten Heckrotoren zu sehen.

174 Mitte Der Amerikaner Arbtur Young war einer der berühmtesten Hubschrauber-Pioniere. Hier ist er zusammen mit einigen Mitgliedern seines Teams zu sehen, während eines vollbelasteten Testflugs mit seinem Model 30, dem ersten Hubschrauber, der für Bell produziert wurde.

174 unten Bevor er sich daran machte, Flugzeuge in ihrer tatsächlichen Größe herzustellen experimentierte Young mit verkleinerten Modellen - wie diesem ferngesteuerten Flugzeug von 1938 mit einem 20-PS-Motor.

1939 startete sein Modell VS-300 zu ersten, vorsichtigen Startversuchen, die nur wenige Sekunden dauerten. Nach einer unendlichen Reihe von Einstellungen und Veränderungen führte der VS-300 am 13.Mai 1940 seinen ersten, richtigen Flug durch. Am Jahresende nahm er zusammen mit anderen Flugmaschinen bei einem Wettkampf teil, um einen Vertrag mit der US Army als neuer Militär-Hubschrauber zu erlangen, unter der Benennung XR-4. Als die Probleme der Steuerbarkeit dank Anwendung eines zyklischen Systems gelöst wurden, fand sich der VS-300 im Jahr 1941 endlich flugbereit in seiner endgültigen Ausführung. Darauffolgend, am 14.Januar 1942 unternahm der ein wenig größere XR-4 seinen ersten Flug. Die Maschine war ausgestattet mit einem 185-PS- Motor und beinhaltete all die an seinem Vorgängers entwickelten Erfahrungen und

Fortschritte. Die amerikanische Armee billigte Sikorskys Entwurf und ordnete die Serienproduktion als R-4 an. Während des Kriegs wurde die Konstruktion zweier größerer Flugzeuge gewünscht. Bis 1945 hatte die Sikorsky mehr als 400 Hubschrauber gebaut, und stellte sich damit an die Spitze dieser neuen Technologie.

Mit dem Ende des zweiten Weltkriegs wurde deutlich, dass der Hubschrauber eine glänzende Zukunft vor sich hätte. Es gab sogar Ingenieure wie Sikorsky, die voraussagten, dass die Hubschrauber zukünftig wenig mehr als Autos kosten würden und eine außerordentliche Popularität erfahren sollten. 1947 gab es allein in den Vereinigten Staaten 70 Betriebe, die sich mit der Entwicklung dieser neuen Flugmaschinen beschäftigten; wenige schafften es aber, sich mit erfolgreichen Produkten auf dem Markt durchzusetzen. Unter diesen waren die Piasecki, die in den Modellen PV-3, HRP-1 und H-21 (die „fliegende Banane") das koaxiale Rotorsystem weiterentwickelte, und ferner die Bell, die dem jungen Ingenieur Arthur Young die Forschungsgebiet der rotierenden Flügel anvertraute. Youngs erster Entwurf war das Model 30, eine einmotorige, einrotorige Maschine mit Architektur, die derjenigen des Sikorsky VS-300 ähnelte. Das Model 30 flog im Juni 1943. Daraufhin wurden zahlreiche Änderungen und Verbesserungen an dem Helikopter vorgenommen, so dass er im Dezember 1944 „Model 47" umbenannt wurde und unmittelbar darauf in Serienproduktion trat. Die Trumpfkarte der Bell 47 war die Zivil-Zulassung, die der Helikopter 1946 erhielt und die seine Verbreitung im Handelswesen beschleunigte. Die Maschine besaß eine charakteristische Kabine mit zwei Seite an Seite gestellten Sitzplätzen, die von einer durchsichtigen Plexiglasblase umschlossen waren und darunter von einem Rotor mit nur zwei Schaufeln gestützt wurden. Dieser verursachte das charakteristische, rhythmische Geräusch, von dem der Beiname „chopper" hergeleitet wurde. Der Bell 47 war extrem wandlungsfähig und wurde im Zivil- und Militärbereich als Transporter sowie in Such-, Rettungs- und Luftambulanzaufgaben eingesetzt. Es war der erste moderne Hubschrauber. 1947 erwarb sie USAF 28 Exemplare und die US Army kaufte 1948 65 Exemplare; weitere Bestellungen wurden von noch von anderen Streitkräften in Amerika und auf der ganzen Welt in Auftrag gegeben. Die Produktion wurde 1973 eingestellt, nachdem insgesamt über 5.000 Exemplare verwirklicht wurden - viele davon auf Lizenz in Italien von der Agusta und in Japan von der Kawasaki. Die Variante Bell 47G besaß einen Lycoming Motor mit 270 PS, eine Höchstgeschwindigkeit von 195 Km/h und eine maximale Höhe von 3.200 Meter. Mit einem Start-Höchstgewicht von ca. 1.300 Kg und einem Hauptrotor-Durchmesser von 11,32 Meter konnte der Hubschrauber zwei Personen transportieren.

175 oben Eines der ersten Bells - das Model 47 - im Koreakrieg: Soldaten laden verletzte Kameraden in die Maschine. Mit diesem Flugzeug begann die moderne Ära des Hubschraubers.

175 unten Frank Piasecki brachte in seinem Modell PV-3 die von ihm erfundene Tandem-Rotor-Ausführung an. Die Maschine wurde aufgrund ihrer besonderen Form „die fliegende Banane" genannt. Auf dem Foto sind drei Piasecki HRP-1 beim Bodentruppen-Transport während des Koreakriegs zu sehen.

176 oben Piasecki entwickelte die Ausführung mit Tandem-Rotor in neuen, größeren und zuverlässigeren Modellen weiter. Hier sind zwei H-21-Exemplare der USAF bei einer Materialtransportübung.

Zwei weitere hervorragende, amerikanische Konstrukteure waren Stanley Hiller und Charles Kaman, die Ende der 40-er Jahre durch die Gründungen eigener Firmen auf sich aufmerksam gemacht hatten.

Inzwischen erschien der erste, wahre Transport-Hubschrauber, den Sikorsky 1948 auf eine Nachfrage der amerikanischen Armee hin projektierte, um damit deren Erfordernisse zwecks Luftbeförderung zu befriedigen. Es entstand der Entwurf S-55, dessen Prototyp die militärische Ernennung YH-19 annahm. Diese Maschine hatte eine vollständig neue Gesamtdarstellung angenommen: der Motor wurde in der Schnauze angebracht, während die Pilotenkabine und die Übertragungssysteme ihren Platz über dem Frachtladeraum fanden, der dadurch geräumiger wurde und sich in praktischer Bodennähe befand. Der Hubschrauber flog zum ersten Mal am 10.November 1949 und wurde bald in Produktion gebracht, ebenso wie der H-19, der von den Luftstreitkräften und der Armee bestellt wurde. Dieser war 12,9 Meter lang und wurde von einem Kolbenmotor Wright R-1300 mit 800 PS zu einer Höchstgeschwindigkeit von 180 Km/h angetrieben. Mit einem Start-Höchstgewicht von 3.580 Kg konnte der H-19 eine Besatzung von zwei Mann sowie bis zu zehn Soldaten oder sechs Verletzte in Tragbahre aufnehmen. Der Durchmesser des dreiblättrigen Haupt-Rotors betrug 16,1 Meter. Insgesamt wurden fast 1.300 Exemplare konstruiert, u.a. auch von Mitsubishi und Westland auf Lizenz. Später wurde das Modell auch von der US Navy, den Marines und anderen Unternehmen auf der ganzen Welt bestellt.

Im Juni 1950 brach in Korea der Krieg aus, bei dem auch die westlichen Länder - vor allem die Vereinigten Staaten involviert wurden. Bei diesem Konflikt hatte sich die enorme Nützlichkeit des Hubschraubers für die Streitkräfte bestätigt. Anfangs beschränkte sich der Haupteinsatz auf die wichtige der Luftambulanz: die Bell 47 wurden mit zwei äußeren Tragbahren ausgestattet und der berühmten MASH- Einheit (Mobile Army Surgical Hospital) der Armee zugewiesen. Ein weiterer Hubschrauber, der dieser Rolle angepasst wurde war der Sikorsky S-51, eingesetzt von der USAF und den Marines. Mit der Ankunft der H-19 und der H-21 wurde die Benutzung des Hubschraubers immer weitläufiger. Die Marines und später die Armee begannen die Luftbeweglichkeit des Hubschraubers praktisch anzuwenden, indem sie die Maschine für die schnelle Beförderung von Truppen und Versorgungsmitteln nutzten - vor allem in Notlagen. Am 11.Oktober 1951 verzeichnete man mit der Operation

176 unten links Ein Sikorsky H-19 der USAF im März 1951 bei der Durchführung von Sanitätstransportoperationen während des Koreakriegs.

176 unten rechts Die ersten Hubschrauber verursachten unvermeidlicherweise auch erste Unfälle. Dieser Sikorsky S-51 Dragonfly trifft die Insel eines britischen Flugzeugträgers und stürzt ins Meer.

177 oben Rettungsdienste gehörten zu den ersten Aufgaben von Hubschraubern. Hier ein amerikanischer Sikorsky S-55 bei der Bergung der Besatzung eines sinkenden Schleppers der US Army bei Okinawa, 1956.

177 Mitte Auch die französische Armee stellte bald Hubschrauber im Dienst auf. Auf der Fotografie erscheint ein S-55 (H-19 für die Streitkräfte) bei einer Evakuierung von Verletzten im Umland von Dien Bien Phu, Vietnam, März 1954.

177 unten 25. September 1950. Während der Kämpfe bei Seoul in Korea hebt ein S-51 der Marines mit einem verletzten Soldat an Bord ab. Die Sanitätsevakuierung gehörte zu den ersten Missionen der Hubschrauber.

Bumblebee den ersten, operativen Massen-Lufttransport, als ein Bataillon der Marines (fast 1.000 Männer) auf einem Dutzend von H-19 gesandt wurde um eine andere Abteilung, die in erster Linie auf einem Berggipfel lauerte abzulösen.

Das Jahrzehnt, welches auf den koreanischen Konflikt folgte, stellte die intensivste Entwicklungsperiode des Hubschraubers dar. Die Entwürfe wurden in Hinblick auf die militärischen und zivilen Bedürfnisse immer mehr verfeinert und differenziert; und außerdem hatte man den Turbomotor eingeführt, der unter technischem und operativem Gesichtspunkt aus die Leistungssteigerung ermöglichte sowie den Komfort an Bord verbesserte.

Das erste Exemplar der neuen Hubschrauber-Generation war der Kaman K-225, der 1951 modifiziert wurde um einen 177-PS-Gasturbomotor Boeing YT-50 aufnehmen zu können. Doch der erste Helikopter, der erfolgreich die neuen Turbomotoren anwenden konnte war nicht amerikanisch, sondern französischer Herkunft.

Die Hubschrauber 177

Die Sud-Est-Gesellschaft betrat das Hubschrauber-Gebiet nach dem zweiten Weltkrieg, was teils der Beratung Heinrich Fockes zu verdanken war, der versuchte den Entwurf Fa-223 mit dem Modell SE 3000 zu verbessern. Die Firma begann bekannt zu werden mit dem Modell SE 3120 Alouette, einem zweisitzigen Hubschrauber mit einem Motor sowie einem Rotor. Die Alouette flog am 31. Juli 1952. Dieses Modell bildete die Basis für die Installation des Turbomeca-Artouste-I Turbomotors mit 360 shp (shaft horse power). Die Turbomotoren boten riesige Vorteile, da sie die Hubschrauber mit bedeutend viel Kraft versorgten und die Hälfte wogen wie normale Kolbenmotoren. Der SE 3130 Alouette flog zum ersten Mal am 12. März 1955. Nachdem er die Zulassung zum Zivilfahrzeug erhalten hatte, traf der Hubschrauber auf sofortiges Interesse und wurde zu einem großen Verkaufserfolg. Nach der Fusion zwischen Sud-Est und Sud-Aviation im Jahr 1957 wurde das Modell umbenannt auf SE 313B. Der Hubschrauber hatte eine Höchstgeschwindigkeit von 185 Km/h, konnte bis zu drei Personen aufnehmen und erreichte ein maximales Abfluggewicht von 1.600 Kg, verglichen dazu betrug das Leergewicht der Maschine 895 Kg. Später erschien Variante SA 318C, die mit dem neuen, preiswerterem Motor Astazou IIA ausgestattet wurde. Die Reihe der Alouette II blieb bis 1975 in Produktion, wobei insgesamt über 1.300 angefertigte Exemplare auf der ganzen Welt verkauft wurden.

Die Sud-Aviation (später bekannt unter Aerospatiale) erweiterte ihre französische Hubschrauber-Familie mit der Einführung der Modelle SA 316 Alouette III (1959), SA 321 Super Frelon (1962), SA 330 Puma (1965) und SA 315 Lama (1969), die dazu beitrugen, dass Aérospatiale einer der weltführenden Marken im Hubschrauber-Bereich wurde.

Doch auch die Bell in den Vereinigten Staaten ruhte sich nicht auf ihren Erfolgen aus, und entwickelte nach den im Krieg gewonnenen Erfahrungen sofort einen turboangetriebenen Vielzweck-Hubschrauber, der auf eine von der US Army 1955 ausgerufene Spezifikation antwortete. Das daraus hervorgegangene Modell, der Bell 204, sollte ein Meilenstein in der Geschichte Drehflügflugzeuge bleiben, nachdem er im Juni selben Jahres den Wettbewerb für sich entscheiden konnte - noch bevor je geflogen zu sein. Der Jungfernflug wurde erst am 22. Oktober 1956 durchgeführt, und der 204 bewies schon früh sein unglaubliches Potential. Die Maschine besaß die klassische Bell-Anordnung von einem zweiblättrigen Haupt-Rotor sowie einem Gegenlaufrotor am Schwanz. Der Rumpf beherbergte die zwei Piloten nebeneinander an der Nase; hinter ihnen befand sich der Laderaum, in der bis zu sechs Soldaten oder zwei Tragbahren, die mittels zwei verschiebbaren Klappen erreicht werden konnten Platz fanden. Die Maschine trat 1959 als UH-1A Iroquis bei der Armee ein. Der Hubschrauber wurde angetrieben von dem Avco Lycoming T53 Turbomotor mit 710 shp, aber die Leistungsstärke stieg im Modell UH-1B schon bis auf 1.115 shp bis schließlich beim Fuji-Bell 204B-2, das sich mit einer Stärke von 1.419 shp rühmen konnte. Diesem Hubschrauber folgte fast unmittelbar die verbesserte Modell 205, welches bereits 1960 der amerikanischen Armee empfohlen wurde. In Wirklichkeit handelte es sich dabei um eine verlängerte Version des 204, die Platz für 14 Soldaten oder sechs Tragbahren bot und eine maximale Nutzlast von 1.814 Kg aufnehmen konnte. Der Prototyp flog am 16. August 1961, und trat bereits im August 1963 in den Dienst. Das mit UH-1D benannte Modell verfügte dennoch über denselben Motor des UH-1B und besaß ein maximales Abfluggewicht von 4.309 Kg. Gleich darauf wurde auch die Version UH-1H entwickelt, die den 1.419-shp-Motor des Modells 204B-2 übernahm. Der 205 sowie der 204 wurden auf Lizenz von Agusta und Fuji konstruiert, und insgesamt erreichte man eine Produktion von über 10.000 Exemplaren der beiden Modelle. Die UH-1-Serie wurde vorwiegend für Militäraufgaben genutzt und erreichte während

des Einsatz im Vietnamkrieg den Höhepunkt des Ruhms. Es wurde fast zu einem Symbol des amerikanischen Einsatzes, und waren als Luft-Kavallerie und Truppenbeförderungsmittel die große Neuheit im Süd-Ostasiatischen Konflikt. Auch ein weiteres Produkt der Bell fand im Vietnamkrieg Gebrauch; es war das Model 209, das von der amerikanischen Industrie privat verwirklicht wurde um die Armee mit einem Kampf-Hubschrauber zu versorgen. Der 209 gründete sich auf den mechanischen Elementen des 204, besaß aber einen neuen, schmaleren Rumpf, zwei Tandem-Plätze sowie zwei kurze Flügel, an die man die Bewaffnung einhakte. Nach dem ersten Flug am 7.September 1965 bestellte die Armee eine Vorserie des AH-1G Kobra benannten Modells, das 1967 in den Dienst trat und unmittelbar darauf in Vietnam eingesetzt wurde. Der leichte, einmotorige Bell Model 206, der am 10.Januar 1966 zum ersten Mal flog wurde ebenfalls für die militärische Verwendung entworfen. Das Modell hatte auch auf dem Zivilmarkt großen Erfolg. So wahr ist es, dass nach zahlreichen Versionen und Verbesserungen der 206 noch heute in Produktion ist, und bis über 9.000 Exemplare verwirklicht wurden. Die Bell Allzweck-Hubschrauber-Reihe wurde dagegen mit anderen Maschinen fortgeführt, dessen Entwürfe bis auf die Original-Zeichnungen der 204/205 zurückgehen. Es handelte sich um das zweimotorige Model 212, das Model 412 mit Hauptrotor (vier Rotorblätter), sowie das Model 214 und 222.

178 oben Der Aerospaziale SA.315B Lama wurde für die indischen Streitkräfte entwickelt, die einen Hubschrauber benötigten, der in Höhenlagen und bei niedrigen Temperaturen operieren konnte. Auf der Fotografie ist ein Exemplar der pakistanischen Armee zu sehen.

178 unten links Der Agusta-Bell 205 (auf dem Bild ein Modell der griechischen Armee) wurde aus dem Model 204 entwickelt und ist eines der am zahlreichsten vertretenen Militärhubschrauber.

178 unten rechts Ein Sud-Est SE.313 Alouette II der belgischen Armee.

178-179 unten Der schwere Hubschrauber Sud-Aviation SA.321 Super Freon wurde in Hinblick auf die Erfordernisse der französischen Armee entwickelt und flog zum ersten Mal 1962. Auf der Fotografie werden einige Kommandos auf dem Flugdeck eines französischen Flugzeugträgers gelandet.

179 oben Eine Formation von drei Bell AH-1 Cobra Angriffs-Hubschraubern. Diese Maschine wurde für den Einsatz im Koreakrieg aus dem Transportmodell UH-1 entwickelt.

179 Mitte Ein Aerospaziale SA.330 Puma (gebaut von der Westland) fliegt mit den Farben der britischen Armee. Der Hubschrauber flog zum ersten Mal 1965 und war das Ergebnis der operativen Erfahrungen, die man mit dem Super Freon gesammelt hatte.

179 unten rechts Ein Sud-Aviation SA.316 Alouette III der portugiesischen Luftwaffe beim Tiefflug. Dieser Hubschrauber startete 1959 zu seinem ersten Flug; über 1.800 Exemplare wurden produziert.

Die Hubschrauber

Sikorsky, der amerikanische Koloss, konzentrierte sich nun hauptsächlich darauf, die Bedürfnisse der der US Navy zu befriedigen. Nach dem Modell S-58 aus dem Jahr 1954 (noch mit Kolbenmotor betrieben; Militärbezeichnung HSS-1 Seabat, und später seit 1962 H-34) entwickelte die Firma Ende der 50-er Jahre das Model S-61 - ein Hubschrauber mit hervorragenden Eigenschaften, der noch heutzutage weltweit genutzt wird. Die Maschine entstand auf eine Spezifikation der US Navy hin, die einen U-Boot-Abwehr-Hubschrauber mit Entdeckungs- sowie Angriffsfähigkeiten forderte. Die Sikorsky entwarf eine große, zweimotorige Maschine, die ausgestattet war mit fünfblättrigem Rotor, zusammenklappbaren Schwanzträgern sowie einem breiten Rumpf, der die Besatzung sowie die Missionssysteme aufnehmen konnte. Der Prototyp flog am 11.März 1959, und der Hubschrauber - benannt HSS-2 - erwies sich sofort als ein gelungenes Projekt. Die ersten Serienexemplare traten im September 1961

noch einen weiteren großen Hubschrauber für die Ausstattung der US Navy. Das Model S-65 wurde als Schwertransporter für den Marines Corps entworfen und sollte in der Lage sein, Truppen und Waffen während der Landungsoperation vom Schiff auf die Erde zu befördern. Die mechanischen Grundelemente übernahm Sikorsky vom Model S-64, während der neu entworfene Rumpf den Linien des HH-3E ähnelte. Benannt mit CH-53 Stallion begann der Hubschrauber 1966 den Dienst und wurde ebenfalls sofort nach Vietnam geschickt, wo man eine solche Hilfe dringend benötigte. Aus dem Grundmodell S-65 wurden noch viele weitere Versionen entwickelt, z.B. für den Anti-Minen-Kampf und die USAF (Such-, Rettungs- und Spezialoperationen), sowie für andere Streitkräfte. Insgesamt wurden über 730 Exemplare in mehr als 20 Versionen hergestellt. Der frühest zurückliegende Erfolg der Sikorsky kam mit dem Modell S-70, das zum ersten Mal am 17.Oktober 1974 flog. In diesem Fall wurde der Entwurf als Antwort auf eine von der amerikanischen Armee herausgebrachten Spezifikation realisiert, die einen neuen Allzweck-Hubschrauber für den taktischen Transport forderte, mit dem die Serie UH-1 ersetzt werden konnte. Im Dezember 1976 wurde das Sikorsky-Modell zum Wettbewerbs-Sieger erklärt, und mit dem Namen UH-60A Black Hawk in Serie produziert. Die ersten Exemplare begannen 1979 in den Dienst einzutreten. Aus dem Grund-Modell wurden später viele Versionen weiterentwickelt, darunter waren die Entwürfe SH-60B, F und R für den Marineeinsatz (so wie die Varianten S-70B und C für die Ausfuhr), der MH-60, EH-60 und HH-60 für Rettungseinsätze, elektronischen Krieg und Spezialaufgaben. Diese Hubschrauber wurden von der US Army und USAF, sowie von weiteren zwanzig Ländern auf der ganzen Welt benutzt.

181 oben Der Sikorsky S-65 (von 1964 an H-53 benannt) war der größte Hubschrauber der amerikanischen Streitkräfte. Hier ist der CH-53A der Marines während einer Transportmission in Südvietnam zu sehen.

181 unten Der Sikorsky H-3 wurde weitflächig von der US Navy und den Marines eingesetzt. Diese VH-3D - Version wird von der HMX-1 benutzt - einer Marines-Abteilung, die mit der Präsidenten-Beförderung beschäftigt ist.

unter dem Namen „Sea King" in den Dienst ein. Mitsubishi, Westland und Agusta erwarben die Produktionslizenz, und die starke und robuste Flugmaschine wurde ständig neu bearbeitet, weiterentwickelt und verbessert. 1960 erschien auf dem Markt der Ziviluftfahrt die Passagierversion S-61L, während 1963 eine Amphibienversion verwirklicht wurde, die für Such- und Rettungseinsätze bestimmt war. Diese Maschine wurde S-61R benannt und besaß einen enorm erweiterten Rumpf sowie eine hintere Ladeklappe. Anfangs wurde der Hubschrauber als HH-3E Jolly Green Giant für die USAF produziert; das fortgeschrittene Modell HH-3F Pelican wurde dagegen später eingeführt.

Insgesamt wurden vom Sea King, der seit 1962 unter den amerikanischen Streitkräften als H-3 bekannt ist, über 1.300 Exemplare in 40 verschiedenen Versionen angefertigt. Noch heute ist dieser Hibschrauber auf der ganzen Welt verbreitet.

Anfang der sechziger verwirklichte Sikorsky

180-181 oben Die Westland produzierte den Sikorsky S-61 auf Lizenz als Marine-Hubschrauber „Sea King" - hergeleitet von dem Modell SH-3A - für die US Navy. Die Maschine wurde auch von der italienischen Gesellschaft Agusta auf Lizenz hergestellt.

180 unten Ein Sea King HA3 der Royal Air Force bei einer Such- und Rettungsmission unter extremen Wetterbedingungen.

Die S-70-Serie ist noch bis heute in Produktion, und hat bis jetzt über 2.300 Bestellungen erfüllt. Die neuesten Projekte der Firma beinhalten auch das Allzweck-Modell S-76 sowie den Schwertransport-Hubschrauber S-92.

Auf dem Gebiet der großen Transport-Hubschrauber behauptete sich in Amerika auch die Firma Vertol (später Boeing-Vertol), die innerhalb von wenigen Jahren zwei bemerkenswerte Modelle verwirklichte, die noch bis heute weit verbreitet genutzt werden. Am 22.April 1958 erschien das für den Handelstransport entworfene Model 107, ein Doppelturbo-Hubschrauber mit zwei in Tandem angebrachten Rotoren. Der Erfolg dieser Maschine ist jedoch größtenteils auf den Einsatz im Militärbereich zurückzuführen. In den 60-er Jahren erwarben die US Navy und die Marines 624 Exemplare des Modells, das nun benannt wurde mit H-46. Der Hubschrauber war ausgestattet mit zwei General Electric CT58 - Turbomotoren von je 1.400 shp und besaß ein maximales Abfluggewicht von 9.700 Kg. Fast gleichzeitig brachte die Vertol ebenfalls ein neues Modell heraus, welches die Architektur seines Vorgängers H-46 beibehielt, von dem es zweifellos hergeleitet wurde und nur in den Dimensionen vergrößert wurde. Das Model 114 führte demnach seinen ersten Flug am 21.September 1961 durch. Aufgrund seiner Eigenschaften erwies sich dieser Hubschrauber besonders dafür geeignet, die Bedürfnisse der US Army zu befriedigen. Mit der Benennung CH-47 Chinook wurde die Maschine an Stelle des kleineren CH-46 von der Army erworben. Der Chinook besaß zwei Avco Lycoming T55 - Turbomotoren mit je 3.800 shp sowie ein maximales Abfluggewicht von 17.450 Kg. Sieben verschiedenen Versionen des CH-47 wurden entwickelt und von weiteren zwanzig Länder der Welt benutzt. Über 1.150 Exemplare wurden hergestellt, auch auf Lizenz von Agusta und Kawasaki. Kürzlichst hatten Boeing und Sikorsky die Kräfte vereint, um einen neuen bewaffneten Aufklärungs- und Angriffs-Hubschrauber für die amerikanische Armee zu verwirklichen. Es handelte sich um den RAH-66 Comanche, eine extrem fortschrittliche Maschine, die ihren ersten Flug am 4.Januar 1996 ausführte; der Hubschrauber ist gegenwärtig im Versuchsstadium und wird ab 2006 in den operativen Dienst eintreten.

183 Mitte Zwei CH-46 beim Wenden vor der Landung auf dem Amphibienlandeschiff USS Peleliu im arabischen Meer. Dies erfolgte während der Operation Enduring Freedom im November 2001.

183 unten Ein Paar von UH-60A Black Hawk Hubschraubern der US Army während einer „Bright Star"- Übung in Ägypten 1983. Der Black Hawk trat 1979 in den Dienst der amerikanischen Armee ein und wurde von mehr als 20 Länder benutzt.

182-183 Der Being-Vertol CH-46 Sea Knight war lange Zeit der Standard-Transporthubschrauber der Marines. Er wird von dem neuen Verwandlungshubschrauber V-22 Osprey ersetzt werden.

182 unten Ein Boeing-Vertol CH-47 Chinook der Royal Air Force beim Heben eines gepanzerten Fahrzeugs. Der Chinook flog zum ersten Mal 1961 und wurde von ca. 20 Ländern auf der ganzen Welt benutzt.

183 oben Der SH-60 Sea Hawk ist die Marineversion des Black Hawk und wurde gleichzeitig für die US Navy entwickelt. Auf der Fotografie ist ein SH-60 des HS-4 - Geschwaders beim Torpedoabwurf zu sehen.

Die Hubschrauber | 183

184 Der AH-64D ist die jüngste Version des Boeing Apache, die Maschine ist mit einem Longbow - Radargerät ausgestattet, dessen Radom auf dem Hauptrotor zu sehen ist. Dieses Exemplar gehört der britischen Armee.

185 oben Eine Formation der Hubschrauber UH-60A und AH-64A der US Army fliegt 1998 während der Operation Southern Watch über Kuwait.

185 Mitte Ein Boeing AH-64A Apache Kampfhubschrauber beim Abwurf von Luft-Boden-Raketen während einer Schießübung. Der Apache ist bewaffnet mit einer 30mm-Kanone, Panzerabwehr- und Luft-Luft-Raketen.

185 unten Drei AH-64A Apache Exemplare bei Sonnenuntergang vor einer nächtlichen Mission. Dieser Hubschrauber wurde ab 1986 von der US Army eingesetzt. Seitdem wurden über tausend Exemplare hergestellt, die auch für von Armeestreitkräften weiterer acht Länder benutzt wurden.

Unter den größten amerikanischen Produktionsfirmen war auch die Hughes Aircraft Company, die später von der McDonnel Douglas erworben wurde, und schließlich von der Boeing aufgesaugt wurde. Anfang der 60-er Jahre entwickelte die Hughes das Model 369 als Antwort auf eine Spezifikation der US Army nach einem neuen Aufklärungs- und Scout-Hubschrauber. Die Maschine flog zum ersten Mal am 23.Februar 1963. 1965 wurde das Modell von der Armee ausgewählt und auf den Namen OH-6A Cayuse getauft. Die Zivilversion erhielt jedoch die Benennung Hughes 500. Beide Hubschrauber bildeten den Anfang eines enorm erfolgreichen Programms, das durch zahlreiche Entwicklungsprozesse und daraus entstandene, verbesserte Versionen bis zum heutigen Tage eine Produktion von über 5.000 Exemplare erreichte, von denen einige auch auf Lizenz in anderen Ländern verwirklicht wurden. Eine der neuesten Versionen, der 520N NOTAR fällt aufgrund des fehlenden Gegenlaufrotors auf.

Angetrieben von einem Allison 250 -Turbomotor mit 450 shp erreicht der NOTAR eine Höchstgeschwindigkeit von 281 Km/h. Mit einem Leergewicht von 720 Kg und maximalen Abfluggewicht von 1.745 Kg kann der 520N bis zu fünf Personen - einschließlich Pilot - tragen. Noch berühmter als der Hughes ist der AH-64 Apache, ein Hubschrauber, der 1976 als Sieger eines Ausschreibung der US Army für einen neuen Angriffs- und Kampf-Hubschrauber hervorging. Die starke, robuste und große Maschine flog zum ersten Mal am 30.September 1975. Nachdem die McDonnell Douglas die Firma übernahm, begann der AH-64 im Jahr 1986 als Version „A" den Dienst. Der AH-64D (eine Radar-ausgestattete Version) enthielt ein Cockpit mit zwei in Tandem-Anordnung eingebauten Sitzen, das zusammen mit Navigations- und Angriffssensoren in der Schnauze eingerichtet war, sowie ferner die in hoher Position, separat angebrachten, geschützten Motoren. Die Maschine verfügte ferner über einen vierblättrigen Rotor, der von zwei General Electric T700-GH-701C Turbomotoren mit je 1.890 shp angetrieben wurden und eine Höchstgeschwindigkeit von 364 Km/h ermöglichte. Das maximale Abfluggewicht betrug 10.100 Kg, und die Bewaffnung wurde aus Panzerabwehr-Raketen, Luft-Luft-Raketen, herkömmlichen Abwurfgeschossen sowie einer 30mm-Kanone zusammengesetzt. Die amerikanische Armee kaufte 820 Exemplare des AH-64D. Der Hubschrauber wurde auch von Streitkräften aus Großbritannien, Holland, Griechenland, Israel, Kuwait, den Vereinigten Arabischen Emiraten, Ägypten und Saudi-Arabien erworben.

Die Hubschrauber | 185

Neben den Vereinigten Staaten und Frankreich investierte natürlich auch die Sowjetunion enorm - aus klaren Gründe - in die Konstruktion und Herstellung eigener Hubschrauber-Serien. Zwei Firmen behaupteten sich besonders in diesem Bereich : die Mil und Kamov. Die erste wurde von Mikhail Mil im Jahr 1947 gegründet, und stellte bereits im darauffolgenden Jahr den ersten Entwurf eines leichten Allzweck-Hubschrauber vor, der ausgestattet war mit einem 575-PS-Kolbenmotor Ivchenko, einem dreiblättrigen Hauptrotor sowie einem in Schwanzposition angebrachtem Gegenlaufrotor. Dieser Hubschrauber, benannt mit Mi-1, wurde später in dem Modell Mi-2 weiterentwickelt, welches mit zwei Isotov -Turbomotoren von je 450 shp angetrieben wurde und 1961 erschien. Über 6.500 Exemplare der beiden Modelle wurden - auch auf Lizenz -hergestellt. Die Mil produzierte daraufhin eine Reihe von Entwürfen für immer stärkere und spezialisierte Hubschrauber. Darunter befanden sich u.a. der Mir-6 aus dem Jahr 1957, der zu seiner Zeit der größte Hubschrauber der Welt war - mit einer Belastungsfähigkeit von zwölf Tonnen, sowie der Mir-8 aus 1961, ein Allzweck-Hubschrauber, von dem über 9.000 Exemplare in 32 verschiedenen Versionen produziert wurden; 1967 erschien ferner die Decklandeversion Mir-14 ; und 1977 das Modell Mir-26, der schwerste Hubschrauber der Welt mit einem Abfluggewicht von 56 Tonnen und einer maximalen Nutzlast von 20 Tonnen. Schließlich erschien im Jahr 1969 der Mir-24, ein Angriffs-Hubschrauber von bemerkenswerter Kraft und Robustheit, die besonders bei dem Einsatz während der sowjetischen Militär-Invasion Afghanistans auf sich aufmerksam machte. Konzipiert als fliegend Kampfmaschine verfügte der Mir-24 über eine zwei-Mann-Besatzung sowie bemerkenswerte Feuerkraft, war jedoch auch ausgestattet mit einem Laderaum, in dem bis zu acht Soldaten bzw. Tragbahren für die Evakuierung von Verletzten untergebracht werden konnten. Über 20 verschiedene Versionen des Mir-24 wurden entworfen und in mehr als 30 Länder des (ehemaligen) kommunistischen Blocks geliefert (ebenso auch

186 oben Zwei russische Mil Mi-24 bei der Landung in der Nähe der tschetschenischen Hauptstadt Grozny, 1999, während der Kämpfe zur Unterdrückung des dortigen Aufstands.

186 unten Vorführung eines Mil Mi-24 der tschechischen Republik während einer Luftfahrtveranstaltung. Der Mi-24 besitzt eine Höchstgeschwindigkeit von 335 Km/h und kann bis zu acht bewaffnete Soldaten befördern.

die Versionen Mir-25 und Mir-35); insgesamt handelte es sich um 2.300 angefertigte Exemplare. Der Hubschrauber erwies eine derart gute Qualität, dass sich noch bis heute einige Exemplare im Einsatz befinden. Einige der Programme wurden außerdem weiterentwickelt, um das Grundmodell durch moderne Flugelektronik und Waffenausrüstung auf den neuesten technischen Stand zu bringen. Der jüngste Kampf-Hubschrauber der Mil ist dagegen der Mi-28, der seinen ersten Flug am 10.November 1982 ausführte. Der definitive Prototyp, ein Tandem-zweisitziger, reiner Kampf-Hubschrauber erschien jedoch erst 1988; die finanziellen sowie organisatorischen Schwierigkeiten, die sich aus dem Einsturz der Sowjetunion ergaben, hinderten bis heute die russische Regierung daran, eine Massenbestellung der Maschine in Auftrag zu geben; die serienmäßige Herstellung des Mi-28 wartet noch bis jetzt darauf eingeleitet zu werden.

Das Konstruktionsbüro Kamov machte dagegen mit der Realisierung einer weiten Reihe von Hubschraubern auf sich aufmerksam, die für den Marineeinsatz - besonders im U-Boot-Abwehr -Kampf - bestimmt waren. Gekennzeichnet durch die charakteristische Architektur mit doppeltem, gegenläufigem Koaxial-Rotor, führte der Ka-25 - das erste Modell der Kamov- Serie kleiner Decklandehubschrauber - seinen ersten Flug am 26.April 1961 durch. Es folgte eine beträchtliche Anzahl verschiedener Versionen für die Seezielraketen-Steuerung, für Such- und Rettungsaufgaben, Anti-Minen-Einsätze und Datenübertragungen von ballistischen Interkontinentalraketen. Später erschienen noch die Modelle Ka-27,28 und 29, die für Transport- und Sturmangriffsaufgaben eingesetzt wurden; ferner das Radarträgermodell Ka-31 und der Ka-32, ein Allzweck-Hubschrauber, der sowohl im Militär- als auch im Zivilbereich verwendet wurde. Der neueste und berühmteste Entwurf der Kamov ist der Angriffs-Hubschrauber Ka-50 Werewolf, der die typische dynamische Struktur beibehielt; kombiniert wurde jene mit einem schlanken Rumpf und dem einsitzigen Cockpit mit Schleudersitz. Es wird angenommen, dass der erste Flug der Maschine im Juni 1982 stattgefunden hätte, aber der operative Dienst des Hubschraubers begann wahrscheinlich erst 1996. Der Ka-50 besitzt eine Höchstgeschwindigkeit von 350 Km/h - dank der Schubkraftversorgung der beiden Klimov-Turbomotoren mit je 2.200 shp - sowie ein maximales Abfluggewicht von 10.800 Kg.

187 oben links Der Mil Mi-24 wurde 1972 in den Dienst eingeführt und ist einer der am zahlreichsten vertretenen und wirksamsten Kampfhubschrauber der Welt. Es wurden über 2.300 Exemplare hergestellt und an 30 Länder verkauft.

187 oben rechts Der Mil Mi-28 ist ein russischer Angriffshubschrauber der jüngsten Generation. Er flog zum ersten Mal im November 1982, aber aufgrund verschiedener Entwicklungsschwierigkeiten (darunter die Kosten) verzögerte sich sein Diensteintritt.

187 unten Der russische Angriffshubschrauber Kamov Ka-50 Werewolf besitzt einen zweifachen koaxial-Rotor sowie einen Schleudersitz für den Piloten. Die Maschine fliegt mit 350 Km/h.

Die Hubschrauber | 187

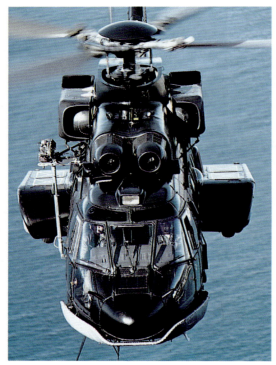

188 oben Ein Kampfhubschrauber SA.342 Gazelle der französischen Armee beim Schwebeflug wenige Meter über dem Boden. Der Gazelle flog zum ersten Mal 1967 und kann mit Panzerabwehr- oder Luft-Luft-Raketen bewaffnet werden.

188 unten Der Eurocopter AS.532 Cougar ist die jüngste Entwicklung der französischen Hubschrauberfamilie Puma/Super Puma. Er kann für Transport-, Such- und Rettungsmissionen sowie spezielle Aufgaben eingesetzt werden.

Dieses Modell bildete die Basis für den Entwurf des Ka-52, einem Zweisitzer, der für Trainings -, Erkennungs - und Kampfaufgaben eingesetzt wurde.

Zwei weitere europäische Gesellschaften schafften sich im Verlauf der Jahre einen guten Ruf in der Helikopter-Welt: die Westland in Großbritannien und die Agusta in Italien. Die Westland verwirklichte u.a. die Hubschrauber Wasp und Lynx, während die Agusta - nach einigen Versuchen - den ersten wahren Erfolg mit dem Modell A.109 hatte, dessen Prototyp am 4.August 1971 flog. Der von einem Doppelturbomotor angetriebene A.109 besaß eine elegante, pure Außenform und wurde für den Zivilgebrauch entworfen. Über 700 Exemplare des A.109 wurden verkauft und vor allem benutzt für den Shuttle-Service, VIP-Transport, Luftambulanz sowie für Such-, Rettungs- und Polizeieinsätze. Doch auch im Militärbereich hatte man beträchtliche Verkaufserfolge mit dem Hubschrauber erzielt. Die zur Zeit meistverkaufte Version des A.109 ist die „Power" aus dem Jahr 1996, von der bereits über 100 Bestellungen einfangen konnte. Am 11.September 1983 flog dagegen der A.129 Mangusta, bei dem es sich um den ersten wahren Kampf-Hubschrauber aus europäischer Produktion handelte. Die Maschine wurde entworfen, um die Anforderungen der italienischen Armee zufrieden zu stellen, die 60 Exemplare bestellte. Die fortgeschrittenste Version der Mangusta International (das Export-Modell der Firma) wird von zwei Rolls-Royce Gem-Turbomotoren mit je 825 shp angetrieben, und besitzt eine Höchstgeschwindigkeit von 275 Km/h. Das maximale Abfluggewicht beträgt 4.100 Kg mit einer Waffenlast-Auflagung von höchstens 1.200 Kg. In den 80-er Jahren vereinten sich die Agusta und Westland -Gruppen um gemeinsam einen neuen, dreimotorigen Schwerlasthubschrauber zu entwickeln, den EH-101, der seinen Flug am 9.Oktober 1987 durchführte. Diese starke Maschine, die sowohl für den militärischen als auch den Zivil-Gebrauch optimiert wurde kann bis heute ca. 100 Bestellungen verzeichnen und ist bereits im Dienst der italienischen und englischen Marine sowie den kanadischen Luftstreitkräften. Agusta und Westland vereinten sich offiziell im Februar 2001.

Ein anderer Koloss in der Luftfahrtindustrie ist die französisch-deutsche Gruppe Eurocopter, die im Jahr 1992 von Aerospatiale und Daimler-Benz gegründet wurde. Heutzutage handelt diese Gesellschaft mit den Hubschraubern AS 332 Super Puma und AS 532 Cougar, AS 350 und 355 Ecureil, AS 550 und 555 Fennec, AS 365 Dauphin und AS 565 Panther, SA 342 Gazelle, Bo.105, EC 135 und dem Tigre, dem zukünftigen Kampfhubschrauber für die französische und deutsche Armee. Nach dem ersten Flug am

27.April 1991 wurden die Prototypen verschiedenen Experimenten und Tests unterzogen, so dass dem Hubschrauber nun der operative Dienstantritt bevorsteht. Der Tigre verfügt über eine extrem fortschrittliche Avionik sowie zwei Turbomeca/Rolls-Royce Turbomotoren von je 1.170 shp. Die Höchstgeschwindigkeit beträgt 322 Km/h und das maximale Abfluggewicht misst 6.000 Kg. Der gegenwärtig modernste Hubschrauber - befindet sich zur Zeit in der Entwicklungsphase - ist ebenfalls ein Ergebnis einer europäischen Zusammenarbeit. Es handelt sich dabei um den NH-90, der von dem multinationalen Konsortium NHI - 1992 gegründet von der Eurocopter France, Eurocopter Deutschland, Agusta und Fokker - realisiert wurde. Der erste Prototyp flog am 18.Dezember 1995, und gegenwärtig wurden bereits mehr als 700 Exemplare des Hubschraubers bestellt. Zwei Hauptversionen sind hierbei erhältlich: der TTH

für den taktischen Transport und der NFH für den Marinegebrauch, wobei letzterer von der Agusta entwickelt wurde. Der NH-90 ist ein Mehrzweckhubschrauber mit fortschrittlichen Eigenschaften und Avionik; er wurde entworfen mit dem Ziel eine große Bandbreite verschiedener Aufgaben ausführen zu können, wie z.B. taktischer Transport, Such- und Rettungseinsätze, Luftambulanz, Fallschirmspringerabwurf, elektronischer Krieg, Schiffs- und U-Boot-Bekämpfung, sowie Minenauswurfeinsatz. Der Hubschrauber verfügt über zwei Turbomotoren Rolls-Royce Turbomeca RTM322 mit je 2.100 shp oder zwei General Electric FIAT Avio 1700 mit je 2.400 shp. Die Höchstgeschwindigkeit beträgt 300 Km/h und das Höchst-Abfluggewicht erreicht 8.700 Kg. Neben den zwei Piloten kann der Hubschrauber bis zu 20 Soldaten oder - in der Transportversion TTH- eine Nutzlast von 2.500 Kg tragen.

189 unten Zwei Prototypen des französisch-deutschen Angriffshubschraubers Eurocopter Tiger, der im Jahr 2003 in den Dienst eingeführt wird. Aufgrund seiner fortschrittlichen Avionik und der vielfältigen Bewaffnung wird man den Hubschrauber für diverse Rollen einsetzen können.

189 oben Der NHIndustries NH-90 ist einer der modernsten Multirollen-Hubschrauber der Welt. Es wurden eine Boden- und Decklandeversion entwickelt; die Maschine wird ab 2004 im Militärdienst eingesetzt.

189 Mitte links Der italienische Agusta A.129 Mangusta ist der erste Kampfhubschrauber europäischer Konstruktion. Auf der Fotografie ist die Version A.129CBT zu sehen, die von der italienischen Armee gekauft wurde.

189 Mitte rechts Der Agusta Westland EH-101 wurde entworfen um den Sea King zu ersetzen, der von der englischen und italienischen Marine benutzt wird. Aufgrund der guten Qualität des EH-101-Projekts wird der Hubschrauber auch exportiert.

Kapitel 14

Die Übungsflugzeuge

Es kann behauptet werden, dass das Übungsflugzeug der wichtigste Fliegertyp im Leben jedes Piloten ist: mit jenem kann man die ersten Flüge vollbringen, Erfahrungen sammeln sowie den militärischen oder zivilen Flugschein erwerben. Kurz gesagt, ist es das Flugzeug, welches erlaubt den eigenen Traum vom fliegen zu verwirklichen. Dennoch - so seltsam es auch erscheinen mag - gab es in den ersten Anfängen der Luftfahrt, als eigentlich der Bedarf sehr hoch war, keine speziell für die Pilotenausbildung entworfenen Flugzeuge. Die ersten Flüge unerschrockener Flieger begannen oft damit, dass jene hinter dem Lehrer saßen und mit Mühe und Not das Flugblatt des Piloten erblicken konnten, um einen kleinsten Begriff von den zur Kontrolle des Flugzeugs notwendigen Bewegungen zu ergattern. Manchmal geschah es jedoch auch, dass es sich bei den werdenden Piloten um Autodidakten handelte, die mit mageren - oder gar ohne - theoretische Kenntnisse starteten und allzu leicht vorstellbare Ergebnisse erzielten.

Die Pionier-Luftfahrt war jedoch ein Gebiet, das nur wenigen leidenschaftlichen und sich zu allem bereit befindenden Sportlern vorbehalten war. Der Ausbruch des ersten Weltkriegs sollte vollständig die Luftfahrt verändern, die sich vom elitären Sport zu einer Massen-Aktivität entwickelte. Die militärischen Erfordernisse sowie die technologischen Fortschritte sorgten für einen enormen Aufschwung des Motorflugs, und während des Konflikts mussten die kriegführenden Länder Zehntausende von Flugzeugen hervorbringen und, natürlich, Zehntausende von Piloten. Anfangs hatten die operativen Flugeinsätze den Vorrang, und zur Ausbildung benutzte man überholte Flugzeuge, die nicht länger an der Front einsatzfähig waren - meistens Aufklärungsflugzeuge und Bomber, wie die französische Farman, die deutsche DFW B.I und die ersten Avro 504. Seit 1916, aber, begannen die ersten Flugzeuge zu erscheinen, die ausdrücklich für die delikate Schulungsaufgabe verwirklicht wurden. Sie charakterisierten sich vor allem durch die Anwesenheit einer Doppelsteuerung sowie deren relativ leichter Handhabung.

Unter den ersten, bedeutenden Übungsflugzeugen jener Zeit stach besonders die britische Avro 504J hervor. Bei dem Originalmodell handelte es sich um einen zweisitzigen Doppeldecker mit Frontmotor und Kontrollflächen am Schwanz, der seinen ersten Flug im Juli 1913 durchführte und bald darauf vom britischen Kriegsministerium für den Gebrauch als Aufklärungsflugzeug und Leichtbomber bestellt wurde. Das Flugzeug, welches auch als Jäger eingesetzt wurde erwies sich schon nach kurzer Zeit für den Kampf in erster Linie als überholt, und 1916 beschloss die Avro die Produktion neu zu beleben, indem sie die 504J zu einem Schulungsflugzeug entwickelte. Der Erfolg dieser neuen Version war bemerkenswert, so dass - um den Standardisierungsproblemen des Motors abzuhelfen - die Avro das Modell 504K verwirklichte, welches über einen Motorbock verfügte, indem drei unterschiedliche, damals gebräuchliche Motorentypen aufgenommen werden konnten. Die 504 besaß eine Spannweite von 10,9 Meter, ein Länge von 8,9 Meter und ein maximales Abfluggewicht von 830 Kg. Den Hauptantrieb lieferte ein Le Rhone-Rotationsmotor mit 110 PS, der eine Höchstgeschwindigkeit von 145 Km/h ermöglichte. Die 504 wurde auf Lizenz auch in Australien, Belgien, Kanada, Dänemark und Japan hergestellt, und wurde noch nach dem Ende des Konflikts weitläufig benutzt. 1925 erschien das Modell 504N und war ausgestattet mit einem neuen Fahrwerk sowie einem 162-PS- Radial-Motor. Die Avro 504 blieb als Übungsflugzeug noch bis 1932 im Dienst der Royal Air Force, fand aber bis zum Ausbruch des zweiten Weltkriegs auch im Zivilbereich weite Verwendung. Über 10.000 Exemplare wurden insgesamt konstruiert und in mehr als 25 Ländern der Welt eingesetzt. Die 504 bleibt eines der bedeutendsten Flugzeuge der Geschichte gerade für den Beitrag, den sie für die Verbreitung des Fluges geleistet hatte.

Ein weiterer „Pfeiler" in diesem Sektor war die

190 oben Die Curtiss JN-4 Jenny war eines der berühmtesten Flugzeuge Amerikas, die zwischen den beiden Weltkriegen eingesetzt wurden. Über 6.500 Exemplare wurden gebaut; viele davon wurden auch im Zivilflugbereich verwendet.

190 unten links Bereits vor den vierziger Jahren kamen Übungsflugsimulatoren in den Gebrauch. Hier ist ein Schüler der Royal Navy bei einer Flugvorbereitungsstunde in der RAF-Schule von Netheravon zu sehen (1938).

190 unten rechts Offiziersanwärter der deutschen Luftwaffe während einer Unterrichtsstunde im Motormaschinenbau im Februar 1914.

191 oben Auf dieser RAF-Propaganda - Fotografie von 1940 erhalten einige RAF-Pilotenschüler die letzten Anweisungen zum Formationsflug vor einer Mission.

amerikanische Curtiss JN, von der über 6.500 Exemplare gebaut wurden. Das berühmteste Flugzeug aus der Serie war die JN-4, die aus einer Entwicklung der Modelle JN-2 und JN-3 hervorging und von seinen Piloten liebevoll „Jenny" benannt wurde. Die JN-4 flog zum ersten Mal im Juli 1916, und sofort erwarb die englische RAF 105 Exemplare des Flugzeugs. Aufgrund der Notwendigkeit immer mehr Piloten hervorbringen zu müssen, gab auch die amerikanische Armee kurze Zeit später Bestellungen der JN-4 auf. Die JN-4D, in der die diversen Verbesserungen der in Kanada und den USA gebauten JN-4 vereint waren, erschien schließlich im Juni 1917. Das Flugzeug hatte eine Spannweite von 13,3 Meter, ein Länge von 8,3 Meter sowie ein Höchstgewicht von ca. 870 Kg. Die Jenny wurde von einem 90-PS-Motor Curtiss OX-5 zu einer Höchstgeschwindigkeit von 120 Km/h angetrieben. Die Kriegsprogramme trieben die Produktion zu immer höheren Lieferungen an, so dass das Flugzeug auch von weiteren sechs amerikanischen Betrieben hergestellt wurde. 1917 schuf die Curtiss ein fortschrittliches Übungsmodell, die JN-4H, der von einem 132-PS-Motor angetrieben wurde und mit Bomben und Maschinengewehren bewaffnet werden konnte. Später erschien auch die leicht verbesserte Version JN-6. In der Nachkriegszeit blieben einige der „Jennies" im Dienst und wurden zahlreichen Erneuerungen unterworfen. Doch ein beträchtlicher Teil des Militärflugzeugs wurde an den Zivilmarkt verkauft, wo es zum „Gründungsmitglied" der zahlreichen Flugzirkel wurde und einen bedeutenden Beitrag zur Verbreitung und Entwicklung des Flugs leistete. Die militärische Laufbahn der Jenny setzte sich bis 1927 fort, während das Flugzeug in der Zivilluftfahrt noch über viele Jahre hin aktiv war, und sogar heutzutage sind noch einige Exemplare der Jenny anzutreffen, die in guten Flugbedingungen erhalten sind.

191 Mitte Ein Pilotenschüler wird für eine Simulation eines Auswurfs unter Anwendung eines Martin-Baker-Schleudersitzes vorbereitet (1949). Mit der Einführung neuer Ausrüstungen wurden auch die Schulungstätigkeiten intensiviert.

191 unten Die englische Avro 504 war eines der ersten wahren Übungsflugzeuge in der Geschichte der Luftfahrt. Sie flog 1913 als Aufklärungsflugzeug, wurde aber nach Ausbruch des zweiten Weltkriegs als Trainer benutzt.

Auch Italien brachte ein bemerkenswertes Übungsflugzeug während des ersten Weltkriegs hervor. Es handelte sich um die SVA 9 - eines der Modelle aus der geglückten Serie SVA. Die Produktion dieses Flugzeugs (entworfen von den Ingenieuren Savoia und Verduzio von der Ansaldo-Gesellschaft: daher die Initialen SVA) begann 1917 mit dem Erscheinen der SVA 4, einem Doppeldecker, der als Jäger für die italienische Armee bestimmt war, jedoch aufgrund der schlechten Manövrierqualitäten in die Rolle des Aufklärungsflugzeugs verband wurde. Aus dem Bomber-Modell SVA 5 wurde Ende des Jahres 1917 die SVA 9 entwickelt - ein mit Doppelsteuerung für die Schulung ausgestatteter Zweisitzer. Das Flugzeug besaß eine Spannweite von 9,1 Meter, eine Länge von 8,1 Meter sowie ein maximales Abfluggewicht von 1.050 Kg. Das Flugzeug war ausgestattet mit einem SPA 6A - Triebwerk mit 265 PS und erreichte eine Höchstgeschwindigkeit von 200 Km/h. Die SVA 9 begann Anfang 1918 in den

192 oben Im Zeitraum zwischen den beiden Weltkriegen war die Caproni Ca.100 - besser bekannt als „Caproncino" - ein bekanntes und weit verbreitetes italienisches Sport- und Übungsflugzeug. Sie flog zum ersten Mal im Jahr 1929 und konnte mit seinem 130-PS-Motor bis zu 185 Km/h erreichen.

192 Mitte und 193 oben Zwei Avro Tutors. Auf der rechten Fotografie ist eine restaurierter Avro Tutor zu sehen, die noch heutzutage fliegt. Der Radialmotor Armstrong Siddley Lynx liefert 243 PS und ermöglicht eine Höchstgeschwindigkeit von 196 Km/h.

192 unten Die Avro 621 Tutor flog zum ersten Mal 1929. Sie wurde entwickelt, um die Avro 504 in den Flugschulen der RAF zu ersetzen und blieb bis zum Kriegsausbruch für ca. zehn Jahre im Dienst.

Dienst einzutreten und war zweifellos erfolgreicher als die vorhergehenden Modelle. Die SVA-Doppeldecker wurden von einem Dutzend von Ländern erworben und blieben bis 1928 in Produktion, wobei insgesamt über 2.000 Exemplare angefertigt wurden. Die berühmteste Unternehmung, die mit einer SVA 9 vollbracht wurde, war sicherlich der von dem Oberleutnant Arturo Ferrarin 1920 durchgeführte Überflug von Rom nach Tokio, bei dem eine Gruppe von sechs Zweisitzern in weniger als drei Monaten eine Strecke von gut 15.200 Km geflogen war. 1928 erschien ein weiteres berühmtes, italienisches Schulflugzeug, die Caproni Ca.100 - genannt „Caproncino". Circa 700 Exemplare des Doppeldeckers wurden zwischen 1930 und 1937 hergestellt, und das Modell erwies sich als gut entworfene, flexible Maschine. In der Tat konnte das Flugzeug mit ungefähr fünfzig verschiedenen Motorentypen ausgestattet werden (vom 86-PS-Fiat A50 bis zum 132-PS-Colombo S63), und wurde auch in ein Wasserflugzeug transformiert sowie mit Skis ausgerüstet, so dass es von verschneiten Landeflächen aus fliegen konnte. Die Caproncino wurde als Zivil- und Militärflugzeug in viele Länder exportiert und in der Version Ca.100bis weiterentwickelt. Diese enthielt einen 136-PS-Motor sowie eine geschlossene Kabine.

Zeitgleich mit dem Rückzug der Avro 504N aus den Flugschulen der RAF erschien 1929 die Avro 621 Tutor, die bereits 1930 vom englischen Ministerium als neues Übungsflugzeug bestellt wurde. Fast 800 Exemplare der Tutor wurden hergestellt, und dazu gesellte sich bald ein anderer Zweisitzer, dem ein noch besseres Schicksal beschert sein sollte. Es handelte sich um die de-Havilland DH.82 Tiger Moth. Dieses Flugzeug, das am 26.Oktober 1931 seinen ersten Flug durchführte stammte von dem Zivil-Doppeldecker Gipsy Moth ab, wurde jedoch mit neuen Flügeln, einem leistungsstärkeren Motor sowie einer kräftigeren Struktur versehen. Die Tiger Moth wurde sofort von der RAF erworben und trat ab 1932 in den Dienst ein. Aus diesem Modell wurde die Version DH.82A weiterentwickelt, die ausgestattet war mit einem 132-PS-Motor Gipsy Major. Die Tiger Moth sollte zu einem der meist benutzten und erfolgreichsten Übungsflugzeuge der Luftfahrtgeschichte werden. Insgesamt wurden ca. 8.000 Exemplare gebaut und auf Lizenz auch in Australien, Kanada, Neuseeland, Schweden, Norwegen und Portugal produziert. Das Flugzeug besaß eine

193 unten links Die de Havilland DH.82 Tiger Moth war ohne Zweifel eines der erfolgreichsten und meist gebrauchten Übungsflugzeuge. Sie wurde ab 1931 von den englischen Luftstreitkräften geflogen, wurde aber später auf Lizenz von vielen verschiedenen Ländern konstruiert und benutzt.

193 unten rechts Der Doppeldecker Polikarpov U-2 flog zum ersten Mal 1928. Dank seiner Robustheit blieb er viele Jahre lang im Einsatz und wurde für verschiedene Aufgaben benutzt - darunter Nachtbombardierungen während des zweiten Weltkriegs.

Spannweite von 8,9 Meter, ein Länge von 7,29 Meter und ein Höchstgewicht von 830 Kg; die Höchstgeschwindigkeit betrug 170 Km/h. Die Tiger Moth sollte für viele Jahre - der zweite Weltkrieg war längst beendet - das militärische Standard-Übungsflugzeug aller Commonwealth-Länder bleiben. Im Zivilbereich wird das Flugzeug noch bis heute flächendeckend als Tourismus-Flieger eingesetzt und gilt als Klassiker unter den historischen Vehikeln. Auch die Sowjetunion, die in den 20-er und 30-er Jahren führend auf dem Gebiet der Luftfahrt war produzierte ein Schulflugzeug mit interessanten Merkmalen. Es handelt sich wahrscheinlich noch bis heute um das meist produzierte Flugzeug jener Kategorie, mit über 33.000 gebauten Exemplaren. Den Verdienst dieses Erfolgs trägt der Konstrukteur Polikarpov, der vollkommen den Entwurf der U-2TPK umänderte (ein Flugzeug, das nie realisiert wurde), um einen robusten, konventionellen Doppeldecker zu bauen, der einfach zu produzieren und zu steuern war. Die U-2 flog zum ersten Mal am 7.Januar 1928 und erwies sich als ein hervorragendes Flugzeug. Die Massenproduktion wurde unmittelbar darauf eingeleitet. Während des zweiten Weltkriegs hatte man die U-2 in verschiedenen Rollen eingesetzt, wie z.B. Aufklärung, taktische Unterstützung, Nachtbombardierungen, Zieldarstellung, Transport und Luftambulanz. Die Produktion wurde bis 1952 weitergeführt. Nach dem Tod von Polikarpov hatte man das Flugzeug zu dessen Ehren in Po-2 umbenannt.

Die Übungsflugzeuge | 193

In den frühen dreißiger Jahren erschien ein weiteres bedeutendes Flugzeug in Deutschland, wo die Luftfahrt durch die Unterstützung der Naziherrschaft wieder rasch auflebte - nach den im Friedensvertrag von Versailles strengen auferlegten Einschränkungen. Die frisch gegründete Firma Bucker machte 1934 mit dem Modell Bu-131 Jungmann auf sich aufmerksam. Es handelte sich um einen aus Holz und Aluminium konstruierten, zweisitzigen Doppeldecker, der mit Gewebe umhüllt war und mäßig gewinkelte Pfeilflügel besaß. Das erste Exemplar flog am 27.April selben Jahres und war ausgestattet mit einem 82-PS-Motor Hirth. Auch in diesem Fall erzielte das Flugzeug Verkaufserfolge auf dem Markt der Zivilluftfahrt sowie im Militärbereich, indem es von den Aero Clubs, der sich entwickelnden Luftwaffe und von zahlreichen anderen Länder erworben wurde. Das Modell Bu-131B wurde von einem Hirth HM 504-Motor mit 106 PS angetrieben, besaß ein maximales Abfluggewicht von 680 Kg und eine Höchstgeschwindigkeit von 183 Km/h. Die Spannweite betrug 7,4 Meter und die Länge 6,6 Meter. Das Jungmann-Modell wurde auch in der Tschechoslowakei und in Japan hergestellt; allein letzteres baute 1.254 Exemplare. Die Gesamtproduktion ist nicht bekannt, aber es handelte sich sicher einige Tausende von Exemplaren. Aus der Bu-131 wurde auch das einsitzige Modell Bu-133 Jungmeister hergeleitet. Es war im Grunde eine verkleinerte Version, die aber mit einem stärkeren Hirth-Motor ausgestattet war (137 PS), der im darauffolgenden Modell C von einem Siemens

Sh 14 mit 162 PS ersetzt wurde. Diese wirklich wendige und schnelle Maschine wurde als modernes Übungsflugzeug für Jagdflieger benutzt. Die Bucker brachte schließlich 1939 das Letzte ihrer berühmten Flugzeuge heraus, die Bu-181 Bestmann, ein Grund-Übungsflugzeug mit modernen Merkmalen. Als Schulterdecker mit geschlossener, zweisitziger Kabine war der Bu-181 mit dem gleichen Hirth-Motor wie die Bu-131 ausgestattet, besaß jedoch eine Höchstgeschwindigkeit von über 215 Km/h. Während des Kriegs wurden einige Tausende von Exemplaren des Bestmann in Deutschland, Holland und Schweiz hergestellt, und später auch in der Tschechoslowakei und Ägypten. Ein weiteres Schulflugzeug, das sich einen

herausragenden Platz in der Geschichte der Luftfahrt sicherte war die amerikanische Stearman 75 Kaydet, die zum ersten Mal 1935 flog und während des zweiten Weltkriegs Tausenden von amerikanischen Soldaten als Übungsflugzeug diente. Das Modell 75 wurde aus dem Prototyp X-70 entwickelt und wurde anfangs von der US Army erworben, und begann im Jahr 1936 als PT-13 in den Dienst einzutreten. 1939 wurde die Stearman von der Boeing gekauft, einer Firma, die die Möglichkeiten besaß, der riesigen Flugzeug-Nachfrage seitens der Armee und Marine bei Ausbruch des Kriegs gerecht zu werden. 1940 erschien der PT-17 (von der US Navy mit N25 benannt): es handelte sich dabei um die erfolgreichste Version. Dieses

Modell war ausgerüstet mit dem 220-PS-Motor Continental R-670, der das Flugzeug zu einer Höchstgeschwindigkeit von 200 Km/h antrieb. Die Spannweite betrug 9,8 Meter, die Länge 7,6 Meter und das maximale Abfluggewicht erreichte 1.230 Kg. Bis 1945 produzierte die Boeing 10.436 Exemplare der PT-17, und eine große Anzahl des Flugzeugs wurde noch viele Jahre nach dem Krieg im Zivil- und Militärbereich eingesetzt.

Ebenfalls amerikanischen Ursprungs war eine andere große Hauptfigur unter den Militär-Schulflugzeugen: die North American T-6 Texan. Dieses Flugzeug wurde von der General Aviation Company (in Kürze die North American) eingeführt und wurde zwischen den 40-er und 60-er Jahren in den Vereinigten Staaten und dann weltweit in der Rolle des Übungsflugzeugs eingesetzt. Der Originalentwurf wurde NA-16 benannt und flog zum ersten Mal im April 1935. Die amerikanische Armee schätzte die Qualität des Ganzmetall-Eindeckers - mit Zweisitz-Tandem-Cockpit sowie 405-PS-Motor Wright - und bestellte noch in dem selben Jahr eine erste Reihe von 42 Exemplaren. Die Militärbenennung des Flugzeugs war BT-9. Dieser Entwurf bildete die Grundlage für die BC-1 (SNJ-1 für die US Navy), die 1937 eingeführt wurde und sich auszeichnete durch das neue Einziehfahrwerk, eine verfeinerte Zelle und den neuen kräftigen 500-PS-Motor. 1940 wurde die BC-1 umbenannt auf AT-6. Von der Bevorstehung und schließlich dem Ausbruch des Kriegs wurde die Produktion des Flugzeugs ständig gesteigert. Gleichzeitig

195 oben Die T-6 Texan wurde von der US Navy „SNJ" benannt. Hier sind zwei restaurierte Exemplare zu sehen, die in den offiziellen Farben vor dem Kriegseintritt der Vereinigten Staaten im Dezember 1941 bemalt sind.

195 Mitte links Die Boeing-Stearman 75 Kaydet - ein weiteres berühmtes Schulungsflugzeug - wurde ab 1936 von den Flugschulen der USAAC und der US Navy benutzt; in der Nachkriegszeit setzten auch viele weitere Streitkräfte diese Übungsmaschine ein. Über 10.000 Exemplare wurden gebaut.

195 Mitte rechts Auch Deutschland baute in den dreißiger Jahren ausgezeichnete Übungsflugzeuge. Darunter war auch die Bucker Bu-133 Jungmeister: ein kleiner, einsitziger Kunstflug-Doppeldecker mit einem 160-PS-Motor und Höchstgeschwindigkeit von 220 Km/h.

195 unten Das Sportflugzeug Bucker Bu-181 Bestmann flog zum ersten Mal 1939 und war damals eine sehr fortschrittliche Maschine. In der Nachkriegszeit wurde die Bu-181 von verschiedenen Ländern benutzt. Auf der Fotografie ein ägyptisches Exemplar.

194 oben Eine North American T-6A Texan der kanadischen Luftwaffe. Dieses Flugzeug - gebaut auf Lizenz - wurde in den Commonwealth-Ländern Harvard H4M benannt.

194 unten Eine T-6A mit den Farben der portugiesischen Luftwaffe. Die Texan war ein großer Erfolg und wurde in der Nachkriegszeit an viele mit den USA alliierte Nationen verkauft. Man baute über 21.000 Exemplare, die in mehr als 60 Ländern benutzt wurden.

unterlag der Grundentwurf jeweils den Erfordernissen und wurde daraufhin entsprechend verändert und in speziellen Versionen weiterentwickelt. Während das Modell von den Briten „Harvard" getauft wurde nannten die Amerikaner die AT-6 „Texan", da speziell für dessen Produktion ein neues Werk in Dallas gebaut wurde. Die AT-6A verfügte über einen Pratt & Whitney R-1340-49-Motor mit 607 PS, der ihn bis zu einer Höchstgeschwindigkeit von 338 Km/h antrieb. Die Spannweite betrug 12,8 Meter und die Länge 8,8 Meter, während das maximale Abfluggewicht 2.340 Kg erreichte. Nach dem Krieg wurde das Flugzeug unter der Neubenennung T-6 auf Lizenz auch in Australien, Schweden, Spanien, Kanada und Japan gebaut. Inbegriffen aller Versionen (über 260) scheint es, dass über 21.000 Exemplare verwirklicht wurden. In der Nachkriegszeit - weit davon entfernt zurückgezogen zu werden - wurde die T-6 von über 60 verschiedenen Luftstreitkräften erworben und weltweit als Standard-Militärübungsflugzeug verwendet, in einigen Fällen sogar bis in die 80-er Jahre hinein.

Die Übungsflugzeuge 195

Der bedeutungsvollste Ausdruck des technischen Fortschritts in der Luftfahrt, der aus dem zweiten Weltkrieg hervorging war die Erscheinung des Düsenmotors und den von diesem angetriebenen Flugzeugen: der Messerschmitt Me-262, der Arado Ar.234, der Gloster Meteor und andere experimentelle Entwürfe. In der Nachkriegszeit wurde es offensichtlich, dass mit der rasch vorangehenden Entwicklung der Düsenflugzeuge die üblichen propellerbetriebenen Schulflugzeuge nicht mehr für die Ausbildung der Piloten befähigt waren. Es wurde somit eine neue Generation von düsenbetriebenen Übungsflugzeugen geboren, von denen einige sogar für die Anfangsschulung der Pilotenschüler benutzt wurden. Das erste und berühmteste Übungsflugzeug wurde (wie viele seinerzeit) aus einem Jagdflugzeug hergeleitet, der Lockheed F-80. Auf der Basis dieses ausgezeichneten Jets entwarf die kalifornische Firma ein zweisitziges Modell, das die Architektur des Original-Flugzeugs bewahrte. Das als TP-80C benannte Flugzeug flog zum ersten Mal am 22.März 1948 und wurde sofort für die Serienproduktion genehmigt. Die TP-80C besaß eine Spannweite von 11,8 Metern, einer Länge von 11,5 Metern und ein maximales Abfluggewicht von 6.550 Kg; ausgestattet mit einem Allison J33 Strahltriebwerk von 2.450 Kg wurde dem Flugzeug eine Höchstgeschwindigkeit von 965 Km/h verliehen. Die TP-80C wurde bald darauf mit T-33A Silver Star benannt und konnte hervorragende Verkaufserfolge erzielen: insgesamt wurden 6.557 Exemplare von der Lockheed und von verschiedenen anderen Firmen auf Lizenz produziert. Diese wurden von Streitkräften aus über 40 Ländern der ganzen Welt erworben. Die Qualität des Entwurfs war entsprechend zufriedenstellend, dass sich auch noch 50 Jahre später einige der T-33 in einigen Ländern, wie Kanada und Bolivien operativ im Dienst befinden.

Dem Beispiel der Vereinigten Staaten folgend, begann man auch in Europa düsenbetriebene Grundausbildungsflugzeuge zu entwerfen. Außer der britischen de-Havilland T Vampir - einer Ableitung des Jägers Vampir - wurde das erste wahre Übungsflugzeug Europas auf eine Spezifikation der französischen Luftstreitkräfte hin entworfen. Es handelte sich um die Fouga CM-170 Magister, die am 23.Juli 1952 ihren ersten Flug durchführte. Die Magister rühmte sich durch seine stromlinienförmige, elegante Außenform und war ausgestattet mit geraden Flügeln, Tandem-Cockpit ohne Schleudersitze, dem typischen V-Leitwerk und zwei Turboméca Marboré Strahltriebwerken von 400 Kg Schubkraft, die in den Flügelwurzeln beherbergt waren. Die Spannweite betrug 12,1 Meter, die Länge 10 Meter und das maximale Höchstgewicht erreichte 3.200 Kg. Die Magister besaß eine Höchstgeschwindigkeit von 715 Km/h und konnte auch mit zwei 7,62mm-Maschinengewehren sowie bis zu 100 Kg Außenlasten (Bomben und Raketen) bewaffnet werden. Da es sich um eines der ersten serienmäßig hergestellten Übungsflugzeuge handelte, konnte die Magister einen sehr guten Verkaufserfolg erreichen und wurde von nicht weniger als 22 Ländern benutzt. Sie wurde außerdem auf Lizenz in Deutschland, Finnland und Israel hergestellt. Die Gesamtproduktion betrug 929 Exemplare, von denen einige Magisters noch bis heute fliegen. Die Fouga verwirklichte auch die Version CM-175, die für die französische Marine als Schulflugzeug für Decklandeoperationen dienen sollte. Zwei Jahre nach der Magister erschienen weitere zwei wichtige Flugzeuge. Als erster flog am 16. Juni 1954 die britische Hunting P84 Jet Provost, die aus dem propellergetriebenem Übungsflugzeug Provost entwickelt wurde in der Hoffnung, den Forderungen der RAF nach einem Instruktions-Düsenflugzeug zu entsprechen. Die Flügel und Leitwerke des Provost beibehaltend entwarf die Hunting einen neuen Rumpf, der sich durch neue, nebeneinander angebrachte Schleudersitze sowie zwei Lüftungsklappen an den Flügelwurzeln auszeichnete. Das Bristol Siddley Viper - Strahltriebwerk erzeugte eine Schubkraft von 1.134 Kg und ermöglichte dem Flugzeug eine Höchstgeschwindigkeit von 708 Km/h. Die Jet Provost hatte eine Spannweite von 10,7 Meter, eine Länge von 10,3 Meter und ein Höchstgewicht von 4.170 Kg. Die RAF bestellte 201 Exemplare des Modells T.Mk.3, dem weitere neun Serienmodelle folgten, und viele darunter wurden exportiert. Insgesamt wurden ca. 530 Exemplare der P84 gebaut und von sieben Luftstreitkräften erworben. Die P84 blieb bis Ende der 80-er Jahre bei der RAF im Dienst. Am 12.Oktober 1954 flog die Cessna 318, die als Antwort der Firma auf eine USAF-Spezifikation für ein neues Düsen-Schulflugzeug konstruiert wurde. Die Cessna war ein kleines Zweidüsenflugzeug mit Parallelsitzen und niedrigem Fahrwerk. Der Entwurf erhielt die militärische Ernennung T-37A. Die Spannweite betrug 10,9 Meter, die Länge 8,6 Meter und das maximale Abfluggewicht erreichte ca. 2.900 Kg. Die Antriebskraft lieferten zwei Continental J69-Motoren von je 417 Kg. Nach einer Produktion von 534 Exemplaren, die 1957 in den Dienst traten wurde das mit stärkeren Motoren (465 Kg) angetriebene Modell T-37B eingeführt. Es folgten die T-37C- und später die A-37A- und die Dragonfly B - Versionen, die mit noch stärkeren Motoren angetrieben wurden, ein Höchstgewicht bis zu 6.350 Kg erreichten sowie mit Bewaffnung und Nottankbehältern ausgerüstet waren. Größtenteils wurden diese Flugzeuge als leichte Angreifer an die alliierten Luftstreitkräften verkauft. Nachdem sie vielen Erneuerungsprogrammen unterzogen wurde - mit dem Ziel die operative Tätigkeit verlängern zu können - führte die T-37 (über 1.230 hergestellte Exemplare) ihre Karriere als Standard-Schulflugzeug der USAF fort, auch wenn sie fortschreitend von der Beech T-6A Texan II ersetzt wird.

196 oben links Die Lockheed T-33A Silver Star - hergeleitet von dem Jäger F-80 - war das erste Düsenübungsflugzeug der amerikanischen Luftwaffe und flog zum ersten Mal 1948.

196 unten links Ein Paar von Hunting P.84 Jet Provosts der RAF. Dieses Düsenmotormodell wurde aus dem propellerangetrieben Übungsflugzeug Provost entwickelt.

196 rechts Zwei Cessna T-37A -Exemplare der pakistanischen Luftwaffe. Das Flugzeug flog zum ersten Mal 1954 und besaß nebeneinanderstehende Sitze und gerade Tragflächen. Es wurden über 1.800 Exemplare gebaut.

197 Die französische Fouga CM.170 Magister war eines der ersten Modelle, die entworfen wurden um die Piloten für Flüge auf den neuen Düsenflugzeugen abzurichten. Sie flog zum ersten Mal 1952. Dieses Exemplar wird von der irischen Luftwaffe geflogen.

Am 10.Dezember 1957 führte in Italien die Aermacchi MB.326 ihren Jungfernflug durch - ein weiteres erfolgreiches Übungsflugzeug, das weltweit verkauft werden sollte. Es war eine einfache, zuverlässige und robuste Maschine mit traditionellen Außenformen und Tandem-Sitzplätzen. Die 326 führte eine Reihe von Innovationen ein und wurde schon bald von der italienischen Luftwaffe (die AMI) bestellt, um in deren eigenen Flugschulen eingesetzt zu werden. Das Flugzeug besaß eine Spannweite von 10,5 Meter, ein Länge von 10,6 Meter sowie ein maximales Abfluggewicht von 3.765 Kg und wurde von einer Rolls-Royce Viper - Strahlturbine mit 1.134 Kg Schubkraft zu einer Höchstgeschwindigkeit von 805 Km/h angetrieben. Eine Reihe wichtiger Produktionsverträge, die mit Südafrika, Australien und Brasilien abgeschlossen wurden bestätigten den Verkaufserfolg der MB.326. Insgesamt wurden 763 Exemplare hergestellt und in zwölf Ländern genutzt. Die 326 bildete auch die Grundlage zur Konstruktion der einsitzigen Angriffsversion MB.326K. 1972 begann die Aermacchi - in Hinblick auf einen Ersatz der 326-Serie für die AMI - Arbeiten an dem Entwurf MB.339, der eine radikale Weiterentwicklung seines Vorgängers war. Das Flugzeug besaß einen Viper-Motor von 1.814 Kg (derselbe des MB.326K), eine vollständig neuentworfene Nase sowie ein Tandem-Cockpit mit abgestuften Sitzplätzen. Das Flugzeug flog zum ersten Mal am 12.August 1976, und wurde ebenfalls ein guter Verkaufserfolg; Luftstreitkräfte aus neun Ländern hatten das Modell erworben, von dem über 220 Exemplare in verschiedenen Versionen produziert wurden. Die fortschrittliche Version FD/CD der MB.339 besitzt Digital-Avionik und ist noch heutzutage in Produktion.
Die kommunistischen Block-Länder verfügten über ihren eigenen Haupt-Übungsjet: die tschechische Aero L-29 Delfin, einem

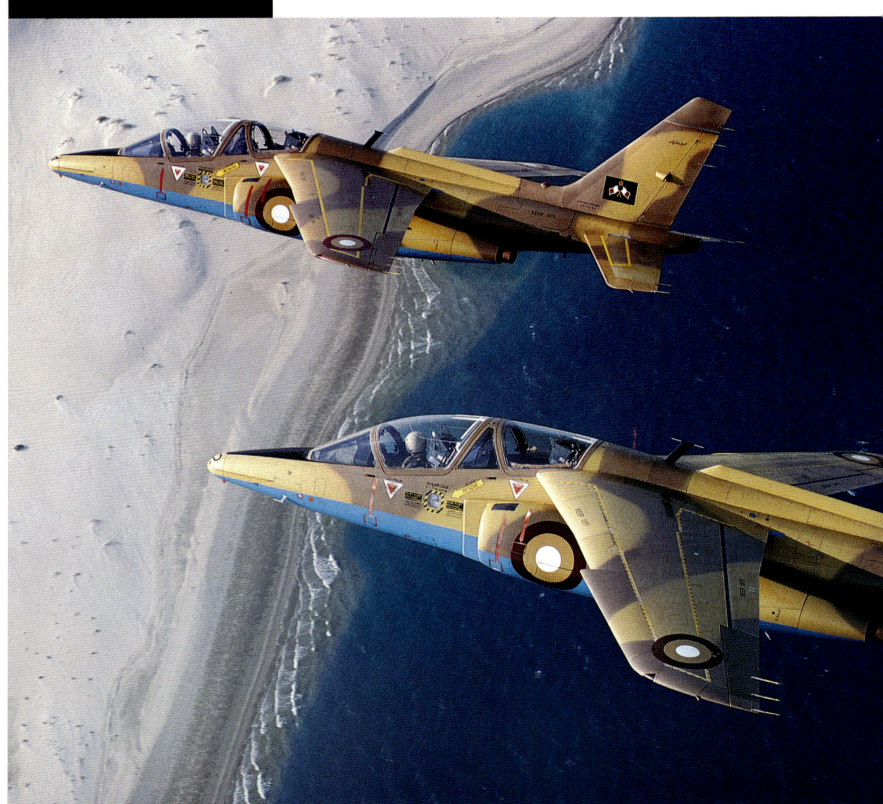

Einmotor mit Tandem-Cockpit, geraden Flügeln und T-Leitwerken, der zum ersten Mal am 5.April 1959 flog. Dieses Flugzeug wurde von einem Motorlet M701- Triebwerk mit 890 Kg Schubkraft angetrieben und erreichte eine Höchstgeschwindigkeit von 655 Km/h. Die Spannweite betrug 10,3 Meter, die Länge 10,8 Meter und das maximale Abfluggewicht betrug 3.280 Kg. Über 3.500 Exemplare der L-29 wurden hergestellt, wobei nicht weniger als 2.000 Flugzeuge von der sowjetischen Luftwaffe für die eigenen Flugschulen erworben wurden. In den sechziger Jahren beschloss die Aero einen Nachfolger der Delfin zu entwickeln, aber die anfänglichen Entwürfe der L-39 Albatros stießen auf Schwierigkeiten, die aufgrund der Kombination der neuen Zelle mit dem sowjetischen Triebwerk Ivchenko hervorgerufen zu sein schienen. Der erste Flug der Albatros fand am 4.November 1968 statt, und das Flugzeug wurde ab 1974 in den operativen Dienst

198 oben Das erste Überschall-Übungsflugzeug der Geschichte war die Northrop T-38A Talon. Die Maschine trat 1961 in den Dienst der USAF und wurde für die fortgeschrittene Ausbildungsphase benutzt. Auf der Fotografie ist ein Talon-Exemplar der türkischen Luftwaffe zu sehen.

198 Mitte Die angloamerikanische McDonnell-Douglas (Boeing) /BAe T-45A wurde für die US Navy aus der Bae Hawk entwickelt. Obwohl bei der Konstruktion die Grundlinien der Hawk beibehalten wurden handelt es sich um ein vollständig neues Flugzeug.

198-199 Die Alpha-Jet aus dem Jahr 1973 war das Ergebnis einer französisch-deutschen Kollaboration zum Bau eines Multirollen-Flugzeugs, das sowohl als leichter Jagdbomber als auch als Übungsflugzeug eingesetzt werden konnte.

199 oben Deie Aermacchi MB.339 war direkter Nachfolger der MB.326 und flog zum ersten Mal im Jahr 1976. Hier ist das Modell MB.339C der neuseeländischen Luftwaffe bei einer Kunstflugübung zu sehen.

eingeführt. Es war - wie sein Vorgänger - ein einfaches, leichtes und robustes Flugzeug, das ein hervorragender Verkaufserfolg wurde. Insgesamt wurden 2.800 Exemplare hergestellt und in über 18 Länder exportiert - die Mehrheit davon in die Sowjetunion. Die L-39 war mit einem Ivchenko Progress- Motor von 1.720 Kg Schubkraft ausgerüstet und erreichte eine Höchstgeschwindigkeit von 755 Km/h. Das maximale Abfluggewicht betrug 4.700 Kg und die Ausmaße bestanden aus 9.5 Meter Flügelspannweite sowie 12,1 Meter Länge. Auf das Grundmodell zur Ausbildung L-39 folgten Versionen für Bodenangriffseinsätze und schließlich, 1986 die L-59, mit besserem Motor und Avionik. 1993 flog das Modell L-139, ein Flugzeug, das aus einer Zusammenarbeit mit der amerikanischen Industrie - im Bereich des Motors und Avionik- entstand. Im Jahr 1997 erschien die L-159, ein einsitziger bzw. zweisitziger Jäger, der auf der Basis der L-59 verwirklicht wurde.

Die amerikanische Firma Northrop verwirklichte das erste Überschall-Übungsflugzeug: am 10.April 1959 flog der Zweisitzer N-156. Später erwarb die USAF das Flugzeug und benannte es T-38A Talon. Es handelte sich um ein schlankes Zweidüsenflugzeug mit Tandem-Sitzplätzen und mäßig gewinkelten, kleinen Pfeilflügeln. Die USAF nutzte das Modell ab 1961 als Fortgeschrittenen-Übungsflugzeug, das von den Piloten nach einer Grundausbildung auf der T-37 benutzt werden durfte. Die T-38 besaß eine Flügelspannweite von 7,7 Meter und ein Länge von 14,1 Meter sowie ein maximales Abfluggewicht von 5.900 Kg. Die beiden General Electric J85- Strahltriebwerke mit Nachbrenner produzierten eine Schubkraft von je 1.750 Kg und trieben das Flugzeug zu einer Höchstgeschwindigkeit von Mach 1.23 an. Insgesamt wurden 1.187 Exemplare des Talon gebaut; viele davon wurden von der US Navy, der NASA sowie Luftstreitkräften aus Portugal, der Türkei und Taiwan benutzt. Aus dem Originalmodell wurde auch das Beschuss-Übungsflugzeug AT-38B hergeleitet. Auch die T-38 befindet sich in der Modernisierungsphase, die einen Austausch der Avionik sowie eine Neuentwerfung der Zelle vorsieht und die Dienst-Fortführung des Flugzeugs bei der USAF bis zum Jahr 2020 gewährleisten soll.

199 unten links Die Aero L-29 Delfin (erster Flug 1959) war viele Jahre lang das Standard-Übungsflugzeug der Warschauer Pakt-Staaten und befreundeter Länder der UdSSR. Es wurden über 3.500 Exemplare konstruiert.

199 unten rechts Die Aermacchi MB.326 war das erfolgreichste, italienische Flugzeug nach dem zweiten Weltkrieg. Hier ist ein Exemplar des südafrikanischen Kunstfluggeschwaders zu sehen.

Die Übungsflugzeuge 199

In Europa erschienen Mitte der 70-er Jahre zwei weitere moderne Übungsflugzeuge, die zusammen mit der MB.339 eine neue Generation dieses Flugzeugtyps bildeten. Es handelte sich um die französisch-deutsche Dassault-Breguet/Dornier Alpha Jet und die britische Hawker Siddley (später British Aerospace) Hawk. Das erste Flugzeug stammte aus dem Jahr 1969 und war ein Ergebnisprodukt, das die französischen Erfordernisse nach einem Schulflugzeug und den deutschen Bedarf an einem Jagdbomber vereinte. Die daraus hervorgegangene Alpha Jet entsprach jedoch mehr den französischen Spezifikationen als denen der Luftwaffe: es war ein Tandem-zweisitziger Pfeil-Hochdecker mit zwei niedrig eingebauten Motoren ohne Nachbrenner. Das Übungsflugzeug Alpha Jet E besaß eine Länge von 12,3 Metern sowie eine Flügelspannweite von 9,1 Metern und wog beim Abflug ca.7.500 Kg. Die beiden Larzac 04 - Strahlturbinen mit 1.350 Kg Schubkraft ermöglichen dem Flugzeug eine Höchstgeschwindigkeit von 920 Km/h. Seinen ersten Flug führte die Alpha Jet am 26.Oktober 1973 durch; seitdem wurden über 500 Exemplare produziert und in elf verschiedenen europäischen, asiatischen und afrikanischen Ländern verkauft. 1982 erschien die Alpha Jet 2, der mit modernerer Avionik und spezifischer Bodenangriffs-Bewaffnung ausgestattet war. Beachtlichen Erfolg genoss auch die BAe Hawk, die zum ersten Mal am 21.August 1974 flog. Es handelte sich um ein fortgeschrittenes Übungsflugzeug mit Tandem-Plätzen und tiefen Flügeln, das entworfen wurde um die RAF mit Ersatzflugzeugen der Modelle Folland Gnat und Hawker Hunter auszurüsten. Die schnelle und wendige Hawk trat 1976 in den Dienst ein und erwies sich schon nach kurzer Zeit auch als gutes Kampfflugzeug. Der Export-Erfolg war zum größten Teil der Verwendungsvielfalt des Flugzeugs zu verdanken. Das Modell Hawk T Mk.I besaß eine Spannweite von 9,4 Meter, eine Länge von 11,8 Meter sowie ein maximales Abfluggewicht von 7.750 Kg. Angetrieben von einem Adour- Zweikreistriebwerk von 2.360 Kg konnte das Flugzeug bis zu 1.040 Km/h fliegen. Ab 1980, mit der Einführung verschiedener Export-Versionen (die Serien Mk.50, 60 und 100) wurde die Hawk an ca. fünfzehn Länder in Europa, Asien, Afrika und Nordamerika verkauft. 1986 erschien auch das einsitzige Modell Mk.200, welches ausdrücklich für Kampfaufgaben entworfen wurde. Seitens der McDonnell-Douglas und der BAe wurde die Hawk Mk.60 zum Basismodell für die Realisierung des künftigen fortschrittlichen Übungsflugzeugs der US Navy ausgewählt. Dieses neue Flugzeug wurde T-45A Goshawk genannt und führte seinen ersten Flug am 16.April 1988 durch. Im Jahr 1992 trat das Modell in den Dienst ein. Die US Navy hatte eine Bestellung von insgesamt 174 Exemplaren des T-45A in Auftrag gegeben, die bis zum Jahr 2003 die Modelle T-2 Buckeye und TA-4 Skyhawk ersetzt haben werden. Die T-45A unterscheidet sich wesentlich von der Hawk, da sie bedeutenden Modifizierungen im Bereich der Avionik, Struktur und Aerodynamik unterzogen wurde um den besonderen Erfordernissen der US Navy - darunter auch Decklandeoperationen - gerecht zu werden. Bis heute wurden bereits über 700 Exemplare der verschiedenen Hawk-Versionen produziert.

200-201 Das italienische „Frecce Tricolori" ist eines drei angesehensten Kunstfluggeschwader der Welt; die Gruppe fliegt seit 1982 mit zehn Aermacchi MB.339. Die „Frecce" - bekannt als die 313.Gruppe - wird auch als Jagdbomber-Einheit trainiert.

201 oben Die französische Patrouille de France - ein weiteres der weltbesten Kunstfluggeschwader - benutzt neun Dassault-Breguet/Dornier Alpha Jets E. Die Franzosen setzen die Maschine nur als Übungsflugzeug ein, während sie in Deutschland als leichter Jagdbomber benutzt wurde.

201 unten Das RAF-Kunstfluggeschwader „Red Arrows" fliegt mit neun BAe Hawk-Übungsflugzeugen. Die Hawk flog zum ersten Mal 1974 und kann - mit Bomben und Raketen beladen - auch als leichtes Angriffsflugzeug benutzt werden. Es wurde in ca. 12 Ländern als Übungsflugzeug und leichter Multifunktionsjäger exportiert. Man entwickelte auch eine einsitzige Version, die Hawk Mk.200.

Die Übungsflugzeuge

In den Jahren der Nachkriegszeit wurde parallel zu den Düsenmodellen auch die Produktion von propellerbetriebenen Übungsflugzeugen vorangetrieben, da man diese für die Anfangsphasen der Flugausbildung benötigte. In dieser Kategorie traten besonders die Modelle Jak-18, Beech T-34 Mentor, North American T-28 Trojan und SIAI-Marchetti SF.260 hervor. In der Sowjetunion hatte die Yak bereits vor dem Ausbruch des zweiten Weltkriegs ein einmotoriges Propeller-Schulflugzeug entworfen, doch das Projekt blieb aufgrund der kriegerischen Prioritäten bis 1945 „eingefroren". Die Yak-18, der sich durch einen Radial-Motor, Tandem-Cockpit sowie ein hinteres Dreiradfahrgestell auszeichnete, erschien daher zum ersten Mal 1947, wurde jedoch 1955 von der Yak-18U ersetzt - diese war mit einem Dreirad-Bugfahrwerk ausgestattet - und später von dem Modell A, mit 260-PS-Motor und weiteren Verfeinerungen. Bis 1968 wurden mehr als 6.750 Exemplare der Yak-18 produziert; das Flugzeug war das bedeutendste Grund-Übungsflugzeug der sowjetischen Luftwaffe und war auch im Dienst der verschiedenen Satelliten- bzw. Alliierten-Länder der UdSSR. 1976 wurde aus der Yak-18

202 links Die North American T-28 Trojan war für die US Navy ein Ersatzflugzeug der Texan SNJ. Die Serienproduktion begann 1950, und es wurden fast 1.200 Exemplare hergestellt. Dies ist eine restaurierter Trojan, bemalt mit den Farben der USAF.

202-203 Die USAF beschloss die T-6 Texan durch die Beech T-34 Mentor zu ersetzen. Die T-34 startete im Dezember 1948 zu ihrem ersten Flug und wurde später auch von den Luftwaffen weiterer 16 Länder benutzt.

203 unten Die sowjetische Yakovlev Jak-18 war ein berühmtes, propellerbetriebenes Übungsflugzeug aus Osteuropa. Die Maschine erschien 1946 als Tandem-Zweisitzer. 1967 wurde die viersitzige Jak-18T entwickelt (hier auf dem Foto) und für Leichttransporte sowie Rettungseinsätze benutzt.

der Kunstflug-Einsitzer Yak-50 entwickelt und später der Zweisitzer Yak-52, der von einem 360-PS- Radial- Motor Vedeneyev M14 zu einer Höchstgeschwindigkeit von 300 Km/h angetrieben wurde und ein maximales Abfluggewicht von 1.300 Kg besaß. Äußerlich ähnelte die Yak-52 sehr ihren Vorgängern. Bis heute sind 1.700 Exemplare produziert worden. In den Vereinigten Staaten wurde 1948 die Beech 45 eingeführt. Das Flugzeug gründete sich auf der Basis des Modells 35 Bonanza und wurde als neues Grundausbildungsflugzeug für die USAF entworfen. Die Maschine wurde vom Militär T-34A Mentor benannt und war ausgestattet mit einem Dreirad-Bugfahrwerk sowie einem Tandem-Cockpit. Den ersten Flug führte die Mentor am 2. Dezember 1948 aus; 450 Exemplare wurden von der USAF bestellt sowie 423 von der US Navy (als T-34B). Die T-34A hatte eine Spannweite von 10,1 Meter, eine Länge von 8,7 Meter und ein maximales Höchstgewicht von 1.960 Kg. Sie war ausgerüstet mit einem 225-PS-Motor Continental O-450 und erreichte eine Höchstgeschwindigkeit von 304 Km/h. Später erwarb die USAF das Düsenflugzeug T-37, während die US Navy sich dazu entschied, die Modelle B und C mit einem Propellerturbotriebwerk vom Typ Pratt & Whitney Canada PT6A (400 shp) auszurüsten, so dass eine Höchstgeschwindigkeit von 396 Km/h gewährleistet sein würde. Über 1.200 Exemplare der T-34 wurden produziert (auch auf Lizenz in Japan und Argentinien) und waren - bzw. sind noch in mehr als 15 Ländern im Dienst. Die North American XT-28, ein robuster Eindecker mit Tandem-Plätzen und niedrigen Flügeln flog zum ersten Mal am 26.September 1949. Das Flugzeug sollte die T-6 ersetzen; 1950 wurde das Projekt genehmigt und die Maschine benannte man „T-28A Trojan" für die USAF bzw. T-28B für die US Navy. Letztere erwarb auch die T-28C, eine Version mit Trägerlandungshaken. Die Trojan war ausgestattet mit einem 1.445-PS-Motor Wright R-1820 und erreichte eine Höchstgeschwindigkeit von 550 Km/h. Außerdem bewies sie auch gute Qualitäten als leichtes Angriffsflugzeug und wurde in den Konflikten Algeriens und Indochinas eingesetzt. Insgesamt wurden 1.194 Exemplare der XT-28 gebaut und von mehr als sechs Ländern benutzt.

Die Übungsflugzeuge

Die als Sportflugzeug entworfene Marchetti SIAI SF.260 vollbrachte ihren ersten Flug am 15.Juli 1964. Das Flugzeug wurde aus zwei Entwürfen des Ingenieurs Stelio Frati entwickelt: der F.8 Falco und der F.250. Letzterer wurde von der SIAI Marchetti erworben, die das Flugzeug für die Serienproduktion anpasste. Nach den ersten Erfolgen im Bereich der Zivilluftfahrt begann die F.250 auch von den militärischen und zivilen Flugschulen berücksichtigt zu werden, da er auch als Übungsflugzeug bemerkenswerte Kapazität erwies. In Folge dessen wurden Ende der sechziger Jahre die SF.260M für den Militärgebrauch verwirklicht, sowie später die SF.260W Warrior mit der Möglichkeit, leichte Bewaffnung verwenden zu können. Das Flugzeug besaß eine elegante, pure Außenform mit Flügeln in Laminarprofil, Cockpit mit Seite-an-Seite-Plätzen und Einziehfahrwerk. Der Motor war vom Typ Lycoming AIO-540 mit 260 PS und ermöglichte eine Höchstgeschwindigkeit von 347 Km/h. Die Spannweite betrug 8,35 Meter, die Länge 7,1 Meter und das maximale Abfluggewicht des Flugzeugs erreichte bis zu 1.200 Kg. Es wurde außerdem auch die TP-Propellerturbinen-Version der SF.260 entwickelt, die einen bemerkenswerten Handelserfolg erfuhr: insgesamt wurden über 900 Exemplare der SF.260 produziert, wobei die Militärversionen des Flugzeugs in 31 Ländern Gebrauch fanden. Gegenwärtig wird diese noch von der Aermacchi hergestellt.

In den sechziger Jahren begann sich ein dritter Typ von Ausbildungsflugzeugen durchzusetzen: Es handelte sich um die mit Propellerturbine ausgestatteten Versionen. In diesen Modellen vereinten sich hohe Flugleistungen mit niedrigen Geschäftskosten. Die Flugzeuge, die sich am besten in diesem Feld behaupten konnten - neben den Modellen T-34C und SF.260TP - wurden in der Schweiz und in Brasilien verwirklicht. In den 60-er beschloss die schweizerische Firma Pilatus, die bereits das Kolbenmotorflugzeug P-3 produziert hatte dieses mit der Einführung eines Propellerturbinen-Triebwerks neu zu beleben. Das neue Flugzeug, genannt P-3B, flog zum ersten Mal am 12.April 1966, doch die endgültige Version PC-7 erschien erst 1978. Die P-3B hatte eine Flügelspannweite von 10,1 Meter, ein Länge von 10,1 Meter und ein maximales Abfluggewicht von 3.200 Kg. Angetrieben von einem klassischen Turbinenmotor Pratt & Whitney Canada PT6A mit 700 shp erreichte das Flugzeug eine Höchstgeschwindigkeit von 555 Km/h. Die PC-7 trat 1982 in den Dienst der schweizerischen Luftwaffe und wurde später von 15 Länder erworben. Insgesamt wurden 450 Exemplare hergestellt. Aus diesem Modell wurde auch die PC-9 entwickelt, die zum ersten Mal am 7.Mai 1984 flog. Diese Version war mit dem stärkeren Motor PT6A (950 shp) ausgestattet, verfügte über Schleudersitze für die Besatzung und bewies alles in allem bessere Flugleistungen. Über 160 Exemplare der PC-9 wurden hergestellt; das Flugzeug bildete außerdem die Grundlage für die Konstruktion der Beech Mk.II, der 1995 den JPATS-Wettbewerb als neues Schulflugzeug der amerikanischen Streitkräfte für sich entscheiden konnte. Das T-6A Texan benannte Flugzeug verfügte über einen 1.250-shp-Motor, neue Avionik, eine druckdichte Kabine sowie weitere Modifizierungen. Insgesamt wurden über 700 Exemplare der T-6A Texan für die USAF und US Navy produziert.

Mitte der 70-er Jahre dagegen widmete sich die brasilianische Embraer der Realisierung eines Propellerturbinen-Übungsflugzeugs. Der verwirklichte Prototyp flog am 16.August 1980

und wurde „EMB-312 Tucano" benannt. Das Flugzeug besaß eine Flügelspannweite von 11,1 Meter, ein Länge von 9,8 Meter und ein Höchstgewicht von 3.175 Kg. Die Tucano wurde von einem Pratt & Whitney PT6A- Motor mit 760 shp (beschränkt auf 590 shp) angetrieben und erreichte eine Höchstgeschwindigkeit von 433 Km/h. Das Flugzeug trat 1982 in den Dienst der brasilianischen Luftwaffe ein und wurde erfolgreich exportiert, besonders nach Großbritannien und Frankreich - zwei Ländern, die dem Import eher abgeneigt gegenüberstanden - wo er den Flugschulen zugewiesen wurde. Gegenwärtig befindet sich das Modell in Produktion (auch in der Angriffsversion A-29/EMB-312H), wobei bis heute 680 Exemplare in 14 Länder auf der ganzen Welt geliefert wurden.

204-205 Die SIAI Marchetti (heute Aermacchi) SF.260 war eines der erfolgreichsten, italienischen Übungsflugzeuge der Nachkriegszeit. Die 1964 eingeführte Maschine befindet sich noch heute in Produktion; über 900 Exemplare wurden in mehr als 30 Ländern verkauft.

205 oben Der schweizerische Pilatus PC-7 ist ein weiteres, gelungenes Propellerturbinen-Übungsflugzeug. Er flog zum ersten Mal 1978. Die mehr als 500 gebauten Exemplare wurden in 16 Ländern verkauft. Auf dem Foto sind drei malaysische Modelle zu sehen.

205 Mitte Zwei Shorts Tucanos der RAF (die britische, auf Lizenz gebaute Version der brasilianischen Embraer EMB-312). Ende der 70-er Jahre begann man - mit dem Ziel die Trainingskosten zu senken - anstelle der komplexeren Jets mehr Propellerturbinenflugzeuge zu benutzen.

205 unten Der Pilatus PC-9 war eine natürliche Weiterentwicklung des PC-7 und erwies sich als ein hervorragender Propellerturbinen-Trainer. Das Flugzeug wurde zum Sieger des JPATS-Wettbewerbs gewählt um die Flugschulen der amerikanischen Luftstreitkräfte neu auszurüsten.

Die Übungsflugzeuge | 205

Kapitel 15

Allgemeine Luftfahrt

Der Terminus „allgemeine Luftfahrt" ist relativ neu und wurde geprägt durch die immer ausgeprägteren Unterschiede und Spezialisierungen, die in der Welt des Motorflugs entstanden. Vor dem zweiten Weltkrieg gab es in vielen Fällen keine klaren Unterscheidungsmerkmale zwischen Flugzeugen für den Zivilgebrauch und denjenigen, die für militärische Zwecke entwickelt wurden. In Sektoren wie Schulung, Verbindung und Transport, und sogar Bombardierung wurden zu jener Zeit Flugzeuge eingesetzt, die nicht auf ausschließlich eine Rolle hin entworfen wurden; oft geschah es, dass Zivilluftfahrzeuge mit nur wenigen Änderungen für militärische Zwecke umgewandelt wurden und umgekehrt. Mit dem Erscheinen von Düsenmotoren sowie immer ausgefeilterer Technologien im Bereich der Aerodynamik und Avionik konnte man beim Entwerfen der Flugzeuge besser auf die Bedürfnisse der jeweiligen Benutzer eingehen, so dass folglich die Unterschiede zwischen den Flugzeugen immer größer wurden.

In den zwanziger Jahren in Amerika wurde die Curtiss JN sowohl von den Militärflugschulen als auch von Zivil-Piloten für Sport- und Unterhaltungszwecke genutzt; man denke dagegen nur an die Unterschiede, die heutzutage zwischen den Militär-Düsenflugzeugen T-37 oder T-45 und der Cessna 172 der verschiedenen amerikanischen Aero Clubs liegen!

Die allgemeine Luftfahrt beinhaltet also all jene Flugzeuge für den Privatgebrauch, die nicht in die Kategorien der militärischen, Handels- oder Linienflugzeuge fallen. Es handelt sich praktisch um leichte Übungsflugzeuge, Tourismus und Geschäftsflugzeuge, dessen wichtigste Vertreter die sogenannten Business Jets sind, die ihre Kunden - VIPs sowie Angestellte der größten Firmen- um die ganze Welt transportieren. Unter den Industrien, die die Säulen dieses Luftfahrtbereichs darstellen sind die amerikanische Piper und Cessna, die Millionen von Menschen die Welt der Luftfahrt eröffnet haben.

In diesem Zusammenhang kann die Piper J-3 Cub, die zum ersten Mal im September 1930 als Taylor Cub flog, als der Prototyp moderner Flugzeuge der allgemeinen Luftfahrt betrachtet werden. Es handelte sich um ein leichtes Flugzeug mit Gewebe-Verkleidung, hochverstrebten Flügeln, Tandem-Zweisitz- Kabine, hinterem Dreiradfahrgestell und einem 41-PS-Motor Continental. 1937 übernahm die neugegründete Piper die Entwicklung und Produktion des Projekts. Die Ausstattung mit neuen 66-PS-Motoren begünstigte die Verbreitung des Flugzeugs. 1949 entwarf die Piper das verbesserte und robustere Modell PA-18 Super Cub, dessen Gewicht und Flugleistungen erhöht waren. Die Super Cub war anfangs mit einem 91-PS-Motor ausgestattet, doch schon bald wurden verschiedene Versionen entworfen; einige davon besaßen Ski und Schwimmer und Motoren mit bis zu 152 PS. Die PA-18-150, ausgerüstet mit dem 150-PS-Motor Lycoming erreichte eine Höchstgeschwindigkeit von 210 Km/h und besaß ein maximales Abfluggewicht von 795 Kg. Das Flugzeug hatte eine

206 Die Piper Pa-28 Cheeroke ist eines der meist verbreiteten Sportflugzeuge und wird noch heutzutage benutzt. Seit Januar 1960 wurden über 30 verschiedene Versionen gebaut.

207 oben Eine Piper Pa-18 Super Cub beim Tiefflug über Maryland. Die Pa-18 war der natürliche Nachfolger des Modells J-3 und wurde in der Nachkriegszeit (ab 1949) entwickelt.

207 Mitte links Eine Piper J-3 Cub - der Urvater einer langen Reihe moderner Sportflugzeuge. Die 1929 entworfene Maschine besaß ursprünglich nur einen 41-PS-Motor und wog weniger als 500 kg.

Flügelspannweite von 10,7 Meter und eine Länge von 6,9 Meter. Sowohl die Cub als auch die Super Cub wurden auch in Militärversionen hergestellt, die für Transport- und Beobachtungszwecke bestimmt waren (der L-4, L-18 und L-21) und von den Streitkräften vieler Länder benutzt wurden. Die Super Cub ist - mit einigen Unterbrechungen - bis Mitte der neunziger Jahre in Produktion geblieben. Zusammen mit der Cub wurden insgesamt über 26.000 Exemplare hergestellt. Ein schwereres Sportflugzeug - angetrieben von dem 150-PS-Motor Lycoming- machte seinen Jungfernflug am 14.Januar 1960. Es handelte sich dabei um die PA-28 Cherokee, einen attraktiven einmotorigen Tiefdecker mit festem Fahrgestell, der über eine vier-Personen-Kabine und einen 150-PS-Motor Lycoming verfügte. Die PA-28 wurde ab 1961 hergestellt und ist noch heutzutage erhältlich. Der enorme Verkaufserfolg des Flugzeugs führte zu einer Produktion von mehr als 19.000 Exemplaren in verschiedenen Versionen. Unter den über 30 verwirklichten Modellen befinden sich die Serien Archer, Arrow, Dakota und Warrior,die ausgestattet sind mit Vergaser-, Einspritz- und Turbokompressor-Motoren und Einziehfahrwerk. Die veränderliche Potenz kann bis zu 235 PS betragen.
Im Oktober 1977 führte Piper ein neues einmotoriges, leichtes Übungsflugzeug mit zwei Sitzen vor; es handelte sich um den PA-38 Tomahawk, der sich auszeichnete durch die T-Leitwerke und einen 114-PS-Motor mit reduziertem Kraftstoffverbrauch. Obwohl das Flugzeug sorgfältig entworfen wurde - u.a. auch dank den Ratschlägen von über 10.000 interviewten Fluglehrern - konnte der Tomahawk keine Verkaufserfolge erzielen; bis 1982 wurden weniger als 2.500 Exemplare produziert.

Eine weitere große Serie der Piper-Flugzeuge waren die Zweimotoren, unter denen die PA-23 Apache als Basis angesehen werden kann. Diese war ein Tiefdecker mit Einziehfahrwerk, viersitziger Kabine und in den Flügeln versenkten* Motoren. Die Apache führte ihren ersten Flug am 2.März 1952 durch und blieb bis 1965 in Produktion. Danach wurde das Flugzeug von der Aztec ersetzt, die über eine größere Kabine, erhöhte Ladefähigkeit sowie zwei 250-PS-Motoren verfügte. Die Turbo-Atzec besaß dagegen zwei 253-PS-Turbomotorgebläse Lycoming und erreichte eine Höchstgeschwindigkeit von 407 Km/h. Das maximale Abfluggewicht betrug 2.540 Kg und außer dem Piloten fanden fünf Reisende in dem Flugzeug Platz. Die Spannweite betrug 11,4 Meter und die Länge 9,5 Meter. Über 2.800 Exemplare des PA-23 wurden konstruiert.

207 unten links *Die viersitzige Pa-23 Apache war das erste zweimotorige Flugzeug, das von Piper entworfen und gebaut wurde. Die Maschine flog zum ersten Mal 1952 und blieb bis 1965 in Produktion.*

207 unten rechts *Die Pa-38 Tomahawk wurde 1977 von der Piper produziert um die Flugschulen mit einem neuen, leichten Einmotorflugzeug auszurüsten. Die Maschine erfuhr jedoch nicht den erhofften Erfolg.*

Allgemeine Luftfahrt | 207

Am 30.September 1964 flog die PA-31 Inca, die drei Jahre später umbenannt wurde auf Navajo. Dieses war ein großes und schweres Modell, das mit seinem Fassungsvermögen von acht Plätzen und den 300-PS-Motoren bereits näher an den Business-Flugzeug- und Lufttaxi-Sektor herantrat. Die Piper realisierte nach und nach verschiedene Versionen mit Druckkabinen und Turbokompressor-Motoren bis sie 1972 die Navajo Chieftain einführte. Dieses Modell besaß einen verlängerten Rumpf und stärkere Motoren. Ebenfalls 1972 wurde die PA-42 Cheyenne mit Propellerturbinenmotoren eingeführt. Es wurden zahlreiche modernere Versionen produziert, die bis zu elf Sitzplätze enthielten und Motorenstärken bis zu 1.014 shp pro Triebwerk erreichten (wie die Cheyenne IV, die 640 Km/h flog). Die Cheyenne III hatte eine Spannweite von 14,5 Meter, ein Länge von 13,2 Meter und ein maximales Abfluggewicht von 5.080 Kg. Die zwei Pratt & Whitney Canada PT6A Propellerturbinen von 730 shp ermöglichten eine Höchstgeschwindigkeit von 550 Km/h. Ein weiteres Erfolgsmodell der Piper erschien 1972; es handelte sich um die PA-34 Seneca, die aus dem einmotorigen Cherokee Six entwickelt wurde. Das Flugzeug besaß die typischen Piper-Formen, mit niedrigen Flügeln, Einziehfahrwerk, sechs-oder siebenplätzige Kabine sowie zwei 203-PS Lycoming Motoren. Darauf folgten die Seneca II, die mit Turbokompressor-Mororen und gegenläufigen Propellern ausgestattet war, und später die Seneca III. Die letzte Version dieser Serie ist die Seneca IV, die angetrieben wird von 220-PS Teledyne Continental Motoren und eine Höchstgeschwindigkeit von 360 Km/h erreicht. Die Spannweite beträgt 11,8 Meter, die Länge 8,7 Meter und das maximale Abfluggewicht beträgt 2.150 Kg. Bis heute wurden 4.600 Exemplare der Seneca hergestellt, und die Produktion des Modells wird noch fortgeführt.

208 oben Die Pa-31-350 Navajo Chieftain von 1972 war eines der Flugzeuge aus der Pa-31 Serie. Er besaß einen verlängerten Rumpf und 335-PS-Motoren.

208 Mitte Die Piper Pa-34 Seneca erschien 1972 als Entwicklung der einmotorigen Cheeroke Six. Auf der Fotografie ist eine Seneca II von 1975 mit Turbokompressor-Motor zu sehen.

208 unten Die Piper Pa-31 Inca - 1967 auf „Navajo" umbenannt - bildete das Basismodell für die Entwicklung von 20 Versionen. Die Maschine verfügte über Turbokompressor-Motoren und eine Druckkabine, Flügel und Rumpf waren verlängert.

Der andere amerikanische Koloss auf diesem Gebiet, die Cessna (gegründet 1927), brachte 1948 ihr erfolgreichstes Produkt heraus - das Model 170, ein Viersitzer mit hohen, verstrebten Flügeln und festem Dreiradfahrgestell, der aus dem Model 120 hervorging. Der wahre Erfolg kam jedoch erst einige Jahre später mit dem Erscheinen der 170B (mit 147-PS-Motor und geschlitzten Nachflügeln) und später vor allem mit dem Model 172 aus dem Jahr 1955, das mit dem Dreirad-Bugfahrwerk ausgestattet war: allein im Jahr 1956 wurden 1.170 Exemplare verkauft. Seitdem hatte man die Serie immer weiter verbessert und entwickelt, wobei zahlreiche 172, 175 und 182 Versionen mit Turbokompressor-Motoren und Einziehfahrwerk(RG) realisiert wurden. Die Cessna 172 hatte eine Spannweite von 10,9 Metern, ein Länge von 8,2 Metern und ein maximales Abfluggewicht von 1.135 Kg. Der Teledyne Continental Motor produzierte 213 PS und sorgte für eine Höchstgeschwindigkeit von 245 Km/h. Die Version als Militär-Übungsflugzeug - T-41 - wurde in 730 Exemplaren hergestellt. Nach mehr als 50 Jahren (mit einigen Unterbrechungen) ist das Flugzeug noch heute in Produktion, und bisher wurden mehr als 58.000 Exemplare gebaut. Parallel zu den Model-170-Serien produzierte die Cessna auch das Model 180, wobei es sich praktisch um eine schwerere und stärkere Version der 170B handelte, die mit denselben Flügeln versehen war. Die 180 Skywagon flog das erste Mal 1953. Sieben Jahre später erschien das Model 185, welches mit einem 300-PS-Motor und einer Sechserkabine ausgestattet war; die Höchstgeschwindigkeit betrug 286 Km/h und das maximale Abfluggewicht erreichte bis zu 1.520 Kg. Auch von dem Model 185 wurde eine Militär-Version abgeleitet (Verbindung und Leicht-Transport), die mit U-17 bezeichnet wurde. Insgesamt wurden über 10.000 Cessna 180/185 hergestellt. Die Cessna 206 Super Skywagon erschien 1964 und war eine Entwicklung des Modells 185, jedoch ausgestattet mit einem stärkeren Motor und Dreirad-Bugfahrgestell. 1969 folgte das Model 207 mit verlängertem Rumpf. Es handelte sich um ein Allzweck-Flugzeug, das besonders gern und gut eingesetzt wurde für den Fallschirmabwurf, als Mietflugzeug und Luftambulanz. Über 8.000 Exemplare des Model 207 - auch mit Turbokompressor-Motoren - wurden produziert.

Ein weiteres, außerordentlich erfolgreiches Flugzeug war das Model 150, auf dem Generationen von Piloten fliegen lernten. Ausgestattet mit den typischen verstrebten Hoch-Flügeln, festem Dreirad-Bugfahrwerk und einer Kabine mit nur zwei Plätzen, erschien die 150 im September 1957 als kostengünstiges, leichtes Flugzeug - ideal für die Flugschulen und Aero Clubs. Die Maschine besaß eine Flügelspannweite von 10 Metern und ein Länge von 7,3 Metern, war mit einem 100-PS-Motor Continental ausgestattet und flog bis zu 200 Km/h; das maximale Abfluggewicht betrug 725 Kg. Das Model 150 sicherte sich einen weltweiten Verkaufserfolg und wurde auf Lizenz auch von der Reims in Frankreich gebaut. 1977 wurde die Version 152 vorgestellt, wobei der einzige Unterschied die neue Ausstattung mit dem 112-PS-Motor Avco Lycoming war. Über 27.000 Exemplare der Serien 150/152 wurden produziert, und die Flugzeuge sind noch bis heute sehr verbreitet.

209 oben Die Cessna 172 - das vielleicht berühmteste Sportflugzeug aller Zeiten. Er flog zum ersten Mal 1955. Seitdem wurden ca. 60.000 Exemplare gebaut.

209 unten Eine Wasserflugzeug-Version der Cessna 206 Super Skywagon. Die Maschine flog zum ersten Mal 1964 und ist besonders für allgemeine Nutzaufgaben geeignet.

Allgemeine Luftfahrt 209

210-211 Eine zweimotorige Cessna E310P über dem Meer. Die Cessna produzierte eine große Serie von zweimotorigen Sport- und Businessflugzeugen, die in dem Turbopropmodell 425 gipfelten.

Die Cessna brachte auch eine bemerkenswerte Serie erfolgreicher zweimotoriger Flugzeuge heraus. Das erste war das Model 310, das im Januar 1953 zum ersten Mal flog; es handelte sich um einen Tiefdecker mit Kraftstofftanks an den Flügelspitzen, einziehbarem Dreirad-Bugfahrwerk, Sechserkabine und zwei 228-PS-Motoren Continental (wurden in den Serienexemplaren mit 264-PS-Motoren ersetzt). Im Februar 1961 führte die Cessna dagegen ein Flugzeug ein, das in gewisser Weise revolutionär war: das Model 336 Skymaster, charakterisiert durch die „Push-Pull" - Ausführung mit einem Motor in der Nase und einem anderen im Schwanz*. Es gab außerdem eine Viererkabine, die üblichen verstrebten Cessna-Hochflügel, Doppelrumpfträger sowie eine zweifache Abdrift. Obwohl es sich um ein originelles und gut steuerbares Flugzeug handelte, konnte sich das Model 336 aufgrund des überholten festen Fahrgestells auf dem Markt nicht durchsetzen. 1965 erschien die 337 Super Skymaster - ein Modell, das endlich mit einem einziehbaren Fahrwerk und bedingtem, ventral positioniertem Gepäckabteil ausgestattet war. Die Kabine verfügte nun über sechs bequeme Plätze, während die zwei 213-PS-Motoren Continental eine Höchstgeschwindigkeit von 332 Km/h ermöglichten. Das Flugzeug besaß eine Spannweite von 11,6 Metern und eine Länge von 9 Metern sowie ein maximales Abfluggewicht in Höhe von 2.100 Kg. Die 337 wurde auf Lizenz auch von der Reims hergestellt sowie in zwei Militärversionen für Beobachtungs- und leichte Angriffseinsätze verwirklicht (O-2A und FTB337). Die 1980 beendete Produktion der Super Spymasters 337 belief sich insgesamt auf 2.678 Exemplare. Im Juli 1962 wurde dagegen die erste aus einer langen Reihe klassischer zweimotoriger Tiefdecker mit Einziehfahrwerk und 6-bis 8-plätzigen Kabinen eingeführt. Diese Cessna 411-Flugzeuge ähnelten sehr den Vorgängermodellen 310, waren jedoch leicht vergrößert und verstärkt worden. Es folgten die Modelle 401 und 402, die kostengünstiger als die 411 waren. Das 1965 vorgestellte Model 421 Golden Eagle wurde aus der 411 entwickelt und besaß eine klimatisierte Druckkabine, die bis zu zehn Passagiere aufnehmen konnte. Die zwei 370-PS-Turbokompressor-Motoren Continental verliehen dem Flugzeug eine

Höchstgeschwindigkeit von 478 Km/h. 1968 erschien die Cessna 414 Chancellor, die mit den Flügeln des 401 sowie dem unter Überdruck gesetzten Rumpf des 421 ausgestattet war. In den siebziger Jahren wurden die sich ähnelnden Modelle 441 Conquest und 404 Titan eingeführt - beide besaßen auch Schwanzleitwerkflächen in positivem V-Winkel. Die Conquest wurde von Propellerturbinen-Motoren angetrieben und konnte bis zu elf Passagiere aufnehmen, während die Titan ausgestattet war mit Turbolader-Kolbenmotoren. Diesen Modellen folgte die 425 Corsair, ein weiteres Propellerturbinen-Flugzeug, das zusammengesetzt war aus der Zelle des 421 und den Motoren Pratt & Whitney Canada PT6A ..
Ende der sechziger Jahre machte die Cessna mit der Realisierung des Models 500 einen großen Schritt in den Bereich der Business-Zweidüsenflugzeuge. Das Model 500, genannt Citation, flog zum ersten Mal am 15.September 1969. Es besaß eine klassische Grundform mit geraden Flügeln und gekoppelten Heck-Motoren und schaffte sich sofort einen gültigen Konkurrenten-Platz auf dem Markt der Business-Jets. Im Laufe der Jahre wurde die Citation- Familie mit immer ausgefeilterten und stärkeren Modellen bereichert. Die Citation aus dem Jahr 1982 war das erste Exemplar mit Pfeilflügeln. Es folgten die Citation V (Ersatz des Modells II), später die VI und VII und schließlich die neueste Citation X aus dem Jahr 1993. Beim letztere handelt es sich um einen VIP-Jet für Interkontinentalflüge, der eine Aufnahmefähigkeit von bis zu zwölf Passagieren besitzt und mit einem Allison Zweikreistriebwerk mit 2.900 Kg Schubkraft ausgerüstet ist. Die Citation erreicht eine Höchstgeschwindigkeit von 910 Km/h und ein maximales Abfluggewicht von 15.650 Kg. Die Spannweite beträgt 19,5 Meter, während die Länge des Flugzeugs 22 Meter misst.

210 unten Diese Cessna 421 Golden Eagle besitzt englische Kennzeichnung. Das Flugzeug kann bis zu 10 Reisende aufnehmen und 478 km/h fliegen.

211 oben Eine deutscher Cessna 525 Citation bei der Landung. Dieses Zweidüsenflugzeug flog zum ersten Mal 1969 und war eines der ersten, relativ günstigen Business-Jets.

211 unten Die Cessna 336/337 war zweifellos ein revolutionäres Flugzeug, charakterisiert durch die zwei Tandem- bzw. „push-pull" - Motoren. Hier ist ein F337F Modell mit Einziehfahrwerk zu sehen.

Allgemeine Luftfahrt | 211

Die Beechcraft ist ein weiterer wichtiger amerikanischer Betrieb im Bereich der allgemeinen Luftfahrt. Unter dessen berühmtesten Flugzeugen befinden sich die Bonanza, die Baron und die King Air. Die Bonanza unternahm als Beech Model 35 am 22.Dezember 1945 ihren ersten Flug; der besonders gelungene und fortschrittliche Entwurf trug zum Nachkriegs-Aufschwung der Zivilluftfahrt in Amerika mit bei. Als Tiefdecker zeichnete sich das Flugzeug durch ein einziehbares Dreirad-Bugfahrgestell und die V-Leitwerke aus. Bereits zwei Jahre nach seinem Erscheinen wurden über 1.000 Exemplare verkauft und bezeugten den riesigen Erfolg des Bonanza. Darauffolgend führte die Beechcraft die Modelle 33 und 36 ein, - beide besaßen traditionelle Schwanzflächen - die sich im Verlauf von über 50 Jahren mit mehr als 15.000 produzierten Exemplaren noch auf dem Markt befinden. Das Model 55 war dagegen ein kleines Flugzeug mit zwei Kolbenmotoren, das zum ersten Mal im Februar 1960 flog. Die auf „Baron" getaufte Maschine rührte von dem Model 95 her, besaß jedoch die stärkeren Continental - Motoren mit 264 PS. Ständige Verbesserungen wurden realisiert in den Versionen B55 (Kabine mit sechs Plätzen), C55 (289-PS-Motor), 56TC und 58 (aus dem Jahr1969) mit verlängertem Rumpf. Die 58 - noch heutzutage auf dem Markt verfügbar - besitzt eine Spannweite von 11,5 Metern, eine Länge von 9,1 Metern sowie ein maximales Abfluggewicht von 2.812 Kg. Die zwei Turbokompress-Motoren Continental produzieren je 329 PS und gewährleisten eine Höchstgeschwindigkeit bis 483 Km/h. Im Januar 1964 startete ein anderer Zweimotoren. Flugzeugtyp zu seinem Erstflug - das Model 65-90T. Diesmal handelte es sich um eine schwerere, Maschine, die mit Propellerturbine angetrieben wurde und für Transport- sowie Übungszwecke bestimmt war. Die 65-90T stammte von dem Model 65-80

Queen Air ab und wurde auf eine Anfrage der IS-Army hin entworfen. Das Flugzeug - benannt mit King Air - besaß eine traditionelle Außengestalt mit Propellerturbinenmotoren und einer zehn-Plätze-Druckkabine. Es wurden verschiedene Modelle aus dem King Air abgeleitet, die immer besser ausgestattet waren sowie höhere Leistungen erbrachten. Darunter waren die Modelle 99, 100 - mit einer 15-Plätze-Kabine - sowie das Model 200 Super King Air von 1972, das mit T-Leitwerken, längeren Flügeln und neuen Motoren ausgestattet war. Die B200 besaß eine Flügelspannweite von 16,6 Metern, eine Länge von 13,1 Metern sowie ein maximales Abfluggewicht von 5.670 Kg. Mit den zwei Pratt & Whitney Canada- Motoren (850 shp) konnte die Maschine eine Höchstgeschwindigkeit bis 520 Km/h erreichen. Das letzte Modell der Serie war die 1990 eingeführte Super King Air 350. Diese Version verfügt über Winglets an den Tragflächenenden und einen nochmals verlängerten Rumpf, indem nun bis zu 17 Personen Platz finden sowie PT6A-Motoren von 1.050 shp. Die Beech verfügt außerdem über

einen nutzvollen Business-Jet - das Modell Beechjet 400. Dieses Flugzeug wurde ursprünglich 1978 als Mitsubishi Diamond II eingeführt, doch später erwarb die amerikanische Firma die Rechte an dem Entwurf und vermarktet diesen seit 1986 unter ihrem Namen. Die Beechjet 400 befindet sich in der zehn-Plätze-Kategorie und erreicht mit einem maximalen Abfluggewicht von 7.300 Kg die Höchstgeschwindigkeit von 865 Km/h.
In Europa dagegen war es vor allem Frankreich, das in der Nachkriegszeit besonders viele erfolgreiche Leichtflugzeuge produziert hatte. Die einmotorige MS.880 Rallye der Morane-Saulnier flog zum ersten Mal im Juni 1959. Es handelte sich dabei um einen Ganzmetall-Tiefdecker mit Nachflügeln und Slats, die kurze Start- und Landungsleistungen gewährleisten konnten. Ausgerüstet mit einem festen Dreirad-Bugfahrwerk konnte das Flugzeug-Cockpit bis zu vier Personen unter einem breiten, durchsichtigen Kabinendach aufnehmen. 1965 wurde die Morane-Saulnier von der Sud Aviation einverleibt, welche ihrerseits im darauffolgendem Jahr die SOCATA gründete. Daraufhin wurden verschiedenste Modelle in die Rallye-Reihe eingeführt, darunter waren die 880B, die 885 Super Rallye, die 100T, der Rallye 180 und als Stärkste, die 235. Alle Modelle unterschieden sich hauptsächlich in der Motorisierung und den

Zweier- oder Viererkabinen. 1979 veränderte die SOCATA -Teil der Aérospatiale- die Namen der Rallye-Serien; den Hauptmodellen wurden die Benennungen Galopin, Garnament, Galérien, Gaillard und Gabier zugewiesen. Das Spitzenmodell darunter war die Gabier (bereits 235GT). Das Flugzeug hatte eine Spannweite von 9,7 Meter, eine Länge von 7,2 Meter und ein maximales Abfluggewicht von 1.200 Kg. Mit einem 235-PS-Motor Lycoming O-540 ausgestattet erreichte die Gabier eine Höchstgeschwindigkeit von 275 Km/h.

212 oben Dieses Zweidüsenflugzeug war ursprünglich als „Mitsubishi Diamond" bekannt, der Entwurf wurde jedoch später von der Beechcraft gekauft und als „Beechjet 400A" vermarktet.

212-213 Die Beechcraft C90 King Air ist eine der wandlungsfähigsten Zweidüsenflugzeug-Familien. Die Serie ist zahlreich vertreten und reicht bis zu dem 17-Plätze-Modell Super King Air 350.

213 oben Eines der erfolgreichsten, einmotorigen Flugzeuge der allgemeinen Luftfahrt war die Beechcraft 35 Bonanza. Sie flog zum ersten Mal 1945 und führte die innovativen V-Leitwerke ein.

213 Mitte Die Beechcraft Model 55 Baron. 1960 begab sich die Beechcraft erneut in den Markt der zweimotorigen Sport- und Businessflugzeuge und führte dieses Modell ein, das über stärkere Motoren verfügte als sein Vorgänger, das Model 95 Travel Air.

213 unten Die MS.880 Rallye wurde 1959 von der französischen Firma Morane-Saulnier produziert und war eines der erfolgreichsten Sportflugzeuge in Europa.

Allgemeine Luftfahrt | 213

1975 startete die SOCATA eine neue Serie modernerer Flugzeuge. Den Anfang machte das Modell TB.10 Tobago mit seinem Jungfernflug am 23.Februar 1977. Dieser Tiefdecker war mit festem Fahrgestell ausgerüstet und besaß eine weite Viererkabine sowie einen 160-PS-Motor Lycoming O-320. Auf dieses Modell folgte eine mit 180-PS-Motor ausgerüstete Variante. Daraufhin beschloss die Aerospaciale nun den ersten Typ „TB.9 Tampico" zu designieren und die Benennung „TB.10" auf das stärkere Modell Kabinendach. Das erste Modell dieser Reihe war die DR.400/125 Petit Prince, - entworfen für zwei Erwachsene und zwei Kinder - die von einem 125-PS-Motor angetrieben wurde. Auf der Petit Prince erschienen in rascher Folge weitere Modelle - mit bis zu 180 PS, vier Kabinenplätzen sowie Gleiter-Schlepp-Fähigkeiten. Auch die Robins waren weit verbreitet unter den Flugschulen und Aero Clubs; insgesamt wurden über 1.400 Exemplare gebaut. Heute befinden sich noch sieben Versionen der DR.400 in Produktion, wobei

anzuwenden, welches bis zu fünf Passagiere tragen konnte. 1980 erschien noch eine dritte Version, die sich durch einen noch stärkeren Motor (250 PS) und ein Einziehfahrwerk auszeichnete - diese flog unter der Bezeichnung TB.20 Trinidad. Dieses letzte Modell erreichte eine Höchstgeschwindigkeit von 310 Km/h, besaß ein maximales Abfluggewicht von 1.400 Kg, eine Spannweite von 9,8 Meter sowie eine Länge von 7,7 Meter. Später wurden noch die Versionen XLTB.200 Tobago (mit 200-PS-Motor) und TB.21 Trinidad - ausgestattet mit Turbolader-Motor - entwickelt.

Eine weitere erfolgreiche Flugzeugserie war die Jodel/Robin-Familie. Das erste hervorstechende Modell darunter war die Jodel DR.100, die 1958 in Produktion trat. Das Flugzeug - entworfen von Jean Delemontez und Pierre Robin - verfügte über drei Plätze, ein festes Zweiradfahrgestell, einen 96-PS-Motor Continental sowie niedrige Flügel, deren Außenabschnitte nach oben hin abgeneigt waren - was zu einem Merkmal der Serie werden sollte. Drei Jahre später wurde das Flugzeug DR.1050 Ambassadeur umbenannt und in verschiedenen Versionen - mit Motoren bis 106 PS - weiterentwickelt. Zwei weitere Firmen machten sich nun auch daran diese Flugzeuge zu bauen: die Avions Pierre Robin und die Société Aéronautique Normande (SAN). Letztere konstruierte das Modell D.140 Mousquetaire mit 180-PS-Motor und bis zu fünf Kabinenplätzen. Nachdem die SAN 1969 in Konkurs ging wurde deren Produktion von der Robin übernommen. 1972 brachte die Robin ihr berühmtestes Flugzeug heraus: die DR.400, die charakterisiert war durch das nach vorne verschiebbare

deren Motorenleistungen von 110 bis 200 PS variieren. Ebenfalls in Frankreich war eine Firma angesiedelt, die sich auf dem Gebiet der Konstruktion akrobatischer Flugzeuge behaupten konnte; es handelte sich um die 1958 gegründete Mudry. Das 1968 eingeführte Übungsflugzeug CAP 10 kann als Stammvater einer erfolgreichen Reihe akrobatischer Flugzeuge angesehen werden. Der Tiefdecker besaß ein Cockpit mit nebeneinandergestellten Plätzen, einen 180-PS-Motor sowie ein festes Fahrwerk. Die Spannweite betrug 8 Meter, die Länge 7,1 Meter und das maximale Abfluggewicht 830 Kg. Die CAP 10 konnte eine Höchstgeschwindigkeit von 270 Km/h erreichen. Im darauffolgenden Jahr wurde die CAP 20, ein Wettkampf-Einsitzer eingeführt. Die Serie wurde 1980 fortgesetzt mit der CAP 21 (ausgestattet mit neuen Flügeln) und den CAP 230, 231 und 232.

Anfang der 60-er Jahre war die Dassault mit einer steigend erfolgreichen Produktion wegbereitend im Bereich der Business-Flugzeuge. Heutzutage gehört die Firma zu den führenden Herstellern dieses Sektors. Am 4.Mai 1963 führte die Mystére 20, ein bemerkenswert elegantes Zweidüsenflugzeug mit pfeilförmigen Flügeln und Leitwerken ihren ersten Flug durch. Das Flugzeug - später „Falcon 20" benannt - erlangte sofort bemerkenswerten Erfolg, und eine Reihe verschiedener Versionen wurde entwickelt, die noch moderner und leistungsstärker sein sollten. Der Falcon 20 folgte die kleinere Falcon 10 (beide Modelle wurden später von den Modellen 200 und 100 ersetzt) und 1976 erschien schließlich die Falcon 50, ein dreistrahliges Langstreckenflugzeug mit neuen Flügeln und Leitwerken sowie verlängertem Rumpf, in dem bis zu zwölf Reisende Platz fanden. 1984 wurde die Falcon 900 eingeführt, eine dreistrahlige Maschine mit interkontinentalem Flugbereich und Aufnahmefähigkeit von bis zu 19 Reisenden. Mitte der neunziger Jahre belebte die Dassault ihre Produktlinie mit der Einführung der Falcon 2000 (zweimotorig) sowie des 50EX und 900EX. Die Falconmodelle wurden auch an das Militär verkauft; bis heute hatte man mehr als 1.200 Exemplare geliefert.

214 oben Die dreimotorige Dassault Falcon 900EX kann 19 Passagiere über den Ozean befördern - sie ist einer der erfolgreichsten Business-Jets.

214 unten Das berühmteste Modell der französischen Avions Pierre Robin war die DR.400 mit festem Fahrgestell. Hier ein Exemplar mit italienischer Kennzeichnung.

214-215 Ein Paar zweisitziger CAP.10Bs während einer Vorführung. Diese Maschine von 1968 gehört noch heute zu den besten Kunstflug-Übungsflugzeugen.

215 Mitte Zwei Robin DR.500/200I President über der französischen Küste. Auch diese Flugzeuge wurden aus vorhergehenden Modellen entwickelt und behielten dabei die typischen, nach oben geneigten Jodel/Robin-Flügel bei.

215 unten Die SOCATA produzierte in den 70-er Jahren eine Reihe von Sportflugzeugen, die auf derselben Zelle gründeten: die TB.9 Tampico, die TB.10 Tobago und die TB.20 Trinidad.

In Italien war die SIAI Marchetti die berühmteste Flugzeugherstellungs-Firma. Neben der SF.260 produzierte Marchetti auch die namhaften S.205/208-Serien. Als erste flog am 4.Mai 1965 die S.205. Dieser Eindecker besaß eine geräumige, Viererkabine und konnte mit verschiedenen Motoren (180,200 oder 220 PS) sowie wahlweise festem bzw. einziehbarem Fahrwerk bestellt werden. 1967 flog die mit fünf Plätzen ausgestattete Version S.208; die Maschine wurde von einem 260-PS-Motor Lycoming O-540 angetrieben (derselbe Motor des SF.260) und besaß Tankbehälter an den Tragflächenenden. Über 520 Exemplare beider Modelle wurden hergestellt, und viele davon werden noch heutzutage in Italien und im Ausland geflogen.

Auch die tschechische Firma Zlin ist ein bedeutender Sportflugzeug-Hersteller gewesen. Das erste Flugzeug einer erfolgreichen Serie war die Zlin 42, die zum ersten Mal im Oktober 1967 flog. Es handelte sich dabei um einen kleinen Zweisitzer (Seite-an-Seite-Plätze), der mit einem festen Fahrgestell und charakteristischen, leicht negativ gewinkelten Pfeilflügeln ausgestattet war. Das Flugzeug besaß einen 180-PS-Motor Avia 137 und wurde im Hinblick auf die Anforderungen der osteuropäischen Flugschulen und Aero Clubs entworfen. Das Modell bildete auch die Basis einer vier-Plätze-Version (Zlin 43) sowie der zweisitzigen Zlin 142 mit 213-PS-Motor. Diese besaß eine Spannweite von 9,1 Meter, ein Länge von 7,3 Meter und ein maximales Abfluggewicht von 1.090 Kg; die Höchstgeschwindigkeit betrug 230 Km/h. Heute werden die Zlin-Modelle in der tschechischen Republik von der Morovan produziert. Das Spitzenmodell bildet die Zlin 143L, mit einem 235-PS-Motor, während die Zlin 242L (200-PS-Motor) das fortschrittlichste Übungsflugzeug ist. Die Morovan hatte auch eine sehr populäre Reihe von Kunstflugzeugen entworfen; beginnend mit der Zlin 526 (ein- und zweisitzige Versionen) wurde die Serie 1975 mit dem Modell Zlin 50L fortgesetzt, welches 1978 die Weltmeisterschaft im Kunstfliegen gewann. Heutzutage befindet sich die Zlin 50LS in Produktion, die von einem 300-PS-Motor angetrieben wird und ein maximales

216 oben links Eine Gulfstream III landet auf dem internationalen Flughafen von Tucson, Arizona. Dieses Modell mit neu entworfenen Flügeln und verlängerter Kabine flog zum ersten Mal im Dezember 1979.

216-217 Die Mystére 20, später umbenannt auf Falcon 20, war das erste Dassault-Zweidüsensportflugzeug. Es wurde 1963 eingeführt. Dieses Exemplar mit schweizerischer Kennzeichnung wurde bei Sonnenuntergang über den Alpen fotografiert.

216 unten Eine SIAI Marchetti S.208 mit 260-PS-Motor und fünf Plätzen. Die Serien SIAI Marchetti S.205/208 sind die am meisten benutzten Sportflugzeuge in Italien. Über 500 Exemplare wurden gebaut.

217 oben Eine Learjet 45 Zweidüsenflugzeug. Dieses Modell mit 12 Plätzen wurde 1955 eingeführt und ist das jüngste der Learjet-Linie. Die Learjet ist heute Eigentum der Bombardier.

217 unten Die Zlin ist einer der erfolgreichsten Hersteller von Flugzeugen für Kunstflug-Wettbewerbe und gewann bereits zahlreiche Titel. Auf der Fotografie ist eine einsitzige Zlin 50 während eines Wettkampfs zu sehen.

Höchstgeschwindigkeit von ca.870 Km/h. Die Grumman begann dagegen 1965 die Arbeiten an einem Business-Zweidüsenflugzeug. Es entstand die Gulfstream II, die von dem Modell I mit Propellerturbine abgeleitet wurde. Es handelte sich um ein großes Flugzeug mit Transatlantik-Tragweite und 19 Sitzplätzen, wobei die niedrigen Pfeilflügel und T-Leitwerke an die Architektur des Learjets erinnerten. Insgesamt wurden 258 Exemplare gebaut. 1978 verkaufte Grumman die Rechte des Flugzeugs an die Gulfstream American, die ein Jahr darauf die Gulfstream III einführte. Diese Maschine besaß einen verlängerten Rumpf und ein neues, überkritisches Flügelprofil. 1985 erschien das Modell IV mit kostengünstigeren Motoren. Weitere Verbesserungen im Bereich des Flugwerks und der Avionik machten die Maschine zu einem flexiblen Flugzeug, das auch für Militär- und Regierungsaufgaben eingesetzt werden kann, wie z.B. zur Luftambulanz, als Such- und Rettungsflugzeug sowie elektronischer Kriegsausübung, Aufsicht, Transport usw. Als neuestes Modell geht die Gulfstream V aus dem

Abfluggewicht von 610 Kg besitzt. Weiter im Osten gebaute, erfolgreiche Kunstflugzeuge waren die sowjetischen Modelle Jak-50 und 55, sowie die Serien Sukhoi Su-26/29 - alles Sieger verschiedener Weltmeisterschaften.
Auf dem Gebiet der Business-Jets jedoch, sind einige der erfolgreichsten Betriebe noch immer in den Vereinigten Staaten anzutreffen. Die Learjet - ein von William Lear gegründetes Unternehmen - produzierte als Erste ein modernes Düsenflugzeug, das fähig war sowohl Komfort als auch Schnelligkeit anzubieten. Das Model 23, Stammvater der Learjet-Linie flog zum ersten Mal am 7.Oktober 1963 und war ein sofortiger Erfolg. Es war ein kleines Zweidüsenflugzeug mit schlanker und gefälliger Außenform, wobei Aussehen und Steuerverhalten des Jets den Vergleich mit einem Jagdflugzeug naheliegend machten. Tatsächlich waren die niedrigen, geraden Flügel von einem Entwurf des schweizerischen Jagdbombers P16 (wurde nie in Serie produziert) abgeleitet worden. Der Rumpf war für die Aufnahme von sechs Passagieren entworfen worden und verfügte über Heck-Motoren und T-Leitwerke. Aus dem Model 23 wurden die größeren Modelle 24 und 25 entwickelt; die 35 und 36 besaßen einen nochmals verlängerten Rumpf sowie eine

vergrößerte Flügelspannweite. Die Modelle, die sich gegenwärtig in Produktion befinden sind der Learjet 31A, 35A, 45 und 60. Das neueste ist das Modell Learjet 45 für zwölf Passagiere, das am 14.September 1995 zum ersten Mal flog. Das Flugzeug hat eine Spannweite von 14,6 Metern, ein Länge von 17,6 Metern und ein maximales Abfluggewicht von 8.845 Kg. Zwei Allied Signal TFE731 Zweikreistriebwerke mit 1.590 Kg Schubkraft ermöglichen eine

Jahr 1995 hervor - ein noch größeres Flugzeug mit interkontinentalem Flugbereich (über 12.000 Km). Die Kabine kann bis zu 19 Passagiere aufnehmen, während die Spannweite des Flugzeugs 28,5 Meter und die Länge 29,4 Meter betragen. Das maximale Abfluggewicht misst 41 Tonnen. Zwei Rolls-Royce BR710 -Zweikreistriebwerke mit 6.700 Kg Schubkraft garantieren eine Höchstgeschwindigkeit von über 930 Km/h.

Allgemeine Luftfahrt | 217

Kapitel 16

Die europäischen Jäger

In den fünfziger und sechziger Jahren wurde die Welt überschattet von der dramatischen Ost-West-Konfrontation des kalten Kriegs, wobei die beiden Supermächte der Vereinigten Staaten und der Sowjetunion . Auch im Bereich der Luftfahrt waren die Feindseligkeiten der Supermächte spürbar, da die Industrien beider Länder einige der besten Flugzeuge der Welt entwarfen und massenhaft produzierten, wobei viele davon später auch an die zahlreichen Alliierten-Länder der zwei Blöcke verkauft wurden. Trotzdem schaffte es Europa sogar während dieser schwierigen Jahre einen gewissen Grad von Unabhängigkeit zu bewahren und produzierte einige vom technischen wie leistungsspezifischen Gesichtspunkt aus bemerkenswerte Flugzeuge.
Die französische Luftfahrtindustrie, die in übler Verfassung aus dem zweiten Weltkrieg hervorgegangen war fand in Marcel Dassault ihre Galionsfigur. 1982 geboren unter dem Namen Marcel Bloch, wurde der Franzose schon früh von der Welt der Luftfahrt eingefangen und baute bereits 1917 sein erstes Industrie-Flugzeug, die SEA4. In den dreißiger Jahren produzierte seine Fabrik einige Zivil- und Militärflugzeuge, aber mit der deutschen Besetzung wurde Bloch, nachdem er die Zusammenarbeit mit dem Feind abgelehnt hatte verhaftet, interniert und schließlich nach Buchenwald deportiert. Nach seiner Befreiung 1945 wechselte die Familie den Namen in Dassault und begann von neuem immer erfolgreichere Flugzeuge hervorzubringen. Der erste Nachkriegs-Jäger war die MD 450 Ouragan, die am 28.Februar 1949 ihren Jungfernflug durchführte. Es war außerdem auch das erste französische Düsenflugzeug, und seine Charakteristiken hatten ziemlich viel mit anderen Flugzeugen gemein, wie z.B. den Rolls-Royce Nene- Motor mit 2.270 Kg Schubkraft. Die Architektur der MD 450 war gekennzeichnet von geraden, niedrigen Flügeln mit Treibstoffbehältern an den Tragflächenenden, einer Lüftungsklappe auf der Nase und kreuzförmigen Leitwerken. Die Ouragan flog bis

zu 940 Km/h und war ausgerüstet mit vier 20mm-Kanonen und 870 Kg Bomben und Raketen. Insgesamt baute man 493 Exemplare der MD 450, die von den Luftstreitkräften Frankreichs, Israels und Indiens benutzt wurden. Das Flugzeug machte nur eine kurze Karriere, da die Dassault sofort einen Nachfolger entwickelte, die MD 452 Mystére, bei welchem praktisch der Rumpf der Ouragan mit neuen, 30-gradwinkeligen Pfeilflügeln vereint wurde. Dieses Jagdflugzeug startete am 23.Februar 1951 zu seinem ersten Flug. Nachdem daraufhin einige Varianten (mit verschiedenen Motoren) entwickelt wurden, führte man das Serienmodell Mystére IIC ein. 1952, nach 150 gebauten Exemplaren der Mystere IIC brachte die Firma schließlich die endgültige Version IVA heraus. Diese war ausgestattet mit einem Motor vom Typ Hispano-Suiza 250A (2.850 Kg Schubkraft) bzw. dem Hispano-Suiza 350 Verdon mit 3.500 Kg Schubkraft. Das Flugzeug hatte eine Höchstgeschwindigkeit von 1.120 Km/h, eine Spannweite von 11,1 Metern sowie eine Länge von 12,9 Metern. Das maximale Abfluggewicht betrug 9.500 Kg, während die Waffenausrüstung

218 oben Eine Dassault Mystére IV der französischen Luftwaffe. Dieser Jäger erschien 1952 und besaß für jene Zeit interessante Charakteristiken - darunter die Bewaffnung aus zwei 30mm - Kanonen und 1.000 kg Bomben - und Raketenlast.

218-219 Die Dassault Mirage III war ein für seine Zeit außergewöhnliches Jagdflugzeug und bildete die Grundlage für eine Flugzeug-Familie von über 1.400 Exemplaren, die in mehr als 20 Ländern weltweit verkauft wurden. Auf dem Foto ist ein zweisitziges Exemplar Mirage IIIB zu sehen.

219 oben Eine Formation von drei Dassault MD.450 Ouragans der französischen Luftwaffe, fotografiert 1956. Die Ouragan war das erste französische Düsenjagdflugzeug

aus zwei 30mm-Kanonen und 1.000 Kg Bomben oder Raketen zusammengesetzt war. Die Ähnlichkeiten mit der Ouragan waren nun minimal: der Querschnitt des Rumpfs war ovalförmig, die dünneren und stärkeren Flügel besaßen 41-gradwinkelige Pfeilform und auch ein anderer Motor war eingebaut worden. Insgesamt wurden über 411 Exemplare der Mystere IVA gebaut und wurden außer an die französische Luftwaffe auch an Israel und Indien verkauft. Auf die IVA folgte eine neue Version, - genannt Mystére IVB - die im Dezember 1953 erstmals flog. Mit diesem Flugzeug hatte man einen riesigen Schritt vorwärts gemacht: es handelte sich um das erste französische Überschall-Düsenflugzeug - dies dank der Installation des Nachbrenner-Düsenmotors Atar 101G. Die Serienproduktion konzentrierte sich jedoch auf die Super Mystére B2, die im März 1955 eingeführt wurde. Dieser war eine weitere, aus dem Grundentwurf entwickelte Version mit ausgebessertem Rumpf, an dessen Nase eine Lüftungsklappe angebracht war. Ferner waren die dünnen, 45-gradwinkeligen Pfeilflügel mit Sägezähnen am Bordansatz versehen worden. Auch dieses Modell wurde von dem Motor Atar 101G mit 4.500 Kg Schubkraft angetrieben, wobei die Höchstgeschwindigkeit Mach 1.12 betrug. Das maximale Abfluggewicht stieg dagegen bis auf 10.000 Kg. Die Waffenausrüstung wurde zusammengesetzt aus zwei 30mm-Kanonen, einem Behälter für 55 68mm-Raketen sowie unterhalb der Flügel angebrachte Bomben bzw. Raketen von 1.000 Kg Gesamtgewicht. Die Spannweite betrug 10,5 Meter und die Länge 14 Meter. Die Super Mystére war das erste operative, europäische Jagdflugzeug mit Überschallfähigkeit; insgesamt wurden 180 Exemplare produziert, von denen 36 an Israel verkauft wurden. Kaum unternahm die Super Mystere IVB ihre ersten Flugversuche arbeitete die Dassault bereits an einem vollständig neuen, interessanten Projekt: ein hoch leistungsstarker Jäger mit Delta-Flügeln. Die MD.550 Mirage flog im Juni 1955 und war ein Flugzeug mit 60-gradwinkeligen Pfeilflügeln und zwei Armstrong Siddley Viper Motoren von 1.000 Kg Schubkraft, die zusammen mit einer Hilfsrakete eine Höchstgeschwindigkeit von Mach 1.3 ermöglichte.

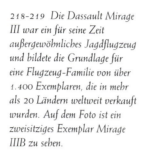

Nach dem Mirage II-Projekt, das nie in Produktion gebracht wurde folgte am 18.November 1956 schließlich der Erstflug der Mirage III. Diese Version war ausgerüstet mit dem Atar 101G Motor mit Nachbrenner und besaß dazu ein abwerfbares Raketentriebwerk. Nach einigen Ausbesserungen und Verfeinerungen brachte die Dassault endlich das Serienmodell Mirage IIIC heraus, das später von dem zweisitzigen Übungsflugzeug Mirage IIIB ergänzt wurde. Die Mirage III war 13,8 Meter lang, hatte eine Spannweite von 8,2 Metern und ein maximales Abfluggewicht von 11.800 Kg. Ihr mit Nachbrenner ausgestatteter Motor Atar 9B SNECMA bildete 6.000 Kg Schubkraft - ausreichend für eine Höchstgeschwindigkeit von fünf Anbringungspunkte für die Bewaffnung. Dank seiner vielseitigen Einsatzmöglichkeiten war diese Version besonders gut für den Export geeignet.

Die Mirage III bildete auch die Konstruktionsgrundlage für das Aufklärungsmodell IIIR, die IIIS (in die Schweiz exportiert) und den Zweisitzer IIID. Außer der Version Mirage 5 - die für Israel gebaut, jedoch aus politischen Gründen nie geliefert wurde - war das letzte Modell der Flugzeugreihe die Mirage 50. Das Flugzeug wurde 1979 eingeführt, fand jedoch keinen großen Verkaufserfolg. Insgesamt wurden über 1.420 Exemplare der Mirage III und 5 konstruiert und in über 20 Länder auf der ganzen Welt exportiert; einem Unfall zerstört, hatte aber dennoch sein Potential bewiesen, so dass die Regierung die Konstruktion von drei Vorserien-Exemplaren anordnete. Die Lieferungen des Abfangjägers F.1C - dem Serienmodell - wurden 1973 begonnen. Es handelte sich um ein 15,3 Meter langes Flugzeug mit einer Spannweite von 8,4 Metern und einem maximalen Abfluggewicht in Höhe von 16.200 Kg. Die Höchstgeschwindigkeit betrug Mach 2.2 und die Bewaffnung bestand aus zwei 30mm-Kanonen sowie bis zu 4.000 Kg Außenlasten, die auf sieben Ansatzpunkten angebracht waren. Anhand des Grundentwurf wurden außerdem die Versionen F.1A für den Bodenangriff, der Zweisitzer F.1B und das Mehrzweck-

Mach 2.1. Die Bewaffnung wurde aus zwei 30mm-Kanonen und 1.350 Kg schweren Außenlasten gebildet, darunter Luft-Luft-Raketen und zusätzlichen Treibstoffbehältern. Dank der wunderbaren aerodynamischen Form war die Mirage III eine kleine Sensation; und versorgte die französische Luftwaffe mit einem hervorragendem Mach 2 Abfangjäger, von dem zahlreiche wichtige Bestellungen aus Afrika und Israel gemacht wurden. Dassault war sich der Qualität des Entwurfs sehr gut bewusst und verwertete die Grundanlagen des Flugzeugs bis zum Letzten; kurze Zeit später wurde das Modell IIIE eingeführt, das man für die Bodenangriffsrolle optimiert hatte. Ausgestattet mit einem wenig stärkeren Atar 9C Motor führte die IIIE im April 1961 ihren ersten Flug durch. Das Flugzeug zeichnete sich aus durch ein neues Feuer-Kontrollsystem, erhöhte Kraftstoffladung sowie außerdem wurden die Jäger erfolgreich in verschiedenen Konflikten im Mittleren Osten, Asien und Südamerika eingesetzt. Einige modernisierte Exemplare sind noch bis heute im Dienst.

Anfang der sechziger Jahre arbeitete die Dassault bereits an einem Nachfolger der Mirage III. 1964 erhielt die Firma das Einverständnis der französischen Regierung und am 23.Dezember 1966 flog bereits die neue Mirage F.1 - nachdem das Parallelprojekt F.2 (eine über 18 Tonnen schwere Maschine) beiseite gelegt wurde. Die F.1 brach die Tradition der Deltaflügel und besaß einen ähnlichen Rumpf wie die Modelle der Serie III, der verbunden war mit Pfeilflügeln und einem Atar 9K Motor von 7.200 Kg Schubkraft. Dazu war das Flugzeug mit dem neuen Cyrano IV-Radar sowie neuen Matra Luft-Luft-Raketen ausgestattet. Der erste Prototyp wurde bei Exportflugzeug F.1E entworfen. Später erschienen auch das Modell F.1C-200 mit Flugversorgungskapazität, der Aufklärer F.1CR und schließlich die F.1CT - ein Mehrzweckmodell für die französische Luftwaffe. Die Mirage F.1-Serie konnte ebenfalls einen guten Handelserfolg erzielen; insgesamt wurden 731 Exemplare konstruiert und von Luftstreitkräften elf verschiedener Länder erworben.

220 Eine Mirage IIIS Abfangjäger der schweizerischen Luftwaffe. Das Modell wurde einem vollständigem Erneuerungsprogramm unterzogen, wobei die Entenklappen an den Lufteinlässen eine bessere Steuerbarkeit ermöglichen sollten. Das neue aerodynamische Profil ist hier gut zu erkennen.

221 Eine Mirage F.1CJ der jordanischen Luftwaffe beim Hochflug-Anstieg. Mit diesem Flugzeug kehrte Dassault wieder zu einem aerodynamisch konventionellerem Entwurf zurück, der in Hinblick auf die damalige Technologie auch wirksamer war.

In der Zwischenzeit konnte auch Großbritannien, ein weiterer Luftfahrt-Koloss der Vorkriegszeit seine Rolle im Bereich der Militärflugzeuge gut weitervertreten. Die englischen Firmen produzierten eine Vielzahl von Jagd- und Kampfflugzeuge für die RAF und die Royal Navy. Nach den ersten Jets, die während des Kriegs von Gloster Meteor und de-Havilland Vampir entwickelt wurden, war es nun die Firma Hawker, die mit dem Projekt P.1067 den ersten, wahren Nachkriegserfolg erzielte. Das Flugzeug besaß Ähnlichkeiten mit dem Marinejäger Sea Hawk und wurde auf eine 1948 erlassene Spezifikation der RAF hin entwickelt. Diese forderte ein Flugzeug mit Pfeilflügeln, das die Meteor ersetzen konnte und leistungsmäßig auf der Höhe des amerikanischen Modells F-86 sein sollte. Bei der Einstellung des neuen Flugzeugs - benannt Hunter - stieß man auf einige Probleme. Doch aufgrund der globalen Krise, die durch den Korea-Krieg hervorgerufen wurde hatte man die Serienproduktion der Hunter bereits vor seinem ersten Flug (20.Juli 1951) bewilligt. Das Flugzeug besaß einen langen, schlanken Rumpf, Pfeilflügel mit weiter Profilsehne sowie Lufteinlässen an den Wurzeln. Das Jäger-Modell F Mk.6 war mit einem Rolls-Royce Avon Mk.207 Motor ausgestattet, der Schubkraft in Höhe von 4.600 Kg produzierte und eine Höchstgeschwindigkeit von 1.125 Km/h ermöglichte. Die Länge der Hunter betrug 14 Meter, die Spannweite 10,2 Meter und das maximale Abfluggewicht reichte bis an 10.800 Kg. Da anfangs Jagd- und später Bombardierungsversionen entwickelt wurden, war die Waffenausrüstung der Hunter aus vier 30mm-Kanonen sowie externen Bomben- und Raketenlasten von insgesamt 1.360 Kg zusammengesetzt. Die Hunter trat 1954 in den Dienst ein konnte jedoch unter keinen Umständen mit den von den Amerikanern geflogenen Jägern rivalisieren: jene verfügten bereits über das Überschallflugzeug F-100. Trotzdem erfuhr die Hunter bei der RAF eine erfolgreiche Karriere, die bis in die siebziger Jahre hinein andauerte. Zusammen mit den Aufklärer-, zweisitzigen Übungs- und Exportversionen war die zuverlässige und gut bewaffnete Hunter ein internationaler Erfolg. Insgesamt wurden 1.972 Hunters gebaut und in 18 Ländern verkauft.

Einen Ersatz der Hunter in der Rolle eines Abfangjägers lieferte die English Electric (später BAC) mit einem Entwurf, an dem bereits seit 1947 gearbeitet wurde. Der Prototyp P.1A flog am 4.August 1954 und besaß eine innovative Außenform mit abgestumpften Pfeilflügeln und zwei übereinandermontierten Sapphire-Motoren. 1957 erschien die P.1B, die bemerkenswerte Erneuerungen darbot; die RAF bestellte sofort 20 Vorserien-Exemplare. Das erste Serienmodell war die F Mk.1, und die Lieferungen des Flugzeugs begannen 1959. Die Lightning (so wurde der Jäger benannt) war ein für jene Zeiten wirklich außergewöhnliches Flugzeug; es war in der Lage doppelte Überschallgeschwindigkeit zu fliegen, besaß eine hervorragende Steigfluggeschwindigkeit, eine gute Steuerbarkeit sowie ein aus radargesteuerten Firestreak Luft-Luft-Raketen bestehendes Waffensystem. Die Hauptversion der Lighting war die F Mk.6, die im Jahr 1965 erschien. Das Flugzeug war 16,8 Meter lang, hatte eine Flügelspannweite von 10,6 Metern und war ausgerüstet mit zwei Luft-Luft-Raketen und wahlfrei einem Paar von 30mm-Kanonen an der Flügelunterseite. Das maximale Abfluggewicht betrug 22.680 Kg. Die F Mk.6 wurde von zwei Rolls-Royce Avon 301-Motoren (mit Nachbrenner) mit 7.400 Kg Schubkraft zu einer Höchstgeschwindigkeit von Mach 2.27 (2.415 Km/h) angetrieben. Zehn Luftverteidigungsgeschwader der RAF wurden mit der Lightning ausgerüstet, und die Version Mk.53 des Flugzeugs wurde auch nach Saudi-Arabien und Kuwait exportiert. Zusammen mit den zweisitzigen Modellen der T-Serie wurden 334 Exemplare des Jagdflugzeugs produziert - eine geringfügige Zahl, die jedoch kein Urteil über die Qualität des Flugzeugs abgibt. Doch wie dem auch sei - die Lightning konkurrierte auf den Weltmärkten mit westlichen Flugzeugen wie der Mirage III und der F-104, gegen die sie wenig Chancen besaß.

Zwischenzeitlich hatte sich die britische Luftfahrt-Industrie in ein vollkommen neues Feld von enormer technischer Komplexität gewagt: dem Senkrechtflug. 1957 wurde eine Zusammenarbeit der Hawker Sidley und der Bristol eingeleitet, die sich der Konstruktion eines Jagdflugzeugs mit senkrechten Start- und Landungskapazitäten verpflichtete. Die Motorenhersteller verfügten bereits über das neue Zweikreistriebwerk BS.53 Pegasus, das sich gut für die besonderen Anforderungen des Projekts eignete. Der erste Prototyp wurde

222 oben Eine englischer Electric Lightning der RAF. Das Jagdflugzeug flog zum ersten Mal 1954; es besaß eine ungewöhnliche Form, war jedoch sehr wirksam. Dieses Exemplar besitzt Zusatz-Tankbehälter über den Flügeln und ist mit Firestreak-Raketen ausgerüstet.

222 unten Eine Hawker Hunter F Mk.6 der RAF. Dieses Flugzeug war ein großer kommerzieller Erfolg für die britische Industrie. Es wurden ca. 2.000 Exemplare gebaut und in 18 Ländern verkauft.

223 oben rechts Auf dieser Nahaufnahme ist ein mit zwei AMRAAM-Raketen bewaffneter Sea Harrier F/A Mk.2 zu sehen. Dieses Jägermodell wurde 1988 eingeführt und besitzt ein Radargerät „Blue Vixen" auf der Nase.

223 unten links Eine Harrier Mk.I der RAF feuert Luft-Boden-Raketen ab. Der britische Jagdbomber trat 1969 in den Dienst ein und revolutionierte aufgrund seiner senkrechten Start- und Landefähigkeiten die Vorgehensweise der taktischen Luftunterstützung.

P.1127 benannt und flog zum ersten Mal am 21.Oktober 1960. Es war ein einsitziges Flugzeug, das gekennzeichnet war durch hohe, pfeilförmige Flügel, unter denen vier verstellbare Düsen angebracht waren und der Maschine den Senkrecht- und Schwebeflug ermöglichten. Nach sechs Prototypen baute man neun Vorserien-Exemplare, - genannt Kestrel - die 1965 einer Bewertung durch eine gemischt britisch-deutsch-amerikanische Abteilung unterzogen wurden. Die erste britische Harrier flog am 31.August 1966, und die ersten Serienexemplare - benannt mit Harrier GR Mk.1 - traten im April 1969 als Jagdbomber in den Dienst der RAF ein. Die Harrier bot neue Möglichkeiten im Bereich der taktischen Unterstützung, da er von vorgeschobenen Positionen aus benutzt werden konnte, ohne jegliche Flugplatz-Infrastruktur benötigen zu müssen. Die Version Mk.3 (ausgestattet mit Laserentfernungsmesser in der Nase) verfügte über ein stärkeres Triebwerk, den Pegasus Mk.103-Motor mit 9.750 Kg Schubkraft, der eine Höchstgeschwindigkeit von 1.180 Km/h ermöglichte. Das Flugzeug war 14,1 Meter lang und besaß eine Spannweite von 7,7 Metern. Das maximale Abfluggewicht betrug 11.800 Kg - darin waren bis zu 3.630 Kg Außenlasten in Form von Bomben, Raketen, Kraftstoffbehältern und Pods für zwei 30mm-Kanonen enthalten. Trotz seiner hervorragenden Leistungen erfuhr die Harrier einen mageren Verkaufserfolg: tatsächlich wurden nur 305 Exemplare konstruiert und von Großbritannien, den US Marines (genannt AV-8A) und Spanien (AV-8S) erworben; letzterer Kunde verkaufte seine Flugzeuge 1997 an Thailand weiter. 1975 begann die British Aerospace (entstanden aus einer Zusammenlegung verschiedener Industrien, darunter auch die Hawker) eine Marineversion der Mk.3 zu entwickeln, die die Erfordernis der Royal Navy nach einem Allzweck-Decklandejäger mit V/STOL- Kapazität (Vertical/Short Take-Off and Landing). Die Sea Harrier führte ihren ersten Flug am 20.August 1978 durch und war gekennzeichnet durch die Anbringung eines Multifunktions-Radarsystems, Sidewinder Luft-Luft-Raketen sowie Seezielraketen. Das Flugzeug trat 1979 als FRS Mk.1 in den Dienst. Auch Zweisitzer- und Exportversionen (die Mk.51 für Indien) der Maschine wurden verwirklicht. 1982 zeichnete sich die FRS Mk.1 während des Falklands-Kriegs aus, als er ohne selber Verluste erleiden zu müssen einige argentinische Jagdflugzeuge abschoss. Ein 1988 begonnenes Modernisierungsprogramm führte schließlich zu dem Standardflugzeug F/A Mk.2, das mit neuem Blue-Vixon-Radar ausgestattet war sowie die Möglichkeit besaß AMRAAM- und ALARM-Raketen zu benutzen. Insgesamt wurden 106 Exemplare der Sea Harrier hergestellt. Anfang der siebziger Jahre hatten die British Aerospace und die McDonnell Douglas die Entwicklungsarbeiten an der neuen AV-8B Harrier II begonnen.

Trotz nationaler Uneinigkeiten schafften es Frankreich und Großbritannien Mitte der 60-er Jahre gemeinsam an der Entwicklung eines neuen Militärjets als fortschrittliches Übungs- und Angriffsflugzeug zu arbeiten. Im Mai 1965 wählte man den vielversprechendsten Entwurf, die Breguet 121. Um das Flugzeugprojekt weiterzuentwickeln gründeten BAC und Breguet daraufhin zusammen eine Gesellschaft - die Société Européenne de Production de l'Avion d'Ecole de Combat et d'Appui Tactique, besser bekannt als SEPECAT. Das Ergebnis war ein Zweidüsenflugzeug mit hohen Flügeln, schlankem Rumpf sowie einem hohem Fahrwerk, das sich auch für provisorische Landepisten eignete. Am 23.März 1969 wurde der erste Flug der Maschine durchgeführt. Großbritannien drängte jedoch dazu, das Flugzeug mit erhöhten operativen Eigenschaften auszustatten, und letztendlich wurde die Jaguar (so wurde das Flugzeug benannt) zu einem wahren Überschall-Jagdbomber. Die für die RAF produzierte Grundversion - Jaguar GR Mk.I (Zweisitzer war die T Mk.2) war 15,5 Meter lang und besaß eine Spannweite von 8,7 Metern. Das Flugzeug wurde von zwei Rolls-Royce/Turboméca Adour 104 Zweikreistriebwerken mit Nachbrenner angetrieben (3.650 Kg Schubkraft) und erreichte eine Geschwindigkeit bis Mach 1.6 oder ca.1.700 Km/h. Das maximale Abfluggewicht betrug 15.700 Kg, wovon bis zu 4.535 Kg aus Außenlasten bestand. Zwei 30mm-Kanonen bildeten die Waffenausrüstung.
Die französischen Modelle Jaguar A und der Zweisitzer E waren in Bezug auf die englischen Versionen mit einer einfacheren Avionik ausgerüstet, verfügten jedoch dafür über einen Laserentfernungsmesser, ein Inertialnavigationssystem sowie einen Missions-Computer und HUD-Ausstattung. Auch eine International-Version der Jaguars wurde verwirklicht und an vier Länder verkauft, eingeschlossen Indien, wo auf Lizenz 91 Shamshers gebaut wurden. Die Engländer haben das Flugzeug ständig, zu neueren Standardversionen weiterentwickelt: die GR

Mk.1A, Mk.1B, Mk.3 und schließlich Mk.3A, ein modernes und taugliches Flugzeug, das im Januar 2000 in den Dienst eintrat. Insgesamt hatte die SEPECAT 588 Jaguar-Exemplare gebaut.
Schweden war das dritte europäische Land, das sich in der Nachkriegszeit mit dem Bau hervorragender Jagdflugzeuge behaupten konnte. Die wichtigste Luftfahrt-Firma war dort die SAAB. Nach den Düsenflugzeugmodellen SAAB 21, 29 Tunnan und 32 Lansen entwickelte die Gesellschaft einen hochmodernen Jäger - das Modell 35 Draken, das sogar als erstes europäisches Jagdflugzeug die doppelte Überschallgeschwindigkeit überschreiten konnte. Die Ursprünge des Projekts gingen bis in die ersten Jahre der Nachkriegszeit zurück, als die schwedische Luftwaffe es als notwendig erachtete, sich mit einem hochleistungsfähigen Abfangjäger auszurüsten, um gegen eventuelle Angriffe feindlicher Bomber-Jets zurückschlagen zu können. Die Forschungen führten zu einem ungewöhnlichen Entwurf, der sich auf Doppeldeltaflügeln ohne Schwanzflächen gründete. Daraufhin wurden Tests unter der Benutzung eines Flugzeugs im Maßstab 7:10 - dem Modell 210 Lilldraken (erster Flug 1952) - durchgeführt. Der erste Prototyp des SAAB 35 führte seinen Jungfernflug am 25.Oktober 1955 durch; aufgrund seiner futuristischen Linien und der hervorstechenden Leistungen rief das Flugzeug unmittelbar eine Sensation hervor. Die 35 Draken wurde 1960 in den schwedischen Luftwaffendienst eingeführt. Eingeschlossen der Jäger-Versionen J35A, B, D und F, dem Aufklärermodell E und dem Zweisitzer Sk35C wurden insgesamt 525 Exemplare der Draken produziert.
Anfang der achtziger Jahre führte die SAAB die J35J Draken ein, bei welcher es sich um eine verbesserte Version des Modells F handelte. Die Länge des Flugzeugs betrug 15,3 Meter, die Spannweite 9,4 Meter und das maximale Abfluggewicht 12.500 Kg. Ausgestattet mit einem Nachbrenner-Motor Volvo RM6C mit 7.800 Kg Schubkraft erreichte die Maschine eine Höchstgeschwindigkeit von Mach 2 bzw. über 2.125 Km/h. Die Waffenausrüstung bestand aus einer 30mm-Kanone und bis zu sechs Luft-Luft-Raketen. Obwohl die Draken hervorragende Merkmale und Leistungen bot, wurde er aus politischen Gründen nur in alliierte oder neutrale Länder wie Finnland und Dänemark exportiert; 1988 wurde das Flugzeug noch von Österreich erworben - dem einzigen Land, in dem die Draken noch bis heute eingesetzt wird. Wäre die SAAB 35 in Frankreich oder England produziert worden, hätte sie auf den Weltmärkten der sechziger Jahre ein

224 oben links Die schwedische Viggen SAAB flog zum ersten Mal am 9.Februar 1967 und war bis zur Einführung der Gripen das wichtigste Kampfflugzeug der schwedischen Luftwaffe. Hier ist ein Exemplar des verbesserten Modells AJS37 zu sehen.

224 oben rechts Ein SAAB 35F Draken -Jäger der finnischen Luftwaffe in der Landephase. Es war das erste europäische Flugzeug, das eine Geschwindigkeit von Mach 2 erreichte. Über 600 Exemplare wurden gebaut.

224 Mitte Eine FIAT G.91R/1 der 5. Luftbrigade der italienischen Luftwaffe, 1959 in der Basis von Treviso. Die G.91 war der erste, wahre Standarisierungsversuch der NATO, traf jedoch nicht auf den erwarteten Erfolg.

224 unten Eine SAAB 35OE der österreichischen Luftwaffe bei Kunstflugübungen. Die für den Draken typische Doppeldeltaform ohne Schwanzflächen ist deutlich zu erkennen.

224-225 Eine SEPECAT Jaguar E des 7.Geschwaders der französischen Luftwaffe. Frankreich führte das Flugzeug 1972 in den Dienst ein (zwei Jahre vor Großbritannien) und kaufte 200 Exemplare.

hervorragender Konkurrent der Mirage und F-104 sein können. Doch wie dem auch sei, es wurden - inbegriffen der Exportversionen - 606 Exemplare der Draken gebaut, eine nicht zu unterschätzende Anzahl.

In den sechziger Jahren arbeitete die SAAB an einem Nachfolger der Draken. Es sollte ein Flugzeug mit ausgezeichneten Flugleistungen sein, das jedoch an die schwedische Verteidigungsstrategie angepasst war, welche im Falle eines Kriegs die Verstreuung der Streitkräfte in den Wäldern vorsah (und noch heute vorsieht). Man benötigte daher ein robustes Flugzeug, das über kurze Start- und Landefähigkeiten verfügte und mit kleinster technisch-logistischer Unterstützung operieren konnte. Es entstand somit die SAAB 37 Viggen, ein massiver, einsitziger Einmotor, der über Doppeldeltaflügel mit Canard-Kontrolloberflächen verfügte. Außerdem war der Motor mit einem Schubumkehrer ausgestattet worden um den Landelauf des Flugzeugs zu reduzieren. Die Viggen flog zum ersten Mal am 8.Februar 1967 und trat als Serienmodell im Juni 1971 in den Dienst ein. Die erste entwickelte Version war das Bodeneinsatzmodell AJ37 mit sekundärer Luftverteidigungskapazität. Es folgten später die Versionen SF37 für die Aufklärung, die SH37 für die Aufklärung zur See und der Zweisitzer Sk37. 1979 führte die SAAB schließlich den Abfangjäger JA37 ein. Das Flugzeug war 16,4 Meter lang und besaß eine Flügelspannweite von 10,6 Metern. Den Antrieb leistete das Zweikreistriebwerk Volvo RM8B mit Nachbrenner und einer Schubkraft in Höhe von 12.750 Kg. Die Maschine erreichte eine Höchstgeschwindigkeit von 2.200 Km/h und wog beim Start ca. 20 Tonnen. Eine 30mm-Kanone, bis zu sechs Luft-Luft-Raketen sowie Luft-Boden-Raketen bzw.- Bomben bildeten die Waffenausrüstung. In noch größerem Ausmaß als die Draken war die Viggen einem Ausfuhrverbot unterworfen, so dass Schweden das einzige Land blieb, das dieses Flugzeug im Einsatz hatte. Seit 1993 benutzte die schwedische Luftwaffe das Modell AJS37, das - ausgestattet mit fortschrittlicher Avionik - ein extrem vielseitiges Flugzeug war und je nach Bedarf für Abfang -, Angriffs- und Aufklärungsmissionen eingesetzt werden konnte. Die SAAB hatte insgesamt 329 Viggens konstruiert.

Dieser Überschau der wichtigsten europäischen Jäger der fünfziger und sechziger Jahre soll nicht ohne eine Erwähnung der FIAT G.91 enden. Dieses Flugzeug ging aus einem der ersten NATO-Versuche hervor, die Mitgliedstaaten mit einer standarisierten Bewaffnung auszustatten. Auf den 1953 ausgeschriebenem Wettbewerb NBMR-1 1953 - es wurde ein leichter Jagdbomber gefordert - antwortete das Team der FIAT, geleitet von dem Ingenieur Gabrielli, mit der G.91. Es handelte sich um ein Flugzeug mit niedrigen Pfeilflügeln und Lufteinlass unter der Nase; die Außenform erinnerte an die Gesamtarchitektur der F-86K (den die FIAT auf Lizenz baute). Der erste von drei Prototypen flog am 9.August 1956. Trotz des Verlustes dieses ersten Exemplars wurde innerhalb weniger Monate deutlich, dass der Entwurf vollkommen den Anforderungen der NATO entsprach. Im Januar 1958 erklärte ihn jene zum Sieger und billigte die Produktion. Obwohl das Modell G.91 viel Zustimmung erhielt, wurde es aufgrund der üblichen politisch-finanziellen Berücksichtigungen vieler Regierungen nie an die NATO-Luftwaffen geliefert - ausgeschlossen Italien und Deutschland.

Italien erwarb das Basismodell G.91R/1, welches über einen Bristol Siddley Orpheus Motor mit 1.840 Kg Schubkraft verfügte und eine Höchstgeschwindigkeit von 1.030 Km/h erreichte. Das Flugzeug war 10,3 Meter lang, besaß eine Spannweite von 8,6 Metern sowie ein maximales Abfluggewicht von 5.500 Kg. Die Bewaffnung bestand aus vier 12,7mm-Maschinengewehren und bis zu 908 Kg Bomben und Raketen. Später wurden aus diesem Modell der Zweisitzer G.91T und die für Deutschland bestimmte Version G.91R/3 entwickelt. Letztere besaß eine verbesserte Avionik und war mit zwei 30mm-Kanonen und vier Unterflügelpfeilern ausgestattet. Auch die portugiesische Luftwaffe flog die G.91, da sie 66 Exemplare von Deutschland erworben hatte. Trotz der ablehnenden Einstellung einiger Länder (vor allem Frankreich, dessen Flugzeug abgelehnt worden war) wurden über 760 Exemplare des G.91R- und T-Modells gebaut und bis in die neunziger Jahre hinein geflogen.

Die europäischen Jäger | 225

Kapitel 17

Der Vietnam

Obwohl der Vietnam seit den dreißiger Jahren Hauptfigur in Guerillas und Kämpfen war - erst gegen die Franzosen und später gegen die Japaner - bezieht man sich mit der Designation Vietnamkrieg allein auf den von 1960 bis 1975 ausgetragenen Konflikt. Bei diesem Krieg waren auf der einen Seite die Vietcong und die nordvietnamesische Armee beschäftigt, während auf der anderen die Armee Südvietnams stand, die von den Vereinigten Staaten unterstützt wurde. Vom Gesichtspunkt der Luftfahrt aus betrachtet war der Vietnamkrieg einer der bedeutendsten - dort wurden neue Flugzeuge, neue Waffen und neue Militärtaktiken angewendet, die in der Geschichte der Luftfahrt ihre Spuren hinterließen.

Der Krieg begann als Kampf der Regierung Südvietnams gegen die versuchten Aufstände der kommunistischen Regierung des Nordens (mit breiter Material-Unterstützung seitens der Sowjetunion). Die Krise wurde mit der direkten Einbeziehung der amerikanischen Streitkräfte immer großflächiger und gipfelte schließlich im Jahr 1968, als die Truppen der Vereinigten Staaten mit 550.000 Einheiten auf der Kampffläche erschienen. Die US Regierung hatte schwerwiegende politische Fehler gemacht: von der einen Seite nahm die Meinung der Weltöffentlichkeit (sowie ein guter Teil der amerikanischen Gesellschaft) Partei für Nord-Vietnam ein, von der anderen erreichten die Militäroperationen trotz enormer Aufbietung keine wirkungsvollen Ergebnisse.

Anfangs beschränkte sich der Eingriff der Amerikaner darauf, der Regierung Süd-Vietnams militärische Berater und Waffenausrüstungen zu übersenden. Das Ziel

226 oben links Januar 1969. Ein A CH-54 Hubschrauber transportiert während der Operationen um Khe Sanh eine 155mm-Haubitze der Marines auf einen Hügelgipfel.

226 unten Amerikanische Jagdflugzeuge fliegen während des Vietnamkriegs über ein brennendes Schiff. Der Schatten auf dem Wasser gehört zu einer F-8 Crusader der US Navy.

226-227 Der Vietnamkrieg ist vielen auch als „der Hubschrauber-Krieg" in Erinnerung geblieben. Auf der Fotografie ist eine Bell UH-1-Gruppe zu sehen, die die südvietnamesischen Truppen während eines Angriffs auf die Vietcong im März 1965 unterschützt.

227 unten Eine Douglas A-4E Skyhawk Jagdbomber der US Navy wirft im Januar 1966 eine Mk.84-Sprengstoffbombe über eine Vietcong-Stellung ab.

war die Gründung der ersten Truppe der südvietnamesischen Luftwaffe, die mit den Flugzeugen A-1 Skyraider, T-28 Trojan, B-26 Invader, C-47 Skytrain und C-123 Provider ausgestattet wurde. Nach dem Unfall am Golf von Tonchino (ein Angriff nordvietnamesischer Schnellboote auf den Zerstörer USS Maddox) begann die US Navy im August 1964 eine Hauptrolle in dem Konflikt zu spielen, indem sie mit den eigenen Marineflugzeugen Bombenangriffe durchführte. Am Beginn des Konflikts waren die Flugzeugträger der Navy hauptsächlich mit den Jägern F-8 und F-4 sowie den Jagdbombern A-4 und A-6 ausgestattet.

Das modernste Jagdflugzeug der US Navy war zu jener Zeit die McDonnell F-4 Phantom II, die im Dezember 1960 in den Dienst trat. Das Flugzeug wurde auf ein Projekt der Marine hin entworfen und war ein großer Abfangjäger (genannt AH-1), der aus dem Modell F3H hergeleitet wurde; das Flugzeug sollte über einen dreistündigen Flugbereich verfügen und in der Lage sein, die neuen Sparrow Raketen abzuwerfen. Die Navy bestellte zwei Prototypen der F4H-1 Phantom II, von denen der erste am 27.Mai 1958 flog. Es handelte sich dabei um ein Zweidüsenflugzeug mit Trapezflügeln und Schwanzflächen in negativer V-Stellung; die Maschine besaß Radar sowie ein zweites Besatzungsmitglied, das für die Bedienung des Waffensystems zuständig war. Die Phantom erwies sich sofort als ein hervorragender Multifunktions-Jäger, so dass die Navy im Dezember desselben Jahres eine anfängliche Reihe von 375 Exemplaren bestellte. 1962 wurde das Flugzeug auf F-4 umbenannt, und das erste Modell der Großserie war die F-4B. Ausgestattet mit zwei General Electric J79-GE-8 Turbostrahltriebwerken von 7710 kg Schubkraft (mit Nachbrenner) erreichte die Maschine eine Höchstgeschwindigkeit von Mach 2.2. Außerdem besaß das Flugzeug einen Multifunktions-Radar APQ-72 mit großer Reichweite (der es ermöglichte, ohne die Hilfe von Bodenradaren Sperrflüge durchzuführen)und ein neu entworfenes Cockpit. Die Phantom konnte ferner auch als Jagdbomber mit Bomben und Raketen operieren. Während die US Navy und die Marines bereits die F-4A und B im Dienst hatten begann sich auch die USAF an dem Entwurf zu interessieren, da dieser gut für ihre eigenen Erfordernisse geeignet war. McDonnell baute daraufhin eine spezielle Version des Jägers für Bodeneinsätze - die F-4C (anfangs benannt mit F-110A). Dieses Modell besaß ein anderes

228-229 *Ein RF-101C Aufklärer der USAF überfliegt im Tiefflug die kurz zuvor bombardierte Straßenbrücke „My Dug" in Nord-Vietnam. Sein Schatten spiegelt sich auf dem Flusswasser wider.*

228 unten *Eine Reihe von A-4E - Flugzeugen wartet auf dem Flugzeugträger USS Oriskany auf den Abflug, während eine A-3D Skywarrior gerade gestartet wurde (1968).*

229 oben Zwei A-4M der Marines schießen eine Raketensalve auf ein Bodenziel ab. Der Skyhawk blieb bis 1979 in Produktion, es wurden 2.960 Exemplare gebaut.

229 Mitte Eine F-4E Phantom der USAF zeigt den jüngsten Camouflage-Typ der achtziger Jahre. Es wurden insgesamt 5.000 Exemplare der Phantom gebaut.

229 unten links Eine McDonnel Douglas F-4B Phantom II der US Navy vor dem Start von einem Flugzeugträgerdeck. Das Bugfahrgestell wurde verlängert um eine bessere Abflug-Trimmlage zu ermöglichen.

Fahrgestell, neue Bereifung sowie ein autonomes Startsystem. Es war ausgestattet mit den Motoren J79-GE-15, dem Radar APQ-100, doppeltem Steuerwerk sowie einer Luftbetankungssonde .
Die USAF erwarb 583 Exemplare der F-4 zwischen 1963 und 1966. Auf diese Versionen folgten bald darauf die Aufklärungsmodelle (RF-4B und RF-4C), die F-4D für die USAF und die F-4J für die Navy. Letztere wurde von dem Motor J79-GE-10 mit 8120 kg Schubkraft angetrieben und besaß ein Schusskontrollsystem AWG-10. Die letzte Version für die USAF war die 1966 eingeführte F-4E. Die Kriegserfahrungen hatten den Entwurf des Flugzeugs beeinflusst: es wurden zwei stärkere Motoren und neue Flügelklappen eingeführt; ferner war die neu entworfene Nase mit einem APQ-120 - Radar und einer 20mm-Kanone M61 Vulcan ausgestattet worden. Darauf folgte die Aufklärungsversion RF-4E. Die F-4E besaß eine Spannweite von 11,7 Metern, eine Länge von 19,2 Metern sowie ein maximales Abfluggewicht von 27.965 kg. Die zwei Motoren

J79-GE-17 bildeten 8.120 kg Schubkraft mit Nachbrenner und trieben das Flugzeug zu einer Höchstgeschwindigkeit von 2390 Km/h an. Die Bewaffnung bestand aus bis zu 7250 kg Außenlasten. Die Phantom war ein starkes, robustes und zuverlässiges Flugzeug, das sich auch in dem schwierigen Indochina-Gebiet gut zurechtfand nachdem von der Luftwaffe und der Marine angemessene Einsatztaktiken bestimmt wurden. Die F-4 erwies sich als gute Basis für die Realisierung spezialisierter Versionen bzw. für neue Anwendungsbereiche. Es entstanden somit die Anti-Radar-Kampfversion F-4G, die F-4K für die englische Marine sowie die F-4N und S - beides modifizierte Versionen der F-4B und J. Die Phantom-Flugzeuge wurden auch an zahlreiche Alliierte verkauft, darunter waren NATO-Staaten aber auch Luftstreitkräfte aus Israel, Iran, Japan, Ägypten und Südkorea. Insgesamt wurden 5197 Exemplare der F-4 Versionen gebaut; viele davon wurden modernisiert und befinden sich noch bis heute im Gebrauch.
Der kleinste Marine-Jagdbomber zu jener Zeit war die Douglas A-4 Skyhawk, ein Flugzeug, das von der kalifornischen Firma privat entworfen wurde um der US Navy einen Jet-Ersatz ihrer eigenen A-1 Skyraider zu liefern. Die A-4 war ein kleines, einmotoriges Flugzeug mit Deltaflügeln und kreuzförmigen Leitwerken, das überraschende technische Leistungen bewies. Da das Flugzeug aus einem Einzelkörper bestand war es besonders robust und leicht; die kleinen Flügel mussten somit für die Landung auf den Flugzeugträgern nicht zusammengefaltet

werden. Die Skyhawk flog zum ersten Mal am 22.Juni 1954 unter der Kennzeichnung XA4D-1 und trat - ausgestattet mit einem J65-4B Motor mit 3490 Kg Schubkraft - zwei Jahre später in den Dienst ein.
1962 wurden von dem Flugzeug - erneut A-4 umbenannt - zahlreiche, ständig verbesserte Versionen eingeführt. Die A-4E von 1961 war das erste Modell einer neuen Serie und war ausgestattet mit dem stärkeren Motor J52, der eine Schubkraft von 3860 kg leistete (während der Kraftstoffverbrauch geringer war). Ferner besaß das Flugzeug fünf Anbringungsstellen (statt drei) unter den Flügeln, so dass die äußere Waffenlast bis auf 4150 kg erhöht wurde. Mit dem Modell F wurde dagegen der charakteristische „Buckel"-Rücken eingeführt, in dem neue Avionik-Apparate enthalten waren; die TA-4F war dagegen das erste zweisitzige Übungsmodell.
Schnell, wendig, robust und zur Aufnahme einer beträchtlichen Kriegslast fähig, verhielt sich die A-4 besonders gut in Vietnam - sowohl bei den Einsätzen, die von den Flugzeugträgern aus geleietet wurden als auch von den Bodenstützpunkten der Marines aus. Die Skyhawk blieb bis 1979 in Produktion; es wurden 2960 Exemplare gebaut und in zehn Ländern auf der ganzen Welt verkauft. Unter den letzten amerikanischen Operationseinheiten, die den Skyhawk flogen waren die Aggressor- Abteilungen der Marine; diese benutzten die Skyhawk im Kampftraining als Vortäuschung der wendigen und mörderischen MiG-17 und MiG-19.

Der Vietnam

230 oben Eine Vought A-7D der USAF während des Vietnamkriegs. Nach der Navy zeigte auch die Air Force Interesse an dem Jagdbomber, mit dem ab 1970 die F-100 und die F-105 ersetzt wurden.

230 unten Die Vought A-7E war ausgestattet mit einem Navigations- und Angriffssystem (dem NWDS), das ihn zum modernsten Jagdbomber seiner Zeit machte. Dieses Flugzeug wurde auf dem USS Coral Sea eingesetzt.

Die US Navy stellte auf ihren Flugzeugträgern außerdem die Grumman A-6 Intruder auf, die als äußerstes Gegenteil der A-4 bezeichnet werden kann. Die Intruder war ein großer Allwetter-Bomber, der im Hinblick auf die hochentwickelte Avionik zu jener Zeit als ein Spitzenprodukt angesehen wurde. Das Basismodell bildete die 1957 eingeführte Grumman G-128, die auf eine Forderung nach einem neuen Marinekriegsflugzeug hin entworfen wurde und bei der die erfahrenen Lektionen des Koreakriegs vorteilhaft genutzt werden sollten. Die G-128 war ein Zweidüsenflugzeug mit auffallend großer Nase, in der das Radargerät sowie ein zweisitziges Cockpit mit parallelen Schleudersitzen untergebracht waren. Der Prototyp vollbrachte seinen ersten Flug am 19.April 1960, und die ersten Serienexemplare A-6A begann man 1963 in den Dienst einzuführen. Die Navy und die Marines nutzten das Flugzeug in Vietnam ab 1965. Die Stärken der Intruder (die allein um die 25 Tonnen wog) lagen in der bedeutenden Waffenlast sowie den hochentwickelten Angriffs- und Navigationssystemen (Radar APQ-146/148 und Inertialnavigationssystem ASN-92), mit denen die Ziele auch bei Verhältnissen ohne Sicht gefunden und getroffen werden konnten.

Unter den nachfolgenden Versionen waren die A-6B für Anti-Radar-Angriffe, die A-6C für Nachtangriffe, das Luftbetankungsmodell KA-6D und die EA-6A für die elektronische Kriegsausübung. Die endgültige Version der Intruder war die A-6E, der über eine noch fortschrittlichere Avionik verfügte. Das Modell E besaß eine Spannweite von 16,1 Metern, eine Länge von 19,7 Metern und ein maximales Abfluggewicht von 27.420 kg. Die Motoren waren zwei Pratt & Whitney J52-P-8B mit 4220 kg Schubkraft ohne Nachbrenner. Das Flugzeug erreichte eine Höchstgeschwindigkeit um 1040 Km/h und besaß eine Waffenlast bis zu 8165 Kg. Eine aktualisierte Version der A-6E war ausgestattet mit dem TRAM (Target Recognition Attack Multi-Sensor)- System, das aus FLIR (Farward Looking Infra-Red)-Sensoren und Lasern für Navigations- und Angriffsoperationen bestand. Insgesamt wurden 710 Exemplare der A-6 gebaut, die alle ausschließlich von der US Navy und Marines benutzt wurden. Das Flugzeug wurde Mitte der 90-er Jahre vom Dienst zurückgezogen.

Im Vietnamkrieg setzte man zwei weitere Marine-Bombardierflugzeuge ein. Das erste davon war die Douglas Skywarrior, die am 28.Oktober 1952 ihren ersten Flug durchführte. Als sie 1956 mit der Benennung A3D in den Dienst eintrat, war sie das bis dahin größte, für Decklandeoperationen gebaute Flugzeug.

Die Skywarrior besaß hohe Flügel, an denen die zwei Pratt & Whitney J57 Düsenmotoren angebracht waren. Ursprünglich war das Flugzeug als Nuklear-Bomber entworfen worden, wurde aber später für die Einsätze in verschiedenen Spezialrollen umgewandelt, darunter Aufklärung, elektronischer Krieg, Luftbetankung und Ausbildung. 1962 wurde das Flugzeug umbenannt auf A-3; das Modell B hatte eine Spannweite von 22,1 Metern, eine Länge von 23,3 Metern und ein maximales Abfluggewicht von 37.190 kg. Die Motoren leisteten 4760 Kg Schubkraft und ermöglichten eine Höchstgeschwindigkeit von 980 Km/h. Die innen verstaute Waffenlast erreichte ein Gewicht von fast 5440 kg. Das Flugzeug wurde auch von der USAF benutzt, die es B-66 nannte und ab Mitte der 50-er Jahre 290 Exemplare erwarb. Diese wurden erst als Bomber benutzt; im Vietnamkonflikt der 60-er Jahre setzte die USAF das Modell als Aufklärer sowie im Elektrokrieg ein.

Der zweite Navy-Bomber A3J-1 Vigilante (ab 1962 A-5 umbenannt) wurde in der RA-5 Version ebenfalls für Aufklärungsoperationen in Vietnam eingesetzt. Das Flugzeug wurde Mitte der 50-er Jahre als Überrschall-Nachfolger des Skywarriors entworfen und besaß sehr futuristische Außenformen mit vollständig beweglichen Schwanzflächen und geometrisch veränderbaren Lufteinlässen. Die Vigilante hatte eine Spannweite von 16,1 Metern, ein Länge von 23,3 Metern und ein maximales Abfluggewicht von 29.940 kg. Sie wurde von zwei General Electric J79-GE-10 Motoren angetrieben und konnte eine Höchstgeschwindigkeit von Mach 2.2 erreichen.

Die Kriegsnotwendigkeiten führten zur Entwicklung eines neuen Jagdbombers, der als Nachfolger des Modells A-4 für die US Navy operieren sollte. Um die Entstehungszeit des Flugzeugs zu verkürzen forderte man in der Spezifikation, dass die vorgeschlagenen Projekte von den bereits operierenden Modellen hergeleitet werden sollten. Ling-Temco-Vought (LTV) entwickelte ein Projekt, dass sich auf der Vought F-8 Crusader gründete, aber im Endeffekt ein völlig neues Flugzeug wurde. Es handelte sich um ein Unterschall-Luftfahrzeug mit Starrflügeln und vergrößertem Rumpf, das eine beeindruckende Kriegslast auf sechs Unterflügel-Pfeilern tragen konnte. Dieses Flugzeug wurde von der Navy zum Wettbewerbssieger erklärt. Man benannte den neuen Jagdbomber A-7 Corsair II, und am 27.September 1965 (verfrüht in bezug auf den Vertrag) wurde der erste Flug durchgeführt. Das Serienmodell A trat 1966 in den Dienst ein und wurde bereits im darauffolgenden Jahr bei den Kämpfen in Vietnam eingesetzt. Die A-7A war mit einem TF30-P-6 Motor ausgestattet, der 5150 kg Schubkraft lieferte; die Versionen B und C enthielten dagegen etwas stärkere Motoren. Auch die USAF entwickelte Interesse für das neue Flugzeug. 1968 führte das für die Air Force entwickelte Modell A-7D seinen Jungfernflug durch; das Flugzeug besaß einen TF41-Motor von 6580 kg Schubkraft und eine 20mm-Kanone M61 Vulcan mit sechs rotierenden Läufen (statt vier Kanonen von demselben Kaliber). Ferner war die A-7D mit einem moderneren Navigations- und Angriffssystem ausgestattet und verfügte über eine Luftbetankungssonde. Die Maschine trat 1970 in den Dienst ein und wurde vom Oktober 1972 bis zum Rückzug der amerikanischen Streitkräfte für einige Monate im Vietnamkrieg verwendet. 1967 benutzte die Firma LTV die A-7D als Grundlage des Modells A-7E für die US Navy. Die A-7E besaß fast dieselbe Avionik ihres Vorgängers, war jedoch mit einem stärkeren TF41- Motor ausgerüstet (6800 kg Schubkraft). Insgesamt wurden 506 A-7E - Exemplare gebaut. Zu seinem ersten Kampfeinsatz startete das Flugzeug 1970 von dem Flugzeugträger USS America aus. Die A-7E war 14 Meter lang und besaß eine Spannweite von 11,8 Metern sowie ein maximales Abfluggewicht von 19 Tonnen. Die Höchstgeschwindigkeit betrug 1120 Km/h, während die Waffenladung ein Höchstgewicht von 6800 kg erreichen konnte. Die Corsair II war zweifellos ein hervorragendes Flugzeug, das eine bedeutende Vielfalt und Quantität von Waffen tragen konnte und diese mit Präzision in bemerkenswerten Abständen abschießen konnte. Trotzdem war der Pilot sicher ab und zu mit dieser Arbeit überfordert und löste manch einen Unfall aus. Die Gesamtproduktion der A-7 (eingeschlossen der nach Portugal und Griechenland exportierten Modelle sowie den Übungs-Zweisitzern TA-7C und TA-7K) belief sich auf 1526 Exemplare.

Auch die US Air Force war am Vietnamkrieg beteiligt - und zwar mit allen erdenklichen Flugzeugtypen. Während des Konflikts wandte sie einige neue Modelle an - sei es aus strategischen Gründen, sei es um die operativen Fähigkeiten zu überprüfen und nützliche Erfahrungen zu sammeln.

231 erstes Bild Eine Vought A-7A Corsair II der Serie VA-147 über dem USS Ranger. Es war die erste Einheit, die in Vietnam mit der Corsair eingesetzt wurde (1967).

231 zweites Bild Die North American A-5 Vigilante wurde in den fünfziger Jahren als Hochleistungs-Bomber für die US Navy entwickelt. Sie blieb bis in die 80-er Jahre hinein im Dienst. Hier ist ein Modell mit gefalteten Flügeln und Seitenrudern zu sehen.

231 drittes Bild Der US-Navy-Bomber Grumman A-6A Intruder wurde 1965 im Vietnamkrieg aufgestellt und erbrachte besonders bei Angriffen auf die feindliche Luftabwehr hervorragende Leistungen.

231 viertes Bild Eine startbereite A-6A auf einem amerikanischen Flugzeugträger. Die 30 225-kg-Bomben sind an den Flügel- und Bauchpfeilern verteilt. Die A-6 konnte eine Nutzlast bis zu acht Tonnen laden.

Der Vietnam | 231

Neben der F-4 Phantom II und der A-7 Corsair II benutzte die USAF auch andere Kampfflugzeuge mit verschiedenen Merkmalen: die Serien Northrop F-5 und General Dynamics F-111. Das erste war ein leichtes Flugzeug, das General Dynamics privat entwickelte; man hoffte, dass die amerikanische Regierung interessiert sein würde das Flugzeug als taktischen Jäger an alliierte Länder zu verkaufen. Es wurden zwei Modelle parallel entwickelt: die N-156F und der Zweisitzer N-156T (wurde später zum T-38). Die N-156F flog zum ersten Mal am 30.Juli 1959. Es war ein relativ kleines und schlankes Überschallflugzeug, das von zwei J85-GE-5 Düsenmotoren mit je 1745 kg Schubkraft angetrieben wurde. 1962 wählte die US Verteidigungsabteilung das Flugzeug als Beitrag für die MAP Programme (Military Assistance Program) und nannte es F-5A Freedom Fighter (den Zweisitzer: F-5B). Das Flugzeug, dessen Erstflug am 31.Juli 1963 stattfand war ausgestattet mit den Motoren J85-GE-13 von 1850 kg Schubkraft und Nachbrenner. Es besaß sieben Ansatzpunkte für bis zu 2720 kg äußere Waffenlast, zwei 20mm-Kanonen, eine verstärkte Struktur, ein maximales Abfluggewicht von 9000 kg und ein Höchstgeschwindigkeit von Mach 1.4. Obwohl die F-5A vorrangig für den Export bestimmt war führte man die Maschine in den Dienst der USAF ein, die gemäß dem Programm „Skoshi Tiger" ein Kontingent von zwölf Exemplaren nach Vietnam übersandte. Diese Flugzeuge wurden mit einer Luftbetankungssonde, neuer Schutzkapsel sowie einer Tarn-Livree ausgestattet, die besser für den vietnamesischen Kriegsbereich geeignet war. Zwischen 1965 und 1966 wurden die Skoshi Tiger in taktischen Unterstützungsmissionen eingeschätzt und erwiesen dabei gute Leistungen, so dass 1967 die südvietnamesische Luftwaffe mit den Maschine versorgt wurde. Über 1100 Exemplare der F-5A/B wurden hergestellt und von den Luftstreitkräften 20 Länder geflogen. Mit den erlangten Erfahrungen auf diesem Gebiet konstruierte die Northrop 1969 die verbesserte Version F-5E, die als Serienexemplar zum ersten Mal am 11.August 1972 flog. Dieses Modell besaß größere Waffenlastaufnahmefähigkeit und verbesserte Steuerbarkeit. Angetrieben von den Motoren J85-GE-21 (2270 kg Schubkraft) erreichte die F-5E eine Höchstgeschwindigkeit von Mach 1.64. Von den über 1500 gebauten Exemplaren wurden mehr als 120 (einsitzige und zweisitzige Modelle des F-5F) von der USAF und der US Navy erworben und als Übungs- bzw. „aggressor"- Flugzeuge für die Kampfabrichtung benutzt.

Die F-111 war dagegen das Ergebnis eines ehrgeizigen, aber nicht vollständig realisierten Programms. 1960 wurde vom amerikanischen Verteidigungsministerium das Startzeichen für das TFX-Programm gegeben; das Ziel war, die USAF und US Navy mit einem Allzweck-Kampfflugzeug auszurüsten, mit welchem die Modelle F-105, F-8 und später F-4 ersetzt werden konnten. 1962 wurde verkündet, dass die General Dynamics (zusammen mit Grumman) ausgewählt wurde, um ihr innovatives Projekt realisieren zu können: ein großes, leistungsstarkes Flugzeug mit geometrisch veränderbaren Flügeln und einer Abwurfkapsel für die zwei Besatzungsmitglieder. Es wurde also ein Vertrag abgeschlossen, der den Bau von 18 Exemplaren der F-111A für die USAF und fünf Decklandeversionen F-111B für die Navy beinhaltete. Der erste Prototyp der A-Serie flog am 21.Dezember 1964, aber die damalige Technologie erlaubte noch nicht die Entwicklung eines Flugzeugs, das wirklich den verschiedenen Erfordernissen gewachsen wäre. 1968 unterbrach der Kongress so die Arbeiten an der F-111B. Im selben Jahr trat jedoch die F-111A in den Dienst ein und wurde später in den letzten Phasen des Vietnamkonflikts eingesetzt. Nach anfänglichen Schwierigkeiten erwies sich die F-111A als ein ausgezeichneter Bomber - besonders in extremen Konditionen, Schlechtwetter- und Nachteinsätzen. Mit der Verwirklichung der Versionen F-111D und F bestätigte das Flugzeug seine hervorragenden Eigenschaften in der Luftverteidigung, Allwetter- und Tiefflugeinsätzen.

Das Modell F hatte eine Spannweite zwischen 19,2 (kleinste Peilung) und 9,7 Metern (maximale Peilung) sowie eine Länge von 22,4 Metern. Die Motoren waren zwei Pratt & Whitney TF30-P-100 von 11.385 kg Schubkraft mit Nachbrenner und die Höchstgeschwindigkeit erreichte Mach 2.5 im Höhenflug. Es konnte eine Gesamtwaffenlast von 14.300 kg geladen werden.

232 links Der taktische Jäger Northrop F-5 wurde für die mit den USA alliierten Luftstreitkräfte entworfen. Auf der Fotografie von 1966 ist eine südvietnamesischer F-5A beim Abwurf von Mk.117-Bomben zu sehen.

232-233 Die General Dynamic F-111 wurde entwickelt um die USAF und die US Navy mit einem gemeinsamen Multirollen-Flugzeug auszustatten. Die Navy wandte die Maschine nicht an; die F-111A der USAF war dagegen ein wirkungsvoller, präziser Allwetter-Bomber und wurde auch im Vietnam eingesetzt. Diese F-111F fliegt über die Wüste.

233 unten links Eine F-111E während der Landung. Das Flugzeug besaß schwenkbare Tragflächen und zwei große Pratt & Whitney TF30 Motoren von 11.390 kg Schubkraft. Die Höchstgeschwindigkeit betrug 2.600 Km/h.

233 unten rechts Eine begrenzte Anzahl der F-5 wurde auch von den amerikanischen Luftstreitkräften benutzt - vor allem um als Agressor-Flugzeug feindliche Jäger vorzutäuschen. Diese F-5E der Marines-Einheit VMFT-401 fliegt über Arizona.

Das Modell F bildete außerdem die Grundlage für die Entwicklung der Versionen EF-111A (Elektrokriegeinsatz), FB-111A (Nuklearangriff) und F-111C. Letzteres wurde für den Export nach Australien entworfen, welches das einzige Land ist, das die Maschine in der modernisierten Form F-111G noch heutzutage benutzt.

Insgesamt produzierte die General Dynamics 562 Exemplare der F-111.
Ein weiterer Protagonist im Vietnamkrieg war das taktische Transportflugzeug Lockheed C-130 Hercules, von dem verschiedene Varianten - auch für Kampfeinsätze - entwickelt wurden. In einer Region wie Indochina, wo aufgrund der tropischen Vegetation, dem Mangel an Straßenverbindungen und den Guerillakriegen gewöhnliche Kommunikation schwierig und zum Teil unmöglich gemacht wurde nahmen die Transportflugzeuge eine unersetzlich wichtige Rolle ein; mit deren Hilfe konnten Kampfeinheiten auch in großen Entfernungen bzw. unter feindlicher Umziegelung versorgt und unterstützt werden. Als die Vereinigten Staaten immer intensiver in den Vietnamkrieg verstrickt wurden, war der Hercules bereits seit einigen Jahren in den Versionen A, B und E im Dienst.

Die Ursprünge des Entwurfs gingen bis in die Zeit des Koreakriegs zurück, als die Air Force beschloss, sich mit einem propellerangetriebenen, taktischen Transportflugzeug auszurüsten. Der Entwurf der Lockheed , der später gewählt wurde besaß hohe Flügel, ein tiefes Fahrwerk sowie aufgerichtete Schwanzflächen; durch diese Konfiguration konnten die Lade- und Abladeoperationen von der Ladeklappe unter dem Heck aus vereinfacht durchgeführt werden. Das erste Flugzeug - die YC-130 - flog zum ersten Mal am 23.August 1954, und die Lieferungen der ersten 216 Modelle der C-130A (mit 3.800-PS-Motoren Allison T56-1A) an die USAF begannen im Dezember 1956. Obwohl das Flugzeug keine revolutionäre Maschine war, vereinte es die fortschrittlichsten Technologien und Eigenschaften: große

Einsatzflexibilität, die Fähigkeit kurze, provisorische Landebahnen benutzen zu können, große Ladefähigkeit sowie bemerkenswerte Flugleistungen. Eine der zahlreichen Versionen, die aus der C-130A entwickelt wurden war die AC-130A - ein fliegendes Kanonenboot, das mit vier 20mm-Kanonen und vier 7,62mm-Maschinengewehren Gatling ausgerüstet war; mit diesem Exemplar wurde die Tradition der AC-47 als Flugzeug für die taktische Unterstützung der Bodentruppen fortgesetzt. Die AC-130A (ebenfalls gut für Nachteinsätze geeignet) wurde 1967 getestet und ab 1968 in Vietnam eingesetzt; dort beschoss die Maschine limitierte Dschungel-Flächen, in denen eine Konzentration feindlicher Truppen signalisiert wurde. Die C-130B aus dem Jahr 1957 besaß einen vierblättrigen Propeller; die C-130E, die sich zum ersten Mal

234-235 Die Lockheed C-130 Hercules - eines der erfolgreichsten Flugzeuge aller Zeiten. Die letzte Version (C-130J) ist noch heutzutage in Produktion. Auf der Fotografie ist die Standard-Transportversion C-130H zu sehen.

235 unten Ein C-130A Transportflugzeug hebt im Dezember 1973 vom Kien-Duc-Flugfeld ab. Die Hercules konnte auch von halbvorbereiteten Bodenplätzen aus operieren - ein großer Fortschritt in Bezug auf den Vorgänger C-123.

gesteigert worden. Die Spannweite betrug 40,4 Meter, die Länge 29,8 Meter, und die Höchstgeschwindigkeit erreichte 650 Km/h. Im Laufe der Jahre erwies sich die C-130 als bestes taktisches Transportflugzeug, das für die vielfältigen Erfordernisse sehr gut geeignet war und vielerlei Umbaumöglichkeiten besaß. Es wurde in über 65 Länder exportiert - sogar in Nationen, die mit den Vereinigten Staaten nicht traditionell befreundet waren - und auch im Zivilluftfahrtbereich angewendet. Bis heute wurden insgesamt bereits über 2200 Exemplare konstruiert. Das heutzutage auf dem Markt verfügbare Modell ist die C-130J Hercules II; das Flugzeug erschien 1995 und besitzt eine vollständig neue Avionik, veränderte Struktur und die 4.600-PS-Motoren Allison AE2100 mit sechsblättrigem Propeller.
Die Herausforderungen des vietnamesischen Konflikts machten die Notwendigkeit der Entwicklung und Verbreitung spezieller Einsätze offensichtlich, wie z.B. Angriffe auf feindliche Flugabwehrformationen (Wild Weasel und Iron

1961 in die Lüfte erhob war ausgerüstet mit neuen Tankbehältern (um den Flugbereich erhöhen zu können), einer gestärkten Zelle zur Steigerung des Abfluggewichts, sowie den 4.100-PS-Motoren T56-7. Diese Version mit einem Höchstgewicht von über 61 Tonnen war die im Vietnam meist benutzte. Während des Konflikts entwickelte die Lockheed weitere Spezialeinsatz-Versionen der C130. Darunter waren der mit einem Flugkommandoplatz ausgestattete EC-130 (Elektrokrieg-Einsatz), die AC-130E mit verbesserten Waffen- und Beschusskontroll-Systemen, die KC-130 (Luftbetankungsversion für die Marines), und schließlich die MC-130 für spezielle nächtliche und geheime Einsätze. Die endgültige Version der Hercules war das Modell C-130H. Es war ausgerüstet mit dem 4.560-PS-Turbomotor T56-15 und neuer Avionik; das maximale Abfluggewicht war auf über 79 Tonnen

Hand Missionen). Während des Kriegs mussten die Anzahl dieser Missionen ständig erhöht werden - mit speziellen Flugzeugen, wie derF-100F, der EF-105F und der A-6B, sowie später mit Spezialflugzeugen wie der F-105G. Ein weiterer wichtiger Missionstyp war die Combat SAR (Search and Rescue), d.h. die Suche und Rettung von über feindlichen Gebieten abgestürzten Piloten. Hierfür benutzte man die Hubschrauber HH-3E sowie Unterstützungs - und Deckungsflugzeuge verschiedener Typen - vorrangig wurden jedoch die älteren, propellerbetriebenen A-1 Skyraider der USAF eingesetzt.

Natürlich stellte der Vietnamkrieg auch einen Wendepunkt für die Hubschrauberoperationen der Armee dar, und die Helikopter wurden praktisch zu einem der Symbole des Konflikts. Diese Flugmaschine war unersetzlich sowohl für den Transport als auch für den Kampfeinsatz und die medizinische Evakuierung. Es wurden tausende von Hubschraubern verschiedenster Typen benutzt.

Das Ziel der Anwendung tödlicher Defoliationsmittel lag darin, die Vietcong-Region ihrer schützenden Dschungel-Vegetation zu berauben, doch die Gase verrichteten schwere Schäden an der Umwelt und der vietnamesischen Bevölkerung. Außer dieser Chemiewaffe wurden andere, neue Waffen im Vietnam eingesetzt: darunter waren Anti-Radar-Raketen (AGM-78 Standard und AGM-45 Shrike) und die ersten lasergeführten Bomben - die Paveway I, die bei korrekter Anwendung einen bis dahin unvorstellbaren Präzisionsgrad ermöglichten.

Neben den zahlreichen Luft-Boden-Einsätzen der US Luftwaffe wurden im Vietnamkrieg auch Luftduelle ausgeführt: die großen, modernen amerikanischen Jäger gegen die einfachen, alten aber wendigen sowjetischen MiG-Flugzeuge, die von der nordvietnamesischen Luftwaffe geflogen wurden. Von diesem Standpunkt aus rief der Konflikt einen Schock unter den Amerikaner hervor, da diese für eine solche Art von Kampfeinsätzen nicht im geringsten vorbereitet waren. Es waren daher vertiefte Analysen und die Einführung neuer Übungstechniken notwendig (daraus entstanden die Kurse Top Gun der Navy und die Red Flag der USAF) bevor die F-4-Piloten gegen Ende des Kriegs systematisch begannen die Oberhand über die feindlichen MiG-17 und 19 zu gewinnen.

Der militärische Einsatz der Vereinigten Staaten in Vietnam endete praktisch mit der Feuereinstellung vom 27.Januar 1973. Von 1961 bis 1972 verlor Amerika in Vietnam 3.792 Flugzeuge und 4.922 Hubschrauber - ganz zu schweigen von den mehr als 45.000 gefallenen Männern. Es wurden über sieben Millionen Tonnen von Bomben und anderen Waffen abgeworfen - in der Praxis wurden alle verfügbaren Waffentypen mit Ausnahme derjenigen mit Nuklearsprengköpfen benutzt. Dennoch - mit der Eroberung Saigons am 25.April 1975 wurde es auch den hartnäckigsten Köpfen klar, dass Nord-Vietnam den Krieg gewonnen hatte. Aufgrund der Hartnäckigkeit, des Fanatismus und der Kraft derer, die auf der eigenen Erde für sich und die eigenen Alliierten kämpften konnte schließlich die größte Militärkraft der Welt besiegt werden. Die Amerikaner waren nicht fähig, oder nicht in der Lage geeignete Strategien und Taktiken anzuwenden, die ihnen zum Sieg verhelfen könnten. Amerika hatte sowohl auf militärischem als auch politischem Gebiet einen Krieg verloren, der nicht ihr eigener war - der erste Krieg der Geschichte, der weitgehend von den Medien und der öffentlichen Meinung beeinflusst wurde.

236 links Ein Geschwader von UH-1 Multifunktions-Hubschraubern bringt südvietnamesische Truppen der 199. Leicht-Brigade zur Landezone.

236 unten rechts Ein Transporthubschrauber wird als Luftambulanz verwendet und bringt amerikanische Verwundete in ein Feldlazarett.

236-237 Die Fairchild C-123 Provider (von 1949) war das erste taktische Transportflugzeug, bei dem die noch heutzutage übliche Anordnung verwendet wurde: hohe Flügel und hohe Schwanzflächen, niedriges Fahrwerk sowie hintere Laderampe. Auf der Fotografie von 1966 ist eine C-123 zu sehen, der flüssiges Defoliationsmittel über dem Dschungel versprüht um Hinterhalte des Vietcong zu verhindern.

237 unten Eine F-8J Crusader, bewaffnet mit Mk. 84-Bomben fliegt über eine Angriffszone. Die Marines benutzten die eigenen Flugzeuge vor allem für die Unterstützung der Bodentruppen.

Kapitel 18

Die arabisch-israelischen Kriege

Nach dem Ende des zweiten Weltkriegs war die Lage in Palästina aufgrund des Zusammenwirkens verschiedener Faktoren kritisch geworden. Diese beinhalteten die Ankunft von tausenden von jüdischen Flüchtlingen aus Europa, das Ende des UNO-Mandats für Großbritannien betreffs der Kontrolle über die Gebiete (15.Mai 1948), und schließlich die Ablehnung seitens der Araber und der Juden des internationalen, diplomatischen Plans, der von der UNO gebilligt wurde. Dieser Plan zielte auf eine Teilung des Gebiets in einen Palästinenser- und einen jüdischen Staat. Im Frühling 1948 wurde der Gipfel von den Zusammenstößen zwischen den beiden Völkern erreicht und führte zur Vertreibung der Palästinenser aus vielen Gebieten und der Proklamation - in Tel Aviv - des Staates Israel. Von diesem Zeitpunkt an nahm der Konflikt internationale Ausmaße an, da die arabischen Länder Ägypten, Syrien und Irak mit

militärischen Boden- und Luftoperationen begannen gegen die israelischen Streitkräfte vorzugehen. Die Israelis taten alles was in ihren Kräften lag um die eigenen militärischen Kräfte zu entwickeln, vor allem im Bereich der Luftfahrt. Am 31.Mai 1948 wurde offiziell die israelische Luftwaffe Chel Ha'Avir gebildet. In der zweiten Jahreshälfte war jene bereits beträchtlich gewachsen und hatte von den verschiedensten Quellen Flugzeuge erworben; darunter waren etwa 70 Spitfire, Mustang und Avia S.199 Jagdflugzeuge, einige Bomber B-17,

Mosquito und Beaufighter, und die Transporter C-47, C-46 und Constellation. Das repräsentativste unter diesen Flugzeugen war die Avia S.199; es handelte sich dabei um einen tschechoslowakischen Jäger, bei dem die Zelle von der Messerschmitt Bf-109G-14 (die bereits von den Deutschen in der Tschechoslowakei gebaut wurde) mit dem 1.370-PS-Motor Jumo 211F kombiniert wurde. Das Flugzeug wurde von den Tschechen aufgrund seiner Unvorhersehbarkeit und der schwierigen Steuerung nicht sehr geliebt, doch dem verzweifelten israelischen Staat war die Maschine mit ihren zwei 30mm-Kanonen, den zwei 13mm-Maschinengewehren und der Höchstgeschwindigkeit von 590 Km/h mehr als willkommen. Israel erwarb im Zeitraum von Mai bis August 1948 25 Exemplare, mit denen die erste Jägergruppe - das 101° Squadron ausgerüstet wurde. Mit der Fortsetzung der Kämpfe aber begannen die arabischen Regierungen - mit Ausnahme von Ägypten

238 oben Ein Auster AOP.5 Aufklärungsflugzeug mit Zivilkennzeichnung, das während des israelischen Unabhängigkeitskriegs im Mai 1948 eingesetzt wurde. Es war für Israel das zahlenmäßig wichtigste Flugzeug (ca.20 Exemplare), das auch für Transportaufgaben sowie Handgranaten-Bombardierungen benutzt werden konnte.

238 Mitte Ein Vautour Bomber fliegt über eine Centurion-Panzerkolonne der israelischen Armee. Das Foto wurde im Juni 1967 während des Sechs-Tage-Kriegs gemacht.

(dessen Frontlinienjäger der Spitfire war) - die Absicht zu zeigen, sich von dem Konflikt zurückziehen zu wollen. Allein zurückgeblieben hörte schließlich auch Ägypten Ende 1948 auf zu kämpfen. Der Unabhängigkeitskrieg von Israel war beendet, aber sein Überlebenskampf hatte gerade erst begonnen.
Der zweite Krieg zwischen den Arabern und Israelis brach anlässlich der Krise von Suez im Jahr 1956 aus. Der ägyptische Präsident Gamal Abdel Nasser, der 1952 mit einem Staatsstreich an die Macht gelangte, beschloss die Engländer aus dem Land zu verjagen und den Suez-Kanal zu verstaatlichen. Die Franzosen und Engländer einigten sich darauf militärisch einzugreifen, um die Kontrolle über den wichtigen Handelsknoten des Kanals wiederzuerlangen. Die Operation „Musketeer" wurde erweitert um auch die israelische Flugtransportoperation einzubeziehen, und der Angriff der drei Länder wurde für den 29.Oktober 1956 vereinbart. Die Luftstreitkräfte, die von den drei Ländern aufgestellt wurden genossen eine überwältigende Überlegenheit. Die Engländer hatten 28 Fluggeschwader nach Zypern und Malta gesendet, die ausgerüstet waren mit den Jägern Hunter und Meteor, dem Jagdbomber Venom, den Bombern Canberra und Valiant sowie Transportflugzeugen. Zur See gab es noch drei Flugzeugträger mit weiteren elf Geschwadern, die die Sea Venom und die Sea Hawk flogen. Die Franzosen sendeten dagegen vier Geschwader nach Israel, die mit den Jägern Mystère und F-84 sowie den Transportern Noratlas ausgestattet waren; ferner befanden sich auf zwei Flugzeugträger die Jäger Corsair. Letzten Endes verfügten die Israelis über mehr als 110 Jagdflugzeuge vom Typ Mystère, Meteor, Ouragan, P-51 und Mosquito. Ägypten stand dagegen wenig zur Verfügung, um sich gegen jene Streitkräfte

238

verteidigen zu können: zwei Geschwader mit den Flugzeugen MiG-15, eins mit Vampires, eins mit den Meteors und eins mit den Bombern Il-28. Die Operationen begannen mit einem luftbefördertem Angriff der Israelis in der Zone des Mitla-Pass in Sinai, doch die Ägypter (die an einen Bluff der englisch-französischen Führung glaubten) ließen sich nicht verängstigen und antworteten mit der gesamten Kraft der eigenen Luftwaffe. Erst am 5.November drangen die englisch-französischen Streitkräfte direkt in das ägyptische Gebiet ein, indem sie Fallschirmspringer auf die Kanalzone abwarfen. Zwei Tage später wurde ein Waffenstillstand erhoben - zum Teil dank des internationalen Drucks seitens der Vereinigten Staaten und der Sowjetunion. Trotz des zahlenmäßigen Siegs vom militärischen Gesichtspunkt aus, enthüllte sich der Krieg als eine Niederlage für den Westen und für Israel. Tatsächlich weit davon entfernt kommerzielle, politische und diplomatische Vorteile erbracht zu haben trieb die Krise Ägypten und die anderen arabischen Länder in die Arme der Sowjetunion, wodurch das Startzeichen für ein neues Wettrüsten im Nahosten gegeben war. Die Luftfahrt-Komponente hatte wieder einmal ihre grundlegende Wichtigkeit bewiesen; es sollten gerade die Israelis sein, die 1967 die von den Flugzeugen angebotenen Möglichkeiten bis ins Höchste ausnutzten - im nächsten Konflikt, der die Gebiete verwüsten sollte.

Im Mai 1967 zogen die Vereinten Nationen ihre Friedensstreitkräfte von der Grenze zwischen Ägypten und Israel zurück. Im selben Monat unterzeichneten Ägypten, Syrien und Jordanien eine Militärallianz, die u.a. zur Gründung einer Luftwaffe der Vereinten Arabischen Republik führte. Diese war bereits eine gefürchtete Militärkraft, die mit fortschrittlichen, sowjetischen Flugzeugen ausgerüstet war, wie den Jägern MiG-17, MiG-19 und MiG-21, den Jagdbomber Su-7 sowie den Bombern Il-28 und Tu-16. Auch Israel hatte jedoch dank seinem Hauptlieferanten Frankreich seine Militärkraft verstärkt. Die israelische Luftwaffe verfügte somit über die Jagd- und Bombardierungsflugzeuge Mirage IIICJ (72 Exemplare), Super Mystère (24) und Vautour (18), die die bereits bestehenden Frontlinien-Einheiten mit den Mystère IVA und Ouragan vergrößerten. Die Lage war äußerst gespannt, und jeder der zwei Rivalen fürchtete einen Überraschungsangriff des Feindes. Der ägyptische Präsident Nasser glaubte jedoch nicht an einen Angriff Israels und ordnete an, die Deckungen, die sich bereits in Voralarmbereitschaft befanden fallen zu lassen. Am Morgen des 5.Juni wurde man jedoch überraschend von drei israelischen Angriffswellen mit je 40 Jets überrumpelt. Mit außergewöhnlicher Präzision beschossen die tieffliegenden Flugzeuge die ägyptischen Militärflughäfen. Die Stürmer kehrten daraufhin zur Basis zurück, tankten und rüsteten sich schnellstens erneut auf um die Objektive wieder angreifen zu können. Innerhalb nur drei Stunden verloren die Ägypter über 300 Flugzeuge; - größtenteils durch Bodenangriffe - während die Israelis einen Verlust von 19 Jägern verzeichneten. Später richteten sich die Flugzeuge mit dem Davidstern gen Osten und griffen auch Basen von Jordanien, Irak und Syrien an. Die Hunter-Jagdflugzeuge Jordaniens wurden am Boden zerstört - ebenso wie zwei Drittel der syrischen Luftwaffe. Die Luftangriffe der Israelis waren sorgfältigst geplant und vorbereitet worden, und ebenso wurden die Einsätze selber meisterhaft durchgeführt. Es war ein klassisches Beispiel der optimalen Anwendung von Luftstreitkräften in den Anfangsstadien eines Konflikts.

In den folgenden Tagen operierte die israelische Luftwaffe weitgehend als Stütze für die Armee, die sich nach Westen hin bewegte um die Halbinsel Sinai zu erobern. Mit den übriggebliebenen Flugzeugen konnten die ägyptischen Luftstreitkräfte nur beschränkt Gegenangriffe ausführen. Am 9.Juni wurde ein Abkommen betreffs der Feuereinstellungen der Vereinten Nationen erreicht, die jedoch nur auf die Westfront beschränkt wurden. Zur selben Zeit hatten auch die Syrer einen Waffenstillstand akzeptiert, aber die Israelis waren dazu entschlossen, die eigenen Positionen im Osten zu festigen um wenigstens die Golanhöhen zu erobern. Man kämpfte also einen Tag lang weiter bis die Waffen schließlich am 10.Juni um 6:30 schwiegen. Damit war der sogenannte Sechs-Tage-Krieg mit einem bedeutenden israelischen Sieg beendet worden. Vom politischen und diplomatischen Standpunkt aus gesehen war die Lage jedoch alles andere als einfach. Der Frieden zwischen Israelis und Arabern war ferner denn je, und die beiden Parteien begannen sofort wieder ein neues Wettrüsten um sich auf den unvermeidbaren, erneuten Militärkonflikt vorzubereiten. Dazu kam, dass Israel durch seine aggressive und skrupellose Kriegsführung die Gunst einiger befreundeter Länder - besonders Frankreichs - verloren hatte. Das Ergebnis dieser veränderten politischen Lage wurde in der Affäre „Mirage 5" deutlich. Bereits vor dem Krieg 1967 hatte Israel 50 Exemplare der Mirage 5J bestellt; es war ein vereinfachtes Multifunktions-Flugzeug, das auf der Basis des Mirage III für den Export entwickelt wurde. Nach dem Sechs-Tage-Krieg verhängte die französische Regierung jedoch ein Embargo über diese Flugzeuge, auch wenn sie zum großen Teil bereits im Voraus bezahlt worden waren. Sie wurden daraufhin der französischen Luftwaffe als Mirage 5F zugeteilt. Die israelische Regierung musste sich also soweit wie möglich auf die eigene Waffenproduktion verlassen, wandte sich aber gleichzeitig an einen mächtigeren und zuverlässigeren Militärlieferanten: die Vereinigten Staaten.

238 unten Die Dassault Mirage IIICJ war der erste Jäger mit Mach 2-Geschwindigkeit der israelischen Luftwaffe. Die ersten 76 Exemplare wurden im April 1962 in den Dienst des „First Fighter Squadron" eingeführt.

239 oben rechts Einer der 24 französischen Überschalljäger Dassault Super Mystère B.2, die Israel 1958 von Frankreich erwarb um die MiG-19 der arabischen Luftstreitkräfte zu bekämpfen.

239 unten Eine Dassault MD.450 Ouragan des „Hornet Squadron" während einer Betankung auf dem Stützpunkt von Hazor. Die Ursprünge der aggressive Nasenbemalung gehen bis ca.1956 zurück.

Aufgrund der von den Geheimdiensten erworbenen Konstruktionspläne der Mirage 5 und des zugehörigen Motors SNECMA Atar 5F war die entstehende israelische Luftfahrtindustrie (IAI) in der Lage, die anfänglichen Erfordernisse teilweise zu befriedigen. Das daraus hervorgegangene Flugzeug war der Nesher. Es war praktisch eine Kopie des französischen Flugzeugs und gleichzeitig das erste Modell einer langen Serie von Flugzeugen, die von dem Deltajagdflugzeug Dassault abstammten.

Das erste amerikanische Kampfflugzeuge, das von Israel bestellt wurde war die Douglas A-4 Skyhawk - ein von der US Navy benutzter, robuster Jagdbomber. Die israelische Regierung hatte bereits 1966 48 Exemplare der A-4H sowie 2 Zweisitzer TA-4H in Auftrag gegeben, die ab 1968 von den Amerikanern geliefert wurden. Währenddessen suchte die Chel Ha'Avir nach einem neuen, hochleistungsfähigen Jäger, der für verschiedene Rollen eingesetzt werden konnte. Das Flugzeug, das am meisten den israelischen Erfordernissen entsprach war die McDonnell-Douglas F-4E Phantom II. Dieses Modell bot sowohl eine zu fürchtende Luft-Luft-Bewaffnung (mit acht radargeführten Sparrow- und infrarotgeleiteten Sidewinder-Raketen sowie der Kanone Vulcan) als auch eine große, äußere Luft-Boden Kriegslast, die aus fast sechs Tonnen Bomben, Raketen, Tankbehältern und Elektrokrieg-Pods bestand. Die ersten 50 F-4Es (eingeschlossen sechs RF-4E Aufklärer-Exemplaren) kamen 1969 in Israel an und ermöglichten die Ausrüstung von zwei Luftgeschwadern, die an dem sogenannten Spannungskrieg zwischen Ägypten und Israel teilnahmen. Es handelte sich dabei um einen Konflikt von niedriger Stärke, der zwischen März 1969 und August 1970 ausgetragen wurde und darauf zielte, die israelischen Luftstreitkräfte aufzureiben.

Noch verbittert von der Niederlage 1967 waren die Araber und besonders die Ägypter dazu entschlossen diesmal als Erste anzugreifen. Dabei wurden keine Ausgaben gescheut um sowjetische Waffenausrüstungen zu erwerben, darunter die neuen Modelle der MiG-21 (zusammen mit vielen „Freiwilligen"-Piloten, die aus der UdSSR und einigen Ländern vom Warschauer Pakt kamen), Su-7, Tu-16 und die Hubschrauber Mi-8. Außerdem erwarben sie ein komplexes und starkes Anti-Flugzeug-Raketen-Sytem, das zusammengesetzt war aus den Raketen SAM (Surface-to-Air Missiles) SA-3, SA-6, SA-7 und SA-9 sowie einer riesigen Anzahl von gepanzerten Fahrzeugen. Am Vorabend des Konflikts konnten die arabischen Streitkräfte ca. 730 Kampfflugzeuge aufstellen, wogegen die Israelis über 375 Exemplare verfügten.

Der arabische Angriff war dank der Ausführung von Massenübungen gut maskiert worden. Doch am 6.Oktober 1973 um 14:00 brach die Attacke überraschend aus; es war inmitten der jüdischen Religionsfeier Yom Kippur, und die israelischen Verteidigungen befanden sich in tiefstem Alarmbereitschaftsgrad. Die einzige Armeestreitkraft, die in sich in genügender Angriffsbereitschaft befand war die Chel Ha'Avir, deren Militärspitzen eine mögliche feindliche Attacke gefürchtet hatten. Der arabische Angriff wurde zu einem Umfassungsmanöver, bei dem die Syrer im Norden auf den Golanhöhen kämpften, während die Ägypter quer durch den Suez-Kanal massenhaft in die Halbinsel Sinai vordrangen.

Die Israelis konzentrierten sich erst auf die naheste Bedrohung - d.h. die syrische. Innerhalb von zwei Stunden seit Beginn des Angriffs übersandten sie die größtmögliche Anzahl von F-4, A-4, Mirage und Nesher Jagdflugzeugen um vor allem die feindlichen Panzerkolonnen zu schlagen. Die Verluste der Israelis waren extrem hoch - sowohl in Menschenleben als auch im Bereich der Fahrzeuge und Flugzeuge; letztere wurden aufgrund der Fliegerabwehrangriffe verloren. Nach drei Tagen erbitterter Kämpfe mussten sich die Syrer zurückziehen; sie waren bereits zu schwach um eventuelle Lücken in den feindlichen Verteidigungen ausnutzen zu können. Auch auf der Westfront führten die ersten Kampf-Tage zu schweren Verlusten - vor allem für die Chel Ha'Avir, die in den ersten vier Tagen 81 Flugzeuge verlor. Nach den einfachen Siegen im Sechs-Tage-Krieg fand sich die israelische Luftwaffe in der Tat von dem neuen Raketensystem SAM der Araber überrumpelt. In der Zwischenzeit wurde die arabische Koalition durch das Eingreifen von Luftstreitkräften aus dem Irak, Libyen und Algerien gestärkt.

Am 9.November begann man mit den Luftbrücken-Versorgungen der Gegner: von der UdSSR für die Araber und von den Vereinigten Staaten für die Israelis. Die Sowjets übersandten 100 neue Jäger nach Ägypten und Syrien, wobei letztere allein mit über 15.000 Tonnen Treibstoff versorgt wurden. Die USA dagegen schickten Israel zusätzlich die Jäger A-4N und F-4E sowie 22.000 Tonnen Ausrüstung und Bewaffnung. Diese beinhaltete die Hubschrauber CH-53, Hawk-Luftabwehrraketen sowie neue und wirksamere Waffen, wie die intelligenten Bomben Walleye und Hobos und die Splitterbomben Rockeye. Besonders wichtig für die Beseitigung der arabischen Luftverteidigungen waren jedoch die Raketen AGM-45 und die Elektrokrieg-Pods für die Verwechslung mit den neuen sowjetischen SAM-Systemen.

240 unten Der Sikorsky CH-53 ist der schwerste Hubschrauber, der von der israelischen Luftwaffe benutzt wurde. Noch heutzutage wird die Maschine von zwei Fluggeschwadern für verschiedene Missionen eingesetzt, u.a. Transport, Luftambulanz, Such- und Rettungsoperationen.

240-241 Die A-4 Skyhawks wurden im 1973-er Krieg von den Israelis für zahlreiche Angriffsmissionen eingesetzt, 53 Flugzeuge gingen dabei verloren. Auf der Fotografie sind zwei A-4N in den Farben der Hazerim-Flugschule zu sehen.

241 Mitte Eine israelischer McDonnell Douglas F-4E des „Bat Squadron" bei der Landung. Die Phantom III war eines der wichtigsten Flugzeuge für die Chel Ha'Avir, die ab 1969 über 230 Exemplare erworben hatte; mindestens 60 davon befinden sich noch heutzutage im Dienst.

240 oben Die sowjetischen Boden-Luft-Raketen SA-2 bildeten während des Yom-Kippur-Kriegs ein wirkungsvolles Luftabwehrsystem für die arabischen Alliierten und waren für die Israelis eine unangenehme Überraschung.

241 unten Eine MiG-23 mit libyscher Kennzeichnung. Während des Kriegs mit Libanon 1982 mussten die Israelis auch gegen die neuen MiG-23 der syrischen Luftwaffe ankämpfen.

Am 14.Oktober begingen die Ägypter einen Fehler, den sie teuer bezahlen mussten: ihre Bodenstreitkräfte rückten ohne die Deckung durch der Luftabwehr vor und wurden damit zu einer leichten Beute der israelischen Jagdbomber. Daraufhin ging die israelische Armee zum Angriff in der Suez-Kanal-Zone über und schaffte es, einen Großteil der ägyptischen Fliegerabwehr zu schlagen. Nachdem der Kanal überquert war drangen die israelischen Panzer in ägyptisches Gebiet ein. Die Lage wandte sich für die Araber immer mehr zum Schlechten hin. Am 20.Oktober spielte Saudi-Arabien eine politische Karte und verkündete die Einstellung ihrer Erdöllieferungen in den Westen. Es war bereits Zeit für eine Feuereinstellung, die auch seitens der Supermächte befürwortet wurde. Der Waffenstillstand trat am Abend des 22.Oktober in Kraft, aber die Israelis ignorierten ihn und setzten ihre Militäroperationen fort um die 3.ägyptische Armee im Sinai zu umzingeln. Erst der Eingriff der Amerikaner brachte die Israelis am 24.Oktober dazu, den Waffenstillstand einzuhalten.

Vom Gesichtspunkt der Luftfahrt aus betrachtet verloren die Araber in 19 Kampftagen nicht weniger als 440 die Israelis dagegen 120 Flugzeuge. Trotz des Vorteils ihres Überraschungsangriffs waren die ägyptischen und syrischen Streitkräfte nicht in der Lage gewesen den Feind zu überwältigen, und waren - nachdem sie die Kampfinitiative verloren hatten - gezwungen zurückzuweichen.

Der Yom-Kippur-Krieg bestätigte noch einmal die neuen Aspekte des Luftkriegs, die zum Teil auch schon während des Vietnamkriegs deutlich geworden waren. Zuallererst war es klar geworden, dass die neuen sowjetischen Fliegerabwehrsysteme weitaus wirksamer und gefährlicher waren als von den westlichen Analytikern vorausgesehen wurde. Zweitens wurde die Wichtigkeit der Flugabwehr-Bekämpfung deutlich - besonders dank der Verwendung von Elektrokrieg-Systemen, der speziell dafür bestimmten Waffen sowie neuen Taktiken; drittens konnten sich im Bereich der Luft-Boden-Angriffe die neuen präzisen Bomben gut behaupten. Außerdem erschienen auf dem Schlachtfeld zum ersten Mal pilotenlose Flugzeuge (RPV), die für Aufklärung, Beobachtung und Täuschungsmanöver eingesetzt wurden und sich in zukünftigen Kriegen immer wichtiger werden sollten. Auf politischer Stufe hatte auch dieser Krieg keine der Probleme lösen können, die an die Koexistenz zwischen Arabern und Juden gebunden waren. Die israelischen Streitkräfte hatten sich vom militärischem Standpunkt aus als überlegen erwiesen, d.h. in der Abrichtung, im Kampfeinsatz und den operativen Kapazitäten.

Die arabisch-israelischen Kriege | 241

242 Die McDonnel Douglas (heute Boeing) F-15 wurde ab Dezember 1976 mit der Einführung der ersten vier Exemplare zum führenden, israelischen Jagdflugzeug. Die Flugzeuggruppe fiel sofort 1981 auf, als sie einen Mach 3-Jäger - den syrischen MiG-25 - niederschoss.

243 oben Eine Kfir C2 beim Flug über den Sinai. Durch die Realisierung des Jagdflugzeugs Nesher - entwickelt aus der Mirage - konnte die israelische Industrie den hervorragenden Multifunktionsjäger Kfir produzieren. Die Maschine flog zum ersten Mal 1973.

243 unten Cockpit-Nahaufnahme einer Lockheed-Martin F-16D. Der technisch hochentwickelte Jagdbomber wird hauptsächlich für Präzisionsangriffe gegen feindliche Luftabwehrformationen benutzt.

Auch nach dem Yom-Kippur-Krieg begannen beide Gegner wieder mit der Aufrüstung; die Araber griffen auf das sowjetische Arsenal - besonders die Jäger MiG-23 und MiG-25 - zurück, während die Israelis weiterhin von den Amerikanern mit Kriegsmaterial versorgt wurden. Doch die israelische Luftfahrtindustrie fuhr gleichzeitig damit fort, ein nationales Jagdflugzeug zu entwickeln, das auf dem Original Nesher basierte. Mit der Erwerbung der Phantom hatte Israel auch Zugang zu dem Motor General Electric J79, der weitaus moderner und stärker war als der Atar 9C. Man beschloss also einen neuen Jäger mit verbesserten Flugleistungen zu konstruieren, bei dem die Zelle vom Nesher mit dem neuen Motor kombiniert werden sollte. Die Arbeiten an der Entwerfung des neuen Jägers begannen wahrscheinlich schon 1969, und der erste Flug dieser Maschine, die später Kfir benannt wurde fand im Sommer 1973 statt; vorangehend wurden Entwicklungsarbeit ausgeführt, bei denen u.a. auch eine zweisitziger Mirage IIIB mit J79 Motor benutzt wurde. Die ersten Kfir Cl wurden am 14.April 1975 eingeführt, und im selben Jahr begannen auch die Lieferungen der ersten 40 Serienexemplare. Natürlich verfügte die Kfir auch über spezialisierte Avionik aus israelischer Produktion, in der ein telemetrischer Radar, ein Missions-Computer und elektronische Gegenmaßnahmen enthalten waren. Im darauffolgendem Jahr erschien das Modell C2

(zusammen mit dem Zweisitzer TC2), das charakterisiert war durch die Anbringung von zwei Canard-Flügeln entlang der Lüftungsklappen; dadurch wurde die Steuerbarkeit des Flugzeugs beträchtlich gesteigert. Die Kfir C2 hatte eine Länge von 15,5 Metern, eine Spannweite von 8,2 Metern und ein maximales Abfluggewicht von 14.570 kg. Der Motor J79-GE-17 spendete 8.120 kg Schubkraft mit Nachverbrennung und ermöglichte (ohne Außenlasten) eine Höchstgeschwindigkeit von Mach 2.3 (2.440 Km/h). Die Bewaffnung bestand aus zwei 30mm-Kanonen und bis zu 4.000 kg Kriegslast. 1983 wurden auch die Modelle Kfir C7 und TC7 entwickelt. Diese Flugzeuge verfügten über eine neue Avionik, weitere zwei Unterpfeiler für die äußere Waffenlast und einen stärkeren Motor; die gesamte Kriegsladung erreichte nun bis zu 6.000 kg. Insgesamt hatte Israel über 240 Kfirs in verschiedenen Versionen gebaut (einige Modelle wurden unter der Benutzung alter Flugzeuge konstruiert). Darin enthalten waren auch über 40 Modelle, die nach Ecuador, Kolumbien und Sri Lanka exportiert wurden. Gegenwärtig wird auf dem Markt von der IAI die Kfir 2000 angeboten (wurde bereits von Ecuador erworben), der eine modernere Avionik und Luftauftanksystem besitzt.

Die Kfir wurde hauptsächlich als Jagdbomber benutzt, und bald wurden ihr bereits zwei neue Flugzeuge an die Seite gestellt: 1976 die F-15A/B (und später die C/D), und 1980 die F-16A/B (und später die C/D). Dank diesen Erwerbungen wurde die Chel Ha'Avir in den achtziger Jahre zur stärksten Luftwaffe im ganzen Nahosten - eine Position der Vorherrschaft, die von drei Militäroperationen bestätigt wurde. Bei der ersten handelte es sich um die Bombardierung des irakischen Kernreaktors von Osirak - eine vorbeugende Aktion, die im Juni 1981 ausgeführt wurde und darauf zielte, die Herstellung von Atombomben im Irak zu verhindern. Es war eine schwierige und komplexe Operation, da man gezwungen war 1.100 Km außerhalb von Israel zu fliegen, dabei die Gebiete Jordaniens und möglicherweise Saudi-Arabiens überquerte, das Ziel beschoss und wieder zur Basis zurückkehrte. Dank der neuen Erwerbung der F-16A wurde diese Aktion möglich gemacht. Vier Jahre später bestätigte Israel erneut seine Kapazität weit entfernte Ziele zu treffen, in dem es das Hauptquartier der Terrororganisation PLO in Tunesien beschoss - über 1.950 Km von

Tel Aviv entfernt. In diesem Fall wurden acht F-15Ds benutzt, die über Luftbetankungssysteme verfügten und wahrscheinlich auch Präzisionswaffen benutzten.
Die dritte Mission, die die Fähigkeiten der Chel Ha'Avir bestätigte war die Operation „Frieden für Galilea". Es handelte sich dabei um die Invasion des südlichen Libyens, die gestartet wurde um die Aktionen Syriens in dem Land zu behindern und die PLO-Terroristenbasen für neutral zu erklären. Nach dem Durchmarsch Ägyptens in das westliche Gebiet und der Unterschreibung des Camp-David-Abkommens 1978 wurde gerade Syrien zum Hauptgegner Israels. Nach der Ermordung des israelischen Botschafters am 4.Juni 1982 in London wurde die Luftoffensive gestartet, und zwei Tage später folgten auch die Bodenangriffe. Die größten Luftkämpfe entwickelten sich über dem Beka'a - Tal, wo die israelischen Jagdbomber F-4, A-4 und Kfir die syrischen Luftabwehr-Stellungen und Truppenpositionen angriffen, während die F-15 und F-16 in Deckungsmissionen bei Luftduellen beschäftigt waren.
Am 10.Juni wurde eine Übereinstimmung zur Feuereinstellung erreicht, die tatsächlich die Beendigung der Luftkämpfe zur Folge hatte; doch die Bodenkämpfe entlang der libanesischen Küste und in Beirut wurden noch für einige Monate weitergeführt. Das Ergebnis der Luftkämpfe war erstaunlich: in zwei Tagen hatten die Syrer 85 Jagdflugzeuge MiG-21 und MiG-23 verloren, während die israelischen Luftstreitkräfte vollkommen intakt geblieben waren. Die syrischen Verluste beliefen sich insgesamt auf 92 Flugzeuge; dagegen standen ein Dutzend Flugzeuge und Hubschrauber der Chel Ha'Avir, die aufgrund eines Fliegerabwehrangriffs verloren wurden. Die Gründe dieser überwältigenden Überlegenheit sind wieder einmal mit der höheren Qualitätsstufe der israelischen Mannschaften und Maschinen zu begründen. Die Israelis waren in der Lage hervorragende Aufklärungs- und Angriffstaktiken gegen die feindliche Fliegerabwehr anzuwenden - teilweise auch dank des Gebrauchs von ferngesteuerten Flugzeugen (RPV), elektronischen Kriegspods sowie spezieller Raketenbewaffnung. Außerdem spielten die kürzlich erworbenen Radar-Flugzeuge Grumman E-2C Hawkeye (zwei davon waren ständig im Flug) sowie die Boeing 707 als

Elektrokrieg- und Aufklärungsflugzeug eine entscheidende Rolle. Sie versorgten die Jägerpiloten mit einer globalen, präzisen und zeitnahen Situationssicht, in dem sie die syrischen Jäger sobald diese von ihren Heimatbasen gestartet waren identifizierten. Ferner waren die amerikanischen Flugzeuge in der Lage die Kommunikations- und Identifikationssysteme des Feindes zu neutralisieren.
Seit 1982 war die Chel Ha'Avir nicht mehr dazu gezwungen einen wahren Krieg auf breiter Ebene austragen zu müssen. Dennoch bewirken die andauernden Motive des arabisch-israelischen Konflikts, - die heutzutage vor allem aufgrund der Gerichtsgewalt über Jerusalem und den besetzten Gebiete hervorgerufen werden - dass der Frieden noch in weiter Ferne bleibt. Die israelischen Flugzeuge werden außerdem weiterhin in isolierten vorbeugenden oder bestrafenden Raids gegen die terroristischen Kräfte eingesetzt. Angesichts weiterer Krisenlagen wie dem Golfkrieg 1991 und der permanenten Feindseligkeit seitens einiger Länder, wie Syrien, Iran und Irak hatte die israelische Luftwaffe ständig daran gearbeitet ihr Spitzenniveau in Bezug auf das Ausbildungsprogramm und die Technologie beizubehalten. Es wurden einige der Flugzeuge auf den neuesten Stand gebracht (wie die F-4E, die F-16 und die F-15) sowie neue Flugzeuge und Waffensysteme von absoluter Qualität erworben (z.B. die Hubschrauber AH-64 Apache). Mit ihren Multifunktions-Jägern F-15I und F-16I, den Bomben und Präzisionsraketen stellt die Chel Ha´Avir eine der stärksten und am besten vorbereiteten Luftstreitkräften der Welt dar.

Die arabisch-israelischen Kriege

Kapitel 19

Die großen Passagierflugzeuge

In den fünziger Jahren hatten die Vereinigten Staaten mit Flugzeugen wie der Boeing 707 und der Douglas DC-8 die Vorherrschaft im Bereich der Linienflugzeuge erlangt. Im darauffolgenden Jahrzehnt wurde diese technologische und finanzielle Übermacht verstärkt, u.a. durch die Einführung ausgezeichneter Kurz- und Mittelstreckenflugzeuge sowie der Konstruktion des größten Handelsflugzeugs - dem Jumbo-Jet. Darauf erwiderte Europa mit der Concorde, die zwar als technologisches Wunder angesehen werden kann, jedoch kein kommerzieller Erfolg werden sollte.

Bis Ende der fünziger Jahre befand sich die Luftbeförderung in ständiger Expansion, und um die Marktbedürfnisse zu befriedigen - vor allem in den Vereinigten Staaten - benötigten die Fluggesellschaften Düsenflugzeuge, die für Mittel- oder Kurzstreckenflüge geeignet waren. Während das erste Flugzeug von diesem Typ, die Caravelle, in Europa entworfen und gebaut wurde, so kamen die wichtigsten und einflussreichsten Projekte auf diesem Gebiet wieder einmal von den amerikanischen Kolossen Boeing und Douglas. Die Boeing benötigte relativ lange für die Entscheidung einen kleineren Jet als die 720 - die eine kürzere und leichtere Version der 707 war - zu produzieren. 1957 wurden schließlich die Arbeiten an dem Projekt begonnen. Es war keine leichte Aufgabe, da die Haupt-Fluggesellschaften der Vereinigten Staaten unterschiedliche Anforderungen zeigten und sich nicht auf ein bevorzugtes Format einigen konnten. Jedenfalls sollte das Flugzeug von kurzen Landebahnen aus operieren können, da diese in den USA und auf der ganzen Welt am weitesten verbreitet waren. Die Boeing beschloss schließlich ein dreimotoriges Flugzeug mit identischer Architektur der Havilland D.H.121 zu produzieren: drei Heck-Motoren und T-Leitwerke. Der von der Boeing bestimmte Verkaufspreis (maximal drei Millionen Dollar - wie die Caravelle) führte zu weiteren Schwierigkeiten bei der Entwerfung. Boeings Forschungen führten schließlich zur Realisierung des Modells 727 - einem Flugzeug, das in der Geschichte der Luftfahrt seine Spuren hinterlassen sollte. Die 727 besaß drei Hauptmerkmale; die Flügel hatten ein innovatives System von vielfach aufgeteilten Klappen, die die Sinkgeschwindigkeit beträchtlich reduzierten und es somit möglich machten, dass das Flugzeug von bis zu 1.500 Meter kurzen Landebahnen aus operieren konnte. Die Maschine wurde außerdem von den neuesten Zweikreistriebwerken Pratt & Whitney JT8 angetrieben, die kostengünstiger und ruhiger als alle anderen Motoren waren sowie mehr Leistung erbrachten, da sie pro Motor eine Schubkraft von über 6.000 Kg gewährleisteten. Der Rumpf besaß außerdem dieselbe Breite wie derjenige der 707 - dadurch konnten 120 Reisende bequem aufgenommen werden. Durch diese Lösung wurden ferner die Herstellungskosten reduziert, und damit auch der endgültige Verkaufspreis. Trotz allem ergab sich jedoch, dass der Preis der 727 gut 30 Prozent über der festgelegten Grenze betragen würde. Der Boeing-Präsident Bill Allen, der überzeugt von der Qualität des Entwurfs war ging wieder ein Risiko ein und genehmigte die Produktion der 727, obwohl bislang nur Bestellungen und Optionen von 80 Flugzeugen vorlagen. Die erste 727 aus der Serienproduktion flog zum ersten Mal am 9. Februar 1963 unter der United Airlines. Es war ein ausgezeichnetes Flugzeug, das sogar die Voraussichten der Firma übertraf - besonders was den Treibstoffkonsum und die Nutzlast betraf. Die 727 besaß eine Spannweite von 32,9 Metern, eine Länge von 46,6 Metern und ein maximales Abfluggewicht von 95.000 kg (Modell 727-200 Advanced). Dieses Grundmodell wurde mehrfach modifiziert und verbessert und blieb bis Anfang der achtziger Jahre in Produktion. Insgesamt wurden über 1.800 Exemplare gebaut und in Amerika sowie auf der ganzen Welt verkauft.

Auch die Douglas wollte mit den Arbeiten an einem Kurzstreckenflugzeug beginnen. Ende der fünfziger Jahre hatte die kalifornische Firma ihr Projekt für ein viermotoriges Flugzeug (die DC-9) gestrichen doch gleichzeitig bereits die Arbeiten an dem Zweidüsenflugzeug (Model 2011) eingeleitet. Erst einige Jahre später beschloss die Gesellschaft das Projekt, das für vielversprechender gehalten wurde konkret in Angriff zu nehmen und benannte es wieder um auf den Namen der unbenutzt gebliebenen DC-9. Bereits einen Monat nach der Douglas-Verkündung, hatte die Delta Airlines einen

Vertrag für den Kauf von 15 Exemplaren unterschrieben. Die DC-9 war mit einer Länge von 31,82 Metern kleiner als die B.727 und konnte höchstens 90 Passagiere aufnehmen; er wurde von zwei Pratt & Whitney JT8D Motoren (Schubkraft je 5.557 kg) angetrieben und besaß ebenfalls T-Leitwerke. Die Stärken des DC-9 lagen in der auf zwei Piloten reduzierten Flugbesatzung sowie niedrigeren Erhaltungs- und Kraftstoffkosten. Am 8.Dezember 1965 kam die DC-9 Serie 10 (die erste der Flugzeugreihe) bei der Delta in den operativen Flugdienst. Die DC-9 sollte schon bald zum populärsten Kurzstrecken-Flugzeug werden. Es erwies sich als einer der wandlungsfähigsten Maschinen-Entwürfe: nachdem die Entwicklung bis zur Serie 50 weitergeführt worden war (mit immer

stärkeren Motoren und verlängertem Rumpf) hatte man das Flugzeug 1977 neu entworfen und „Super-80" benannt. Ab 1983 wurde es zum MD-80, wobei bis heute die unterschiedlichsten Versionen entwickelt wurden (MD-81, 82, 83, 87, 88, 90, 95). Eingeschlossen aller Modelle wurden insgesamt über 2.200 Exemplare hergestellt.

In der Zwischenzeit beschäftigte sich auch die Boeing mit der Realisierung eines Kurzstreckenflugzeugs, das zwei Motoren enthalten würde und ökonomischer als die B.727 sein sollte. Ein großer Beitrag während der Entwicklungsphase des neuen Flugzeugs wurde von der Lufthansa geleistet, die das Flugzeug angefordert hatte und darauf bestand, dass die Maschine mindestens 100 Passagiere befördern können sollte. Im Februar 1965 wurde das Model 737 offiziell verkündet. Die Entwicklung war beeinflusst von dem Vorgänger-Modell 707 (von dem der Entwurf der Schwanzflächen übernommen wurde) und 727, mit dem es gut 60

Prozent der Komponenten teilte -wie die Außenform (der Rumpf war fast derselbe), die Bordsysteme und die Flügelmerkmale. Die 737 wurde von zwei Motoren vom Typ Pratt & Whitney JT8D-7 mit 6.350 kg Schubkraft angetrieben, die unterhalb der Flügel angebracht waren. Es handelte sich um dieselben Motoren, mit denen die DC-9-30 ausgestattet war. Der Prototyp der 737-100 führte am 9.April 1967 seinen ersten Flug durch, und die Lufthansa konnte bereits im Februar 1968 damit beginnen die Maschine für Linienflüge einzusetzen. Aufgrund der schnellen Entwicklung im Bereich der Luftbeförderung zu jener Zeit verkündete die Boeing, dass sie eine neue, verlängerte Version produzieren würde: das Modell 737-200 war 1,83 Meter länger und konnte bis zu 130 Passagiere befördern. Das Flugzeug trat im April 1968 in den Dienst der United. Die Boeing 737 war kein sofortiger Verkaufserfolg, aber die Qualität des Entwurfs bewirkte, dass sich das Flugzeug nach verschiedenen Erneuerungen - vor allem im Bereich der Motoren und der Avionik - noch bis heute in Produktion befindet und mit über 3.000 konstruierten Exemplaren weltweit vertreten ist. Mit der Verbreitung von Kurz- und Mittelstreckenflugzeugen hatte sich die Luftbeförderung Ende der sechziger Jahre radikal verändert: immer mehr Personen benutzten nun das Flugzeug an Stelle der Züge, und die Linienflugzeuge starteten und landeten ununterbrochen auf den großen Flughäfen wie London, Paris, Chicago, Los Angeles und New York. Die Zivilluftfahrt hatte eine Form angenommen, mit der sie noch bis heute gekennzeichnet ist.

244 oben Eine Douglas DC-9-30 der spanischen Fluggesellschaft Iberia. Die DC-9 flog zum ersten Mal 1965, und der Basisentwurf wird mit den entsprechenden Änderungen noch heutzutage als Boeing 717 angeboten.

244 unten Eine schöne Nasenansicht des Zweidüsenflugzeugs Boeing 737 der jüngsten Generation. Um die Kosten senken zu können versuchte man bei dem 737-Entwurf gut 60% der Komponenten der 727 beizubehalten.

245 oben Eine Boeing 727 der Cruzeiro Fluggesellschaft über den Rocky Moutains. Über 1.800 Exemplare dieses Düsenflugzeugs wurden gebaut, und fast zwei Drittel davon befinden sich noch heute auf der ganzen Welt im Einsatz.

245 unten Eine McDonnell Douglas MD.80 der Aerolineas Argentinas beim Start. Dieses Modell wurde 1977 als DC-9 Super 80 eingeführt und verfügt über neue Flügel, Leitwerke und Motoren, es konnten bis zu 170 Passagiere aufgenommen werden.

In den frühen Sechzigern erschienen außerdem zwei großartige Luftfahrt-Projekte, die zur Produktion von kontrastierenden Flugzeugen führten. Beide Maschinen waren jedoch außergewöhnliche Produkte für jene Zeit und sollten in die Geschichte der Luftfahrt eingehen. Wieder einmal handelte es sich um einen technologischen und ökonomischen Wettkampf zwischen Europa und Amerika. Frankreich und Großbritannien zielten auf die Geschwindigkeit und beschlossen, ein Überschall-Passagierflugzeug herzustellen; die Vereinigten Staaten legten die Hoffnungen dagegen in die Tragfähigkeiten.
Es war das Jahr 1962 als die zwei europäischen Länder an demselben Projekt für ein hochtechnologisches Überschall-Passagierflugzeug arbeiteten, das die amerikanische Hegemonie im Bereich der Luftbeförderung brechen könnte. Es wurde bald klar, dass nur durch ein gemeinsames

246-247 Die Concorde. Mit ihrer schlanken Nase, der extremen Außenform sowie der unglaublichen Geschwindigkeit war das Flugzeug eine Revolution für den Handelslufttransport.

246 unten links Eine Concorde der British Airways beim Start von Heathrow im Juni 2001. Die Concorde flog zum ersten Mal 1969. Bis heute wurden nur 20 Exemplare produziert.

Fortschreiten die Kosten eines so anspruchsvollen Vorhabens gesenkt werden könnten und das Projekt somit reale Möglichkeiten auf Erfolg haben würde. Die Übereinstimmung (Anglo-French Supersonic Aircraft Agreement) wurde von den zwei Regierungen unterzeichnet, die sich auch dazu verpflichteten das gesamte Projekt zu finanzieren. Die teilnehmenden Firmen - Sud Aviation in Frankreich und die BAC in England - hatten somit kein Kapital zu verlieren. Nachdem das Programm verkündet wurde begannen sich die amerikanischen Industrien zu beunruhigen. Dank durchgeführter Schätzungs-Studien wussten sie bereits, dass die Entwerfung und Konstruktion eines Überschall-Linienflugzeugs aufgrund der Kosten von einer einzigen Gesellschaft nicht unternommen werden konnte. Die großen amerikanischen Firmen hatten das Projekt somit bereits aus ihren zukünftigen Programmen gestrichen.
Das neue Flugzeug wurde „Concorde" benannt - ein Name, der in Anbetracht der Rivalität zwischen Frankreich und England gut geeignet war. Die Arbeiten an den zwei Prototypen - eines für jede Firma - begannen 1963.
Vom technischen Gesichtspunkt aus war die Concorde eine wahre Herausforderung. Die gewählte Außenform enthielt einen 62 Meter langen, schlanken Rumpf und Deltaflügel, die die Flugleistungen sowohl in Überschall- als auch in den niedrigeren Start- und Lande-Geschwindigkeiten optimieren würden. Immerhin würde die Concorde mit einer Geschwindigkeit von 285 Km/h auf der Landebahn einfliegen - ungefähr so schnell wie ein F-104 Jäger! Um einen optimalen Ansatzwinkel zu ermöglichen wurde an dem Flugzeug eine bewegliche Nase angebracht: diese konnte bei der Landung gesenkt werden um damit dem Piloten eine bessere Vordersicht zu ermöglichen. Unter den weiteren bemerkenswerten Charakteristiken der Concorde war die Höchstgeschwindigkeit, die bei einer Reiseflughöhe von 15.600 Metern bis zu Mach 2.2 bzw. 2.320 Km/h betragen sollte. Aufgrund dessen konnte die Zelle aus Aluminium gebaut werden und musste nicht aus dem viel teurerem, rostfreien Stahl oder Titan erzeugt werden - Materialien, die bei höheren Geschwindigkeiten aufgrund der durch die Luftreibung entstehenden Wärme notwendig gewesen wären. Den Antrieb der Concorde sollten vier mit Nachbrenner ausgestattete Strahltriebwerke leisten, die paarweise unter

durch.
In der Zwischenzeit waren auch in den Vereinigten Staaten interessante Dinge geschehen. Die Nachricht davon, dass auch die Sowjetunion an einem Überschall-Zivilflugzeug (der Tupolev 144) arbeitete erweckte erneut das Interesse - und den Stolz - der Amerikaner. Der Kongress billigte den Entschluss, der die Finanzierung von 75% der Kosten eines amerikanischen SST (Supersonic Transport) - Projekts vorsah - dies genügte, um die USA wieder ins Spiel zu bringen. Außerdem hatte die Boeing in Bezug auf eine Spezifikation der USAF für ein großes, neues Transportflugzeug (der C-5) eine Niederlage gegen die Lockheed erfahren und beschloss nun (auch auf Druck von der Pan Am hin) wenigstens einen Vorteil aus dem abgelehnten Entwurf zu ziehen: sie modifizierte die Maschine somit in ein großes Handelsflugzeug, das zweieinhalb Mal so viele

247 unten Die sowjetische Antwort auf die Concorde war die Tupolev Tu-144, die ihrem Rivalen äußerst ähnlich war. Auf der Fotografie vom Mai 1969 ist eine Veranstaltung in Moskau zu sehen, bei der das neue Flugprojekt vorgestellt wird. Die zweite Tu-144-Prototyp flog auf einer Pariser Flugveranstaltung am 4.Juni 1973, stürzte jedoch herab und riss die sechs Passagiere in den Tod. Die Tu-144 war schneller als die Concorde, wurde jedoch nie zu einem Spitzenflugzeug.

den Flügeln montiert werden sollten. Die Motoren Rolls-Royce/SNECMA Olympus 593 Mk.610 wurden speziell für dieses Flugzeug verwirklicht und versorgten die Maschine mit einer außergewöhnlich hohen Schubkraft von 17.260 kg. Die Concorde besaß ein maximales Abfluggewicht von 185 Tonnen, während der Flugbereich - dank den mit 155.000 Litern Kraftstoff gefüllten Behältern - 6.230 Km betrug. Während die Entwicklungsarbeiten fortgeführt wurden begannen einige Schatten auf das Programm zu fallen. Nach Aussage der Gesellschaften war das Flugzeug zu klein - aber dieses war noch das harmlosere Problem: die Planer verlängerten den Rumpf um 2,5 Meter, so dass die Gesamtzahl der Passagierplätze auf 136 gesteigert wurde. Doch es gab zwei größere Probleme. Das erste betraf den Lärm beim Starten sowie den Überschallknall, die das Flugzeug bei jedem Flug begleiten würden; es ergab sich daraus das Risiko, dass viele Städte der Maschine die Landeerlaubnis aus Rücksicht auf die Öffentlichkeit verweigern könnten. Das zweite Problem bezog sich auf den Verkaufssektor. Die ersten Schätzungen hatten einen Markt identifizieren können, bei dem 160-400 Exemplare im Verlauf von etwa 20 Jahren verkaufen sein würden. Im März 1967 waren jedoch nur 74 Optionen von 16 Gesellschaften eingelangt, unter denen natürlich die Air France und die BOAC waren. Die Zukunft schien ungewiss, doch die Concorde war auch ein Symbol von nationalem Stolz der beiden Länder, und so wurde das Projekt trotz einiger Zweifel (vor allem seitens der Engländer) weitergeführt. Der französische Prototyp führte am 2.März 1969 erfolgreich seinen ersten Unterschallflug

Passagiere wie die B.707 befördern konnte. Boeing, Lockheed und North American bemühten sich um das SST Programm, und im Dezember 1966 fiel die Wahl der Regierung auf das Projekt der Boeing. Doch schon bald kamen einige technische Probleme hervor, die das übermäßig hohe Gesamtgewicht betrafen; als dazu noch die übertrieben hohen Kosten kamen erweckte das Projekt den Widerspruch der öffentlichen Meinung. Diese Probleme führten zu der unvermeidbaren Streichung des SST-Projekts seitens der Regierung am 20.Mai 1971.

Die großen Passagierflugzeuge | 247

Währenddessen verliefen die Dinge für Boeings Model 747 schon viel besser. Das riesige Handelsflugzeug war 70 Meter lang, fast 20 Meter hoch (vergleichbar mit einem sechsstöckigem Gebäude), besaß ein Gewicht von über 283 Tonnen und ein Gesamtflächenausmaß von knapp einem halbem Hektar. Den Antrieb leisteten vier Motoren vom Typ Pratt & Whitney JT9D, von denen jeder einzelne 18.500 kg Schubkraft lieferte. Oberflächlich betrachtet schien die 747 ein vergrößertes Modell der 707 zu sein; doch gerade das Hauptmerkmal der Maschine war der Rumpf, der gut 6,13 Meter breit und über 56 Meter lang war und sich vom Heck bis zur Nase hin erstreckte; die Pilotenkabine und das Abteil der ersten Klasse waren in das obere Deck verlegt worden. Aufgrund der Breite seines Rumpfs hatte sich das Flugzeug der Bezeichnung „wide body" versehen, die von da an alle großen Handelsflugzeuge für ihre Merkmale von erhöhtem Fassungsvermögen und Komfort charakterisieren sollte.

Nachdem die Boeing genügend Aufträge seitens Pan Am, Lufthansa und Japan Air Lines erhalten hatte verkündete sie am 25.Juli 1966 den Baubeginn des neuen Flugzeugs. Doch auch hier musste eine Reihe von Problemen bewältigt werden. Umso weiter man mit der Herstellung voranging, desto schwerer wurde das Flugzeug; da die Boeing außerdem keine genügend große Fabrik besaß, in der die Maschine zusammengesetzt werden konnte, musste eine neue in Everett, im Staat von Washington gebaut werden. Nachdem diese Schwierigkeiten gelöst worden waren konnte die neue Boeing 747 für ihren ersten Flug vorbereitet werden, der schließlich am 9.Februar 1969 stattfand - einen Monat vor dem Jungfernflug der Concorde. Die Pan Am weihte den Linienverkehr mit der 747 am 22.Januar 1970 auf der Strecke New York-London ein. Dank einiger Ratschläge der Pan Am wurde der Entwurf vor seiner endgültigen Form leicht geändert. Die definitive Version der 747 besaß eine größere Flügelspannweite, ein modifiziertes Fahrwerk sowie ein maximales Abfluggewicht, das auf 308 Tonnen erhöht worden war. Aufgrund seiner Dimensionen wurde die 747 allgemein als „Jumbo Jet" bekannt.

Doch in Kürze stieß man wieder auf Schwierigkeiten. Zuallererst waren die Motoren nicht genügend stark, so dass die Piloten dazu gezwungen waren öfters viel zu hohe Motordrehzahlen einzustellen; dadurch wurden Überhitzungen verursacht, die zu Reparaturen und höheren Instandhaltungskosten führten Die Reisenden waren anfangs nicht sehr begeistert von dem Flugzeug, da die Probleme in den Motoren Verspätungen verursachten und die Borddienste (Verpflegung und Toilettenraum) noch nicht an die Zahl der Passagiere angepasst worden waren (in der normalen Ausgestaltung konnten fast 400 Personen befördert werden). Letztlich waren auch die Flughäfen nicht in der Weise eingerichtet, um ein derartig großes Flugzeug aufnehmen zu können - besonders in den Gepäckdiensten wurde dieser Mangel spürbar. Nach und nach wurden die Probleme jedoch gelöst, doch was den Motorenbereich betraf, so musste man sich ca. zwei Jahre gedulden bis schließlich der neue Motor JT9D-3A erschien. In demselben Jahr wurde die Boeing auf ein anderes Problem aufmerksam: 1970 hatte die Firma 190 Bestellungen von 28 Fluggesellschaften erhalten, doch das war nicht genug um die Entwicklungskosten des Flugzeugs zu decken; ferner standen nun aufgrund der

248-249 Das unverwechselbare Vorderprofil des „Jumbo Jets" zeichnet sich durch die Pilotenkanzel auf dem oberen Deck aus. Das Modell 747-400 kann 568 Passagiere befördern.

249 oben Es wurden bereits über 1.200 Exemplare der B.747 gebaut, und ständig modernere Versionen werden entwickelt, darunter ist die 747-400X Quite Longer Range, die voraussichtlich im Jahr 2004 fliegen wird.

249 unten Eine Boeing 747-400 der britischen Virgin Atlantic. Die 747 wurde aufgrund seiner riesigen Ausmaße „Jumbo" benannt und flog zum ersten Mal 1969. Die Maschine ist seitdem noch in Produktion.

steigenden Wirtschafts- und Erdölkrise alle Fluggesellschaften vor größeren Problemen. Erst am Ende der Ölkrise und dem daraus folgendem Wirtschaftsaufschwung konnte die Boeing mit den Bestellungen für die 747 wieder an Boden gewinnen und endlich erleichtert aufatmen. Bis 1983 hatte die Boeing bereits 588 Exemplare der 747 geliefert. Der Grundentwurf wurde in der Zwischenzeit ständig Verbesserungen unterzogen, die zu der Entwicklung von verschiedenen Versionen führten: das Modell 747-200B war bestückt mit den Motoren JT9D-7FW von 22.680 Kg Schubkraft und besaß ein maximales Abfluggewicht von 365 Tonnen; die verkürzte Version 747SP war besonders gut für extrem lange Flüge geeignet. Es folgten noch die 747-300 und schließlich der 747-400, der sich gegenwärtig in Produktion befindet. Letzteres Modell verfügt über die Motoren PW4056 mit 25.651 kg Schubkraft (bzw. ähnlichen Triebwerken von General Electric oder Rolls Royce), besitzt ein maximales Abfluggewicht von 397 Tonnen, einen Flugbereich von 13.464 Km und einem Aufnahmevermögen von 568 Passagieren. Bis heute wurden über 1.200 Jumbo Jets gebaut.

In Europa hatte währenddessen die Streichung des SST-Programms sowie das Scheitern der Tupolev 144 zu einer neuen Sicherheit bei den Concorde-Verantwortlichen geführt: trotz der Schwierigkeit des Projekts konnte man sich eingestehen, dass keine Konkurrenz mehr zu fürchten war. Nun musste man sich einzig und allein um den Verkauf des Flugzeugs bemühen, was jedoch leichter gesagt als getan war. 1971 trafen fünf Bestellungen der BOAC und vier von der Air France ein. Das war natürlich besser als nichts - doch dazu muss auch bemerkt werden, dass die staatlichen Gesellschaften von Großbritannien und Frankreich zum Kauf des Überschalljets beinahe verpflichtet waren. Es war daher notwendig, dass eine der weltweit größten Gesellschaften das Flugzeug orderte, so dass alle weiteren Firmen von dem Potential des Projekts überzeugt worden wären. Die Concorde-Verantwortlichen beschlossen, sich auf die namhafte Pan Am zu konzentrieren, doch diese zog sich zurück. Trotz der Perspektiven, die das Projekt bot beschloss die Pan Am keine Risiken einzugehen: die Concorde war zu teuer (mit 65 Millionen Dollar kostete der Jet drei Mal soviel wie die 747) und auch die Flugtickets wären für den größten Teil der Passagiere zu teuer gewesen.

Um für die Kapazitäten der Concorde zu werben organisierte man weltweit Vorführ-Touren und war dazu entschlossen, so bald wie möglich mit der Linienflugtätigkeit zu beginnen. Der reguläre Dienst der Concorde begann in der Tat am 21.Januar 1976 mit einem Flug der Air France von Paris nach Buenos Aires sowie einem British Airways - Flug (dem Nachfolger der BOAC) von London nach Bahrain. Die Schwierigkeiten betreffs der Landeerlaubnis in den Vereinigten Staaten wurden schließlich bewältigt, und die Flüge nach New York und Washington begannen daraufhin nach wenigen Monaten. Leider hatten beide Gesellschaften von Beginn an starke Schwierigkeit die Flugplätze zu füllen, und sogar die Nordatlantikstrecken lagen im roten Bereich. Letztendlich hatte keine der Gesellschaften, die Optionen für die Erwerbung der Concorde aufgestellt hatten diese benutzt; ausschließlich Frankreich und England würden die Concorde

250-251 Eine McDonnell-Douglas DC-10 der Iberia bei einer Landung. Die USAF wählte dieses Flugzeug 1977 zu ihrem zukünftigen Transport/Tanker aus. Es wurden 60 Exemplare erworben - die Maschine ernannte man KC-10A Extender.

250 unten Eine Lockheed L-1011 TriStar der Air Canada in der Landephase. Dieses Flugzeug wurde Ende der sechziger Jahre auf eine spezielle Anfrage der America Airlines hin entworfen: ein Großraum-Jet (wide-body) mit großem Aufnahmevermögen für Mittel- und Kurzstreckenflüge.

251 unten Eine McDonnell Douglas MD-11 der Japan Air Lines bei einer Landung. Das Modell erschien 1990 als verbesserte Version der McDonnell Douglas DC-10 und verfügt über neue Motoren, neue Avionik und einen verlängerten Rumpf.

einsetzen - die zwei Länder, in denen das Flugzeug erbaut wurde. Im September 1979 beschlossen die Regierungen Großbritanniens und Frankreichs die Produktion der Concorde einzustellen. Es wurden nur 16 Exemplare gebaut, von denen jedes einzelne gut 500 Millionen Dollar kostete. Auch wenn die Lage sich in den 80-er und 90-er Jahre ein wenig besserte, so blieb die Concorde jedoch nur ein außergewöhnliches Prestige-Symbol für die Fluggesellschaften sowie für die wenigen privilegierten Passagiere, die das Flugzeug benutzt haben. Ein tragischer Unfall im Juli 2000 mit einem Exemplar der Air France hatte für einige Monate zu der Stillegung der gesamten Flotte geführt.

Inzwischen wurde mit dem Jumbo-Jet der Weg für eine neue Generation von Großraum-Jets freigemacht. Aufgrund der Erhöhung des Flugverkehrs benötigten die Gesellschaften geräumigere Flugzeuge für die Kurz- und Mittellangstreckenflüge. Auf Anfrage der American Airlines hin entstanden zwei neue Maschinen. Die McDonnell-Douglas (die aus der Erwerbung von Douglas seitens der McDonnell aus St.Louis hervorging) bot ihre DC-10 an, die am 29.August 1970 zum ersten Mal flog. 1967 erschien dagegen die Lockheed L-1011 Tristar, wobei das Flugzeug sich zum ersten Mal am 16.November 1970 in die Lüfte erhob. Beide waren dreimotorige Linienflugzeuge, die über Kurz-Landefähigkeiten verfügten und die Möglichkeit besaßen, ca. 300 Reisende in dem wide-body-Rumpf zu befördern. Trotz anfänglicher Verkaufserfolge erlitten die beiden Modelle eine wirtschaftliche Stagnation, u.a. aufgrund der allgemeinen Krise in der Luftbeförderung Mitte der 60-er Jahre. Insgesamt wurden 250 Exemplare der Tristar gebaut - doch das genügte nicht um die Entwicklungskosten des Flugzeugs decken zu können. Der DC-10 widerfuhr ein besseres Schicksal: die Maschine wurde 1990 von der MD-11 ersetzt, einer verbesserten Version mit neuer Avionik, verlängertem Rumpf und neuen Motoren. Man konstruierte über 600 Exemplare der MD-11.

Gerade in Europa sollte sich dagegen nun ein neues Kapitel der Handelsluftfahrt öffnen. Die neu entstandene Airbus Industrie (1970 von Frankreich, Großbritannien und Deutschland gegründet um auf die europäischen Lufttransportbedürfnisse einzugehen) widmete sich der Realisierung der A300 - eines Großraum-Jets für Mittel-und Kurzstrecken. Dieses Flugzeug war das erste einer außergewöhnlichen Reihe von Linienflugzeugen.

Die großen Passagierflugzeuge | 251

Kapitel 20

Die Jagdflugzeuge der sechziger Jahre

In den siebziger Jahren erschien eine neue Generation von Kampfflugzeugen. Diese entstanden in Folge der Übungen und Erfahrungen, die während der letzten Kriege gewonnen wurden (besonders den Kriegen Vietnam und Yom Kippur); doch auch die Verfügbarkeit neuer Technologien und Fortschritte, die im Bereich der Informatik gemacht wurden förderten die Entwicklung der neuen Maschinen.
Die Strategien des Kalten Kriegs und die enorme zahlenmäßige Drohung, die die Streitkräfte des Warschauer Pakts darstellten zwangen die Vereinigten Staaten dazu sich auf die Qualität ihrer Verteidigungskräfte zu konzentrieren.
Amerika musste den technologischen Unterschied zwischen dem Westen und der UdSSR ausnutzen: der US Militärapparat sollte in der Lage sein, jeglichen Angriffen aus dem Osten siegreich entgegentreten zu können.
Die Vereinigten Staaten - führendes Land im Bereich der Luftfahrt - führten während der siebziger Jahre eine Anzahl von Jäger-Typen ein, die in verbesserten Ausführungen noch bis heute das Rückgrat der amerikanischen Luftstreitkräfte sowie einer Vielzahl der alliierten Länder darstellen. Der erste davon war der neue Luftübermacht-Jäger, der auf eine Ausschreibung von 1968 (Programm VFX) für die US Navy entworfen wurde. Nach der Streichung der Grumman F-111B sollte jener als Ersatz der F-4 Phantom II operieren. 1969 wurde Grumman zum Sieger des Wettbewerbs erklärt. Der vorgeschlagene Entwurf enthielt einige wesentliche Merkmale der F-111B, wie z.B. die schwenkbaren Tragflächen, die Motoren und das Waffensystem, welches auf dem Langstreckenradar AWG-9 und auf den Raketen AIM-54 Phoenix angebracht war. Das erste Exemplar des Flugzeugs - genannt F-14A Tomcat - flog am 21.Dezember 1970. Es war ein Zweisitzer mit Tandem-Cockpit, der sich auszeichnete durch den extrem breiten Rumpf mit zwei gut voneinander getrennten Motoren, zwei Abdriften und vollständig beweglichen Schwanzflächen. Die Zweikreistriebwerke Pratt & Whitney TF30-P-4 mit je 9.480 kg Schubkraft und Nachbrenner ermöglichten eine Höchstgeschwindigkeit von Mach 2.34 (ca. 2.485 Km/h). Das Flugzeug besaß eine Spannweite zwischen 19,5 Metern (kleinste Pfeilung) und 10,1 Metern (maximale Pfeilung), eine Länge von 19,1 Metern und ein maximales Abfluggewicht von über 31.940 kg. Die Bewaffnung enthielt neben der 20mm-Kanone Vulcan bis zu acht Raketen, unter denen die Typen AIM-9 Sidewinder, AIM-7 Sparrow und AIM-54 Phoenix waren. Die Haupt-Waffenkombination beinhaltete weiterhin das Radargerät AWG-9, das über eine Reichweite von mehr als 300 Km verfügte und mit der Phoenix-Rakete verbunden war (ausgestattet mit einem eigenen Radar), die selber eine Reichweite bis zu 130 Km besaß. Mit dieser Waffenausstattung konnte die Tomcat den Flotten in einer Weise Schutz liefern, wie es kein anderes Flugzeug vermochte und brachte die Luftfahrt der US Navy auf eine hervorragende Stufe.
Während der Entwicklungsphase wurden drei Flugzeugexemplare verloren - darunter war auch der erste Prototyp, der neun Tage nach seinem Jungfernflug abstürzte. Doch die Tomcat war eine gelungene Maschine, und die Lieferungen an die Frontlinieneinheiten begannen im Oktober 1972. Zwei Jahre später unternahm das Flugzeug seine erste operative Kreuzfahrt, zusammen mit den VF-1 und VF-2, die auf der Enterprise USS eingeschifft waren. Der Iran war das einzige Land, in welches zwischen 1976 und 1978 (noch unter der Regierung des Schah von Persien) 79

252 Eine F-14A Tomcat beim Tiefflug über dem eigenen Flugzeugträger. Grumman baute insgesamt 712 Exemplare von diesem Flugzeug. Die einzigen Exportexemplare wurden an den Iran im Zeitraum zwischen 1976-1987 geliefert (80 Maschinen).

253 oben Ein Paar von Grumman F-14B Tomcats der Gruppe VF-103 beim Flug über dem Ozean. Dieser Jäger wurde 1972 in den Dienst eingeführt und gilt noch heute - trotz seines baldigen Rückzugs - als außergewöhnliches Flugzeug.

Exemplare der Tomcat exportiert wurden. In den achtziger Jahren wurden neue Versionen des Flugzeugs entwickelt, mit dem Ziel die Mängel beim Kraftstoffausstoß zu beheben und die Avionik-Systeme neu zu bearbeiten. 1987 flog die erste F-14B (ursprünglich bekannt unter F-14A Plus); das Modell besaß die neuen Motoren General Electric F110-GE-400 mit 12.200 Schubkraft und neue Avionik. 1990 wurde die F-14D eingeführt, die mit denselben Motoren, digitalen Avioniksystemen sowie einem neuen Radar APG-71 ausgestattet war.
Diese beiden Modelle wurden sowohl als völlig neue Produkte als auch unter der Benutzung älterer F-14A - Zellen konstruiert. Seit 1997 kann ein Teil der Tomcat-Flotte auch für Bombardierungsmissionen eingesetzt werden; dies dank der Entwicklung von LANTIRN (Low-Altitude Navigation and Targeting Infra-Red for Night) - Pods für Navigation, Angriffe und lasergeführte Bewaffnung; diese Flugzeuge wurden benannt mit „Bombcat". Insgesamt wurden 711 Tomcats gebaut, und noch bis heute sind mehr als 150 Exemplare im Dienst der US Navy. Seit 2001 ist man damit beschäftigt die alten F-14A mit den neuen F/A-18E/F Super Hornet zu ersetzen. Die F-14D sollen dagegen noch bis 2010 fliegen

253 unten Ein Waffenmeister bei der Installation von 250-kg-Bomben GBU-12 an der Unterseite einer F-14D während der Operation Enduring Freedom im November 2001.

253

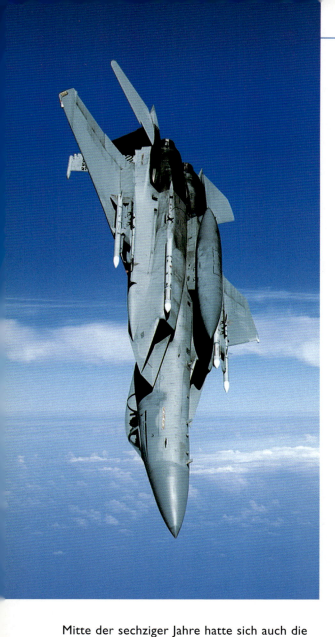

Mitte der sechziger Jahre hatte sich auch die USAF bereits Gedanken um einen Nachfolger der F-4 gemacht und führte somit das Programm F-X ein. 1969 wurde die McDonnell-Douglas zum Sieger des Wettbewerbs erklärt: die Firma hatte einen Entwurf vorgestellt, der vollkommen verschieden von der F-4 und besonders innovativ war. Die Flügelform ähnelte derjenigen der Phantom, doch die neue F-15A Eagle besaß einen niedrigen und breiten Rumpf mit zwei geraden Abdriften und rechteckigen Lufteinlässen mit variabler Geometrie. In der großen Nase war das breite, einsitzige Cockpit untergebracht, welches eine große Sichtbarkeit lieferte und ausgestattet war mit HUD (Head-Up Display) - System und HOTAS (Hands On Throttle and Stick) - Steuerwerk.
Das erste von 20 Vorserien-Exemplaren flog am 27.Juli 1972; die Maschine erwies sich sofort als ein außergewöhnliches Flugzeug, das sich leicht steuern ließ und weitaus wendiger als die Phantom war.
Im November 1974 begannen die ersten F-15A und die zweisitzigen TF-15A (später umbenannt auf F-15B) in der Luke Airforce Base in den Dienst einzutreten. Die ersten Exemplare, die einer operativen Abteilung - dem 1st TFW zugewiesen sein sollten trafen dagegen 1977 ein. Die F-15A hatte eine Spannweite von 13 Metern, ein Länge von 19,5 Metern und ein maximales Abfluggewicht von 25.400 kg. Die beiden Zweikreistriebwerke Pratt & Whitney F100-PW-100 lieferten je 10.850 kg Schubkraft mit Nachbrenner und ermöglichten damit eine Höchstgeschwindigkeit von Mach 2.5 (ca. 2.650 Km/h).
Die Haupt-Bewaffnung bestand aus vier Luft-Luft-Raketen AIM-9 und vier AIM-7 sowie einer 20mm- Kanone Vulcan. Ferner konnten bis zu 7.250 kg weiterer Außenlasten (Kraftstoffbehälter oder Bomben) angebracht werden. In der Luft-Luft-Darstellung war die F-15 das erste Jagdflugzeug, das ein ausgeglichenes bzw. positives Schub/Gewicht Verhältnis besaß, was ihm erlaubte mit außergewöhnlicher Geschwindigkeit (und wenn nötig auch im Senkrechtflug) zu steigen.
Trotz dieser Leistungen flog bereits 1979 das Nachfolger-Modell F-15C (F-15D der Zweisitzer). Die Maschine verfügte über größere Kraftstoffbehälter, neue Avionik und ein maximales Abfluggewicht von 30.840 kg. Ferner besaß die F-15C die Möglichkeit die CFT-Behälter zu benutzen, die an den Seiten angebracht waren. Im Verlauf der weiteren Entwicklung des Flugzeugs erschienen auch die neuen Motoren F100-PW-220. Das Nachrüstungs-Programm MSIP (Multi-Stage Improvement Program) wurde 1983 eingeführt und erst an der F-15C sowie darauffolgend am Modell A angewandt. Die Modifikationen beinhalteten einen neuen Haupt-Computer, ein neues Feuerkontrollsystem (das u.a. die Verwendung der neuen Luft-Luft-Raketen AIM-120 AMRAAM ermöglichte), Verbesserungen am Radar APG-63 sowie neue elektronische Verteidigungs- und Kriegssysteme. Die F-15 wurde auch nach Israel, Saudi-Arabien und Japan (gebaut unter Lizenz von Mitsubishi) exportiert. Mit der F-15 2 Eagle besaß die USAF ein Flugzeug, das weltweit keine Konkurrenten zu fürchten hatte. Der Basis-Entwurf, der ursprünglich vor allem für den Luftkampf bestimmt war hatte außerdem bewiesen, dass er auch für die Entwicklung einer Multifunktions-Version geeignet war; diese wurde von Grumman auf eine Anfrage der Air Force für einen Dual-Role-Jäger hin entworfen.
Die erste F-15E Strike Eagle flog am 11.Dezember 1986; im Wesentlichen handelte es sich um ein zweisitziges Modell F-15, das mit CFT-Tankbehältern, neuer Missionsavionik (darunter der Radar APG-70) und den Motoren F100-PW-229 (13.200 kg Schubkraft) ausgerüstet war. Das maximale Abfluggewicht war auf 36.740 kg gestiegen - davon konnten gut 11.110 kg in Form von Außenlasten gebildet werden. Die Besatzung bestand aus einem Piloten und Systembetreiber, doch die Strike Eagle behielt auch die Luft-Luft-Kapazitäten seines Vorgängers bei.
Das Flugzeug trat 1988 in den Dienst der USAF. Seitdem wurden über 220 Exemplare geliefert; dazu kamen die abgeleiteten Versionen F-15I für Israel (25 Flugzeuge) und F-15S für Saudi-Arabien (72 Exemplare). Bis heute erreichte die Gesamtproduktion der F-15 über 1.500 Exemplare, von denen eine Vielzahl noch mehrere Jahre als Frontlinienflugzeug benutzt werden wird.

254 oben Eine F-15A der nationalen Wache von Hawaii beim senkrechten Sturzflug. Die Eagle kann bis zu acht Luft-Luft-Raketen AIM-120, AIM-7 und AIM-9 laden.

254 unten rechts Zwei Jagdbomber F-15E Strike Eagle des 3rd Wing (USAF) beim Abfeuern von Luft-Luft-Raketen AIM-7M Sparrow. Dieses Eagle-Modell ist ein wahres Multirollen-Flugzeug und kann sowohl bei Angriffs- als auch bei Luftkampfoperationen eingesetzt werden.

255 oben Auf dieser Flugfotografie einer F-15A Eagle ist deutlich der aerodynamische Aufbau des Flugzeugs zu erkennen: große Flügel, doppelte Seitenflossen und vollständig bewegliche Schwanzflächen hinter den Motoren.

254-255 Ein Multifunktions-Jäger Boeing F-15E des 48th FW (USAF) - vom Cockpit des Weapon System Officers eines Zwillingsflugzeugs aus gesehen. Die F-15 bietet ihren Piloten eine hervorragende Sichtbarkeit.

Die Jagdflugzeuge der sechziger Jahre 255

1971 gab die Air Force das Startzeichen für einen weiteren Wettbewerb - diesmal für ein Projekt, das LWF (Light Weight Fighter) benannt wurde. Die USAF verlangte einen kleinen, einmotorigen, einsitzigen Multifunktions-Jäger, den sie neben der F-15 aufstellen konnte; ferner sollte das Modell ökonomischer sein und einen Teil der F-4- und A-7-Geschwader ersetzen können. Die Projekte YF-16 der General Dynamics und YF-17 der Northrop wurden in die engere Wahl aufgenommen, aber zum Sieger wurde im Januar 1975 schließlich der General Dynamics-Entwurf erklärt. Die YF-16 flog zum ersten Mal bereits am 20.Januar 1974. Obwohl es eine kleine Maschine war erwies sie sich sofort als ein ein äußerst fortschrittliches Jagdflugzeug mit enormem Potential. Die aerodynamischen Außenformen waren besonders futuristisch. Zum ersten Mal wurden computergesteuerte Fly-by-Wire-Flugkontrollen benutzt, während das Cockpit einen seitlichen Steuerknüppel enthielt. Die Schleudersitze waren um 30 Grad nach hinten geneigt um den G-Kräften entgegenwirken zu können, während das kleine, vollständig aus Glas konstruierte Kabinendach eine extrem gute Sicht bot.

Auch in diesem Fall war das Schub/Gewicht-Verhältnis besser als 1:1. Die F-16 war äußerst wendig und schnell - jedoch in einem Ausmaß, dass sogar die ersten Fälle von Piloten bekannt wurden, die bei abrupten oder unerwarteten Manövern das Bewusstsein verloren.
Die F-16A flog zum ersten Mal 1976, während das erste Einsatzkommando das Flugzeug im Jahr 1978 auf der Luke Air Force Base erhielt. In der Zwischenzeit war die F-16 bereits in die Geschichte eingegangen, dank der Unterzeichnung des sogenannten „Jahrhundert-Vertrags" 1975, der die Flugzeugwahl von vier NATO-Ländern betraf: Belgien, Holland, Dänemark und Norwegen hatten 500 Exemplare der F-16A/B angefordert um damit die eigenen F-104G zu ersetzen. Die F-16A hatte eine Spannweite von 9,4 Metern, eine Länge von 14,5 Metern und ein maximales Abfluggewicht von 16.050 kg, wobei die Außenlasten bis zu 6.900 kg betragen konnten. Der Motor war ein Pratt & Whitney F100-PW-100 mit 10.850 kg Schubkraft (identisch mit demjenigen des F-15A) und trieb den Jäger zu einer Höchstgeschwindigkeit von Mach 2 an. Das Modell F-16C (D für den Zweisitzer) erschien 1983 und verfügte über ein neues Radarsystem APG-68, neue Avionik und eine verstärkte Struktur, die es möglich machte das Höchstgewicht auf über 17.000 kg zu erhöhen. Die F-16C Block 30 war die erste Version, bei der u.a. die Möglichkeit gegeben war zwischen dem General Electric F110-GE-100 Motor (12.700 kg Schubkraft) und dem Pratt & Whitney F100-PW-220 (10.850 kg Schubkraft) zu wählen. Ferner enthielt das Flugzeug Verbesserungen in der Avionik und Bewaffnung sowie die Luft-Luft-Raketen AIM-120 AMRAAM. 1986 erhielt die General Dynamics einen Vertrag für die Neubearbeitung von 270 F-16A-Exemplaren der nationalen Wache. Diese ADF-Spezifikation sah verschiedene Modifikationen vor: die Anbringung eines neuen Funksystems, neue APG-66 Radarkapazitäten sowie die Möglichkeit die Raketen AIM-7 und AIM-120 abzuwerfen. Das neueste Modell, das sich gegenwärtig in Produktion für die USAF befindet ist der Block 50; dieses Modell verfügt über fortschrittliche Avionik, einen F100-GE-129 Motor mit 13.200 kg Schubkraft, ein auf 19.185 kg erhöhtes Abfluggewicht sowie die Möglichkeit die modernsten Waffen, Navigations- und Angriffssysteme zu nutzen. Die F-16 (später benannt mit Fighting Falcon), die seit 1993 ein Lockheed-Martin-Projekt ist wird ständigen Verbesserungen

256 oben Zwei F-16CJs des 35th FW präsentieren die eigene Hauptbewaffnung, die aus einer AGM-88 HARM Antiradar-Rakete besteht. Der F-16C Block 50 mit HTS-Pods ist spezialisiert für die Aufhebung der feindlichen Luftabwehr.

256 unten Die Lockheed-Martin F-16 Fighting Falcon ist der meist verwendete und modernste Jäger auf der Welt. Hier ist das hintere Cockpit einer F-16D der nationalen Wache von South Carolina zu sehen.

256-257 Die F-16 ist ein Multirollen-Jäger, der sowohl im Luftkampf als auch in Angriffsmissionen zu fürchten ist. Diese F-16C der USAF fliegt über die „no-fly zone" Iraks und ist bewaffnet mit lasergeführten GBU-12 Bomben sowie den Luft-Luft-Raketen AIM-120A und AIM-9M.

257 unten Die Falcon ist ein Flugzeug von sagenhafter Steuerbarkeit. Diese F-16C des 52nd Wing der USAF verfügt über zwei Rauch-Behälter, die das aufsehenerregende Manövrieren während einer Luftveranstaltung noch unterstreichen.

unterzogen und wurde weltweit in ca. 20 Länder exportiert. Es wurden bereits über 4.000 Exemplare konstruiert, und die F-16 kann daher ohne weiteres als der erfolgreichste und am meisten gebrauchte Jäger aller Zeiten bezeichnet werden.

Ein weiteres amerikanisches Flugzeug, das in demselben Zeitraum entwickelt wurde war die Fairchild-Republic A-10 Thunderbolt II, die ihren ersten Flug am 10.Mai 1972 vollbrachte. Die Maschine wurde auf die Spezifikation A-X der USAF hin entworfen. Diese forderte ein neues Flugzeug für die taktische Unterstützung (Close Air Support), das vor allem dazu bestimmt war eventuelle Bedrohungen sowjetischer Panzertruppen in Europa einzudämmen. Anfang 1973 wurde die YA-10 auf Kosten der YA-9 der Northrop zum Sieger erklärt. Die ersten Serienmodelle der A-10A traten 1976 in den Dienst ein. Im Hinblick auf die Aerodynamik handelte es sich um ein besonders innovatives Flugzeug, bei dem Feuerkraft und Überlebensmöglichkeiten über alle traditionellen Charakteristiken von Jagdflugzeugen gestellt wurden. Die Maschine besaß weite, gerade Flügelflächen sowie zwei über dem Rumpf angebrachte Motoren, die von den Flügeln und den Schwanzflächen mit doppelter Abdrift geschützt wurden. Das Titanum-Cockpit war ausreichend gepanzert um gegen 23mm-Schüsse standhalten zu können; die fest angebrachte Bewaffnung bestand dagegen aus einer riesigen Gatling GAU-8A Avanger- Kanone mit sieben rotierenden 30mm-Röhren, mit der problemlos Panzerwagen durchlöchert werden konnten. Mit den beiden Zweikreistriebwerken General Electric TF34-GE-100 (je 4.110 kg Schubkraft) konnte die A-10A eine Höchstgeschwindigkeit von gut 700 Km/h erreichen. Die Flügelspannweite betrug 17,5 Meter und die Länge 16,3 Meter, während das maximale Abfluggewicht 23.590 kg erreichte. Die Kriegslast betrug bis zu 7.257 kg und war auf elf Bauchpfeilern befestigt. Nachdem die Bedrohung in Form des Warschauer Pakts und der Sowjetunion verschwunden war wurde die A-10A für unbrauchbar erklärt (alle 713 Exemplare waren für die USAF gebaut worden). Nach den Einsätzen im Golfkrieg 1991 sowie den NATO-Luftoperationen im ehemaligen Jugoslawien zwischen 1993 und 1999 wurde das Flugzeug jedoch wieder aufgewertet. Obwohl viele Exemplare einbezogen wurden, soll die A-10A (genannt OA-10A für die Forward Air Control -Missionen) - u.a. dank der Modernisierungsprogramme - noch viele Jahre lang im Dienst bleiben.

258-259 Zwei A-10A beim Abwerfen von wärmetäuschenden Flares gegen die Infrarot-Sprengkopfraketen. Die A-10 kann bis zu 7.257 kg verschieden zusammengesetzter Kriegsladung tragen.

259 oben Die Konstruktion der A-10A basierte auf taktischen Erwägungen: hoch angelegte Motoren, die von doppelten Schwanzflossen abgeschirmt sind, gerade Flügel für eine maximale Steuerbarkeit beim Tiefflug sowie ein aufgerichtetes Cockpit mit gepanzerter Nase.

259 unten Die Fairchild-Republic (heute Northrop-Grumman) A-10A Thunderbolt II wurde Ende der sechziger Jahre als taktisches Unterstützungsflugzeug für die USAF eingeführt. Ihr Hauptmerkmal war die 30mm-Panzerabwehrkanone GAU-8A Gatling mit sieben rotierenden Läufen.

Die Jagdflugzeuge der sechziger Jahre | 259

Natürlich arbeitete auch die Sowjetunion in den 70-er Jahren an der Neugestaltung der eigenen Luftflotte und führte Flugzeuge ein, deren Entwürfe aus den Kriegserfahrungen und den Anforderungen der sowjetischen Luftwaffe hergeleitet wurden. Die neuen Maschinen sollten den operativen Fähigkeiten der Vereinigten Staaten und der NATO gewachsen sein. Obwohl die MiG-21 ein Flugzeug mit hervorragenden Merkmalen war fehlte ihm ein Waffensystem, das mit denjenigen der westlichen Maschinen wetteifern könnte; außerdem erkannte man die Notwendigkeit an, das Steuerverhalten verbessern zu müssen. Somit wurde das Programm 23 eingeführt, das eine Reihe von neuen Komponenten enthielt: Sapfir-23 Radar, ein analoger Computer AVM-23, Luft-Luft-Raketen R-23, usw. Es wurden zwei Prototypen gebaut: die 23-01 mit Deltaflügeln sofort in die Großserienfertigung gebracht wurde. Das Flugzeug besaß einen Soyuz/Khachaturov R29-300 Motor (12.500 kg Schubkraft), eine Höchstgeschwindigkeit von Mach 2.35 und ein maximales Abfluggewicht von 20.670 kg. Die Spannweite lag zwischen 13,9 Metern (kleinste Pfeilung) und 7,8 Metern (maximale Pfeilung). Die MiG-23 war 16,7 Meter lang und verfügte über eine bis zu 2.000 kg schwere Bewaffnung, die vorwiegend aus sechs R-23 und R-60 Raketen zusammengesetzt war. 1973 wurde das Angriffsmodell MiG-23BN auf MiG-27 umbenannt, und nach einer Produktion von 910 Exemplaren wurde die Serie 1983 nach Indien verlegt. Von dem Jäger-Modell wurden verschiedene Versionen entwickelt, darunter auch für den Export in befreundete Länder. Die Serie gipfelte in dem Modell MiG-23MLD (oder „Flogger-K"), das

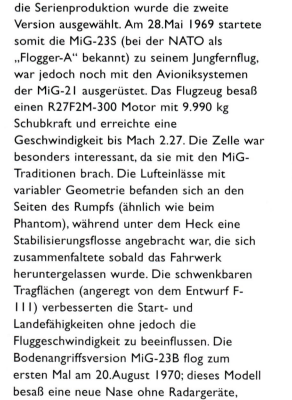

260 oben Der russische Jäger MiG-23 flog zum ersten Mal im Juni 1967. Bis 1985 wurden 5.000 Exemplare der Abfangjägerversion gebaut. Die Maschine wird noch heute von vielen Luftstreitkräften in Europa, Afrika und Asien eingesetzt.

260 unten Die MiG-25RBF erschien 1981 und ist die elektronische Aufklärungsversion des Jägers MiG-25P. Hier ist ein Exemplar der russischen Luftwaffe auf der Basis von Finow zu sehen.

und die 23-11 mit schwenkbaren Tragflächen, die am 10.Juni 1967 zum ersten Mal flog. Für die Serienproduktion wurde die zweite Version ausgewählt. Am 28.Mai 1969 startete somit die MiG-23S (bei der NATO als „Flogger-A" bekannt) zu seinem Jungfernflug, war jedoch noch mit den Avioniksystemen der MiG-21 ausgerüstet. Das Flugzeug besaß einen R27F2M-300 Motor mit 9.990 kg Schubkraft und erreichte eine Geschwindigkeit bis Mach 2.27. Die Zelle war besonders interessant, da sie mit den MiG-Traditionen brach. Die Lufteinlässe mit variabler Geometrie befanden sich an den Seiten des Rumpfs (ähnlich wie beim Phantom), während unter dem Heck eine Stabilisierungsflosse angebracht war, die sich zusammenfaltete sobald das Fahrwerk heruntergelassen wurde. Die schwenkbaren Tragflächen (angeregt von dem Entwurf F-111) verbesserten die Start- und Landefähigkeiten ohne jedoch die Fluggeschwindigkeit zu beeinflussen. Die Bodenangriffsversion MiG-23B flog zum ersten Mal am 20.August 1970; dieses Modell besaß eine neue Nase ohne Radargeräte, feste Lufteinlässe, einen Lyulka AL-21F3 Motor, eine verstärkte Zelle mit vereinfachter Avionik, sowie weitere kleinere Änderungen.

Die erste wahre MiG-23 war die M-Version, die im Juni 1972 zum ersten Mal flog und

mit einem R-35-300 Motor von 13.000 kg Schubkraft bestückt war und ferner ein Radargerät besaß, das auch für Nahkampfeinsätze geeignet war. Außerdem war ein Raketenziel-Sichtgerät Shchel 3-U auf dem Pilotenhelm sowie den R-73 Raketen angebracht. Bis 1985 wurden insgesamt 5.047 Exemplare der MiG-23 gebaut und blieben bis 1994 im Dienst der UdSSR/Russlands. Von der MiG-27 produzierte man dagegen insgesamt 1.075 Exemplare. Die beiden Flugzeuge wurden auch von anderen Luftstreitkräften aus über 20 Ländern benutzt und erfolgreich bei Kämpfen im Nahosten, Afghanistan, Angola und Indien eingesetzt.

Die MiG-25 war dagegen ein völlig anderes Flugzeug. Das Projekt wurde bereits Anfang der sechziger Jahre eingeleitet um auf die Bedrohung des amerikanischen interkontinentalen Überschallbombers XB-70 zu antworten, der sich damals noch in Entwicklung befand. Es wurden außergewöhnliche Flugleistungen von dem neuen Super-Abfangjäger gefordert: eine Höchstgeschwindigkeit von 3.000 Km/h, ein Gipfelhöhe von 20.000 Metern sowie ein Flugbereich von 4.000 Km. Um diese Kriterien erfüllen zu können konzipierte das technisch Büro MiG ein großes, einsitziges Flugzeug, das ausgestattet war mit riesigen Zweikreistriebwerken, doppelter Abdrift am

Heck sowie hohen Pfeilflügeln. Der erste Prototyp E-155R-1 (das Aufklärer-Modell) flog zum ersten Mal am 6.März 1964, während der Abfangjäger E-155P-1 sechs Monate später startete. Obwohl nicht alle Forderungen erfüllt werden konnten so befriedigte die Maschine doch die Hauptkriterien und trat als Abfangjäger MiG-25P („Foxbat-A" für die NATO) am 13.Juni 1972 in den Dienst ein. Diese Version war charakterisiert durch zwei Nachbrenner-Motoren vom Typ Soyuz/Tumanski R-15B-300 mit je 11.200 kg Schubkraft, die eine Höchstgeschwindigkeit von Mach 2.83 (ca. 3.000 Km/h) ermöglichten. Die Spannweite betrug 13,4 Meter, die Länge 21,5 Meter und das maximale Abfluggewicht erreichte 41.000 kg. Das Waffensystem gründete auf einem Smerch-A Radar und vier R-40 Raketen. Im Dezember 1972 wurden drei Versionen für Aufklärungsmissionen in den Dienst eingeführt (RB, RBK und RBS - für fotografische, elektronische und Radar-Aufklärung). Im November 1977 flog dagegen die MiG-25PD; die Maschine war ausgerüstet mit Sapfir-24 Radar, R-40D Raketen und anderen Verbesserungen im Bereich der Avionik. Im selben Jahr wurde auch die MiG-25BM eingeführt, die für Einsätze zur Aufhebung von feindlicher Luftabwehr bestimmt war. Die Haupt-Bewaffnung bestand aus vier Luft-Boden-Raketen Kh-58.

Die Produktion der MiG-25 endete 1985 mit der Fertigstellung des 1.186sten Exemplars. Abfang- und Aufklärungsversionen wurden außerdem auch an einige befreundete Länder geliefert: Algerien, Libyen, Irak, Indien und Syrien. Nur die Aufklärungs- und Antiradar-Angriffsversion befinden sich noch heute im Dienst. Die MiG-25 bildete auch die Basis für einen neuen zweisitzigen Abfangjäger, der einen größeren Flugbereich sowie autonome Fähigkeiten haben sollte um mehrere Ziele anpeilen zu können.

260-261 Das Angriffsmodell MiG-23B wurde aus dem Abfangjäger MiG-23S entwickelt und flog zum ersten Mal 1970. Es handelte sich um ein einfaches Flugzeug ohne Radargerät an der Nase. 1973 wurde die Maschine MiG-27 umbenannt, und 1983 verlegte man die Produktion nach Indien. Hier sind zwei MiG-27 der indischen Luftwaffe zu sehen.

261 unten rechts Die MiG-25 erschien 1964 und war zu ihrer Zeit der schnellste Abfangjäger. 1994 wurde die Maschine von der Sowjetunion vom Dienst zurückgezogen. Dies ist ein zweisitziges Übungsmodell MiG-25RU.

263 unten links Ein MiG-29A Jäger der slowakischen Luftwaffe beim Start. Es wurden über 1.500 Exemplare gebaut und von mehr als 25 Ländern weltweit benutzt.

263 unten rechts Eine MiG-31B beim Rollen nach der Landung mit noch angehängtem Bremsfallschirm. Von diesem Jäger wurden über 400 Exemplare gebaut, die Maschine kann bis zu zehn Raketen laden.

Das erste gebaute Exemplar wurde MiG-25MP ernannt und flog zum ersten Mal am 16.September 1975. Im Dezember 1976 erschien das erste Vorserienexemplar MiG-31 („Foxhound"). Es war ein schwererer und stärkerer Jäger als die Foxbat. Das Flugzeug enthielt ein zweisitziges Tandem-Cockpit, verstärktes Fahrgestell sowie ein Zaslon Radargerät, das zehn Ziele anvisieren und vier davon gleichzeitig angreifen konnte. Das Waffensystem bestand aus zwei R-40TD Raketen sowie vier R-33 Raketen mit einer Tragweite von 120 Km. Die zwei Motoren Aviadvigatel/Solovyov D-30F-6 (15.500 kg Schubkraft und Nachbrenner) ermöglichten eine Höchstgeschwindigkeit von 3.000 Km/h. Das Flugzeug besaß ein maximales Abfluggewicht von 46.200 kg, eine Spannweite von 13,4 Metern und eine Länge von 22,7 Metern. Die MiG-31 trat im Dezember 1981 in den Dienst ein. Seitdem wurden über 400 Exemplare der Maschine gebaut. Die Version MiG-31M wurde 1995 eingeführt und war ausgerüstet mit R-37 Raketen und Zaslon-M- Radar. Das Höchstgewicht war auf ca. 52.000 kg gestiegen. Ferner verfügte das Flugzeug über größere Kraftstoffaufnahmefähigkeit und stärkere Motoren. Aufgrund der Krise, die in den neunziger Jahren die Luftfahrtindustrien getroffen hatte wurden nur wenige Exemplare der MiG-31M gebaut.

Ein Nachfolger der MiG-23 als wichtigster Luftverteidigungs-Jäger wurde bereits 1969 in Erwägung gezogen; die sowjetische Regierung hatte eine Spezifikation für ein neues Jagdflugzeug herausgegeben, welches sich auf derselben technischen Höhe wie der amerikanische F-15 befinden sollte. Später wurde die Spezifikation in zwei Bereiche geteilt, und die MiG-Ingenieure konzentrierten sich auf die Realisierung eines leichtgewichtigen Jägers; das Projekt wurde 1974 angenommen. Das Flugzeug war stark beeinflusst von dem amerikanischen Entwurf und besaß eine zweifache Abdrift sowie rechteckige Lufteinlässe. Der erste Prototyp 9-01 flog am 6.Oktober 1977. Offiziell wurde das Flugzeug MiG-29 ernannt, doch die NATO benannte es mit Ram-L. 1981 flog die zweisitzige Version MiG-29UB, und im darauffolgenden Jahr begann man bereits mit der Serienproduktion. Die ersten Lieferungen in die Flugabteilungen fanden im August 1983 statt. Die MiG-29 - von der NATO letztlich „Fulcrum-A" benannt - war bestückt mit einem Paar Klimov/Sarkisov RD-33 Triebwerken, die mit Nachbrenner je 8.300 kg Schubkraft produzierten und eine Höchstgeschwindigkeit von Mach 2.3 (ca.2.400 Km/h) ermöglichten. Das maximale Abfluggewicht betrug um 22.000 kg; 2.000 kg davon bildete die Außen-Bewaffnung, die hauptsächlich aus bis zu sechs Luft-Luft-Raketen R-27, R-73 und R-60 sowie einer 30mm-Kanone zusammengesetzt war. Auf Anforderung konnte deie MiG-29 jedoch auch Bomben und Raketen für Bodenangriffe tragen. Das Radarsystem RLPK-29 besaß eine Reichweite von 70 Km und war in der Lage, zehn Zielpunkte anzuvisieren und eines davon anzugreifen. Die Fulcrum erwies sich schon bald als ein hervorragender Jäger, der sehr wendig war und auch extreme Angriffswinkel erreichen konnte. Besonders mörderisch war das Flugzeug in Bewegungskämpfen, vor allem aufgrund der Fähigkeit die Raketen mittels eines im Pilotenhelm eingebauten Sichtgeräts auf das Ziel anzupeilen. 1992 wechselte man zu der Produktion der MiG-29S; die Maschine besaß ein verbessertes Radarsystem R-27RE, R-77 Raketen sowie eine auf 4.000 kg erhöhte Kriegslast. Es folgten noch weitere Versionen der MiG-29 - darunter die MiG-29M, die MiG-33 für den Export, die Marineversion MiG-29K (die jedoch alle nie in den Dienst eintraten) und schließlich das neueste Modell MiG-29SMT. Bis heute wurden insgesamt mehr als 1.450 Exemplare konstruiert und von 25 Ländern weltweit benutzt.

262 Ein zweisitziger MiG-31 Jäger beim Aufstieg in den Himmel über der Sowjetunion. Er ist mit seinen 3.000 Km/h der schnellste Abfangjäger der Welt.

263 oben Ein MiG-29UB Jäger der sowjetischen Luftwaffe beim Kunstfliegen während einer Flugveranstaltung. Dies ist das zweisitzige Übungsmodell des modernen, russischen Flugzeugs.

Die Jagdflugzeuge der sechziger Jahre

264-265 Ein ADV Tornado F Mk.3 Abfangjäger der Royal Air Force. Dieses Flugzeug wurde aus dem Angriffsmodell IDS entwickelt um die Erfordernisse der RAF zu erfüllen. Es flog zum ersten Mal 1979.

264 unten links Eine italienischer IDS Tornado in Desert-Storm-Ausführung startet vom Luftstützpunkt Gioia del Colle. Nach den Erfahrungen im Golfkrieg führte die italienische Luftwaffe das Modell ECR sowie Präzisionswaffen in den nationalen Dienst ein.

264 unten rechts Die Tornado ECR wurde von Deutschland und Italien entwickelt, man wollte ein Flugzeug konstruieren, das in der Lage war feindliche Luftabwehrformationen zu zerstören. Auf der Fotografie ist eine deutsche ECR zu sehen, die 1990 in den Dienst eingeführt wurde.

265 oben Die italienische Aeronautica Militare führte nach 1982 bundert Tornado IDS in den Dienst ein. Hier sieht man eine Reihe von Flugzeugen, die in den Operationen Desert Shield und Desert Storm eingesetzt wurden vor ihrem Abflug aus Italien.

Ein weiteres wichtiges Kampfflugzeug wurde in jener Zeit noch entwickelt - diesmal jedoch nicht von einer der beiden Supermächte. Es handelte sich um ein Produkt aus Europa: das multinationale Konsortium Panavia, das am 26.März 1969 von den wichtigsten Luftfahrtindustrien aus Großbritannien, Deutschland und Italien gegründet wurde hatte die neue Maschine gemeinsam entwickelt und gebaut. Das MRCA-Projekt (Multi-Role Combat Aircraft) beinhaltete sowohl die Realisierung eines neuen Kampfflugzeugs (sollte von BAC, MBB und Aeritalia konstruiert werden) als auch eines neuen Zweikreistriebwerks (beauftragt wurde das Drei-Länder-Konsortium Turbo Union). Im Wesentlichen handelte es sich um einen tiefliegenden Allwetter-Jagdbomber mit zweisitzigem Tandem-Cockpit, hoch angelegten Verstellflügeln, zwei Motoren, großen Schwanzflächen mit einer einzigen Abdrift, sowie hochentwickelten Radar- und Avioniksystemen. Das Flugzeug wurde PA.200 Tornado benannt, und der Prototyp P.01 führte am 14.August 1974 in Deutschland seinen ersten Flug durch. Die Exemplare aus der Vorserie waren 1977 flugfähig, während das erste Flugzeug der Serie IDS (Interdiction and Strike) im Juni 1979 an die Royal Air Force geliefert wurde. Die Flügelspannweite der Tornado lag zwischen 13,9 Metern (kleinste Pfeilung) und 8,6 Metern (größte Pfeilung).Ferner war das Flugzeug 16,7 Meter lang und besaß ein maximales Abfluggewicht von 28.000 kg - davon waren bis zu 9.000 kg äußerer Waffenlast enthalten.

Die Tornado wurde von zwei RB.199 Mk.101 Zweikreistriebwerken mit Nachbrenner angetrieben, die je 7.250 kg Schubkraft produzierten und konnte im Tiefflug eine Höchstgeschwindigkeit von 1.480 Km/h erreichen.

265 Mitte und unten Eine Tornado ADV der RAF beim Hochgeschwindigkeitsflug. Die Flügel sind soweit wie möglich nach hinten gepfeilt; durch die Luftfeuchtigkeit bildet sich an der Stelle, wo der aerodynamische Druck am höchsten ist eine Wolke.

Die Basisversion IDS wurde später durch die Ausstattung mit spezieller Bewaffnung für Aufklärungs- und Anti-Schiffs-Einsätze optimiert. Insgesamt erhielt die RAF 229 IDS-Flugzeuge, Deutschland 332 und Italien 100. Um die britischen Anforderungen nach einem Abfangjäger zu erfüllen entwickelte die Panavia den ADV (Air Defence Variant), der am 27.Oktober 1979 den ersten Flug durchführte. Es gab einige Hauptunterschiede: eine schlankere Aerodynamik aufgrund der Verlängerung des Rumpfs auf 18,6 Meter, ein weitreichendes Foxhunter-Radargerät, neue Avionik, Wegschaffung von einer der beiden 27mm-Kanonen, sowie die Anbringung eines RB.199 Mk.104 Motors (7.450 kg Schubkraft). Das Waffensystem der neuen Version war zusammengesetzt aus vier Sky Flash Mittelstreckenraketen und vier AIM-9 Kurzstreckenraketen. Die RAF erwarb schließlich 173 Tornado ADV-Exemplare, mit denen sie ihre Jäger F-4 Phantom ersetzte. Auch Italien benutzt die ADV Tornado, da 1995 24 Exemplare im Leasing erworben wurden. Die letzte Version der Tornado war die ECR (Electronic Combat Reconnaissance), die vorrangig für die Aufhebung der Fliegerabwehr bestimmt war. Insgesamt wurden 35 Tornado ECR für die deutschen Luftstreitkräfte gebaut (ab 1990 im Dienst), und 16 Exemplare für die italienische Luftwaffe, die das Modell seit 1998 benutzt. Die ECR verfügt über hochentwickelte Elektro-Apparaturen für die Identifikation feindlicher Signale (ELS und RHWR) und besitzt eine spezielle Anti-Radar-Bewaffnung - darunter die Luft-Boden-Raketen AGM-88 HARM; außerdem enthält das Flugzeug das neueste Modell des RB.199 Motors - den Mk.105, der Schubkraft in Höhe von 7.620 kg produziert. Insgesamt wurden 978 Tornados in verschiedenen Versionen gebaut; darin enthalten waren 96 IDS-Exemplare und 24 ADV, die nach Saudi-Arabien exportiert wurden.

Die Jagdflugzeuge der sechziger Jahre | 265

Entwicklungsarbeiten mit fünf Prototypen erwarb die französische Luftwaffe im November 1982 die ersten Exemplare des Serienmodells Mirage 2000C, das für Abfangmissionen optimiert worden war. Das Flugzeug war 14,6 Meter lang, besaß eine Spannweite von 9,1 Metern und ein maximales Abfluggewicht von 10.860 kg. Die Motoren vom Typ SNECMA M53-5, produzierten 8.550 kg Schubkraft und ermöglichten eine Höchstgeschwindigkeit von Mach 2.2 (ca. 2.300 Km/h). Das Waffensystem gründete sich auf einem Missions-Computer, Thomson-RDM CSF Radarsystem, bis zu vier Matra Super 530D und 550 Magic 2 Raketen sowie zwei 30mm-Kanonen. Nach dem 38.Exemplar wurden alle daraufolgend gebauten Flugzeuge mit dem RDI-Radarsystem sowie einem Motor vom Typ M53-P2 (9.700 kg Schubkraft)ausgestattet; die beiden Modifikationen trugen zur Verbesserung der Flugleistungen bei.

1983 startete das Modell 2000N zu seinem ersten Flug. Diese Version wurde für Nuklear-Angriffsmissionen entwickelt und besaß ein Tandem-Cockpit (ein zweiter Sitzplatz war für den Waffensystembetreiber) sowie Radar und Avionik, die für Tiefflugoperationen optimiert wurden. Die 2000N bildete die Grundlage für das Modell 2000D, welches mit konventioneller Bewaffnung bestückt war. Die Avioniksysteme waren neu und es war möglich, hochentwickelte Präzisionswaffen anzuwenden. 1984 wurde die Mirage 2000E eingeführt; es handelte sich dabei um eine Exportversion der 2000C, jedoch mit Multifunktionsfähigkeiten. Schließlich folgte im Oktober 1990 der erste Flug des Modells 2000-5. Diese Maschine besaß ein neu entworfenes Cockpit mit Multifunktions-Bildschirmen und digitale Instrumentierung, neues RDY Multi-Mode-Radarsystem sowie bis zu sechs neue Mica-Raketen. Die ersten Exemplare der 2000-5 wurden 1996 geliefert; 37 Stück gingen an die französische Luftwaffe und weitere Flugzeuge erhielten Luftstreitkräfte in Qatar, Taiwan und Griechenland. Bis heute wurden über 560 Exemplare der Mirage 2000 gebaut und werden von acht Ländern benutzt.

Die Dassault Mirage 2000 war das letzte unter den wichtigsten Jagdflugzeugen der sechziger Jahre. Das Flugzeug (im Dezember 1975 von der französischen Regierung genehmigt) wurde entwickelt, um die Armée de l'Air mit einem Nachfolger für das Modell Mirage F.1 auszustatten. Der erste Prototyp des neuen Jägers flog am 10.März 1978; mit diesem Modell kehrte man wieder zu der Deltaflügel-Formel zurück, die erneut Vorteile zeigte dank der Einführung des Fly-by-Wire-Steuersystems, neuen Feinheiten im Bereich der Aerodynamik sowie einem fast einheitlichem Schub/Gewicht Verhältnis. Nach intensiven

266 oben Ein Paar von Dassault Mirage 2000C der französischen Luftwaffe. Das Flugzeug wurde 1982 in den Dienst eingeführt und begann zwei Jahre später den operativen Einsatz. Es wurden über 550 Exemplare konstruiert.

266 unten Die Mirage 2000N ist die Nuklearangriffsversion der Mirage-2000-Familie, die Maschine wurde modifiziert um auch konventionelle Missionen ausführen zu können. Auf der Fotografie ist ein mit Raketen bewaffnetes Exemplar der französischen 4eme Escadre zu sehen.

267 oben Ein Mirage 2000C Abfangjäger der französischen Luftwaffe während einer Luftbetankung. Das Problem des kleinen Flugbereichs dieses Modells wurde z.T. in der Version 2000-5 gelöst.

267 unten Ein französischer Zweisitzer Mirage 2000B während einer Kunstflugvorführung. Die reine Deltaflügelform sowie die feinen Linien des Jägers kommen hier gut zum Ausdruck.

Kapitel 21

Die dritte Stufe

Das Wachstum des Handelsflugverkehrs nach dem zweiten Weltkrieg und besonders in den fünziger Jahren führte zu einer strikten Aufspaltung: auf der einen Seite waren die großen staatlichen bzw. internationalen Fluggesellschaften, die die Großstädte und internationalen Hauptstädte miteinander verbanden, und auf der anderen Seite befanden sich die kleinen bzw. mittelgroßen Gesellschaften, die sich den kürzeren Flugstrecken widmeten und sich oft auf den Verkehr innerhalb einzelner Länder und geographischer Flächen beschränkten. Der zweite Typ wird definiert als Flugtransport der dritten Stufe bzw. regionale Luftbeförderung. Die dabei eingesetzten Flugzeuge wurden unter dem Begriff „commuter" (wörtlich „Pendler") zusammengefasst. Die erste Generation dieses Flugzeug-Typs begann man in der zweiten Hälfte der sechziger Jahre zu entwickeln. Von Anfang an bestanden die Hauptmerkmale der Commuter-Flugzeuge in den reduzierten Ausmaßen, einer beschränkten Anzahl von Sitzplätzen (gewöhnlich zwischen 10-20 und 30-40), dem Propeller- bzw. Propellerturbinenantrieb, relativ kurzen Start- und Landefähigkeiten (STOL, oder Short Take-Off and Landing) sowie niedrigen Betreibungskosten. Der regionale Flugverkehrstransport wurde und wird immer noch vorrangig genutzt um Verbindungen zwischen den kleineren Flughäfen und den großen - sogenannten Hubs herzustellen. Die Passagiere können somit die wichtigsten Städte erreichen und von dort aus auf die Verbindungen zu internationalen oder interkontinentalen Flügen zurückgreifen - jeweils von den Hubs aus startend oder landend. Die Vereinigten Staaten waren das erste Land, in dem sich dieser neue Bereich entwickelte. Die weiten Flächen forderten natürlich die Entstehung eines dichten Flugverkehrsnetzes um die Hauptstädte innerhalb eines Bundesstaats zu vereinen und auch Verbindungen zwischen den einzelnen Bundesstaaten und schließlich den größten Metropolen herzustellen. Entgegen der allgemeinen Vorstellung blieb die amerikanische Luftfahrtindustrie jedoch auf die Herstellung von Düsen-Linienflugzeugen mit über 100 Plätzen fixiert und interessierte sich nicht sonderlich für die Anforderungen der dritten Stufe. Es waren vor allem die nordamerikanischen Firmen Fairchild, Beechcraft und de Havilland Canada, die einige bedeutende Regionalflugzeuge herstellten, während sich ein großer Teil des Markts auf die Auslandsprodukte verließ.

Die Swearingen Merlin IIA, ein 1964 entworfenes Propellerturbinenflugzeug mit acht Plätzen war das erste Modell einer erfolgreichen Commuter-Serie aus den USA. Fünf Jahre später entwickelte man aus der Merlin die 226TC Metro; diese Maschine besaß neue Motoren sowie einen verlängerten Rumpf und konnte bis zu 20 Passagiere aufnehmen. Die Metro flog zum ersten Mal am 26.August 1969 und wurde sofort an die Air Wisconsin und die Mississippi

268 oben Die de Havilland Canada DHC 8 - bekannt als „Dash 8" - führte 1983 ihren ersten Flug durch. Sie war das Ergebnis eines Projekts für ein ökonomisches, leises Regionalflugzeug.

Valley Airlines verkauft. Später erwarb die Fairchild das Swearingen-Projekt und führte die strukturell veränderte Metro II ein, die mit 950-shp-Motoren ausgestattet war. Daraufhin erschien die Metro III mit größerer Flügelspannweite, 1.100-shp-Motoren und höherem maximalen Abfluggewicht. Die letzte Version des Modells ist die Metro 23 (zugelassen im Juni 1990); die Maschine hat eine Spannweite von 17,4 Metern, eine Länge von 18,1 Metern und ein maximales Abfluggewicht von 7.485 kg. Ausgerüstet mit den zwei 1.100-shp-Motoren AlliedSignal TPE331-12UHR erreicht das Flugzeug eine Höchstgeschwindigkeit von 560 Km/h. Außer der Flugbesatzung aus zwei Piloten und einem Flugbegleiter kann die Metro 23 bis zu 19 Passagiere aufnehmen. Die Kargo-Version wurde „Expediter" benannt und kann mit bis zu 2.500 kg Waren beladen werden.

Die Beechcraft entwickelte dagegen ihr Modell 99. Die Flügel (angelehnt am Modell 65/80 Queen Air) waren mit zwei 557-shp-Propellerturbinen bestückt, und der Rumpf konnte 15 Reisende aufnehmen. Der Prototyp flog zum ersten Mal im Dezember 1965, während die Lieferungen an die Kunden drei Jahre später begannen. Die C99 Commuter - das letzte Modell der Serie - enthielt zwei 724-shp-Propellerturbinen und blieb bis 1987 in Produktion. In der Zwischenzeit war bereits die Beechcraft 1900 erschienen und führte am 3.September 1983 ihren Jungfernflug durch. Es handelte sich um ein größeres Flugzeug mit zwei 1.110-shp-Propellerturbinen vom Typ Pratt & Whitney Canada PT6A, einer Reisegeschwindigkeit von 475 Km/h sowie einem Höchstgewicht von 7.530 kg. Der Rumpf konnte bis zu 19 Passagiere aufnehmen bzw. mit 2.040 kg Waren beladen werden; die T-Leitwerke waren an das Modell Super King Air angelehnt. Im März 1990 erschien das verbesserte Modell 1900D, das 1.280-shp-Motoren sowie vierblättrige Propeller enthielt. Die Reisegeschwindigkeit betrug bis zu 530 Km/h, während das maximale Abfluggewicht 7.690 kg erreichte. Insgesamt wurden über 680 Exemplare der 1900D gebaut.

Auch de Havilland Canada (DHC) beschäftigte sich Mitte der sechziger Jahre mit der Konstruktion eines Flugzeugs, das für die Regionalflüge bestimmt sein sollte. Am 20.Mai 1965 flog schließlich die DHC 6 Twin Otter. Es handelte sich um einen robusten Hochdecker mit STOL-Fähigkeiten, festem Fahrwerk und doppeltem Turbopropeller. Die Twin Otter besaß zwei 660-shp-Motoren PT6A und erreichte eine Geschwindigkeit von ca.350 Km/h. An Bord konnten 18 Passagiere aufgenommen werden, und das maximale Abfluggewicht betrug 5.600 kg. Dank ihrer Merkmale und der Möglichkeit Ski bzw. Schwimmer anbringen zu können um auch auf Schneeflächen oder als Wasserflugzeug benutzt zu werden war die Twin Otter besonders begehrt bei Gesellschaften, die in beschwerlichen Zonen wie dem großen amerikanischen Norden operierten. Die Produktion wurde erst Ende der achtziger Jahre eingestellt. Aufgrund des Erfolgs mit der Twin Otter beschloss die DHC nun ein größeres und leistungsfähigeres Flugzeug zu entwerfen, das sich jedoch in Bezug auf die Robustheit und Ökonomie an die Eigenschaften des Vorgängers anlehnen sollte: am 27.März 1975 flog die DHC 7 „Dash-7". Es war ein vollständig neues Flugzeug mit vier PT6A Propellerturbinenmotoren von je 1.130 shp. Im Rumpf konnten bis zu 54 Passagiere oder 5.300 kg Waren transportiert werden. Das maximale Abfluggewicht war auf gut 19.960 kg angestiegen und die Höchstgeschwindigkeit betrug 450 Km/h. Auch die STOL-Fähigkeiten der Dash-7 wurden erheblich verbessert: aufgrund der Anwendung von breiten, doppelten Spaltklappen konnte das Flugzeug sogar von knapp 600 Meter kurzen Pisten aus operieren. Trotzdem hielt sich der Erfolg dieses Modells in Grenzen, und am 20.Juni 1983 flog bereits der Nachfolger „Dash-8". Es handelte sich um moderneres Flugzeug mit erhöhter Geschwindigkeit und zwei Motoren, das jedoch kleiner war und demnach eine geringere Aufnahmefähigkeit besaß; 39 Passagiere bzw. 3.550 kg Warenladung konnten in der Maschine transportiert werden. Die Dash-8 war ausgerüstet mit zwei 2.000-shp-Propellerturbinen Pratt & Whitney Canada PW120A, die eine Reisegeschwindigkeit von 500 Km/h ermöglichten. Das Modell befriedigte

bereits besser die Marktanforderungen - besonders mit den nachfolgenden, größeren Versionen Dash-8 200, 300 und 400. Die neueste Variante ist die Q400 mit 70 Sitzplätzen, die am 31.Januar 1998 zum ersten Mal flog. Bis heute wurden über 670 Exemplare der Dash-8 in allen Ausführungen verkauft - damit sicherte sich die Canadair (heute „Bombardier") einen führenden Platz in dem Sektor der Regionalflugzeugherstellung.

268 unten Die Beech 99 mit doppeltem Turboproptriebwerk besitzt einen konventionelle Gestaltung. Er blieb von 1968 bis 1983 in Produktion.

269 oben Eine Wasserflugzeugversion der de Havilland Canada DHC 6 Twin Otters. Die Maschine wurde 1964 entworfen um ein regionales Flugzeug zu verwirklichen, das auf dem schwierigen kanadischen Terrain zurecht kommen konnte.

269 Mitte links Die Fairchild Metro II ist eines der zahlreichen, leichten Computer-Flugzeuge, die aus der Swearingen Merlin II (erster Flug 1965) abgeleitet wurden.

269 Mitte rechts Eine viermotoriger de Havilland Canada DHC 7 (Dash 7), die von der britischen Gesellschaft Brymon geflogen wird. Dieses Flugzeug wurde für die Beförderung von Passagieren und Waren entworfen und kann sich der Kurzstart-Kurzlandefähigkeiten (STOL) rühmen.

269 unten Die Beechcraft 1900D wurde 1990 eingeführt und ist eine verbesserte Version des Modells 1900. Die Maschine verfügt über stärkere Motoren, vierblättrige Propeller sowie eine erhöhte Ladefähigkeit.

Die südamerikanische Firma Brasiliana Embraer konstruierte ebenfalls erfolgreiche Commuter-Flugzeuge. Die Gesellschaft wurde Ende der 60-er Jahre auf den Willen der brasilianischen Regierung gegründet und widmete sich der Produktion eines leichten, zweimotorigen Transportflugzeugs, das für die brasilianische Luftwaffe bestimmt war. Der robuste, traditionelle Tiefdecker wurde von dem Franzosen Max Holste entworfen und besaß wenige technische Neuerungen; die zwei Propellerturbinen PT6A leisteten den Antrieb.

Rumpf mit maximaler Aufnahmefähigkeit von 48 Sitzen. Die ersten Serienmodelle Mk.100 waren ausgestattet mit Rolls-Royce Dart 514-Triebwerken, die jedoch in den Mk.200 von den stärkeren Dart 532-7R- Motoren (2.285 shp) ersetzt wurden. Die Mk.200 besaß eine Reisegeschwindigkeit von 480 Km/h und ein maximales Abfluggewicht von 20.400 kg. Die Produktion wurde 1958 sowohl in Holland als auch in den Vereinigten Staaten (Fairchild hatte die Produktionslizenz erworben) eingeleitet. Die Fokker 27 blieb bis 1987 in Produktion, wobei mehr als 785 Exemplare gebaut wurden.
In der Zwischenzeit hatte die holländische Firma 1983 das Modell Fokker F50 auf den Markt gebracht. Es handelte sich um eine vollkommene Überarbeitung des vorhergehenden Flugzeugs, wobei über 80% der Komponenten ersetzt wurden. Die erste Fokker 50 flog am 28.Dezember 1985, und 1987 wurden die ersten Exemplare an die Lufthansa CityLine geliefert. Das Flugzeug besaß zwei 2.500-shp-Propellerturbinen Pratt & Whitney Canada

Der Prototyp YC-95 startete am 26.Oktober 1968 zu seinem Jungfernflug, und nachfolgend wurde das Flugzeug als C-95 beim Militär für Transport-, Such- und Rettungsmissionen sowie bei der Aufklärung zur See eingesetzt. Die Zivilausführung mit verlängertem Rumpf wurde EMB-110P Bandeirante benannt und konnte bis zu 18 Passagiere aufnehmen. Die EMB-110P besaß ein maximales Abfluggewicht von 5.670 kg und wurde von zwei 750-shp-Motoren zu einer Geschwindigkeit von 460 Km/h angetrieben. Bis 1994 baute man 469 Bandeirante-Flugzeuge. Daraufhin folgte das Modell EMB-120 Brasilia, welches am 27.Juli 1983 den ersten Flug vollbrachte. Die ersten Exemplare wurden 1985 an die amerikanische Fluggesellschaft Atlantic Southeast geliefert. Die Brasilia war in Hinblick auf seinen Vorgänger ganzheitlich verbessert worden und war ausgestattet mit T-Leitwerken sowie zwei Motoren vom Typ Pratt & Whitney Canada PW118 (1.800 shp). Die Reisegeschwindigkeit betrug 550 Km/h, und an Bord konnten bis zu 30 Passagiere aufgenommen bzw. 3.500 kg Waren geladen werden. Man hatte sieben verschiedene Versionen der Brasilia entwickelt (u.a. auch für das Militär), und insgesamt über 350 Flugzeuge verkauft.
Am weitesten verbreitet war die Produktion von Regionaltransportflugzeugen jedoch in Europa, wo die Luftfahrtindustrien aus Großbritannien, Holland, Deutschland, Frankreich, Spanien, Italien und Schweden eine Reihe verschiedener Projekte realisiert hatten. Das erste Modell dieser Kategorie war die Fokker F27 Friendship, ein Entwurf, der bereits 1950 konzipiert wurde und dank der Unterstützung von der holländischen Regierung bereits zwei Jahre später entwickelt wurde. Der Prototyp flog am 24.November 1955 und verfügte über Eigenschaften, die zu allgemeinen Charakteristiken der Commuter-Flugzeuge werden sollten: hohe Flügel, Propellerturbinen-Motoren, traditionelle Leitwerke, ein einziehbares Fahrwerk sowie ein druckdichter

PW125B (sechs Propellerblätter), die eine Reisegeschwindigkeit von 530 Km/h gewährleisteten. Das maximale Abfluggewicht erreichte 20.800 kg, und im Rumpf konnten maximal 58 Passagiere aufgenommen werden. Bis 1996 wurden insgesamt 319 Exemplare vom F50 gebaut - in jenem Jahr erklärte die Fokker Bankrott und musste die Produktion einstellen. Trotz der Schwierigkeiten der Firma waren die F27 und F50 weltweit verkauft worden. Besonders die F27 erwies sich in diesem Marktbereich als ein wahrhaft führendes Produkt.
Auch die britische Britten-Norman BN 2 Islander war eines der ersten europäischen Commuter-Flugzeuge und wurde absichtlich für Kurzstreckentransportflüge entworfen. Das Flugzeug führte am 13.Juni 1965 den ersten Flug durch und trat zwei Jahre später bei der Aurigny und Loganair in den Flugdienst ein. Die Islander war ein kleiner, zweimotoriger Hochdecker mit zwei Kolbenmotoren, festem Fahrgestell, rechteckigem Rumpf, STOL-Fähigkeiten sowie einer Kabine für 9 Passagiere. 1969 trat die verbesserte Version

BN 2A in Produktion, während 1970 die dreimotorige Variante BN 2A Mk.III Trislander eingeführt wurde. Diese Maschine besaß einen längeren Rumpf für die Aufnahme mehrerer Passagiere und einen dritten Motor, der in der Seitenflosse installiert war. Trotzdem erfuhr die Trislander keinen bedeutenden Verkaufserfolg, so dass die Produktion 1984 eingestellt wurde. Die Originalversion Islander ist dagegen noch heute in Produktion und sowohl in der Kolbenmotor- als auch der Propellerturbinenausführung erhältlich. Es

270 oben links Die Britten Norman BN2 Islander ist ein erfolgreiches Computer-Flugzeug und wird auch für Such- und Rettungsoperationen eingesetzt. Es wurden über 1.200 Exemplare produziert.

270 Mitte Auch die brasilianische Embraer produzierte Ende der sechziger Jahre einige „Pendler"-Flugzeuge. Die auf dieser Fotografie zu sehende EMB-110 Bandeirante trat 1972 in Produktion.

270 unten Die Fokker F-27 Friendship war eines der ersten regionalen Turbopropflugzeuge. Das Entwicklungsprojekt wurde 1950 eingeleitet und wurde von der holländischen Regierung unterstützt.

270-271 Die Embraer EMB-120RT Brasilia von 1983 war der natürliche Nachfolger der Bandeirante. Auf dem Foto ist die schlanke Doppelturboprop-Maschine in den Farben der Flight West Airlines zu sehen.

271 Mitte Die British Aerospace Jetstream 31 von 1980 wurde von dem gleichnamigen Flugzeug abgeleitet, das Ende der 60-er Jahre von der Handley Page entworfen wurde. Seit 1988 wird das Modell Jetstream Super - mit neuen Motoren und Avionik - geflogen.

271 unten Die Shorts 360 flog zum ersten Mal 1974 als SD3-30. Sie wird für den Passagier- und Warentransport sowie auch im Militärbereich benutzt.

200 wurde von der allgemein üblichen 1.215-shp PT6A Propellerturbine angetrieben und besaß ein maximales Abfluggewicht von 10.400 kg sowie eine Reisegeschwindigkeit von ca. 350 Km/h. Die 330 bildete die Grundlage für den Sherpa (Warentransportversion) und besonders für das Modell 360, das am 1.Juni 1981 zum ersten Mal flog. Es handelte sich dabei um ein größeres Flugzeug mit 36 Plätzen, neuen Leitwerken und 1.440-shp-Motoren PT6A. Das maximale Abfluggewicht war auf 12.000 kg angestiegen, und die Reisegeschwindigkeit erreichte 395 Km/h. Später wurden einige verbesserte Versionen der Short 360 entwickelt, die sich u.a. durch die neuen, sechsblättrigen Propeller auszeichneten.

Am 28.März 1981 startete die British Aerospace Jetstream 31 zu ihrem Jungfernflug. Es war ein schlanker Tiefdecker mit doppeltem Turbopropeller und Einziehfahrwerk, der Ende der 60-er Jahr unter Anlehnung an den Handley Page HP.137 Jestream entwickelt wurde. Während die erste Jetstream kein besonderer Erfolg wurde konnte sich die Jetstream 31 bereits über ein besseres Schicksal erfreuen. Die Maschine war mit den neuen 950-shp-Motoren Garrett TPE331 mit vierblättrigen Propellern ausgestattet. Dadurch wurden die Leistungen erheblich verbessert: die Höchstgeschwindigkeit stieg auf 480 Km/h und das maximale Abfluggewicht auf ca. 6.950 kg; bis zu 19 Passagiere bzw. 1.800 kg Nutzlast konnten dabei aufgenommen werden. In den achtziger Jahren war die Jetstream 31 praktisch der Marktführer und eroberte gut 60% der Anteile auf dem schwierigen amerikanischen Markt. 1988 flog zum ersten Mal die Super 31; das Modell besaß 1.100-shp-Motoren vom Typ AlliedSignal TPE331-12UAR, die eine Geschwindigkeit von 490 Km/h und ein maximales Abfluggewicht von 7.350 kg gewährleisteten. 1991 wurde die Jetstream 41 eingeführt, die mit stärkeren Motoren ausgerüstet war und bis zu 29 Passagiere befördern konnte.

wurden insgesamt über 1.200 Exemplare gebaut. Seit 1977 ist das Unternehmen im Besitz der schweizerischen Firma Pilatus. Die BN 2T verfügt über zwei Propellerturbinen-Triebwerke Allison 250-B17C (320 shp) und fliegt mit einer Reisegeschwindigkeit von 315 Km/h. Das maximale Abfluggewicht beträgt 3.175 kg, und die Maschine kann von 255 Meter kurzen Pisten aus abheben.

Auch die nordirische Shorts leistete gute Beiträge in diesem Bereich - sie startete 1963 mit dem Modell Skyvan, einer grobgliedrigen Doppelturboprop-Maschine mit rechteckigem Rumpf, die sowohl für die Zivil- als auch Militärnutzung geeignet war. Es folgte das Modell 330, das am 22.August 1974 zum ersten Mal flog. Das Flugzeug besaß ebenfalls STOL-Fähigkeiten und wurde aus dem vorausgehendem Modell entwickelt; es verfügte jedoch über eine größere Flügelspannweite und einen neuen, verlängerten Rumpf mit einziehbarem Fahrgestell. Bis zu 30 Reisende konnten in dem Flugzeug befördert werden. Die Version 330-

272 oben Die CASA-Nurtanio CN-235 ist das Ergebnis einer Zusammenarbeit zwischen spanischen und indonesischen Luftfahrtindustrien für den Bau eines Zivil- und Militärtransportflugzeugs.

272 unten links Die ATR (Avions de Transport Regional) ist ein Unternehmen, das von der Alenia und Aerospatiale gegründet wurde um ein Turbopropflugzeug für die dritte Marktstufe herzustellen. Die ATR-42 flog zum ersten Mal 1984 und ist seitdem das meist verkaufte Flugzeug dieser Klasse.

272 unten rechts Die SAAB 2000 mit Doppelturbotriebwerk wurde Ende der 80-er Jahre aus dem Modell 340 entwickelt; man wollte ein schnelleres und komfortableres Flugzeug einführen.

272-273 Anfang der achtziger Jahre vereinten die amerikanische Fairchild und die schwedische SAAB ihre Kräfte um ein neues Regionaltransportflugzeug zu produzieren. Das daraus entstandene Modell 340 flog zum ersten Mal 1983 und wurde ein kommerzieller Erfolg.

In Schweden war es die SAAB, die - anfangs in Zusammenarbeit mit der amerikanischen Firma Fairchild - eine Reihe erfolgreicher Regionaltransportflugzeuge konstruierte. Am 25.Januar 1983 führte die SAAB-Fairchild SF.340A - Nachfolger der Metro II - ihren Jungfernflug durch. Es war ein großer Tiefdecker mit Einziehfahrwerk und geschmeidigen Außenformen. Die zwei General Electric CT7-5A2 -Motoren produzierten 1.750 shp und ermöglichten eine Reisegeschwindigkeit von 515 Km/h sowie ein maximales Abfluggewicht von 12.370 kg. Die 340A konnte zu 35 Passagiere beherbergen bzw. bis zu 3.440 kg Waren aufladen. Fairchild

1999 nach 64 verkauften Exemplaren von der Produktion zurückgezogen. Im selben Jahr wurde nach Auslieferung des 461sten Exemplars auch die Herstellung der 340 eingestellt. Von diesem Modell wurde außerdem auch die Militärversion S100B Argus entwickelt, die bei der schwedischen Luftwaffe als Radarflugzeug benutzt wurde. Auch Spanien betätigte sich im Bereich der Commuter - anfangs mit einem Flugzeug, das aus einem Militärentwurf abgeleitet wurde. Die CASA C-212 Aviocar wurde Anfang der 70-er Jahre als Transporter für die spanische Luftwaffe entworfen. Es handelte sich um einen grobgliedrigen STOL-Hochdecker mit

zog sich 1985 von der Kollaboration zurück. Die SAAB führte 1989 das neue Modell 340B ein, das ein höheres maximales Abfluggewicht besaß (13.250 kg). Die schweizerische Fluggesellschaft Crossair war der erste Kunde der SAAB340 und erwarb später ebenfalls das Nachfolgermodell SAAB 2000. Die SAAB 2000 führte am 26.März 1992 ihren ersten Flug durch und wurde mit dem Beinamen „Concordette" versehen, da sie zu jener Zeit das weltweit schnellste Turbopropflugzeug war. Die Maschine war praktisch ein Neuentwurf der 340 und teilte mit diesem viele Gemeinsamkeiten. Die SAAB 2000 verfügte jedoch über eine größere Flügelspannweite, einen längeren Rumpf (bis zu 58 Passagiere) und 4.150-shp-Motoren Allison GMA2100. Das maximale Abfluggewicht betrug 22.000 kg und die Höchstgeschwindigkeit 680 Km/h. Trotz dieser Voraussetzungen erfuhr die SAAB 2000 jedoch nicht den erwarteten Handelserfolg (vielleicht aufgrund der Kosten) und wurde

rechteckigem Rumpf und traditionellen Schwanzleitwerken, die die Ladeklappe überragten. Die C-212 startete am 26.März 1971 zu ihrem ersten Flug und war sowohl als Zivil- als auch Militärversion erfolgreich. Das neueste Modell der Serie ist die 212-300 mit einer Aufnahmefähigkeit von 26 Passagieren bzw. 2.800 kg Nutzlast bei einem maximalen Abfluggewicht von 7.700 kg. Die Maschine wird von zwei 900-shp AlliedSignal TPE331 - Propellerturbinen angetrieben und erreicht eine Reisegeschwindigkeit von 354 Km/h. Die Militärversion 212M darf ein leicht höheres Gesamtgewicht aufweisen und kann für verschiedene Aufgaben eingesetzt werden, wie z.B. Fallschirmspringerabwurf, Luftambulanz, fotografische Aufklärung und Überwachung usw.

1979 schloss sich die CASA mit der indonesischen Nurtanio zusammen um ein neues Ziviltransportflugzeug für die dritte Martktstufe zu entwerfen, das möglichst auch im Militärbereich verwendet werden konnte.

Das Flugzeug wurde CN-235 benannt und von dem Airtech Konsortium gebaut. Es besaß einen ähnlichen Gesamtbau wie sein Vorgänger, war jedoch größer und schlanker. Der Prototyp flog zum ersten Mal am 11.November 1983. Auf die Anfangsversion Serie 10 folgte Serie 100/110; die Maschine war ausgestattet mit zwei General Electric CT7-9C Propellerturbinen (1.750 shp) und erreichte eine Höchstgeschwindigkeit von 480 Km/h sowie ein maximales Abfluggewicht von 15.100 kg (15.800 kg für die Serie 200). Die Modelle der Serie 100/110 können 44 Passagiere oder 4.000 kg Waren (4.300 kg für die Serie 200) befördern. Über 220 Exemplare der CN-235 wurden gebaut, wobei die meisten an das Militär geliefert wurden. Das Flugzeug bildete außerdem die Basis für die CN-295 - eine vergrößerte Version, die sich zur Zeit noch in der Entwicklungsphase befindet.

Anfang der achtziger Jahre erschienen neue Projekte im Bereich des expandierenden

Regionaltransports. Die Entwicklung neuer Flugzeuge diesen Typs führte 1982 zur Entstehung des ATR (Avions de Transport Regional) -Konsortiums, das von der französischen Aerospatiale und der italienischen Alenia gegründet wurde. Das Ergebnis war die ATR-42, die am 16.August 1984 den ersten Flug durchführte. Im darauffolgenden Jahr wurde das erste Serienexemplar an die französische Gesellschaft Air Littoral geliefert. Es war ein traditionell aufgebauter Hochdecker mit T-Leitwerken und zwei 2.000-shp-Propellerturbinen vom Typ Pratt & Whitney Canada PW120 (vierblättrige Propeller). Mit diesen Motoren wurden die Exemplare der ersten Serie ATR-42-300 ausgestattet; später baute man die stärkeren PW121 ein, und die Serie 500 wurde schließlich mit den Triebwerken PW127E bestückt. Das ATR-42-500-Modell besaß eine Stärke von 2.750 shp pro Triebwerk, eine Reisegeschwindigkeit von 560 Km/h und ein maximales Abfluggewicht von 18.600 kg. Bis zu 50 Passagiere konnten in dem Flugzeug befördert werden - entsprechend einer Nutzlast von 5.450 kg. 1985 verkündigte die ATR die Einführung der verlängerten Version ATR-72; mit 72 Sitzplätzen befriedigte die Maschine den Wunsch der Gesellschaften nach einem erhöhten Fassungsvermögen. Der erste Prototyp flog am 27.Oktober 1988, und ein Jahr später wurde bereits die erste Lieferung an die finnische Fluggesellschaft KarAir durchgeführt. Das stärkste Modell, das sich zur Zeit in Produktion befindet ist die ATR-72-500; die Maschine wurde 1998 eingeführt und ist ausgestattet mit 2.475-shp-Motoren PW127. Die Reisegeschwindigkeit beträgt über 600 Km/h, und das Höchstgewicht erreicht 21.500 kg. Bis heute wurden mehr als 580 Flugzeuge der ATR-Serie verkauft. Aufgrund der weltweiten Lieferungen an Flugunternehmen gewannen diese Modelle eine führende Position im Marktbereich der dritten Stufe.

273 Mitte rechts Die CASA 212 wurde angesichts der Erfordernisse der spanischen Luftwaffe entworfen, die Anfang der siebziger Jahre einige ihrer Transportflugzeuge ersetzen musste. Auf das Militärmodell folgten später auch verschiedene Versionen für den Zivil- und Warentransport.

273 unten Die ATR-72 erschien 1988 und wurde aus dem Basismodell ATR-42 entwickelt. Sie verfügt über stärkere Motoren und einen verlängerten Rumpf für die Aufnahme mehrerer Passagiere.

Nach der Deregulierung in den 90-er Jahren erfuhr der regionale Flugtransport in Europa einen großen Aufschwung. Die neue Grenze der Commuter-Flugzeuge wird heutzutage von den Modellen mit Düsenmotoren dargestellt, welche besser die Hauptanforderungen der Fluggesellschaften erfüllen: höhere Passagieranzahl und kürzere Flugzeiten.
Die Hawker Siddley HS.146 war das erste Flugzeug dieser neuen Generation. Sie wurde bereits 1973 entwickelt und vollbrachte den ersten Flug am 3.September 1981 unter dem Namen British Aerospace 146. Es handelte sich um einen Hochdecker mit herkömmlichen T-Leitwerken. Die Besonderheit lag dagegen in den vier Zweikreistriebwerken, die es aufgrund ihrer geräuschlosen Funktion erlaubten, dass das Flugzeug auch von innerstädtischen Flughäfen aus operieren konnte. Die BAe 146 Serie 100 war ausgestattet mit Avco Lycoming ALF502R-5 -Triebwerken von je 3.160 kg Schubkraft; die Maschine besaß eine Reisegeschwindigkeit von 710 Km/h, ein maximales Abfluggewicht von 42.200 kg und konnte bis zu 93 Passagiere aufnehmen. Der erste Kunde war die britische Fluggesellschaft DanAir, die den 146 seit 1983 einsetzte. Die Weiterentwicklungen führten zu den Serien 200 und 300 mit verlängerten Rumpf (109 Sitzplätze). 1993 wurde die Serie an die Avro International (Tochtergesellschaft der BAe) übergeben. Nach der Konstruktion des 222sten 146-Exemplars widmete sich die Firma 1994 der Produktion der verbesserten Modelle Avro RJ70, 85, 100 und 115 (die Namen bezeichnen die Anzahl der Passagierplätze). Mit über 80 verkauften Exemplaren ist die RJ85 das erfolgreichste Modell der Serie; die Maschine besitzt elektronisch gesteuerte AlliedSignal -Motoren und digitale Avionik, und flog zum ersten Mal am 23.März 1992. Die vier Zweikreistriebwerke LF507-1F (3.170 kg Schubkraft) ermöglichen eine Höchstgeschwindigkeit von 800 Km/h sowie ein maximales Abfluggewicht bis zu 44.000 kg.
Die Canadair (später Bombardier) entwickelte dagegen 1989 aus dem Businessjet Challenger in Canada ihre Regional Jet, die zum ersten Mal am 10.Mai 1991 flog. Die Regional Jet ist ein Zweidüsenflugzeug (Motoren in Heckposition) mit T-Leitwerken, niedrigen Flügeln und 50 Passagiersitzplätzen. Die ersten Exemplare wurden im Oktober 1992 an die Lufthansa CityLine geliefert. 1995 erschien die Version RJ200, die mit den General Electric CF34-3B1 - Motoren (4.185 kg Schubkraft) bestückt war und eine maximale Reisegeschwindigkeit von 860 Km/h erreichte. Mit einem Höchstgewicht von 21.520 kg konnte die Maschine 52 Reisende bzw. 5.410 kg Nutzlast transportieren. 1997 verkündete die Bombardier die Einführung des Modells RJ700, das gekennzeichnet war durch den 4,7 Meter verlängerten Rumpf für die Aufnahme von 70 Passagieren. Ferner war das Flugzeug mit den Motoren CF34-8C1 (5.750 kg Schubkraft) ausgestattet und erreichte ein maximales Abfluggewicht von 32.885 kg. Die Bombardier RJ-Serie war besonders erfolgreich und man

erhielt Aufträge für mehr als 450 Flugzeuge. Nach ihren Erfolgen mit Turbopropflugzeugen führte auch die brasilianische Embraer Ende der 80-er Jahre den Entwurf einer Regional-Jet ein. Das Projekt erfuhr einige Verzögerungen, doch schließlich startete der erste Prototyp EMB-145 am 11. August 1995 zu seinem Jungfernflug. Die Maschine besaß klare, konventionelle Formen. Bereits 1996 wurden die ersten Exemplare an die Continental Express geliefert. Um seine genaue Marktposition zu betonen wurde das Flugzeug im Oktober 1997 umbenannt auf ERJ-145 (Embraer Regional Jet 145). Die erste Version war die ERJ-145ER mit 50 Plätzen und zwei Allison AE3007A Zweikreistriebwerken von je 3.200 kg Schubkraft. Die Reisegeschwindigkeit betrug 830 Km/h und das maximale Abfluggewicht 20.600 kg. Später erschien die Version ERJ-170 mit 70 Plätzen, sowie 1997 die ERJ-135 mit verkürztem Rumpf und Aufnahmefähigkeit von 37 Passagieren. Über 400 ERJ-Serienmodelle wurden bis jetzt verkauft; die Produktion wird noch weitergeführt, da es scheint, dass der Marktbereich des regionalen Flugtransports auch in Zukunft expandieren wird.

274-275 Die BAe 146 zeichnet sich besonders durch ihre Kurzstart-Kurzlandefähigkeiten sowie die Geräuscharmut aus.

275 oben Die Ursprünge des Vierdüsenflugzeugs BAe 146 gehen bis 1973 zurück, als von der Hawker Siddley der Projektstart verkündet wurde. Aufgrund der Weltkrise wurde der Entwurf jedoch auf Eis gelegt und erst später von der British Aerospace wieder in Angriff genommen. Die Maschine flog zum ersten Mal 1981.

275 Mitte Das Projekt BAe 146 wurde 1993 der subventionierten Avro International zugeteilt, die die RJ-Serie produzierte. Auf der Fotografie ist eine RJ85 der Lufthansa bei der Landung zu sehen.

275 unten Anfang der neunziger Jahren entwickelte man im Bereich des Regionaltransports auch Interesse an den Düsenflugzeugen. Die Embraer RJ-145 mit 50 Plätzen erschien 1995.

Die dritte Stufe

Kapitel 22

Golf, Kosovo und Afghanistan: die letzten Kriege

In den letzten Jahren des 20.Jahrhunderts - gerade als es schien, dass sich in der Welt durch den andauernden, unterstützenden Ost-West-Dialog eine dauerhafte Friedens-Periode durchsetzen würde erfolgte erneut eine Explosion von Spannungen und Konflikten. Paradoxerweise wurden die Feindseligkeiten gerade durch das Ende des Kalten Kriegs und die Konfrontation zwischen den beiden Supermächten entzündet.
Auf der einen Seite wurden durch den Einsturz und die politische Teilung der Sowjetunion und des Militärbündnisses vom Warschauer Pakt die Spannungen in Europa und Nordamerika gelöst; doch andererseits scheint es, dass dadurch der nationalistische Ehrgeiz nach Unabhängigkeit in vielen Ländern und ethnischen Völkern auf der ganzen Welt entfesselt wurde.
Anfang der neunziger Jahre erkannten viele politische Führer, dass die Überwachungen und Kontrollen, die in der Vergangenheit von den Vereinigten Staaten und der Sowjetunion über zahlreichen Gebieten durchgeführt wurden nach und nach immer schwächer wurden. Dadurch bot sich die Gelegenheit neue Gebiete und Machtbereiche zu erobern.
Unter den vielen Konflikten, die daraufhin in unterschiedlichen Gebieten der Welt ausgebrochen sind bzw. wieder entzündet wurden waren drei, die besonders wichtig waren und damit das Interesse der Weltöffentlichkeit anzogen: der Golfkrieg von 1991, der Kosovo-Krieg von 1999 und der Krieg in Afghanistan 2001-2002. In allen Fällen war die Mitwirkung der Luftwaffen - die technologisch fortschrittlichsten Streitkräfte des Militärs - am wirksamsten, und letztlich von entscheidender Wichtigkeit.
Am 2.August 1990 um 2:00 morgens überschritten die bewaffneten Streitkräfte Iraks unter der Führung des Präsidenten-Diktators Saddam Hussein die Grenzen des kleinen Kuwaits und eroberten das Land in nur wenigen Stunden. Schon seit einiger Zeit machte Saddam Hussein das kuwaitische Gebiet als 16te Provinz des Iraks geltend. Es waren vor allem die reichen Erdölvorkommen, die den Irak anzogen. Die Strategie des Diktators war einfach: die anderen arabischen Länder hätten es nicht gewagt ihn anzugreifen (der Irak verfügte zu jener Zeit über die viertgrößte Armee der Welt; mit 1.200.000 Männern, 5.500 Panzer und 9.500 gepanzerten Vehikeln) und vor allem würden sie es dem Westen nicht erlauben militärisch in die Gebiete einzugreifen. Seine Rechnungen gingen jedoch nicht ganz auf. Dank einer Resolution der Vereinten Nationen schafften es die Vereinigten Staaten und Saudi-Arabien eine starke Koalition zu bilden um die arabische Halbinsel vor weiteren Angriffen des Iraks zu schützen; später sollte eventuell Kuwait mit Gewalt befreit und die bewaffneten irakischen Streitkräfte neutralisiert werden.
Die arabischen Nationen, die auf den Aufruf antworteten waren Bahrein, Qatar, die Vereinten Arabischen Emirate, Ägypten, Marokko, Oman, Syrien und natürlich Kuwait und Saudi-Arabien.

277 Mitte Eine Lockheed-Martin F-117A Nighthawk war das erste Alliierten-Flugzeug, das in der Operation Desert Storm mit dem Angriff auf Kommandozentren in Bagdad in Aktion trat.

276 AH-64 Angriffs- und OH-58 Aufklärungshubschrauber auf einer US Army Aviation Basis in Kuwait während der Operation Desert Storm 1991.

277 oben Flugoperationen auf dem Flugzeugträger USS Theodore Roosevelt während des Kosovo-Kriegs 1999. Eine F/A-18C und eine F-14A werden startfertig gemacht für Angriffsmissionen, während eine weitere F/A-18C in Parkposition gezogen wird.

Weitere Koalitionsstreitkräfte wurden gebildet von Großbritannien, Frankreich, Kanada, Australien, Neuseeland , Italien, Holland, Belgien, Portugal, Spanien, Griechenland, Polen, der tschechischen Republik, Senegal, Pakistan, Bangladesch und Süd-Korea und natürlich den USA.
In Kürze wurde die Operation „Desert Shield" begonnen, bei der die alliierten Länder eigene Kontingente in den persischen Golf übersandten um - wenn es nötig sein sollte - für den Krieg vorbereitet zu sein. Den größten Beitrag von Kriegsmaterialien leisteten die Vereinigten Staaten: man übersandte über 2.000 Flugzeuge (1.200 von der USAF und 800 von der US Navy und Marines), sechs Flugzeugträger und fünf Hubschrauberträger.

277 unten Eine Formation aus den Jägern F-15C, F-15E und F-16C fliegt über brennende Erdölbohrlöcher. Das Bild symbolisierte die amerikanische Luftmacht während des „Desert Storm".

Das Spitzenprodukt in der amerikanischen Aufstellung war der Jagdbomber Lockheed F-117A Nighthawk - das berühmte und streng geheime „unsichtbare Jagdflugzeug" (stealth), um welches verschiedenste Gerüchte und Legenden herrschten. Die Ursprünge dieses außerordentlichen Flugzeugs gingen bis 1974 zurück, als die Regierung der Vereinigten Staaten eine Spezifikation für einen revolutionären Jäger mit niedrigstem Radarerkennungswert aufstellte. 1976 wählte die Regierung einen Entwurf aus, der von Lockheeds Abteilung „Skunk Works" angeboten wurde. Man leitete das Forschungsprogramm Have Blue ein, das die Konstruktion zweier Prototypen vorsah. Der erste davon flog im Dezember 1977, und die Produktion des definitiven Modells F-117 wurde im darauffolgendem Jahr mit 20 Exemplaren eingeleitet. Das Flugzeug war höchst revolutionär, da seine Gestalt fast ausschließlich das Ergebnis von Forschungen zu elektromagnetischer Wellenbrechung war. Die Form war facettiert wie die eines geschliffenen Diamanten; der Rumpf und die V-Flügel bildeten fast eine pfeilförmige Einheit, und die zwei Schmetterlings-Leitwerke waren vollständig beweglich. Die Flugqualitäten der F-117 ließen dagegen zu wünschen übrig, und die Maschine war weitgehend durch die Anwendung von computerisierten Steuerungen kontrollierbar. Das einsitzige Flugzeug wurde von zwei General Electric F404-GE-F1D2 Zweikreistriebwerken angetrieben, die ohne Nachbrenner eine Schubkraft von 4.900 kg produzierten. Das maximale Abfluggewicht betrug 23.800 kg und die Höchstgeschwindigkeit überragte nicht 1.040 Km/h. Die Kriegslast (maximal 2.270 kg) wurde in zwei inneren Laderäumen befördert und gründete auf zwei lasergeführten 908-kg Paveway Bomben. Die F-117A war praktisch ein Nachtbomber und dank seiner hochentwickelten Navigations- und Angriffsavionik in der Lage, überraschende Attacken durchzuführen ohne von den feindlichen Radargeräten erfasst zu werden. Die ersten Exemplare traten 1982 in den Dienst, doch erst im Jahr 1988 wurde die Existenz der F-117 offiziell bemerkt und 1990 schließlich der Öffentlichkeit enthüllt. Insgesamt wurden 64 Exemplare dieses teuren und hochentwickelten Flugzeugs gebaut; 42 Stück davon setzte man im Golfkrieg ein.

Die Nighthawks waren die ersten Alliierten-Flugzeuge, die mit dem Angriff auf die Kontrollzentren in Bagdad am 17.Januar 1991 in Kriegsaktion traten. Dies war der Beginn der Operation „Desert Storm" und damit auch der Anfang der Luftoffensiven gegen die irakischen Streitkräfte - Folge der vergeblichen Bitten der Vereinten Nationen um den Rückzug Iraks aus Kuwait.

278 oben Eindruckvolles Bild einer Lockheed-Martin F-117A Nighthawks bei der Luftbetankung.

278 unten und 279 oben Auf diesen zwei Fotografien sind die aggressiven Linien der F-117A gut zu erkennen. Die rechteckigen und dreieckigen Formen des Flugzeugs sind vor allem Ergebnis der Forschungen zur Radar-Unsichtbarkeit sowie der in den 70-er Jahren unternommenen Experimente.

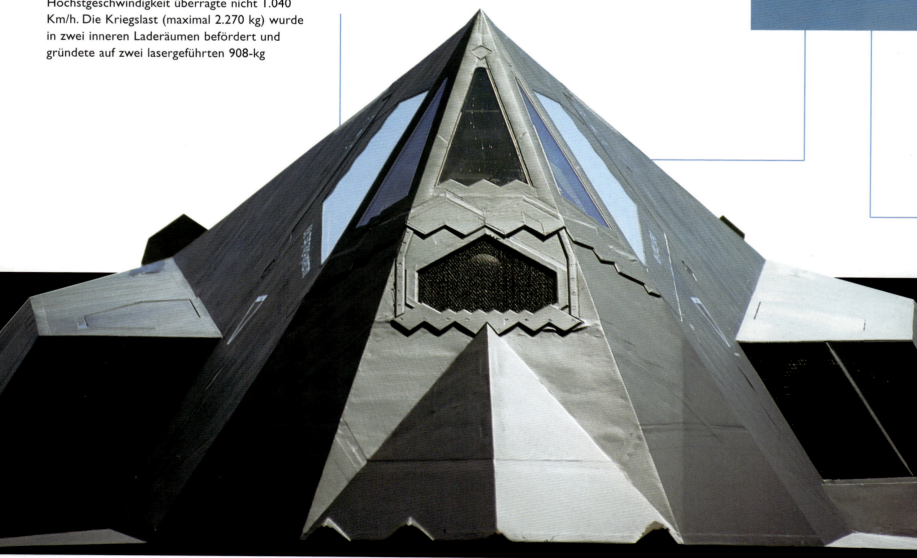

279 unten Zwei Nighthawks über der Wüste von Neu-Mexiko. Sechs Jahre lang - von 1982 bis 1988 - wurde die Einheit der Tonopah-Basis in Nevada, die dieses Flugzeug benutzte absolut geheim gehalten.

Golf, Kosovo und Afghanistan: die letzten Kriege | 279

280 oben Zwei F/A-18C bewaffnet mit den Bomben Mk. 82 Snakeye. Die Hornet flog zum ersten Mal 1978; seitdem wurden über 1.500 Exemplare konstruiert.

eingeführt. Es war eine zweisitzige Multifunktions-Version, die für die Marines entworfen wurde um den Allwetter-Bomber A-6E zu ersetzen. 1992 wurde das Projekt F/A-18E/F Super Hornet eingeleitet, das darauf zielte die Hornet soweit zu entwickeln, dass die Maschine in der Lage war die F-14 (als Verteidigungs-Jäger der Navy) sowie die ersten Modelle der F/A-18 ersetzen zu können. Die Super Hornet ist ein entschieden größeres und vielseitigeres Flugzeug. Seine Flügelspannweite wurde auf 13,6 Meter und die Länge auf 18,3 Meter ausgedehnt; das maximale Abfluggewicht ist auf 29.940 kg angestiegen und um den Flugbereich zu erweitern wurde die interne

Die Durchführung der Luftangriffe erfolgte vor allem mit den Jagdbombern F-117, F-16, F-15E, F-4G, F-111, A-10, IDS Tornado, Buccaneer, Mirage F.1 und Jaguar, sowie den luftüberlegenen Jagdflugzeugen F-15, ADV Tornado und Mirage 2000, die begleitet wurden von den imposanten Unterstützungskräften für die Luftbetankung, Überwachung und den elektronischen Krieg. Die Marinestreitkräfte benutzten dagegen die Jäger F-14, A-6 und A-7. Besonders vertreten waren jedoch die F/A-18 und die AV-8B - zwei neue Flugzeuge, die das Gerüst der Angriffsstreitkräfte von US Navy und Marines bildeten.

Die Ursprünge der McDonnell-Douglas F/A-18 Hornet gehen zurück auf den Entwurf der Northrop YF-17 - dem Flugzeug, das 1971 zusammen mit der YF-16 am LWF (Light-Weight Fighter)-Wettbewerb der USAF teilgenommen hatte. Mit dem Ziel die Ressourcen zu optimieren beschloss die amerikanische Regierung 1974, dass der neue Jäger aus dem VFAX-Programm der US Navy (ein Ersatzmodell für die A-7 und F-4 der Navy und der Marines in Angriffs- und Luftkampfrollen) ebenfalls unter den beiden Konkurrenten des LWF-Wettbewerbs ausgewählt werden sollte. Die McDonnell-Douglas schlug eine Allianz mit der Northrop vor um deren Erfahrungen im Bereich der Decklandeflugzeuge auszunutzen. 1976 wählte die Navy das Projekt, das die beiden Firmen gemeinsam vorstellten. Darin war die Konstruktion zweier beinahe identischer Flugzeuge vorgesehen, dem F-18 Kampfjäger und der Angriffsversion A-18. Später wurde dank der technologischen Fortschritte und den logistischen Erfordernissen der Marine ein einziges Allzweck-Flugzeug definiert - die F/A-18, die am 18.November 1978 ihren ersten Flug durchführte.

Es handelte sich dabei um ein einsitziges Zweidüsenflugzeug mit hohen Flügeln und doppelter Abdrift, das aus den neuen aerodynamischen Forschungen hinsichtlich des Flugs im hohen Ansatzwinkel Vorteile zog. Die Maschine war sehr manövrierfähig - besonders bei niedriger Geschwindigkeit.

Dank den Kapazitäten des Missionscomputers und Radargeräts konnte die F/A-18 Luft-Luft- und Luft-Boden-Waffen transportieren und je nach den Missionserfordernissen und - Phasen in der jeweiligen Rolle operieren. Die Lieferungen der Serienexemplare F/A-18A (und des Zweisitzers B) an die operativen Einheiten begannen im Mai 1980. Ab 1982 fing man auch damit an die Flugzeuge zu exportieren - anfangs nach Kanada und später nach Australien und Spanien. 1987 erschien das Modell F/A-18C/D, dessen neue Avionik die Anwendung neuer Waffen (wie die Raketen AIM-120) möglich machte sowie Nachtjägereinsätze erlaubte; später wurde die Maschine mit verbesserten Motoren und Radarsystemen ausgestattet. Die F/A-18C verfügte über zwei General Electric F404-GE-402 Zweikreistriebwerke, die mit Nachbrenner je 8.030 kg Schubkraft produzierten und eine Höchstgeschwindigkeit von über 1.900 km/h (Mach 1.8) gewährleisteten. Das maximale Abfluggewicht erreichte 25.400 kg. Die Maschine war 17,1 Meter lang und besaß eine Flügelspannweite von 11,4 Metern. Das Waffensystem bestand aus einer 20mm-Kanone Vulcan und bis zu 8.165 kg Außenlast. Es wurden über 1.400 F/A-18-Fluzgeuge hergestellt, und viele Exemplare exportierte man auch nach Kuwait, Finnland, in die Schweiz und Malaysia.

Anfang der neunziger Jahre wurde die F/A-18D Night Attack

Kraftstoffaufnahmekapazität auf 1.630 kg erhöht. Es wurden zwei zusätzliche Pfeiler unter den Flügeln angebracht, an denen man weitere Waffen anbringen konnte. Die Maschine wird von den Motoren F414-GE-400 (9.990 kg Schubkraft) angetrieben. Die erste F/A-18E flog am 29.November 1995, und im Jahr 2000 trat das Flugzeug in die erste Übungs-Abteilung ein. Die US Navy hat vor, bis zum Jahr 2015 über 1.000 Exemplare des Super Hornet zu erwerben.

Im Golfkrieg führte die Hornet einen großen Teil der Missionen durch, - darunter Boden- und Luftabwehr-Angriffe - die der Navy anvertraut wurden.

280 Mitte Eine F/A-18C wirft Luft-Boden-Raketen in den Schießplatz am China Lake in Kalifornien ab. Die Hornet ist ein wahrer Multirollen-Jäger und ist sowohl bei Luft-Luft- und Luft-Boden- Kämpfen wirksam.

280 unten Eine F/A-18F Super Hornet bei einer Trägerlandung. Dieser Multifunktions-Jäger wurde aus der vorhergehenden F/A-18C/D entwickelt, trotzdem handelt es sich praktisch um ein neues Flugzeug, das stärker und leistungsfähiger ist. Die Super Hornet soll die US-Navy-Modelle F-14 und die älteren F/A-18 ersetzen.

281 oben Ein Paar F/A-18Cs fliegt über den Flugzeugträger USS Kitty Hawk auf dem Pazifischen Ozean. Das Hornet-Modell C flog zum ersten Mal 1987 und verfügt in bezug auf das Anfangsmodell A über verschiedene Verbesserungen.

281 unten Eine Formation von McDonnell Douglas (jetzt Boeing) F/A-18D Hornets der Marines während einer Luftbetankung. Dieses Flugzeug ist kein Schulungsmodell sondern ein Multifunktions-Jäger, bei dem das zweite Crew-Mitglied als Waffensystembetreiber fungiert.

Auch die Marines setzten die Hornet im Konflikt ein, und stellten der Maschine außerdem vier Jagdbomber-Geschwader V/STOL McDonnell-Douglas AV-8B Harrier an die Seite. Letzteres Modell entstand 1976 aus einer Zusammenarbeit zwischen der British Aerospace und der McDonnell-Douglas für ein Programm, das die Konstruktion einer verbesserten Version des Jägers Harrier vorsah. Bei den Marines wurde das Modell bereits als AV-8A eingesetzt. Der Prototyp des neuen Flugzeugs YAV-8B startete am 9.November 1978 zu seinem Jungfernflug; tatsächlich handelte es sich um eine vollständig neue Maschine - auch wenn die Außenform des Vorgängers grob beibehalten wurde. Das Flugzeug besaß einen neuen Motor sowie neue, größere Flügel, die eine erhöhte Tragfähigkeit und zusätzliche Waffen-Anbringungspunkte boten; Waffenlast und Flugbereich wurden erhöht. Ferner hatte man neue Avioniksysteme eingebaut, während die Zelle - größtenteils aus Multimaterialien gebildet - mit einem neuen Cockpit ausgestattet war. Die AV-8B (und der Zweisitzer TAV-8B) trat im Januar 1984 in den Dienst der Marines ein; im Juli 1987 wurde das Flugzeug an die RAF geliefert (benannt als Harrier GR.Mk.5). Seine Spannweite beträgt 9,2 Meter und die Länge 14,1 Meter; der Rolls-Royce Pegasus F402-RR-408A Motor liefert eine Schubkraft von 10.800 kg und ermöglicht damit eine Höchstgeschwindigkeit von 1.050 Km/h. Die AV-8B erreicht ein maximales Abfluggewicht von 14.060 kg und kann eine Waffenausrüstung in Höhe von 6.000 kg befördern. Die späteren Versionen AV-8B Night Attack und Harrier GR.Mk.7 können außerdem als Nachtjäger operieren. 1987 wurde das Programm Harrier II Plus eingeleitet um den Jäger in ein Multieinsatz-Flugzeug zu transformieren, das u.a. für den Luftkampf geeignet war. Die Plus-Version verfügt über ein APG-65-Radarsystem und Luft-Luft-Bewaffnung (AIM-9 und AIM-120-Raketen). Ab 1993 wurde die Plus-Version bei den US Marines sowie den italienischen und spanischen Marinen eingesetzt. Insgesamt wurden über 450 Harrier II gebaut. Flugzeuge, die zum Einsatz im elektronischen Krieg bestimmt waren spielten im Golfkrieg eine Schlüsselrolle.

282 oben Ein Jagdbomber AV-8B Harrier II landet auf dem Deck des USS ESSEX während der Operation Enduring Freedom, Afghanistan, Oktober 2001.

282-283 Eine Harrier II, bewaffnet mit lasergeführten 500-Pfund-Bomben GBU-12 startet von dem Hubschrauberträger USS BATAAN im Januar 2002 während der Operation Enduring Freedom.

283 oben F-14O- und F/A-18O-Jäger, ein Radarflugzeug E-2C, ein elektronisches Kriegsflugzeug EA-6B, ein S-3B U-Boot-Abwehrflugzeug sowie ein A-6E Bomber fliegen über den Flugzeugträger USS Carl Vinson. Das Foto wurde 1996 während der Operation Southern Watch im Persischen Golf gemacht.

Obwohl es nicht genau in diese Kategorie passte so war das Radarflugzeug Boeing E-3 AWACS eine der entscheidenden Alliierten-Maschinen, die für diese komplexen Luftoperationen eingesetzt wurden. Die Entwicklung der E-3A begann 1970. Der Entwurf ging auf das Zivilmodell 707-320B zurück und wurde später in Anlehnung auf die im Vietnam gewonnenen Erfahrungen mit den ersten USAF-Radarflugzeugen EC-121 weiterentwickelt. Das neue Flugzeug (später EC-137D ernannt) startete am 9.Februar 1972 zu seinem ersten Flug, während die Lieferungen der Serienmodelle ab 24. März 1977 begannen. Im wesentlichen benutzte man die E-3A Sentry für den Transport des Radarsystems Westinghouse AN/APY-1, dessen riesige Antenne in einer rotierenden Scheibe auf dem Rumpf angebracht war. Innerhalb des Rumpfs befanden sich die Arbeitsstationen der Radarbetreiber. Das System konnte nicht nur als fliegende Radarstation (um andere Flugzeuge auf Entfernungen bis zu 400 Km zu identifizieren), sondern auch als ein wahres Flugzeug-Kommandozentrum benutzt werden. Die Modelle E-3 wurden später in den Standard-Versionen B und C auf den neuesten Stand gebracht - dank der Installation des Radars APY-2, neuem Computer-Verarbeitungssystem zur Erfassung der taktischen Situation, neuen elektronischen Unterstützungssystemen (ESM) sowie ebenfalls neuen Apparaten für sicheren Kommunikations- und Datenaustausch. Insgesamt wurden 68 Exemplare der E-3 hergestellt, die zur Zeit im Dienst der Vereinigten Staaten, Großbritanniens, Frankreichs, Saudi-Arabiens und einer NATO-Einheit sind.
Weitere elektronische Kriegssystem-Flugzeuge waren die EF-111A und die EA-6B für die elektronische Neutralisierung der Fliegerabwehr; die EC-130E/H für taktische Kommandooperationen, elektronische Spionage und psychologische Kampfführung, und schließlich die RC-135U/V/W für das Abfangen von Mitteilungen und elektronischen

284 unten Die Boeing E-6A Mercury gründete auf dem Modell E-3. Die US Navy benutzt das Flugzeug für die Beibehaltung des Funkkontakts mit der nuklearen U-Boot-Flotte. Die Mercury ist seit 1989 im Dienst.

285 oben Eine Grumman EA-6B Prowler auf dem Landedeck des USS Theodore Roosevelt während der Operation Enduring Freedom, Dezember 2001.

Signalen. Ferner leisteten die Aufklärungsflugzeuge RF-4C, Mirage F.1CR und U-2R während des Golfkriegs eine bedeutende Unterstützungsarbeit.
Der Krieg gegen den Irak bewegte sich besonders im Luftbereich in eine Einbahnstraße. Außer einigen wenigen Luftkämpfen (bei denen die Alliierten-Jäger ohne eigene Verluste zu erfahren 41 feindliche Flugzeuge niederschossen) kam die größte Bedrohung gegen die Alliierten-Flugzeuge von den Fliegerabwehr-Raketen und Artilleriesystemen. Diese schafften es jedoch nur in insgesamt 110.000 Kampfmissionen 43 Flugzeuge der Alliierten niederzuschießen. Ein Großteil des Erfolgs

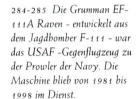

284-285 Die Grumman EF-111A Raven - entwickelt aus dem Jagdbomber F-111 - war das USAF -Gegenflugzeug zu der Prowler der Navy. Die Maschine blieb von 1981 bis 1998 im Dienst.

der Alliierten war den SEAD(Suppression of Enemy Air Defences)- Flugzeugen zu verdanken, welche die feindliche Fliegerabwehr angriffen. Die Flugzeuge F-4G, F-16, EA-6B, A-7, F/A-18 und Tornado, die mit HARM(High-speed Anti-Radiation Missile)- Raketen bewaffnet waren und immer ausgetüfteltere Taktiken anwenden konnten waren in der Lage die irakischen Positionen ausfindig zu machen; oft gelang es den Maschinen mit Waffen bzw. durch deren einfache Präsenz den Feind zum Schweigen zu bringen, indem dieser dazu gezwungen wurde die Radarsysteme auszuschalten. Nach fast 40 Tage andauernden Luftangriffen griffen am 24.Februar schließlich die Bodenstreitkräfte der Koalition ein (540.000 Männer und 3.700 Panzer), und besiegten in nur 100 Stunden die relativ ungeübten und demoralisierten irakischen Truppen. Der Golfkrieg endete am 28.Februar 1991.

285 Mitte Die Boeing E-3 Sentry ist die Radarflugzeugversion (AWACS) des bekannten Linienflugzeugs Boeing 707-320. Das Hauptsystem (dessen Antenne innerhalb der großen, rotierenden Scheibe installiert ist) ist der Westinghouse AN/APY-2 - Radar.

285 unten Die Prowler ist ein Elektrokrieg-Decklandeflugzeug, das für die elektronische Blendung feindlicher Luftabwehr eingesetzt wird. Die Maschine mit vier-Mann-Besatzung flog zum ersten Mal 1968.

Golf, Kosovo und Afghanistan: die letzten Kriege

Ungefähr in demselben Zeitraum begann sich im Balkan ein weiteres Krisen- und später Kriegsgebiet zu entwickeln als Slowenien und Kroatien beschlossen, die jugoslawische Föderation zu verlassen und ihren Status als autonome Nationen bekannt zu machen. Der bis in den Balkan ausgeweitete Krieg zwischen Jugoslawien (Serbien) und Kroatien verursachte eine Reaktion seitens der Vereinten Nationen und der NATO. Die Organisationen beschlossen demnach militärische Luft- und Boden-Aufstellungen zu formen, die den Frieden wiederherstellen bzw. erhalten sollten. Die Luftoperationen begannen im Sommer 1992 mit der Luftbrücke - auf diesem Weg wurden Hilfen für Sarajevo transportiert. Im Frühling 1993 folgte die Operation „Deny Flight", mit der man Kontrollen über dem Krisen-Luftraum aufstellte und weitere Kampfhandlungen verhindern wollte. Mit der Zeit intensivierten sich diese Aktivitäten, bis schließlich im Winter 1998-1999 die serbischen Truppen mit einer Reihe krimineller „ethnischer Säuberungsaktionen" begannen, die gegen die albanische Bevölkerung in der Kosovo-Einsatz (über 1.000 Flugzeuge - eingeschlossen der Decklandemaschinen von fünf Flugzeugträgern) und die Häufigkeit der Missionen, die nun Tag und Nacht durchgeführt wurden. Ungefähr 75% der Flugzeuge wurden von den Vereinigten Staaten geliefert (von Stützpunkten in Italien, Frankreich, Deutschland, Spanien und Großbritannien aus operierend), während der restliche Anteil zusammengesetzt war aus Flugzeugen der elf NATO-Länder. Die jugoslawische Luftwaffe hielt nur in der absoluten Anfangsphase des Konflikts die Stellung und verlor dabei fünf MiG-29-Jäger. Später jedoch stellte die ständig mobile und koordinierte Flugabwehr Serbiens die Hauptbedrohung für die NATO dar - eine größere, als man im Golfkrieg erfahren hatte.

Während des Balkan-Konflikts wurden zum ersten Mal drei grundverschiedene Kampfflugzeugtypen eingesetzt. Einer davon war der Jagdbomber AMX, der Anfang der achtziger Jahre von einem Konsortium aus Aeritalia, Aermacchi und der brasilianischen Embraer entworfen wurde. Die Maschine

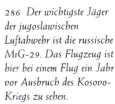

286 Der wichtigste Jäger der jugoslawischen Luftabwehr ist die russische MiG-29. Das Flugzeug ist hier bei einem Flug ein Jahr vor Ausbruch des Kosovo-Kriegs zu sehen.

286-287 Die AMX ergab sich aus einem italienisch-brasilianischem Bauprojekt von 1980 für einen leichten, taktischen Jagdbomber; es wurden 192 Exemplare produziert. Die italienische Luftwaffe setzte die AMX 1999 erfolgreich im Kosovo-Krieg ein.

Provinz gerichtet waren. Diese Handlungen führten zu einer erneuten Initiative seitens der UN und NATO, die angesichts der erfolglos verlaufenen Verhandlungen in der Nacht vom 24.März 1999 militärisch in das Geschehen eingriffen. Mit der Operation „Allied Force" wurden Luftangriffe auf das serbische Militär und strategische Ziele des Landes eröffnet. Die Luftoffensiven gegen Jugoslawien (der erste Krieg der NATO seit ihren 50-jährigem Bestehen) wurden anfangs mit einer beschränkten Anzahl von Flugzeuge durchgeführt (ca. 500 Kampf- und Unterstützungsmaschinen). Angesichts der Stärke und Zähigkeit der Opposition intensivierten die Alliierten jedoch ihren sollte die G.91 und F-104G der italienischen Luftwaffe ersetzen. Der erste Prototyp flog am 15.Mai 1984, und 1989 traten die ersten Serienexemplare in den Dienst ein. Bei der neuen Maschine handelte es sich um einen einsitzigen, einmotorigen Hochdecker mit mäßiger Pfeilung und traditioneller Außenform. Die Maschine wurde von einem Rolls-Royce (FIAT Avio) Spey RB-168-807 Motor angetrieben, der eine unspektakuläre Schubkraft von 5.000 kg lieferte (ohne Nachbrenner); es war ein altes Triebwerk, das - was die Zuverlässigkeit betrifft - beachtliche Probleme verursachte. Die AMX hat eine Spannweite von 8,8 Metern, eine Länge von 13,2 Metern und ein maximales Abfluggewicht von 13.000 kg. Die Höchstgeschwindigkeit beträgt Mach 0.86, und die Bewaffnung besteht (außer der 20mm-Kanone Vulcan) aus bis zu 3.800 kg Außenlast. 1990 erschien die zweisitzige Version AMX-T; im weiteren Verlauf der Jahre wurde das Flugzeug schließlich zu einem guten Jagdbomber und taktischem Tages-Aufklärungsflugzeug entwickelt; es besaß ferner eine fortschrittliche Avionik und Präzisionsbewaffnung, wie z.B. laser- und infrarotgeführte Bomben. Während der Kosovo-Einätze wurden die italienischen AMX-Modelle relativ kontinuierlich für Unterstützungsmissionen eingesetzt und bewiesen dabei hervorragende Leistungen.

287 unten links Operationen der NATO-Friedenstruppen im Kosovo, September 1999. Französische Fallschirmspringer werden von Puma Hubschraubern nach Kosovka Mitrovica gebracht.

287 unten rechts Ein Puma Hubschrauber transportiert ein französisches Fallschirmspringer-Kommando während der Kriegsoperationen im Kosovo über Mazedonien (April 1999).

Golf, Kosovo und Afghanistan: die letzten Kriege

Das zweite Flugzeug, das im Balkan seinen ersten operativen Einsatz durchführte war der amerikanische, strategische Bomber Rockwell B-1B Lancer. Die Maschine wurde aus verschiedenen Gründen nicht im Golfkrieg verwendet. Es war ein großes Vierdüsen-Flugzeug mit Verstellflügeln und interkontinentalem Flugbereich. Die Ursprünge gingen aus einem Projekt von 1970 zurück, bei dem ein Ersatz für die Boeing B-52 gesucht wurde. Der erste Prototyp des Überschallflugzeugs B-1A flog am 23.Dezember 1974, doch das Programm wurde 1977 von Präsident Carter gestrichen. Vier Jahre später genehmigte Präsident Reagan die Wiederaufnahme des Projekts als B-1B: einer leicht vereinfachten

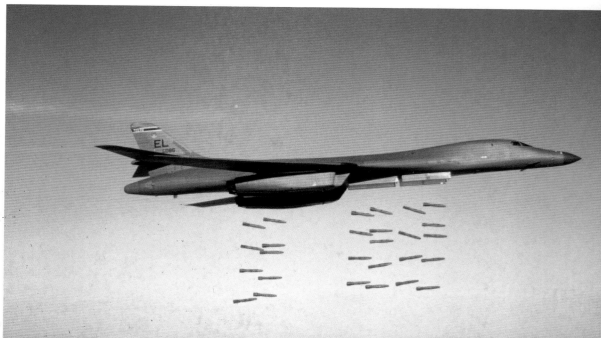

Unterschallversion des Originalentwurfs, die jedoch über verbesserte avionische und strukturelle Technologien verfügte. Statt der 244 B-1A sollten nun 100 Exemplare des Modells B-1B gebaut werden. Die Maschine besitzt eine Flügelspannweite zwischen 23,8 Metern (maximale Pfeilung) und 41,6 Metern (kleinste Pfeilung); die Länge beträgt 44,3 Meter. Mit den vier General Electric F101-GE-102 Motoren von je 13.970 kg Schubkraft (mit Nachbrenner) erreicht die B-1B eine Höchstgeschwindigkeit von 1.200 Km/h. Das maximale Abfluggewicht beträgt 216,3 Tonnen, von denen gut 56 Tonnen aus Waffenlast gebildet werden. Das Flugzeug besitzt eine Besatzung von vier Personen und kann sowohl nukleare als auch konventionelle Sprengkörper abwerfen. Die Lieferungen der B-1B begannen 1985.

288 oben Eine B-1B Lancer während eines Hochgeschwindigkeitsflugs, bei dem sich eine aerodynamische Verdichtung bildet - sichtbar durch die feuchte Luft. Die B-1B erreicht eine Höchstgeschwindigkeit von 1.200 Km/h.

288 unten Die B-1B kann bis zu 56 Tonnen Bomben in seinen ventralen Laderäumen befördern. Die Lancer ist seit 1985 im Dienst; ca. 100 Exemplare wurden gebaut.

289 oben Eine Rockwell B-1B Lancer Bomber während einer Luftbetankung. Dieses Flugzeug flog zum ersten Mal 1974 als B-1A, doch das Projekt wurde beiseitegelegt und unter Präsident Reagan 1981 wieder aufgenommen.

289 unten Eine Lancer bei einem Flugmanöver - zwei der vier Nachbrenner sind angezündet. Jedes der vier General Electric F101-Triebwerke liefert der B-1B eine Schubkraft von fast 14 Tonnen.

Golfo, Kosovo e Afghanistan: le Ultime Guerre

Die Northrop-Grumman B-2A Spirit war das dritte Flugzeug, welches im Kosovo aus der Taufe gehoben wurde. Es handelte sich um den ersten „unsichtbaren" strategischen Bomber der Luftfahrt-Geschichte. Die Ursprünge des Projekts gehen bis in die zweite Hälfte der 70-er Jahre zurück und folgten auf die Projekte Have Blue und F-117. Das Entwicklungsprogramm für die B-2 wurde 1981 unterzeichnet. Das Flugzeug nahm Jack Northrops originale Ideen der vierziger Jahre wieder auf: ein Bomber, der aus einer einzigen Flügelform zu bestehen scheint. In den achtziger Jahren konnte die Formel dank der technologischen Entwicklungen verbessert werden. Es handelt sich um eine Maschine mit höchst futuristischen Linien; die B-2A besitzt keine aerodynamischen Schwanzstücke, und die einzigen, abgerundeten Vorsprünge werden durch das Cockpit und die vier Motoren auf der Oberseite der Zelle gebildet. Die erste B-2 startete am 17.Juli 1989 zu ihrem Jungfernflug, und das erste Serienexemplar wurde 1993 an die USAF geliefert. Die Flügelspannweite beträgt 52,4 Meter, die Länge 21 Meter und das maximale Abfluggewicht misst über 152 Tonnen. Das Flugzeug wird von vier General Electric F118-GE-100 -Motoren mit je 8.620 kg Schubkraft zu einer Höchstgeschwindigkeit von 850 Km/h angetrieben. Es kann eine Waffenlast in Höhe von 18.150 kg geladen werden; die Besatzung wird aus zwei Mann gebildet.

Durch die Vereinigung hochentwickelter Materialien und Stromlinienform ist die B-2A für die feindlichen Radargeräte praktisch unsichtbar und kann sowohl mit konventioneller als auch nuklearer Bewaffnung strategisch wichtige Ziele auf der ganzen Welt angreifen. Der Einsatz im Kosovo-Krieg bestätigte das Potenzial des Flugzeugs: mit Hilfe der Luftbetankung führten die B-2A eine Reihe von Missionen über serbischen Objektiven durch; es waren Flugzeuge, die von der Heimatbasis in Whiteman (Missouri) aus starteten und landeten.

290 oben Eine B-2A beim Starten. Die Flugleistungen der Spirit sind keinesfalls herausragend; die Stärken des Flugzeugs liegen in dem großen Flugbereich sowie seiner „Unsichtbarkeit" für Radarsysteme.

290-291 oben Eine Nahaufnahme des zwei-Mann-Cockpits einer B-2A. Gut sichtbar sind hier die Lufteinlässe der vier Düsenmotoren, die innerhalb der Flügel untergebracht sind.

290-291 unten Die unkonventionellen, „Science-fiction" - Formen dieses stealth-Bombers Northrop-Grumman B-2A Spirit kommen in dieser Fotografie besonders gut zum Ausdruck.

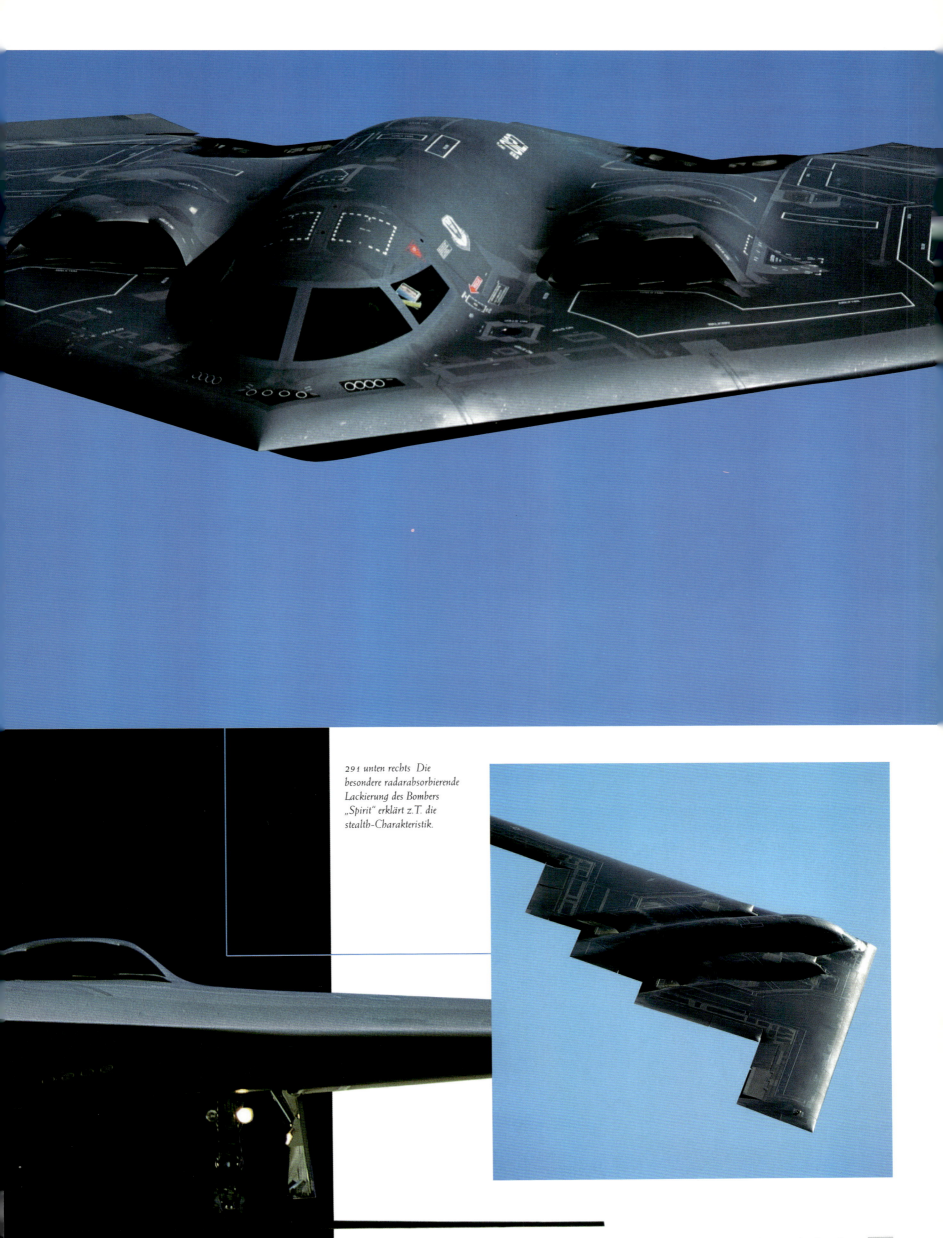

291 unten rechts Die besondere radarabsorbierende Lackierung des Bombers „Spirit" erklärt z.T. die stealth-Charakteristik.

Golfo, Kosovo e Afghanistan: le Ultime Guerre

292 oben, 292-293 und 293 unten Die Reinheit der Linien der B-2 tritt in diesen Fotografien besonders gut zum Vorschein. Dies ist sicher ein Flugzeug, das schwerlich mit einem anderen verwechselt werden kann.

292 Mitte Bei dieser B-2A sind die für ein stealth-Flugzeug charakteristischen Motorenabgasöffnungen gut zu erkennen.

Die Operation Allied Force wurde offiziell mit der Feuereinstellung vom 20.Juni 1999 beendet. Trotz enormer militärischer und finanzieller Ausgaben hatten die Alliierten ein zufriedenstellendes Endergebnis erzielt: die von den politischen Führern der NATO-Länder bestimmten Objektive wurden getroffen, und die serbischen Truppen hatten sich aus dem Kosovo zurückgezogen. Die Alliierten hatten nur zwei Kampfflugzeuge verloren und mussten keine Bodentruppen einsetzen. Angesichts der besonderen politischen und ethnischen Anordnungen im Balkangebiet hätte der Einsatz von Bodentruppen nur zu einer Ausweitung des Konflikts beigetragen und neue, internationale Spannungen ausgelöst; ferner würde dadurch der Krieg auf unbestimmte Zeit verlängert werden. Das Ergebnis wären neue Leiden bei der Zivilbevölkerungen und hohe Verluste auf beiden Seiten der Kampfparteien.

292 unten Die ventrale Oberfläche der B-2 ist vollkommen glatt und leicht gewölbt. Mit dieser Fotografie scheint es verständlich, dass jemand den Spirit für eine außerirdische, fliegende Untertasse gehalten hat!

Golfo, Kosovo e Afghanistan: le Ultime Guerre

295 Mitte Soldaten der 26th Marine Expeditionary Unit bereiten sich zum Einstieg auf das C-17A Transportflugzeug der USAF vor - das Ziel ist geheim. Auch diese Mission dient der Unterstützung der Enduring-Freedom-Operation in Afghanistan.

295 unten US Navy Schiffe im arabischen Meer werden dank eines SH-60E Seahawk - Hubschraubers aufgetankt. Operation Enduring Freedom, Dezember 2001.

294 Eine CH-53E Super Stallion Hubschrauber der Marines beim Abflug von dem USS Bataan während der Operation Enduring Freedom. Der Flug ist nach Afghanistan gerichtet.

295 oben Englische Soldaten beim Einstieg in einen britischen Chinook Hubschrauber während einer gemeinsamen Übung von Großbritannien und Oman im Oktober 2001.

Zu Beginn des dritten Millenniums unser Zivilisation war ein neuer, bedrohlicher Konflikt ausgebrochen: der Kampf gegen den Terrorismus.
Die Attentate vom 11.September 2001, die - unter der Führung des saudiarabischen Scheichs Osama bin Laden - von der Terroristenorganisation Al Qaeda gegen die Vereinigten Staaten ausgeführt wurden bewirkten eine Aufspaltung zwischen der westlichen und muslimischen Welt. Internationale Militäraktionen wurden gegen die Verantwortlichen eingeleitet - mit dem Ziel, deren Organisationen zu zerstören.
Knapp einen Monat nach den Attentaten auf das World Trade Center in New York und das Pentagon in Washington, bei denen Tausende Menschen ums Leben kamen bewilligte der amerikanische Präsident George W. Bush die Operation „Enduring Freedom". Diese war anfangs nur gegen Afghanistan - und somit die Terroristen-Hochburg bin Ladens gerichtet. Die Operationen, die zu diesem Zeitpunkt noch fortgeführt werden beinhalten den Einsatz zahlreicher Decklandeflugzeuge der US Navy, taktischer und strategischer Flugzeuge der USAF sowie spezieller Hubschrauber-Einheiten von US Army und USAF. Auch die Streitkräfte anderer alliierter Länder trugen zu den Kriegserfordernissen mit bei.
Das 21.Jahrhundert hatte leider in derselben Weise begonnen wie das 20. Jahrhundert endete.

Golfo, Kosovo e Afghanistan: le Ultime Guerre

Kapitel 23

Airbus und Boeing

In den sechziger Jahren lag der Weltmarkt der großen Linienflugzeuge praktisch in den Händen der amerikanischen Firmen Boeing, Douglas und Lockheed, die sich den Großteil der Bestellungen teilten. Doch gerade zu jener Zeit begann ein neuer Wind durch Europa zu wehen. Dank des Eingreifens der einzelnen Regierungen wurden die Grundlagen für die Wiedergeburt der europäischen Luftfahrtindustrien geschaffen. Es entstand eine Reihe internationaler Projekte, wie z.B. der englisch-französische Concorde-Jet und die Drei-Nationen-Jaguar. Doch die Initiative, die am meisten die globale Industrieszene beeinflusst hat war das Airbus-Projekt: Ergebnis einer 1965 eingeleiteten Kollaboration der Regierungen und Industrien von Frankreich, Deutschland und Großbritannien. Man hatte die Notwendigkeit eines „wide-body" Mittelstrecken-Zweidüsenflugzeugs mit 300 Plätzen erkannt. Am 26.September 1967 wurde eine Übereinstimmung unterschrieben, die das Startzeichen für die Entwicklung des Flugzeugs - genannt A300 Airbus - gab. Laut der Vertragsbedingungen sollten Frankreich und Großbritannien jeweils 37, 5% der Kosten für die Entwicklung und Konstruktion der Zelle beisteuern, während Deutschland den restlichen Anteil von 25% leisten würde. Betreffs der Motoren sollte Großbritannien 75% der Entwicklungskosten des Zweikreistriebwerks Rolls-Royce RB207 übernehmen, so dass Frankreich und Deutschland sich die übrigen 25% teilen würden. Der erste Vertragspartner für die Zelle war die Sud Aviation (später Aerospatiale). Am 18.Dezember 1970 wurde offiziell die Airbus-Industrie gegründet um die Leitung der Entwicklung, Produktion und Vermarktung des A300 zu übernehmen. Bald darauf trat auch die spanische CASA in das Konsortium mit ein. Die Rolls-Royce teilte währenddessen mit, dass es nicht möglich sein würde den Motor RB207 rechtzeitig zu entwickeln. Man ersetzte das Triebwerk daraufhin mit dem General Electric CF6-50 von 22.200 kg Schubkraft. Eine weitere bedeutende Veränderung war die Reduzierung der Sitzplätze von 300 auf 250 - wie es von den potentiellen Hauptkunden gewünscht wurde.

Die Konstruktion des ersten Prototyps A300B1 begann im September 1969, und die Maschine führte am 28.Oktober 1972 in Toulouse ihren Jungfernflug durch. Die ersten Bestellungen trafen 1971 von der Air France ein (sechs Flugzeuge und die Option für weitere zehn Exemplare). Zwei Jahre später bestellte die Lufthansa drei Flugzeuge und stellte Optionen für vier weitere Modelle auf. Ab dem dritten Exemplar begann man die stärkeren Motoren CF6-50C (23.100 kg Schubkraft) einzubauen und den Rumpf um 2,6 Meter zu verlängern. Dieses modifizierte Modell wurde A300B2 benannt; es konnte mehr Nutzlast laden und besaß einen größeren Flugbereich. Im März 1974 beglaubigten die europäischen und amerikanischen Behörden das Flugzeug, und in demselben Jahr flog zum ersten Mal das fünfte Exemplar. Die Air France erlangte am 11.Mai das erste gelieferte A300-Modell; am 23.Mai wurde der Dienst auf der Strecke Paris-London eingeweiht.

Doch die A300 hatte sich bis dahin noch nicht auf dem Markt durchgesetzt, und die Verkäufe verliefen nicht in der gewünschten Weise: 1976 wurde kein einziges A300-Modell verkauft. Ein großer Aufschwung für das Konsortium ereignete sich dagegen im Mai 1977, als die amerikanische Fluggesellschaft Eastern Air Lines sich dazu bereit erklärte vier Exemplare der A300B4 im Leasing zu erwerben: es war der

296 oben Die A340 mit vier Strahltriebwerken flog zum ersten Mal 1991 und ist das größte Flugzeug der Airbus-Familie. Hier ist ein Exemplar der Fluggesellschaft Virgin Atlantic zu sehen.

296 unten Die Nase eines Airbus A300-600 der American Airlines. Dieses Modell kann 360 Passagiere aufnehmen und wurde für Mittel- und Langstreckenflüge entworfen.

erste Vertrag mit den Vereinigten Staaten; mit diesem Bruch der Monopolführung der amerikanischen Firmen in deren Heimat hatte die Airbus einen ersten grundlegenden Schritt vollbracht. Bis 1978 war die Produktion jedoch nur an 50 Exemplare herangekommen, und die Gewinnschwelle lag noch in weiter Ferne. Die Fluggesellschaften und Piloten hielten die A300 jedoch für ein hervorragendes Flugzeug. Zum Teil war es auch der Werbung durch die Eastern Airlines zu verdanken, dass die Airbus ab 1979 einen Aufschwung erfuhr. In der Zwischenzeit plante man bereits den Originalentwurf weiterzuentwickeln, was letztendlich zur Entstehung neuer Projekte führte. 1983 flog zum ersten Mal die A300-600: dieses Modell sollte zur Haupt-Produktionsversion werden. Die Maschine hatte eine Flügelspannweite von 44,8 Meter, ein Länge von 54,1 Meter und ein maximales Abfluggewicht in Höhe von 165 Tonnen. Bei der Motorenausstattung konnte gewählt werden zwischen zwei Pratt & Whitney PW4156 (25.400 kg Schubkraft), zwei PW4158 (26.300 kg), oder alternativ den General Electric CF6-80C2A1/A3/A5 mit ähnlichen Leistungsabgaben. Das Flugzeug besaß eine Höchstgeschwindigkeit von Mach 0.82 und konnte in der Standardausführung 266 Passagiere aufnehmen; bei dichtem Innenausbau standen bis zu 361 Plätze zur Verfügung.

1978 begann man bereits das Modell A310 zu entwerfen; die Maschine besaß einen kürzeren Rumpf mit Aufnahmekapazität von 210-234 Passagieren (255 in dichtem Innenausbau), neue Flügel und kleinere Schwanzflächen. Der Prototyp flog zum ersten Mal am 3.April 1982, und die erste Lieferung (an die Lufthansa) wurde im März 1984 durchgeführt. Anfang der achtziger Jahre wurde das Modell A320 konzipiert; es handelte sich um ein Mittel-und Kurzstreckenflugzeug, das bis zu 179 Passagiere aufnehmen konnte. Zu den innovativen Merkmalen gehörte das Fly-by-Wire-Steuerwerk; ferner bot die Maschine viel niedrigere Betreibungskosten. Der erste Vertrag wurde bereits 1981 von der Air France unterzeichnet, die 25 Exemplare der A320 bestellte. Am 22.Februar 1987 startete der erste Prototyp zu seinem Jungfernflug. Auf dieses Grundmodell folgten zwei weitere Versionen: die verlängerte A321 und die kürzere A319. Die A321 flog zum ersten Mal am 11.März 1993 und wurde im darauffolgenden Jahr an die Lufthansa geliefert. Die A319 startete dagegen am 29.August 1995 zu ihrem ersten Flug; die erste Lieferung ging 1996 an die Swissair.

Ende der achtziger Jahre arbeitete die Airbus an der Vervollständigung ihrer Flugzeugreihe und plante die Konstruktion eines großen Flugzeugs für Mittel-und Langstreckenflüge. 1987 wurde das A330/340 - Projekt entworfen. Es handelte sich um einen Großraum-Jet, der sowohl in der Ausstattung mit vier Motoren (A340) oder zwei Motoren (A330) verfügbar war. Der erste Prototyp - A340-300 - flog am 25.Oktober 1991, gefolgt von der Version A340-200 mit kürzerem Rumpf. Das Basismodell besaß eine Spannweite von 60,3 Metern, eine Länge von 63,6 Metern und erreichte ein maximales Abfluggewicht von 257 Tonnen. Die vier Motoren vom Typ International CFM-56-5C (je 14.100 kg Schubkraft) gewährleisteten eine maximale Reisegeschwindigkeit von Mach 0.83 sowie einen operativen Flugbereich von ca. 11.000 Km. Der Standardausbau bot 250 bis 350 Sitzplätze; bei dichtester Anordnung konnten bis zu 440 Plätze eingebaut werden. Die A330, der am 2.November 1991 zum ersten Mal flog besaß dieselben Dimensionen, wurde jedoch angetrieben von zwei General Electric-, Pratt & Whitney- oder Rolls-Royce-Motoren (nach Wahl des Kunden) mit Schubleistungen zwischen 29.000-30.500 kg. Sie besaß ein maximales Abfluggewicht von 212 Tonnen und ein ähnlich großes Passagier-Fassungsvermögen wie sein viermotoriges Schwesterflugzeug. Die erste A340 wurde im Januar 1993 an die Lufthansa geliefert.

297 oben Das Modell A320 - entwickelt von dem Airbus-Konsortium - flog zum ersten Mal 1987 und wird für Kurz- und Mittelstreckenflüge benutzt; bis zu 180 Passagiere können befördert werden. Dieses Exemplar gehört der amerikanischen Air Jamaica.

296-297 unten Landung eines Airbus A300 der italienischen Fluggesellschaft Alitalia. Die A300 war das erste Produkt der Airbus; sie flog zum ersten Mal 1972.

298 links Die Boeing 757 sollte ebenso erfolgreich wie der 727 werden. Es ist ein Kurz- und Mittelstreckenflugzeug, das bis zu 239 Passagiere aufnehmen kann.

298-299 Einer der beiden Motoren einer Boeing 767. Je nach Wahl des Kunden kann dieses Flugzeug mit Rolls-Royce, Pratt & Whitney oder General Electric Motoren ausgestattet werden, die 23-24 Tonnen Schubkraft produzieren.

299 oben rechts Eine Boeing 777 der British Airways. Die Boeing entwickelte dieses Modell um der Konkurrenz des Airbus 330 und 340 entgegentreten zu können. Die 777 startete 1994 zu seinem Jungfernflug und kann 440 Passagiere transportieren.

299 unten Die Boeing 767 wurde gleichzeitig mit der 757 angekündigt. Die beiden Modelle besitzen ähnliche Außenformen. Die 767 jedoch weitaus leistungsfähiger und kann die 350 Passagiere auch auf Interkontinental-Strecken befördern. Auf dem Bild sieht man den Rumpf einer Boeing 767 während Konstruktionsarbeiten in der Airbus-Fabrik in Seattle.

Angesichts der wachsenden technologischen und wirtschaftlichen Bedeutung der Airbus konnte die amerikanische Flugzeugindustrie natürlich nicht tatenlos zusehen. Der einzige aktiv gebliebene Großbetrieb im Bereich der Zivillinienflugzeuge war die Boeing. Diese begann Ende der siebziger Jahre zwei neue Maschinen zu entwickeln, die in den 80-ern Gestalt annahmen. Die Flugzeuge markierten den Beginn einer neuen Ära für die Boeing und waren dazu bestimmt, den Vorsprung der Firma gegenüber der europäischen Konkurrenz beizubehalten.

Das erste der zwei neuen Boeing-Flugzeugen war die 767, die zum ersten Mal am 26.September 1981 flog.
Die Maschine schien ähnliche Formen wie die Airbus A300 zu besitzen: wide-body-Rumpf, zwei unter den Flügeln angebrachte Motoren und traditionelle Leitwerke. Die Spannweite betrug 47,6 Meter, die Länge 48,5 Meter und das maximale Abfluggewicht 156.500 kg. Den Antrieb leisteten zwei Zweikreistriebwerke, die von dem Kunden aus einer Liste von zwanzig Motoren ausgewählt werden konnten: darunter waren Produkte von General Electric, Pratt & Whitney und Rolls-Royce; die Schubkräfte lagen zwischen 23.600 und 28.100 kg. Die 767-200 konnte eine Reisegeschwindigkeit von Mach 0.8 beibehalten und verfügte im Standardausbau über 180 bis 224 Passagierplätze (285 bei dichtester Anordnung). Das erste Serienmodell 767-200 wurde 1982 an die United Airlines geliefert.

Vier Jahre später erschien das Modell 767-300 mit einem bis auf 55 Meter verlängertem Rumpf und Standardausstattung mit 218 Plätzen. Die Langstreckenversion des Flugzeugs ist die 767-300ER; dieser besitzt ein maximales Abfluggewicht von 185 Tonnen und einen Flugbereich von über 11.300 Km. Das letzte Modell der Reihe bildet die 767-400ER - ein Flugzeug mit einer Aufnahmekapazität von über 290 Passagieren. Das erste 400ER-Exemplar wurde am 29.August 2000 an die Delta Airlines geliefert.
Kurze Zeit später folgte auf die 767 bereits die Boeing 757 (erster Flug am 19.Februar 1982), der als Nachfolger der B.727 operieren sollte. Das Flugzeug für Mittelstreckenflüge entworfen worden und damit in direkte Konkurrenz zur Airbus A300. Trotz desselben Rumpfabschnitts der 727 war die B.757 ein vollständig neues Flugzeug, das einer verkleinerten Ausführung der 767 ähnelte. Die erste 757 trat im Januar 1983 in den Dienst der Eastern Air Lines ein. Die

Maschine war 47,3 Meter lang und besaß eine Flügelspannweite von 38 Metern. Die zwei Motoren Rolls-Royce RB211 (18.200 kg Schubkraft) bzw. Pratt & Whitney PW2037 (17.300 kg) ermöglichten eine Reisegeschwindigkeit von Mach 0.86 sowie ein maximales Abfluggewicht von 115.600 kg. 150 bis 178 Reisende konnten in der Standardausführung aufgenommen werden, während in dichtestem Innenausbau 239 Passagiere Platz fanden.
Natürlich wurde auch das bereits vorhandene 747 „Jumbo Jet"-Projekt vollständig verwertet: 1988 führte man die 747-400 ein, die im Bereich der Aerodynamik, den Motoren und der Avionik modernisiert worden war. Die typische Darstellung sah Platz für 420 Passagiere vor, während beim dichtesten Innenausbau für die Kurzstrecken-Inlandsflüge 568 Plätze zur Verfügung standen.
Um die Anforderungen der Kunden zu erfüllen führte Boeing die Version 777 ein, die am 12.Juni 1994 den ersten Flug durchführte.

Die Maschine ähnelte der 767, war jedoch ein vollständig neues, geräumigeres Modell, das über die fortschrittlichsten Technologien verfügte. Im Mai 1995 erwarb die United Airlines das erste 777-Exemplar. Bei der Boeing 777 handelt sich um ein wirklich imposantes Flugzeug, das trotz der zweimotorigen Ausstattung kleiner erscheint als es in Wirklichkeit ist: die Spannweite beträgt 60,9 Meter, die Länge 63,7 Meter und das maximale Abfluggewicht erreicht 242.600 kg. Die Motoren (die von dem Klienten unter den üblichen drei führenden Firmen General Electric, Pratt & Whitney und Rolls-Royce gewählt werden) haben veränderliche Stärken zwischen 33.500 kg und 39.200 kg Schubkraft.

Die Anzahl der verfügbaren Passagierplätze reicht von 320 (Standarddarstellung) bis maximal 440. Auf das Grundmodell folgte schon 1995 die verlängerte Version 777-300. Diese Flugzeugvariante ist 73,8 Meter lang (tatsächlich handelt es sich um das längste Flugzeug der Welt) und kann mit dem erhöhten Gesamtgewicht 350 bis 550 Passagiere befördern - je nach der Anordnung der Sitze und dem Flugbereich, die von den Gesellschaften gewählt werden.

In den neunziger Jahren beschloss die McDonnell-Douglas den positiven Trend, der den Markt der Luftbeförderung dominierte auszunutzen, indem sie die MD-80-Serie modernisierte. Am 22.Februar 1993 flog das erste Exemplar der Serie MD-90. Das Flugzeug verfügte über elektronisch gesteuerte Motoren, verbesserte Avionik und Struktur, sowie einen verlängerten Rumpf für weitere zehn Passagierplätze. 1996 erschien die MD-95, ein Flugzeug der 100-Plätze-Klasse, das nach der Erwerbung der McDonnell-Douglas seitens der Boeing 1997 umbenannt wurde auf Boeing 717.

Auch die Airbus hatte damit begonnen ihre Flugzeug-Bandbreite im wirtschaftlich niedrigerem Marktbereich zu vergrößern und führte am 26.April 1999 die A318 ein. Es handelt sich um eine leicht kleinere Version der A319, die mit zwei Pratt & Whitney PW6000 Motoren ausgestattet ist und ca.100 Passagiere aufnehmen kann. Bereits vor dem ersten Flug der neuen Maschine Ende 2001 hatte man Bestellungen für über 120 Exemplare erhalten.

Um mit den verschiedenartigen Airbus-Flugzeugen im Mittel-und Kurzstreckenbereich (den drei bereits vorhandenen Modelle wurde noch die A318 hinzugefügt) konkurrieren zu können entschloss sich die Boeing ihren Bestseller auf diesem Marktgebiet - die bereits ältere B.737 neu zu beleben. Nachdem die Firma gut an den Projekten 767, 757 und 777 gearbeitet hatte begann sie sich in den neunziger Jahren der Entwicklung der 737 Next-Generation zu widmen. Das neue Projekt sollte zum besten 737-Entwurf werden und mit modernsten Technologien ausgestattet werden (Motoren, Aerodynamik, Avionik): das Flugzeug sollte in dem wichtigen 100-bis-200-Plätze-Marktbereich gegenüber den Modellen A319/320/321 noch wettbewerbsfähig bleiben.

Die erste Neuversion war die B.737-700, die am 9.Februar 1997 flog. Das Flugzeug lag in der 128-149 -Plätze-Klasse und besaß ein maximales Abfluggewicht von 70 Tonnen. Die zwei Motoren leisteten 9.000-10.000 kg Schubkraft. Auf dieses Flugzeug folgte die B.737-800, die am 31.Juli 1997 zu ihrem ersten Flug abhob. Es war eine 160 bis189-Plätze-Maschine mit einem Höchstgewicht von über 80 Tonnen. Die B.737-600 (erster Flug am 22. Januar 1998) verfügte über 108-132 Passagierplätze und wog ca. 65 Tonnen. Schließlich erschien noch die B.737-900 (die größte der 737-Familie; erster Flug am 2.August 2000) mit 177-189 Sitzplätzen und ähnlichen Merkmalen wie das Modell 800. Diese Boeing-Flugzeuge teilten sich gemeinsam mit den Airbus-Modellen einen bedeutenden Anteil des Handelsmarkts: im Januar 2000 besaß die Airbus (mit vier Modellen unter den A318-A321-Serien) einen Auftragsbestand von 2.565 Exemplaren; die Boeing verfügte über 1.360 Flugzeugbestellungen der 737 NG (Next-Generation)-Serien. Im Juni 2000 erhielt die Boeing eine größere Bestellung für 290 737-700-Exemplare von der Southwest Airlines; die amerikanische Fluggesellschaft war bereits 1998 der erste Kunde des Modells gewesen und operierte nun mit insgesamt 323 verschiedenen Versionen der B.737.

Mit dem expandierendem Weltmarkt stürzten sich die beiden Industriekolosse vor kurzem in den letzten Marktbereich neuer Flugzeuge: den Langstrecken-„Giganten". Die Annäherungsweisen an dieses Projekt sind dabei völlig verschieden gewesen. Nach sorgfältigen Schätzungen und Forschungen zielte die Airbus auf die Konstruktion des größten, jemals gebauten Flugzeugs, während

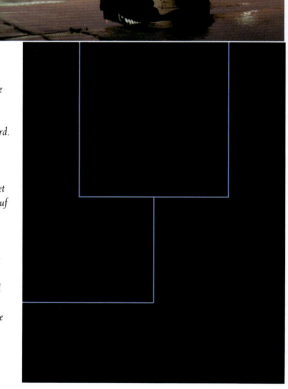

300-301 Die Boeing Sonic Cruiser ist das fortschrittlichste und innovativste Projekt, das zur Zeit in der Welt der Handelsluftfahrt entwickelt wird. Im Gegensatz zur Airbus, die beim Entwickeln neuer Maschinen besonders auf die große Aufnahmefähigkeit achtet konzentriert sich Boeing eher auf die Erhöhung der Geschwindigkeit.

300 Mitte Die Boeing 717 ist ein Jet der 100-Plätze-Klasse und wurde aus der McDonnell Douglas MD80-90 - Serie abgeleitet. Die Maschine wurde ab 1998 im Flugdienst eingesetzt.

300 unten Die Pilotenkanzel der neuen Boeing 717: die fortschrittliche „glass-cockpit" - Instrumentierung wird von sechs Multifunktions-Farbbildschirmen dominiert.

301 Mitte Ein Airbus A380 der Emirates Airlines; diese Fluggesellschaft war eine der ersten Kunden des neuen, riesigen Airbus, der in der Standardversion 555 Passagiere aufnehmen kann.

301 unten Ein Vorschlag zur Innenausgestaltung der großen A380. Dieses Modell bildet den Anfang einer neuen Airbus- Generation des dritten Jahrtausends.

die Boeing sich für die Herstellung der schnellsten Maschine entschied (unabhängig von der Concorde).
Das Flugzeug der Airbus - die A380 - wurde am 19.Dezember 2000 offiziell eingeführt. Nach einer Bestellung seitens der Virgin Airlines wurde die zum Programmbeginn erforderliche, von der Airbus aufgestellte Mindestgrenze von 50 Bestellungen erreicht. Das Basismodell A380-100 wird eine Flügelspannweite von 79,8 Metern und eine Länge von 73 Metern haben. Das maximale Abfluggewicht wird 540 Tonnen betragen. Der Standardaufbau wird über ein Doppeldeck verfügen um die Aufnahme von 555 Passagieren zu ermöglichen. Was die Motorenausstattung betrifft stehen der Rolls-Royce Trent 900 bzw. der General Electric GP7000 zur Auswahl; beide leisten 31.000 kg Schubkraft. Der Flugbereich soll ca. 14.200 Km betragen. Folgende Modelle werden außerdem geplant: die 50R (mit kürzerem Rumpf und 481 Plätzen), die 100R (mit größerem Flugbereich) und die 200 (590 Tonnen Höchstgewicht und 656 Passagierplätze). Der Jungfernflug der A380 soll gegen Ende 2004 stattfinden.

Boeing verfolgte dagegen einen anderen Weg und widmete sich der Konstruktion eines kleineren aber schnelleren Langstreckenflugzeugs: der Sonic Cruiser. Das Projekt wurde im März 2001 verkündet und richtet sich auf einen Zweidüsen-Jet mit Doppeldeltaflügeln. Mit einer Reisegeschwindigkeit zwischen 12.000 und 15.000 Metern bei Mach 0.98 sollen die Flugzeiten um 15 bis 20% verkürzt werden (zwei Stunden weniger auf Atlantikstrecken). Die Maschine wird über ca. 300 Passagierplätze verfügen. Nach Schätzung der Boeing wird die Sonic Cruiser zwischen 2006 und 2008 in Produktion treten. Gleichzeitig fährt die amerikanische Gesellschaft mit der Entwicklung des Modells 747 fort und plant die Einführung der 747-400X „Quiet Longer Range", die die strengsten Belastbarkeits-Grenzen erfüllen wird. Der Kampf zwischen Boeing und Airbus hat gerade erst begonnen; es ist sehr wahrscheinlich, dass der Markt im 21.Jahrhundert bedeutenden Veränderungen ausgesetzt sein wird - vor allem aufgrund der Tendenzen im Marktbereich der Luftbeförderung sowie der Problematik in Hinblick auf den weltweit wachsenden Flugzeugverkehr. Es gibt bereits zahlreiche Zukunftsprojekte, und die Innovationen scheinen sich dabei mehr auf die aerodynamische Wirksamkeit und Reduzierung der Umweltbelastung zu konzentrieren als auf die Geschwindigkeit. Lockheed-Martin und Boeing arbeiten zur Zeit getrennt an der Entwicklung von Flugzeugen mit „Box Wing" (bzw. „Joined Wing") - d.h. rautenförmigen Flügeln. Die europäische Kommission finanziert dagegen ein Projekt, das sich der Entwicklung eines neuen Flugzeugs mit Wasserstoffmotoren widmet (Cryoplane), dessen Abgasemission aus Wasser und harmlosem Stickstoffoxid bestehen würde.

Airbus und Boeing

Kapitel 24

Heute und Morgen

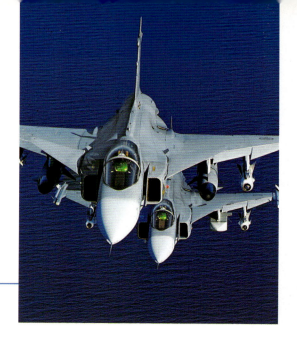

Die Zukunft der Luftfahrt hat bereits begonnen. Schon heutzutage sind die einzelnen Tendenzen und Probleme sichtbar, mit denen dieses führende Element der modernen Technologie und globalen Industriewirtschaft konfrontiert sein wird. Im Bereich der zivilen Luftbeförderung verursachen die von den Industriekolossen Boeing und Airbus geleiteten Forschungen eine enorme Marktexpansion. Tatsächlich sollte der Passagiertransport im Jahr durchschnittlich 4,8 Prozent zunehmen, so dass bis 2015 eine Anzahl von 1,5 Milliarden Passagieren erreicht wäre - dagegen stehen

Schwierigkeiten bringen werden.
Die Boeing sieht weniger die Nachfrage nach Flugzeugen mit gigantischen Ausmaßen sondern eher eine Ausbreitung regionaler Transportflugzeuge der 70-Plätze-Klasse voraus. Außerdem ist man davon überzeugt , dass die Reisenden bei Langstreckenflügen Flugzeuge mittlerer Größe bevorzugen werden, da diese außer einem höheren Komfort die Möglichkeit bieten, bei Direktflügen auf kleineren, weniger überfüllten Flughäfen landen zu können. Somit wäre man nicht zum Umsteigen auf den großen interkontinentalen Drehscheiben, wie London, Los Angeles oder New York gezwungen.

302 oben Ein Paar von Multirollen-Jägern JAS39 Gripen mit Luft-Boden-Bewaffnung. Die Gripen ist ein kleines und relativ kostengünstiges Flugzeug, das in Hinblick auf die Erfordernisse der schwedischen Verteidigung entworfen wurde.

302-303 Die Lockheed-Boeing F-22A Raptor ist der neue Superjäger, den die Air Force ausgewählt hatte. Es handelt sich um ein außergewöhnliches Flugzeug, das in bezug auf die neu erschienen Modelle anderer Länder eine Klasse für sich darstellt.

gegenwärtig 600 Millionen. Es scheint also, dass zwischen 2000 und 2020 die Fluggesellschaften weltweit über 22.000 neue Transportflugzeuge benötigen werden, und die weltweite Flotte von Linienflugzeugen sich von jetzigen 13.670 Flugzeuge auf über 31.000 ausweiten müsste. Dies sind eindrucksvolle Ziffern, die - falls sie sich bewahrheiten sollten - nicht nur einen Anstieg des Umsatzes der beteiligten Industrien und Fluggesellschaften auslösen werden, sondern gleichzeitig die Flugverkehrskontrollsysteme sowie die Flughafenstrukturen in ernsthafte

Die entgegengesetzte Meinung wird dagegen von der Airbus vertreten, die - wie im vorhergehenden Kapitel erläutert wurde - bereits die Arbeiten am Projekt A380 eingeleitet hat, einem Flugzeug von riesigem Ausmaß.
Eine nicht ganz so florierende Gesundheit wie die Zivilluftfahrt scheint der Militärbereich zu genießen, auch wenn die Voraussagen für 1999-2003 auf einen möglichen Verkauf von 2.600 Flugzeuge hinweisen - d.h. 38 Prozent der gesamten weltweiten Produktion. Sicherlich ist größtenteils das Ende des kalten Kriegs für die

Schrumpfung dieses Sektors verantwortlich, ebenso wie die Steigerung der Erwerbs- und Erhaltungskosten und die weltweite Senkung der Militärbilanzen. Dennoch wird die notwendige Modernisierung vieler Luftstreitkräfte (sei es auch nur durch Kauf immer kleinerer Mengen von Flugzeugen) dafür sorgen, dass vor allem im Gebiet der Jagdflugzeuge der Markt noch viele Jahre aktiv und interessant bleibt.
Der Jägerbereich wird vor allem von einer neuen Kampfflugzeug-Generation dominiert, die bereits dabei ist in den operativen Dienst einzutreten.

Darunter befindet sich u.a. das Modell JAS 39 Gripen, das sich tatsächlich bereits im Gebrauch der schwedischen Luftwaffe befindet. Bei der Gripen handelt es sich um ein Produkt der Industriegruppen JAS (geleitet von der SAAB), die das Flugzeug Anfang der achtziger Jahre als vielseitig einsetzbaren Nachfolger der Modelle Viggen und Draken für Schweden konzipiert hatten. Zu den besonderen Charakteristika zählen die hochentwickelten Fly-by-Wire-Flugkontrollen, die vereinfachte Instandhaltung des Flugzeugs, die fortschrittliche Avionik sowie die vielseitigen Einsatzmöglichkeiten. Die JAS 39 flog zum ersten Mal am 9.Dezember 1988. Aufgrund von Verzögerungen in der Entwicklung der Kontroll-Software (wodurch auch zwei Flugunfälle verursacht wurden) begann man jedoch erst 1993 die ersten Exemplare an die Luftstreitkräfte zu liefern, so dass das Flugzeug erst zwei Jahre darauf von Militärpiloten geflogen werden konnte. Die Gripen ist ein kleines Flugzeug mit einer Flügelspannweite von 8,4 Metern, einer Länge von 14,1 Metern sowie einem maximalen Abfluggewicht von 12.500 Kg. Bei dem Motor handelt es sich um das Zweikreistriebwerk Volvo RM12 von 8.220 Kg Schubkraft mit Nachbrenner, der das Flugzeug zu einer Höchstgeschwindigkeit von ca. 2.000 Km/h antreiben kann. Schweden hatte eine Bestellung von 204 Exemplaren der JAS 39 - die auch als zweisitzige Übungsversion entwickelt wurde -

die Dassault Rafale geflogen, ein vielseitig einsetzbares, hochmodernes Kampfflugzeug, dessen Diensteinsatz jedoch aus Kostengründen mehrfach aufgeschoben wurde. Entwickelt wurde die Rafale als Nachfolger der Serien Mirage 2000 und Jaguar der französischen Luftwaffe sowie der F-8 und Super Etendard der Marine. Der erste Prototyp flog am 4.Juli 1986, während der Diensteintritt des Flugzeugs für Mitte der neunziger Jahre vorgesehen war. Es handelt sich um eine zweimotorige Maschine mit Deltaflügeln und Canard-Oberflächen, die eine maximale Steuerbarkeit ermöglichen; die Flügelspannweite mißt 10,8 Meter, die Länge 15,3 Meter und das Höchstgewicht beträgt 19.500 Kg. Die beiden Zweikreistriebwerke SNECMA M88-2 entwickeln zusammen mit dem Nachbrenner eine Schubkraft von 7.650 Kg und verleihen dem Flugzeug eine Höchstgeschwindigkeit von über 2.000 Km/h; die Bewaffnung besteht aus bis zu 8.000 Kg Außenlasten sowie einer 30mm-Kanone. Von der Rafale wurden drei Versionen entwickelt: C und B (Zweisitzer) für die Luftwaffe sowie das Decklandemodell M (zusammen mit dem Zweisitzer MB) für die Marine. Gerade das Modell M trat als erstes im Dezember 2000 auf dem Stützpunkt von Landivisiau in den Dienst ein, während die ersten Luftwaffen-Exemplare nicht vor 2005-2006 in den Dienst eingeführt sein werden; eine Verzögerung, die aufgrund von Etatproblemen

Es handelt sich dabei um die YF-22, die von der Lockheed-Martin und der Boeing verwirklicht wurde.Sie trat gegen die YF-23 der Northrop-McDonnell-Douglas beim ATF-Wettbewerb der USAF an; der ATF wurde zur Auswahl eines Nachfolgers der F-15 Eagle ausgerichtet. Im April 1991 wurde die YF-22 offiziell zum Sieger erklärt, und von da an vergingen noch sechs Jahre bis zum Jungfernflug des ersten Vorserienexemplars F-22A am 7.September 1997. In der Zwischenzeit wurden einige Modifizierungen an dem Entwurf vorgenommen und das Projekt aufgrund von Etatgründen wiederholt geprüft - dies führte zur Aufschiebung des Produktionsbeginns sowie zur Reduzierung der zu konstruierenden Exemplare von 750 auf 442 und - nach letztem Stand der Dinge schließlich auf nur 339 Stück. Während die Experimentierphasen bereits bis 2001 abgeschlossen sein sollten, werden die ersten F-22A erst im Jahr 2003 in den Luftwaffen-Abteilungen eintreffen und nicht vor 2005 operativ sein. Wie dem auch sei - die Raptor ist ein ausgezeichnetes Flugzeug, das den anderen neuen Superjägern eine Generation voraus ist: sie verfügt über eine Überschall-Reisegeschwindigkeit (vermutlich Mach 1.5), modernste Avionik und Sensoren sowie mit stealth-Technologie vereinte, hervorragende Steuerbarkeit. Die Bewaffnung besteht aus maximal acht Luft-Luft-Raketen bzw. 1.000 Kg Bomben, die in Innenräumen verstaut werden.

303 rechts Eine zweisitziger Dassault Rafale B beim Flug. Dieser französische Multirollen-Jäger flog zum ersten Mal 1986, aber aufgrund finanzieller Schwierigkeiten wurde sein Einsatz bei der französischen Marine bis zum Dezember 2000 verschoben. Die französische Luftwaffe wird die Rafale ab 2005-2006 in den Dienst einführen.

gemacht, wobei die Lieferung bis 2007 beendet sein sollte. Da sich die SAAB im Marketingbereich mit der British Aerospace zusammengeschlossen hat, könnte das Modell auch bedeutende Erfolge im Exportbereich erzielen. Es wurden bereits wichtige Verträge mit den Luftwaffen in Südafrika, Ungarn und der tschechischen Republik abgeschlossen; weitere Bestellungen aus Ländern, die relativ kostengünstige, neue, moderne Jäger benötigen werden in Aussicht gestellt.
Zwei Jahre vor der Einführung der Gripen wurde

zustande kam und sich auch negativ auf den Export auswirkte. Die Rafale (von dem über 350 Exemplare für die beiden französischen Streitkräfte produziert werden sollten) ist sicher ein ebenso teures wie hochentwickeltes Flugzeug, das jedoch eine gültige Alternative für jene Länder bietet, die sich nicht zu sehr an die Produkte der Vereinigten Staaten bzw. Russlands binden wollen.
Am 29.September 1990 flog dagegen der erste Prototyp des künftigen allgemein weit überlegenen Jägers der amerikanischen Air Force.

Außerdem wird eine weitere Waffenlast von 9.000 Kg auf die vier Flügel-Unterpfeiler verteilt. Die Spannweite beträgt 13,5 Meter, die Länge 18,9 Meter und das maximale Abfluggewicht über 27.000 Kg. Die Motorenausstattung besteht aus zwei Pratt & Whitney F119-PW-100 Zweikreistriebwerken mit Nachverbrennung, die eine Schubkraft von 15.800 Kg aufweisen, sowie verstellbaren Düsen, die ein Schub-Gewicht-Verhältnis von 1 zu 4 und eine Höchstgeschwindigkeit von über 2.000 Km/h gewährleisten.

Heute und Morgen | 303

Ein weiteres europäisches Produkt unter den modernen Jagdflugzeugen des 21.Jahrhunderts ist der multinationale Eurofighter EF.2000, der von einem aus Großbritannien, Deutschland, Italien und Spanien geformten Konsortium konstruiert wurde. Die Ursprünge dieses Projekts gehen bis 1983 zurück; 1986 ließ die British Aerospace bereits ein technologisches Vorführflugzeug fliegen (den EAP) um Daten für den neuen Jäger EFA (European Fighter Aircraft) zu sammeln, der bereits Mitte der neunziger Jahre in den Flugabteilungen eintreffen sollte. Auch die Motoren EJ200, die wiederum von dem Vier-Länder-Bund gebaut wurden waren vollständig neu. Das Flugzeug besaß eine aerodynamische Außenform mit Deltaflügeln und vorderen Canard-Tragflächen, eine rechteckig unterteilte Lüftungsklappe, zwei Motoren sowie eine einzige Abdrift. Dennoch stieß man bei der Projektentwicklung auf diverse Schwierigkeiten politischen, wirtschaftlichen und technischen Ursprungs, so dass das Modell Anfang der neunziger Jahre nochmal überprüft und schließlich mit EF.2000 benannt wurde. Der erste von sieben Prototypen flog am 27.März 1994 und die Lieferungen der ersten Vorserien-Exemplare wurden ab 2002 durchgeführt; ab 2003 müssten dagegen die Serienflugzeuge geliefert werden. Der EF.2000 wird in der Luftfahrt der vier Länder verschiedene Flugzeuge ersetzen, darunter die F-104, F-4, Jaguar, ADV Tornado und Mirage F.1. Außerdem wird das Flugzeug ausgestattet sein mit multifunktionalen Fähigkeiten, fortschrittlichsten Radaren, Sensoren, Avionik und Bewaffnung, und über eine hervorragende Manövrierfähigkeit verfügen. Die Flügelspannweite des Flugzeugs beträgt 10,9 Meter, die Länge 15,9 Meter und das maximale Abfluggewicht liegt über 22.500 Kg. Die Motoren sind zwei Eurojet EJ200 Zweikreistriebwerke mit Nachbrenner und einer Schubkraft von je 9.000 Kg. Die Höchstgeschwindigkeit wird um die 2.100 Km/h betragen. Mit der Bezeichnung Typhoon könnte der EF.2000 auch Erfolge auf dem internationalen Markt erzielen - ein erster Vertrag mit Griechenland für die Lieferung von 60 Exemplaren wurde bereits abgeschlossen.

Bei den zuletzt verwirklichten, neuen Superjägern handelt es sich um zwei in den Vereinigten Staaten realisierte Projekte die Lockheed-Martin bzw. die Boeing, die auf den JSF-Wettbewerb (Joint Strike Fighter) resultieren. Dabei handelte es sich um eine 1996 aufgestellte Spezifikation des amerikanischen Verteidigungsministeriums für einen neuen, gemeinsamen Jagdbomber der USAF, Navy und US Marines, der zahlreiche Flugzeuge ersetzen sollte, wie z.B. die F-16, A-10, F/A-18 und AV-8B. Die britische Royal Air Force und Royal Navy interessierten sich ebenfalls für das Flugzeug, das als Ersatz ihrer eigenen Harrier-Flotten dienen könnte. Das Programm ist umfassend und wird wahrscheinlich die Produktion von über 3.000 Flugzeugen beinhalten - gleich einem Geschäftsumsatz von 200-400 Milliarden Dollar für eine Zeitspanne von über dreißig Jahren. Das Flugzeug wird in drei Versionen mit bedeutenden Gemeinsamkeiten verwirklicht werden: ein Bodenflugzeug (CTOL), eine Decklandeversion (CV) sowie eine Variante mit senkrechter Start-und Landefunktion (STOVL).
Die Boeing stellte ihren eigenen Entwurf X-32 vor, der am 18.September 2000 den ersten Flug ausführte. Es handelte sich dabei um einen einmotorigen Einsitzer mit trapezförmig gebogenen Flügeln, doppelter Abdrift und einem großen Lufteinlaß an der Unterseite der Nase. Die endgültige Version des Flugzeugs hätte Pfeilflügel mit horizontalen Schwanzflächen sowie Modifizierungen am Lufteinlaß und den Abdriften haben sollen. Bei der STOVL-Version hatte sich die Boeing für das „Direct lift"-System entschieden, das demjenigen der Harrier ähnelte; der Motor wäre ein Pratt & Whitney 119-614 mit 19.000 Kg Schubkraft und Nachbrenner. Die Lockheed-Martin hat dagegen ihr Modell X-35 vorgeschlagen, das zum ersten Mal am 24.Oktober 2000 geflogen ist. Der Prototyp war größtenteils konventionell - die Flügel und Schwanzflächen ähnelten denjenigen des F-22, außerdem waren eine doppelte Abdrift sowie Lufteinlässe an den Rumpfseiten eingebaut. Beim

304 oben Eine Eurofighter EF.2000 während eines Manövers; der hohe Angriffswinkel ist durch den Rauch an den Tragflächenenden zu erkennen. Die Typhoon verfügt über hervorragende Steuerbarkeit und Motorenstärke. Nach der F-22 ist es das fortschrittlichste, westliche Jagdflugzeug.

304 Mitte Eine EF.2000 mit deutscher Kennzeichnung. Die vier Länder des Konsortiums haben bereits 593 Exemplare des Flugzeugs bestellt.

304 unten Prototyp der X-35C; der Fastsenkrechtstarter (STOL) wurde von der Lockheed-Martin für den Wettbewerb Joint Strike Fighter (JSF) entworfen. Es ist der zukünftige, taktische Jäger der USAF, US Navy und Marines.

Motor handelt es sich ebenfalls um den P&W 119 in der Version 611 mit einer Stärke von 16.700 Kg. Die STOVL-Ausführung wurde mit dem „Lift Fan"-System ausgestattet, bei dem ein Teil der Schubkraft vom Motor (mit bis zu 110° Grad abwärts verstellbarer Düse) geliefert wird und ein weiterer Teil von einem an der Vorderseite des Rumpfs positionierten Hubgebläse kommt. Beide Flugzeuge sind im Innenladeraum mit Bomben ausgerüstet und besitzen eine ebenso hochentwickelte stealth-Technologie wie Avionik.
Der Sieger des JSF-Wettbewerbs wurde vom amerikanischen Verteidigungsministerium am 26.Oktober 2001 verkündet: es war der Entwurf der Lockheed-Martin, der F-35 benannt wird. Dabei werden für das konventionelle Flugzeug die Benennung F-35A, für die Marineversion F-35B sowie für das STOVL-Modell F-35C verwandt werden. Die ersten Lieferungen an die amerikanischen Streitkräfte werden voraussichtlich ab 2010 beginnen, wobei die ersten Exemplare für die Marines bestimmt sind. An dem Programm sind auch andere Länder beteiligt, - sowohl mit als auch ohne NATO-Zugehörigkeit - deren Industrien sehr wahrscheinlich an der Serienproduktion des Flugzeugs interessiert sein werden. Damit würde die F-35 womöglich zum wichtigsten Militärprojekt der ersten Hälfte des 21.Jahrhunderts werden.

305 oben Vorführung einer Eurofighters EF.2000 während einer Flugveranstaltung. Die Maschine wird für den Export mit „Typhoon" benannt und wurde für den Einsatz als luftüberlegener Jäger entworfen, es wird auch eine Bodenangriffsversion entwickelt.

305 unten Die X-35A ist die konventionelle Version des Lockheed-Martin JSF-Projekts. Die amerikanische Firma wurde am 26.Oktober 2001 zum Sieger eines Konstruktionswettbewerbs der amerikanischen Regierung erklärt. Das Serienflugzeug wird F-35 benannt werden.

306 Die X-47 Pegasus ist ein UCAV (Unmanned Combat Air Vehicles - Flugzeug ohne Pilot)- Projekt, das der US Navy 2001 von Northrop-Grumman vorgestellt wurde. Die UCAV werden wahrscheinlich die Kampfflugzeuge der Zukunft sein.

307 oben links Die HyperSoar ist eines der Projekte, die in der Zukunft eine bedeutende Rolle spielen könnten: es ist ein hyperschnelles Flugzeug (ca. Mach 10), 25 Meter lang, das in 60.000 Meter Höhe fliegen kann. Dieser Plan der US Regierung könnte sowohl im Militär- als auch im Zivilluftbereich Entwicklungsprojekte zur

307 oben rechts Die Lockheed-Martin Dark Star - ein UCAV für die Kriegsoperationen des 21.Jahrhunderts - ist eines der zahlreichen Projekte, die sich gegenwärtig in der Entwicklungsphase befinden.

307 unten links Die pilotenlosen Flugzeuge (UAV) werden bereits bei Aufklärungseinsätzen verwendet. Auf der Fotografie ist eine Northrop-Grumman Global Hawk zu sehen - ein strategisches Aufklärungsflugzeug, das von der USAF im Afghanistan-Krieg benutzt wurde.

307 unten rechts Eine General Atomics RQ-1A Predator, die von dem 57th Wing der USAF eingesetzt wird. Dieser UAV war bei den Kämpfen im Kosovo als Aufklärungsflugzeug vertreten, kürzlich wurde die Maschine auch mit Hellfire-Raketen bewaffnet.

Jenseits der Entwicklungen in den einzelnen technologischen Bereichen - wie z.B. Materialien, Triebwerke und Avionik (Hardware und Software) - scheint sich eine weitere Kategorie von Flugzeugen durchzusetzen, die vielleicht sogar im gerade begonnenen Jahrhundert dominieren wird: diejenige der Flugzeuge ohne Pilot. Benannt mit UAV (Unmanned Air Vehicles) handelt es sich um Nachfolger von Aufklärungs- und Beobachtungsflugzeugen, die man seit den sechziger Jahren im Militärbereich benutzte. Von der Allgemeinheit bemerkt wurden die UAVs während des Kosovo-Krieges 1999, als man die Flugzeuge für gefährliche Aufklärungsaufgaben über feindlichem Gebiet einsetzte. Über die fortschrittlichsten UAF-Technologien verfügen heutzutage die Vereinigten Staaten und Israel, die eine riesige Anzahl von Maschinen mit verschiedensten Merkmalen herstellen - besonders was den Flugbereich, die Ausmaße sowie die Größe der Nutzlast betrifft. Die UAV sind kleine und leichte Flugzeuge, die Propellerantrieb besitzen und oft relativ preiswert sind. Im Allgemeinen werden sie für Überwachungs- und Zielbestimmungsfunktionen benutzt. Unter den heutzutage eingesetzten UAFs befinden sich die General Atomics RQ-1A Predator (im Dienst der USAF), die Bombardier CL-289, die israelische IAI Hunter und Pioneer. Weitere Modelle wie z.B. die Teledyne Ryan Global Hawk und die Lockheed-Martin Dark Star befinden sich noch in der Entwicklungsphase. Die Forschungen sind jedenfalls auf die Steigerung der Komplexität und der Ausmaße der UAFs gerichtet, so daß diese immer anspruchsvollere Missionen durchführen können. In Zukunft wird man auch die UCAV, die SUAV sowie die URAV einführen.

Bei den UCAV (Uninhabited Combat Air Vehicles) wird es sich um pilotenlose Flugzeuge handeln, die zur Ausführung von Kampfaufgaben, d.h. Missionen zur Zerstörung der feindlichen Luftverteidigungen oder dem Angriff auf gut geschützte Objekte bestimmt sind - bei beiden Einsätzen handelt es sich um besonders riskante Aufgaben für konventionelle Flugzeuge mit Piloten.. In Vorbereitung befinden sich hauptsächlich zwei Entwürfe der Lockheed-Martin/US Navy und der Boeing/DARPA/USAF. Zu einem späteren Zeitpunkt könnten die UCAV auch zur Luftverteidigung eingesetzt werden.

Die SUAV (Support UAV) und die URAV (Uninhabited Reconnaissance Air Vehicles) werden für Spezialaufgaben bestimmt sein, z.B. der Erhaltung von Satellitenmitteilungen, der meteorologischen Monitorüberwachung, der flugzeugüberwachten Radarkontrolle sowie verschiedenen Aufklärungstypen (elektronische, Radar und Infrarot) - damit sollen die Mängel der Satellitensysteme wettgemacht werden. Wahrscheinlich wird die Einführung der UCAV schrittweise vor sich gehen; d.h. erst in Begleitung von bemannten Flugzeugen, die die UCAV unter Kontrolle behalten, so dass zukünftig eventuell auch autonom durchgeführte Missionen möglich sein werden - gesteuert von Piloten, die in einem klimatisierten Bunker bequem vor dem Steuerpult sitzen.

Natürlich ist es sehr schwierig heute die konkreten, technologischen Entwicklungen der nächsten zwanzig oder dreißig Jahre vorauszusagen - sieht man vor allem die unglaublichen und schnellen Fortschritte, die Ende des 20.Jahrhunderts im Bereich der Informatik und kabellosen Kommunikation gemacht wurden. Man spricht bereits über Raumstationen, Passagierflugzeuge, die zu

Weltraumreisen starten werden, Wasserstoffmotoren und anderes .
Sicher ist jedenfalls, daß die Luft-und Raumfahrt - seit jeher an der Spitze der industrialisierten Welt - eines der bedeutendsten Forschungsgebiete unserer Zukunft bleiben wird, in der Lage die Menschheit mit den vielleicht unglaublichsten Überraschungen zu beschenken.

Heute und Morgen

Kapitel 25

Das Space Shuttle

Das berühmte „Weltraum-Rennen" - ein in den fünfziger und sechziger Jahren von den Vereinigten Staaten und der Sowjetunion geführter Wettkampf zur sogenannten „Weltraumeroberung"- erreichte 1969 mit der Mission Apollo 11 der NASA seinen Höhepunkt: der Mensch war in der Lage die Mondoberfläche zu erreichen. Diese Art von Missionen hatte jedoch sichtliche Grenzen: enorme Kosten in Bezug auf die nicht wiederverwertbaren Raumstationen, die über eine beschränkte Ladefähigkeit verfügten. Ende der sechziger Jahre wurde es zunehmend offensichtlich, dass die NASA ein neues Raumfahrtprogramm erstellen musste, welches eine konstantere und produktivere Anwesenheit im Weltraum ermöglichte um die notwendigen Investitionen rechtzufertigen. Die NASA entschied sich also für das STS System (Space Transport System) - eine wiederverwertbare Raumfähre zur Beförderung von Großfrachten in die Umlaufbahn, die in der Lage war ebenso Zivil- wie auch Militärmissionen erfüllen zu können. Tatsächlich geht die Idee von Raumfähren bis in die vierziger Jahre zurück, wie von den in Deutschland durchgeführten Studien Saengers und von Brauns bezeugt wird. In den fünfziger Jahren wurde das Konzept von deutschen Wissenschaftlern in den U.S.A wiederbelebt als die NACA - später NASA - verschiedene Forschungsprojekte unternahm, die in dem Entwurf eines gesteuerten Raumgleiters für die USAF gipfelten; dieses Vehikel sollte wie eine Rakete abgeschossen werden und konnte wie ein normales Flugzeug auf die Erde zurückkehren. Das Programm wurde 1959 X-20 „Dyna Soar" benannt - als Überträger musste eine Titan III-Rakete benutzt werden. Doch bereits 1963 wurde aufgrund der hohen Kosten, der beschränkten Belastungsfähigkeit und nicht zuletzt der Konzentrierung auf das Apollo-Projekt das X-20-Programm verlassen. Trotzdem führte die NASA ihre Untersuchungen im Bereich des „lifting bodies", d.h.Gleitflugmaschinen mit Rumpftransportträger fort. Ende 1969 sah das Integrated Space Program der NASA vor, dass bereits bis zum Jahr 1985 eine permanente Weltraumstation mit 50 Personen, Raumfahrt-Flugkörper mit Verbindung zur Erde sowie möglichst Kolonien auf dem Mond bzw. dem Mars operativ verwirklicht sein sollten. Im Mittelpunkt des Programms stand der Entwurf einer wiederverwendbaren Raumfähre. Am 3.Januar 1972 gab Präsident Nixon den Start für das Space Shuttle Programm frei, und Ende desselben Jahres beendeten die NASA und der North American Rockwell die einleitende Untersuchung der technischen Spezifikationen, die das neue Fahrzeug erforderte. Der erste Shuttle-Abwurf sollte im März 1979 stattfinden. Die Grundidee des Programms sah die Realisierung zweier komplementären, gesteuerten Einheiten vor: eine sollte als Überträger operieren, während die andere zur Durchführung der Missionen bestimmt war. Die Kosten erwiesen sich jedoch als unakzeptabel und man beschloss, nur das Missionsflugzeug (genannt Orbiter) zu verwirklichen, wobei die zwei zum Starten benötigten „boosters" abkoppelbar - jedoch wiederverwendbar bleiben würden. Was die „boosters" betraf, so war die Wahl eines Flüssig- oder Festtreibstoffs das größte Problem. Nach sorgfältigen Forschungen entschied man sich für den Festtreibstoff, da dieser die Rückgewinnung und die Wiederverwendbarkeit der Triebwerke erleichterte.

Die endgültige Ausgestaltung des Shuttle gründete sich auf einem Vorderabteil, in der sich die Besatzungskapsel mit Cockpit und der gesamten Flug - und Kontrollavionik befand; einem mittleren Abteil, das zur Aufnahme der Nutzlast bestimmt war, und schließlich dem Heck-Abteil, wo sich die Motoren und deren Schutzschirme befanden. Dazu kamen noch die Flügel, das Fahrwerk sowie die Kielflosse. Das Fluggerüst wurde in Aluminium bzw. Aluminiumlegierung hergestellt. Das Nervensystem des Shuttles bildeten fünf IBM AP 101 Computer, die für die Kontrolle aller Shuttle-Funktionen bestimmt waren. Vier davon waren für die Steuerung, Navigation und die gegenseitige Kontrolle zuständig; der fünfte Computer leitete die Bordsysteme während der orbitalen Tätigkeit und stand als Notfalleinheit während der Annäherungs- und

308 oben John W.Young und Robert L.Crippen - die Crew der ersten Space Shuttle Mission STS-1. Sie starteten am 12.April 1981.

308 unten Der NASA-Kontrollraum für die Shuttle-Missionen.

309 oben links Der Atlantis-Start zur Mission STS-106 für die internationale Weltraumstation, am 8.September 2000.

309 unten links Der nächtliche Abwurf für die Mission STS-93 im Kennedy Space Center am 23.Juli 1999.

309 rechts Nahaufnahme der Discovery Raumfähre beim Start von der Abschussplattform.

Der größte Treibstoffvorrat ist in einem abwerfbaren Außenbehälter enthalten (47 Meter Länge und 8,4 Meter Breite), der 604 Tonnen flüssigen Sauerstoff und 101 Tonnen flüssigen Wasserstoff enthält. Der Außentank bildet demnach den einzigen nicht wiederverwertbaren Bestandteil des Shuttles. Zum Start werden außerdem noch die zwei großen SRB („Solid Racket Booster") - Länge 46, 47 Meter- aus Festtreibstoff aktiviert, die weitere 3.000 Tonnen von Schubkraft spenden. Mit dieser Triebwerkanlage ist das Shuttle in der Lage innerhalb von 8.5 Minuten vom kompletten Stillstand eine Geschwindigkeit von Mach 25 (über 25.000 Km/h) zu erreichen. Eine weitere Charakteristik des Shuttle ist sein Termal Protection System (TPS), eine

Landephasen zur Verfügung. Die wichtigsten Besonderheiten des Space-Shuttle-Programms betrafen das Antriebssystem und die Wärmeverkleidung; beide Faktoren waren der Ursprung beträchtlicher Probleme und trugen besonders zu den Verzögerungen des Programms mit bei.

Die Motoren des Shuttle besitzen unterschiedliche Funktionen und Anwendungen. Die drei Hauptmotoren bilden das SSME System (Space Shuttle Main Engines); ihre Besonderheit besteht darin, dass sie für den wiederholten Gebrauch entworfen wurden, der ca.7,5 Stunden bzw. 55 Raumfahrt-Missionen entspricht. Jeder dieser Motoren bildet eine Schubkraft von über 178 Tonnen. Während einer Mission können diese Hauptmotoren mehrere Male angezündet bzw. ausgeschaltet werden sowie in ihrer Schubkraft reguliert werden (von 65 bis 105% Höchstleistung) und besitzen zudem verstellbare Düsen. Außerdem verfügt das Shuttle über zwei kleine Motoren mit je 2.800 Kg Schubkraft, die dafür sorgen, dass nach Abschalten der Hauptmotoren die Umlaufbahngeschwindigkeit erreicht wird. Ferner sind sie für die Durchführung der Verschiebungsmanöver sowie den Wiedereintritt in die Atmosphäre verantwortlich. Schließlich gibt es noch 42 kleine Raketen, die eine Schubkraft von 10 bis 400 Kg bilden und eine vollkommene Steuerkontrolle im Weltraum sichern.

Außenverkleidung, mit der die Raumfähre vor den riesigen Temperaturen geschützt wird, welche in der Phase des Wiedereintritts in die Atmosphäre erzeugt werden. Die besonders kritischen Oberflächenpunkte (insgesamt über 38 Quadratmeter) erreichen Temperaturen um 1.650 Grad Celsius, während die untersten Schichten immer noch an die 1.260 Grad-Grenze herankommen. Um diesem Überhitzungs-Problem vorzubeugen entwickelte die NASA gemeinsam mit der Rockwell ein System aus kleinen Schutzfliesen (ca. 20 cm pro Seite), die für bis zu 100 Missionen verwendet werden konnten bevor man sie ersetzen musste. Die Hauptoberflächen des Shuttle wurden demnach mit über 32.000 jener Fliesen (bzw. tiles) überdeckt. Für die kritischsten Punkte verwendet man Fliesen aus imprägnierten Kohlenstoff-Fasern, die mit einer Silizium-Schutzschicht überzogen wurden; der andere Fliesentyp, bestehend aus mit Bor-Silicat imprägnierten Glasfasern, die mit schwarzem Siliziumcarbid umhüllt werden, bedeckt alle anderen Hitze-Flächen des Shuttles. Bei der Durchführung der Shuttle-Testflüge erwies sich jedoch, dass durch die mechanische Beanspruchung die Abtrennung einiger Fliesen verursacht wurde und diese somit nicht so widerstandsfähig waren wie man erwartet hatte. Das Problem wurde gelöst indem man die Innenseite der tiles mit einem siliziumhaltigen, leimigen Konzentrat imprägnierte. Außerdem verstärkte man die Fliesen unter Zuhilfenahme von Bor-Fasern.

Das erste vollständig konstruierte Shuttle war die OV-101 Enterprise, die für Probeflüge bestimmt war, bei denen - vor allem in der Landephase - die Aerodynamik und Elektronik getestet werden sollte. Die Tests wurden von dem NASA Dryden Center in der Basis von Edwards, Kalifornien durchgeführt. Die Montierungsarbeiten an der Enterprise wurden am 4.Juni 1974 in Palmdale begonnen, und am 17.September 1976 präsentierte man das vollständige Raumfahrzeug. Die erste Testphase wurde zwischen dem 18.Februar und dem 2.März 1977 durchgeführt und bestand aus fünf Flügen, bei denen das Shuttle - ohne Astronauten an Bord - auf dem Rücken einer Boeing 747 der NASA installiert wurde. In der zweiten Phase, zwischen Juni und Juli, blieb die Enterprise an die 747 gekoppelt - aber diesmal mit Piloten an Bord, die die korrekte Funktion aller Systeme überwachten. Schließlich wurden zwischen August und Oktober 1977 fünf Gleitflüge aus 7.300 Metern Höhe mit Landung auf dem Salzsee der Edwards-Basis durchgeführt. Später wurde die Enterprise immer weiteren Tests unterzogen. Währenddessen bereitete man das zweite Raumfahrzeug, die OV-102 Columbia auf ihre erste Mission vor, die STS-1. Der erste Shuttle-Flug wurde durchgeführt am 12.April 1981 um 12:00:04 GMT, mit Start vom Kennedy Space Center in Florida. An Bord waren die Astronauten John Young (Kommandant) und

Robert Crippen (Pilot); die Mission dauerte 54 Stunden 20 Minuten und 32 Sekunden, und am 14.April landete das Shuttle auf der Spur 23 der Edwards-Basisstation. Sieben Monate später, am 12.November 1981, vollbrachte dieselbe Columbia die Mission STS-2; damit wurde die perfekte Wiederverwendbarkeit des Space Shuttle Systems bewiesen.

Insgesamt baute man zwei Testfahrzeuge, MPTA-098 und IST-099, und zwei Orbitalraumfahrzeuge, OV-101 Enterprise und OV-102 Columbia. Während man die Enterprise nie für den Raumflug benutzte, wurde später eines der beiden Testfahrzeuge - die IST-099 - den Charakteristiken eines Raumfahrzeugs entsprechend modifiziert und daraufhin umbenannt auf OV-099. Die NASA verfügte nun über vier flugeinsatzfähige Shuttles: die OV-102 Columbia, OV-099 Challenger (erster Flug am 4. April 1983), OV-103 Discovery (30.August 1984) und OV-104 Atlantis (3.Oktober 1985).

Am 28.Januar 1986 erfuhr das Programm einen schrecklichen Unfall : durch ein Leck im Treibstoffsystem wurde eine Brandexplosion ausgelöst und zerstörte vollständig die Challenger Raumfähre, die gerade zur 26.Mission startete; alle sieben Besatzungsmitglieder kamen ums Leben. Die 1987 bestellte Raumfähre OV-105 Endeavour wurde am 25.April 1991 geliefert und vollbrachte ihren ersten Umlaufbahnflug am 7.Mai 1992. Die Endeavour enthielt viele Modifizierungen, die nach den in fast zehn Jahren gesammelten Erfahrungen entwickelt wurden. Die neue Raumfähre bot Erneuerungen in der Avionik, den Motoren, den Fliesen (leichter und widerstandsfähiger), im Kraftstoff-System, im APU sowie in den Bordsystemen, wodurch ein Raum-Aufenthalt von bis zu 28 Tagen ermöglicht wurde. Außerdem hatte man ein Bremssystem eingeführt, das den Landelauf des Shuttles um mehr als 500 Meter verkürzen konnten. Während allgemeiner Überholungsarbeiten wurden jene Änderungen später auch in den anderen drei Raumfähren eingeführt.

Das Space-Shuttle-Programm wurde weitgehend dafür benutzt Telekommunikations- und Beobachtungssatelliten zu befördern und in die Umlaufbahn zu bringen, ferner das Umlauf-Teleskop Hubble zu reparieren, sowie letztendlich unter schwerkraftlosen Bedingungen wissenschaftliche Experimente durchzuführen und die entsprechend benötigten Geräte zu installieren. Zur Zeit werden die Shuttles hauptsächlich bei Konstruktionsarbeiten an der International Space Station eingesetzt. Dabei handelt es sich um ein von 16 Ländern realisiertes Projekt einer Struktur, die sich seit 1998 in der

Umlaufbahn befindet und seit 2000 permanent bewohnt wird. Die ISS wird bis zum Jahre 2005 vervollständigt sein. Die Shuttle-Mission STS-110 (das neueste Projekt zum Zeitpunkt der Herausgabe dieses Buches) sollte am 4.April 2002 starten.

Gemäß den Voraussagen müsste das Space-Shuttle-Programm für weitere 15-20 Jahre fortgesetzt werden; viele Stimmen fordern jedoch die radikale Modernisierung der Flotte und der Infrastrukturen, so dass die Weiterführung der Operationen - bis zum Erscheinen eines Shuttle-Nachfolgers - unter sicheren Bedingungen gewährleistet sein kann. Die Kosten des Shuttle-Programms sind gegenwärtig jedenfalls sehr hoch. Ein Abwurf wird auf über 450 Millionen Dollar geschätzt, und letztlich wurde die Anzahl der jährlich durchgeführten Missionen von sechs auf vier reduziert. Allein für die Instandhaltung der Shuttle-Flotte werden von der NASA über 30.000 Personen beschäftigt.

Leider wurden die Ende der neunziger Jahre gestarteten Programme X-33 und X-34 - die zur Entwicklung des zukünftigen, wiederverwertbaren Raumfahrzeugs bestimmt waren - am 1.März 2001 aufgrund des inakzeptablen Kostenanstiegs gestrichen. Die Zukunft der amerikanischen orbitalen Raumflüge ist demnach ungewiss.

310 oben Die Astronauten Hoffman und Musgrave installieren das Weltraum-Teleskop „Hubble" im Laderaum der Endeavour Raumfähre.

310 unten Die Challenger-Raumfähre mit geöffnetem Laderaum und dem einsatzbereiten mechanischen Arm beim Umlaufbahnflug.

311 links Die Atlantis beim Andocken an der Weltraumstation „Mir" im Juni 1995 während einer amerikanisch-sowjetischen Mission.

311 rechts Die Astronautin Tamara Jernigan - Mitglied der Mission STS-96 - arbeitet an einer Komponente des russischen Krans „Strela", der einen Teil der Missionsfracht darstellt. Hinter ihren Schultern ist die Erdoberfläche zu erkennen.

312-313 Was die Zukunft für uns bereithält: die beinahe vervollständigte Internationale Weltraumstation und eine angedockte Shuttle-Raumfähre.

Das Space Shuttle

BIBLIOGRAFIE

LITERATURVERZEICHNIS

AA. VV., "Ali italiane" Voll.1-4, Mailand, 1978.

AA. VV., "Guerre in tempo di pace, dal 1945", Novara, 1983.

AA. VV., "Ali sul mondo", Florenz, 1990.

AA. VV., "Russia's Top Guns", New York, 1990.

AA. VV., "Gulf Air War Debrief", London, 1991.

AA. VV., "Warplanes of the Luftwaffe", London, 1994.

AA. VV., "Brassey's World Aircraft & Systems Directory", London, 1996.

AA. VV., "Aerei di tutto il mondo, militari e civili", Novara, 1997.

AA. VV., "The Aerospace Enciclopedia of Air Warfare", Bände 1-2, London, 1997.

AA. VV., "Aerospace Encyclopedia of World Air Forces", London, 1999.

Angelucci Enzo & Matricardi Paolo, "Atlante enciclopedico degli aerei militari del mondo", Mailand, 1990.

Chant Christopher, "Aviation Record Breakers", London, 1988.

Cohen Elizier, "Israel's Best Defence", Shrewsbuty, 1994.

D'Avanzo Giuseppe, "Evoluzione del caccia NATO", Florenz, 1987.

Dorr Robert F. & Bishop Chris, "Vietnam Air War Debrief", London, 1996.

Francillon René J., "The United States Air National Guard", London, 1993.

Jarrett Philip, "Ultimate Aircraft", London, 2000.

Kaminski Tom & Williams Mel, "The United States Military Aviation Directory", Norwalk, 2000.

Licheri Sebastiano, "Storia del volo e delle operazioni aeree e spaziali da Icaro ai nostri giorni", Rom, 1997.

Luttwak Edward & Koehl Stuart L., "La Guerra Moderna", Mailand, 1992.

Niccoli Riccardo, "American Eagles", Novara, 1997.

Niccoli Riccardo, "Aerei", Istituto Geografico DeAgostini, Novara, 1998.

Niccoli Riccardo, "Ali Tricolori", Novara, 1998.

Salvadori Massimo L., "Storia dell'età contemporanea" Vol.3, Loescher Edition, 1986.

Steijger Cees, "A History of the United States Air Force Europe", Shrewsbury, 1991.

Taylor Michael J.H., "Jane's American Fighting Aircraft of the 20th Century", New York, 1991.

Willmott Ned & Pimlott John, "Strategy & Tactics of War", London, 1983.

Yenne Bill, "The History of the US Air Force", London, 1990.

Zetner Christian, "La guerra del dopoguerra", Mailand, 1970.

ENZYKLOPÄDIEN

The Epic of Flight, AA. VV., 23 Bände, 1981.

L'Aviazione, grande enciclopedia illustrata, AA. VV, 12 Bände, Novara, 1982.

ZEITSCHRIFTEN, VERSCHIEDENE JAHRGÄNGE

Rivista Aeronautica, Stato Maggiore Aeronautica, Italia.

Volare, Editoriale Domus, Italia.

JP-4, mensile di aeronautica, ED.A.I., Italia.

Rivista Italiana Difesa, Giornalistica Riviera Coop., Italia.

Air International, Key Publishing, Großbritannien.

Air Forces Monthly, Key Publishing, Großbritannien.

Wings of Fame, Aerospace Publishing, Großbritannien.

International Air Power Review, AIRtime Publishing, USA-Großbritannien.

Combat Aircraft, AIRtime Publishing, USA.

REGISTER

d = Bildunterschriften
Fettdruck= Kapitel

A
A-1 Skyraider, 226, 229, 236
A-6, 283d
A-7, 256, 280, 285
A-10, 304
AA-1 "Alkali", Raketen, 158, 159
AA-2 "Atoll", Raketen, 152
AAC Toucan (Junkers Ju-52/3m), Transportflugzeug, 76
"Acrojets", 140d
Achsenmacht, 62, 103
AD-1 Skyraider, 156
Ader Clément 20, 20d, 21d
 - Avion III, 20, 20d
 - Eole 20
 - L'Aviation Militaire 21d
Adour Zweikreistriebwerk, 200
Aeritalia, 286
Aermacchi, Firma, 204, 286
Aermacchi MB.326, 198, 199d
Aermacchi MB.326K, 198
Aermacchi MB.339, 198, 199d, 201
Aermacchi MB.339 FD/CD, 198
Aero Club, Frankreich, 42, 42d
Aero Espresso Italiano, 86
Aero, Firma, 199
Aero L-139, 199
Aero L-159, 199
Aero L-29 Delfin, 198, 199, 199d
Aero L-39 Albatros, 199
Aero L-59, 199
Aerolineas Argentinas, 245d
Aeromarine West Indies Airways, 72
Aeronautica Nazionale Repubblicana (ANR), 135
Aéropostale, 65d, 66
Afghanistan, Krieg, 276-296
AGM-45 Shrike, Raketen, 155, 236, 240
AGM-78 Standard, Raketen, 155, 236
AGM-88 HARM, 256d, 265
Agusta A.109, 188
Agusta A.129 Mangusta, 188, 189d
Agusta Westland EH-101, 188, 189d
Agusta, Gruppe, 47, 175, 178, 181, 181d, 182, 188, 189
Agusta-Bell 205, 179d
AH-64, 276d
AIM-4, Raketen, 154
AIM-4F/G Falcon, 156
AIM-7 Sparrow, Raketen, 155, 240, 252, 254, 255d, 256
AIM-9B Sidewinder, Raketen, 154, 157, 159, 240, 252, 254, 255d, 265, (M) 256d, 282
AIM-54 Phoenix, 252
AIM-120 AMRAAM, 222d, 223, 254, 255d, 256, 256d, 280, 282
AIM-128, 282
AIR-2A Genie, Raketen, 156
AIR-2B Super Genie, Raketen, 156
Air Canada, 251d
Air City, 151d
Air France, 65d, 66, 149, 151, 146d, 247, 250, 251, 296, 297

Air India, 151
Air Orient, 65d, 66
Air Service, 84
Airbus, 296, 297, 298, 302
Airbus A300 Serie 296, 297d
Airbus A310, 297
Airbus A318, 300
Airbus A319, 300
Airbus A320, 297, 297d, 300
Airbus A321, 300
Airbus A330-340, 297, 299
Airbus A340 Serie, 296d, 297
Airbus A380, 301, 302
Airbus Industrie, 251, 296
Airco D.H.4/4a, 68, 70, 71d
Aircraft Transport, 66, 70
Ala Littoria, 92
ALARM, 223
Albatros B.II, 58
Albatros D.I, 57
Albatros D.II, 57
Albatros D.III/V, 59
Albatros D.V, 56d, 58
Alcock, John, 94, 94d, 95d
Alenia, 272, 272d
Alitalia, 151, 297d
Alfa Romeo, 132, 135
Alfa Romeo 126 RC 34 (750 CV), Motor, 92
Allen, Bill, 150, 244
Allied Force, 292
AlliedSignal Motoren, 269, 271
Allison, Zweikreistriebwerke und Strahlturbinen, 143, 145, 196, 211, 275
Allison Turbo- und Hubkolbenmotoren, 112, 185, 234, 235, 271, 272
AM-5, Motoren, 158
AM-5F, Motoren, 159
American Airways, 74
American Airlines, 79, 146, 147, 150, 251, 296
American British Columbia, 74
Amundsen, Roald, 32d, 33, 34, 88
AMX, 286, 286d
AMX-T, 286
Andreani, 16
Anglo-French Supersonic Aircraft Agreement, 246
Ansaldo, Cantieri, 54
Ansaldo A. I. Balilla, 60
Antoinette IV, Eindecker, 46
Antoinette, Motoren, 42, 44, 46, 171
Anzani (125 PS), Motoren, 80
AP-10, Jäger, 112
APG, Radar, 282
APG-63, Radar, 253, 254
APG-71, Radar, 253, 254
APG-68, Radar, 256
APQ-72, Radar, 228
APQ-100, Radar, 229
APQ-120, Radar, 229
APQ-146/148, Radar, 230
APY-2, Radar, 284
Apollo 11, 308
Arado Ar.80, 128
Arado Ar. 196, 82d, 92
Arado Ar.234, 130d, 196

Arado Ar.234 Blitz, 131
Armée de l'Air, 100, 101d
Ärmelkanal, Überflug, 46, 82
Armstrong Siddley Lynx (243 PS), Motor, 192d
A.S.2 (800 PS), Motor, 99
AS-2 "Kipper", Raketen, 167
AS-3 "Kangaroo", Raketen,167
AS-6 "Kingfish", Raketen,167
Astazou IIA, Motor, 178
Atar 9 Motoren 220, 242
Atar 101G (4500 Kg), Motor, 219, 220
ATG, Firma, 37
Atlantik, Überflug , 82, 84, 84d, 94, 97
Atlantis, 309d, 311, 311d
Atlantis OV-104, 311
ATR (Avions de Transport Regional), 273
ATR-42, 273
ATR-72, 273
Aztec, 207
Aurigny, 270
Austro-Daimler (160 PS), Motor, 57
Avco Lycoming (112 PS), Motor, 209
Avco Lycoming, Motor 178, 182, 274
Avia S.199, 238
Aviadvigatel/Solovyov D-30F-6 (15.500 Kg), Motor, 263
Aviamilano, 47
Bf-109, Jäger, 127
Aviatik B.I, Doppeldecker, 52, 57d
Aviatik B.II, Doppeldecker, 52
Avions Pierre Robin, 214, 215d
Avro, Firma, 106, 190
Avro International, 274, 275d
Avro 504, 52, 190, 191d, 192d
Avro 621 Tutor, 192, 192d
Avro Lancaster, 106, 107, 108, 109d
Avro Manchester, 106
Avro RJ70, 85, 100, 115, 274
Avro Vulcan, 161d

B
B-29, Bomber, 160
BAC (ehemalige English Electric), 222, 224, 246, 264
Balbo, Italo, 86, 86d
Baldwin, Thomas Scott, 48
Ball, Albert, 57, 63d
Ballon, 24
Baracca, Francesco, 57, 62, 63d
Barkhorn, Gerhard, 129
Bauer, 11
Beech 35 Bonanza, 202
Beech 45 T-34 Mentor, 202, 202d
Beech 99, 269d
Beech Mk. II (T-6A Texan II), 204
Beechcraft 65/80, 269
Beechcraft 99, 269
Beechcraft 1900D, 269, 269d
Beechcraft 200 Super King Air, 213
Beechcraft 212, 213d, 268, 269
Beechcraft Baron (B55- C55-56TC-58), 212, 213d
Beechcraft Bonanza, 212, 213d
Beechcraft C90 King Air, 213
Beechcraft King Air (65-90T-65-80), 212
Beechcraft Super King Air 350, 213, 213d

Beechcraft Super King Air, 269
Beechjet 400, 213
Beechjet 400A, 213d
Behounek, 35d
Bell, Firma, 140, 175, 178, 179
Bell, Jäger, 140d
Bell Model 27 (XP-59A Airacomet), 140, 141d
Bell Model 27YP-59A, 140
Bell Model 30, 174d, 175
Bell Model 47, 175, 175d, 176, 179d
Bell Model 204, Hubschrauber (UH-1A Iroquis), 178, 179d, 181, 226d, 236d
Bell Model 205 (UH-1D), 178
Bell Model 206, 179
Bell Model 209 (AH-1G Cobra), 179
Bell Model 212, 179
Bell Model 214, 179
Bell Model 222, 179
Bell Model 412, 179
Bell P-39, Aircobra, Bomber, 111, 111d
Bell P-39Q, 140d
Bell P-59, 140
Bell P-63A, 140 d
Bell XP-77, 140d
Bf-109, Jäger, 127
BHP (200 PS), Motor, 70
Biard, Henri, 98
bin Laden, 295
Bishop, W.A., 57, 58, 62
Blanchard, Jean Pierre 11, 15d, 16
Blériot, Louis, 42, 42d, 43, 43d, 46, 47d, 80, 82
 - Pokal, 99
 - Ornitotter, 42
Blériot VI, Eindecker, 42, 43d
Blériot XI, Eindecker, 43, 43d, 52
Blériot-Voisin, Firma, 42
Bloch 220, zweimotoriges Flugzeug, 65d
Bloch MB.151, Jäger, 100, 101d
Bloch MB.152, Jäger, 100, 101d
Blohm und Voss Bv.138, 92
"Bloody April", 59
Blue Angels, 156d
BMW, Firma, 139
BMW, Motoren, 59, 130, 144
BOAC, 148, 149, 247, 250
Boelcke, O.,Flugass, 62
Boeing YT-50 (177 PS), Motor, 177
Boeing, Firma, 78, 146, 148, 150, 163, 182, 185, 194, 195, 244, 245, 247, 248, 249, 296, 298, 300, 300d, 301, 302, 303, 304, 307
Boeing-Darpa-Usaf, 307
Boeing-Sikorsky, 182
Boeing-Stearman 75 Kaydet, 195d
Boeing-Vertol, Firma, 182
Boeing-Vertol CH-46 Sea Knight, 183d
Boeing-Vertol CH-47 Chinook, 183d
Boeing-Vertol V-22 Osprey, 183d
Boeing 247, Passagierflugzeug, 78
Boeing 314 "Clipper", Passagier-Wasserflugzeug, 90d, 91
Boeing 367, 150

Boeing 377 Stratocruiser, 146, 148
Boeing 377, 149d, 151d
Boeing 707, 150, 151, 243, 244, 247
Boeing 707-320B, 284, 285d
Boeing 717, 245d, 300, 300d, 301d
Boeing 720, 244
Boeing 727, 244, 245, 245d, 298
Boeing 737, 245, 245d, 300
Boeing 737 Next Generation, 300
Boeing 747 ("Jumbo Jet"), 248, 249, 298, 299, 310, 310
Boeing 757, 298, 298d
Boeing 767, 298, 298d, 299
Boeing 777, 298d, 299
Boeing Apache AH-64D, 185d
Boeing B-17 Flying Fortress, Bomber, 118, 119, 119d
Boeing B-29 Superfortress, 120, 121d, 148, 160, 166
Boeing B-47 Stratojet, 150, 162d, 163
Boeing B-50, 160,161d
Boeing B-52(A-H) Stratofortress, 150, 162d, 163, 288
Boeing C-97, 148
Boeing CTOL, 304
Boeing CV, 304
Boeing CSTOVL, 304, 305
Boeing E-3 AWACS, 284, 285d
Boeing E-3 Sentry, 284, 285d
Boeing E-6A Mercury, 285d
Boeing EA-6B, 284
Boeing EC-121 (EC-137d), 284
Boeing EF-111A, 284
Boeing F-15 (Eagle), 164d, 243, 254, 255d, 277d, 303
Boeing KB-50, 164
Boeing KC-97, 150, 164
Boeing KC-135 Stratotanker, 162d, 164d, 150, 169
Boeing Model 367-80, 164
Boeing Model 450, 163, 164
Boeing Model 464-67/XB-52, 163
Boeing RB-47E/H/K Stratojet, 163
Boeing RB-52B Stratofortress, 163
Boeing-Sikorsky RAH-66 Comanche, 182
Boeing Sonic Cruiser, 300d, 301
Boeing Super Stratocruiser, 148
Boeing X-32, 304
Boeing XB-47, 163
Boeing YB-52, 163
Bombardier, Firma, 216d, 269, 274
Bombardier RJ, 274
Bombardier CL-289, 307
Bomb Group, 121d
Boothman, J. N., 99
Bosch, Firma 38
Bramo, Firma, 139
Breguet, Louis, 171, 171d, 224
Breguet 121, 224
Breguet Br. 14, 68
Breguet Provence, 146d
Breguet-Richet, Gyroplane 1, 171, 171d
Bristol Beaufighter, 106, 108
Bristol Blenheim, 101, 101d, 106, 108, 109d
Bristol Boxkites, 52
Bristol, Firma, 222

Bristol Jupiter (525 PS), Motor, 88
Bristol Jupiter XIF (500 PS), Motor, 77
Bristol Pegasus XXII (1024 PS), Motor, 92
Bristol Scout D, 56
Bristol Siddley Orpheus (1.840 Kg), Motor, 225
Bristol Siddley Viper, Strahlturbine (1.134 Kg), 196
BS.53 Pegasus, Zweikreistriebwerk, 222
British Aerospace (BAe), 200, 223, 282, 303, 304
British Aerospace BAe 146, 274, 275d
British Aerospace BAe Hawk, 199d, 200, 201
British Aerospace BAe Sea Harrier (FRS Mk.1), 223
British Aerospace BAe Sea Harrier F/A Mk.2, 222d, 223
British Aerospace- McDonnell-Douglas T-45A Goshawk, 200
British Aerospace Jetstream 31, 271, 271d
British Aerospace Jetstream 41, 271
British Airways, 151d, 246d, 250, 298
British European Airways, 79
Britten-Norman BN 2 Islander, 270, 270d
Britten-Norman BN 2A Trislander, 270
Britten-Norman BN 2T Trislander, 271
Brown, Arthur, 94, 94d, 95d
Brown, Russel, 145
Bucker, ditta, 194
Bucker Bu-131 Jungmann, 194
Bucker Bu-133 Jungmeister, 194, 195d
Bucker Bu-181 Bestmann, 194, 195d
Buscaglia, Carlo Emanuele, 135
Business Jet, 206
Byrd, Richard, 32d

C

C.1, Autogiro, 172
C.4, Autogiro, 172
C-17A, 295d
C.30, Autogiro, 173d
C-352-L (Junkers Ju-52/3m), 76
Ca. 1, Doppeldecker, 46, 47, 47d
Ca. 3, Dreimotorenflugzeug, 61d
Ca. 31, Dreimotorenflugzeug, 47
Ca. 32, Dreimotorenflugzeug, 60
Ca. 60 Transaereo, Wasserflugzeug, 64d, 65d
Calderara, Mario, 80, 80d, 81
"California Arrow", Luftschiff, 48
Camm, Sydney, 101
Campanelli, Ernesto, 84, 85d
Canadair, 269
Canadair CL215, Wasserflugzeug, 93
Canadair CL415, Wasserflugzeug, 93
Canadair Regional Jet, 274
Canadair Regional Jet RJ200, 274
Canadair Regional Jet RJ700, 274
Canard, 42, 44d, 80
Cantieri Riuniti dell'Adriatico (CRDA), 92
Caproni, Gianni, 46-47, 47d
- scuola di volo (Flugschule), 46
Caproni Campini N.1, 139d
Caproni Ca.100 ("Caproncino"), 192, 192d
Caproni Ca.100bis, 192
Caproni-De Agostini, Gesellschaft, 46
Caravelle, Jet, 151, 151d, 244
Cargolifter, Firma, 37
Carter, Präsident, 288
CASA, 272, 296
CASA C-212 Aviocar, 273d, 275
CASA-Nurtanio CN-235, 272d
Caudron Doppeldecker, 5d
Caudron Zweimotorenflugzeug, 55
Caudron G.3, 52
Caudron G.4, 60, 61d
Cayley, sir George 18, 18d, 170
Über die Luftschifffahrt, 18
Centaurus, Motor, 104
Centro Kennedy NASA, 5d
"Century Series", 151
Cessna E310P, 210d
Cessna F337F, 211d
Cessna T-37, 197d, 206
Cessna T-45, 206
Cessna 150, 209
Cessna 172, 206, 209, 209d
Cessna 170, 209
Cessna 180 Skywagon , 209
Cessna 120, 209
Cessna 170B, 209
Cessna 175, 209
Cessna 182, 209
Cessna 185 (300 PS), 209
Cessna 206 Super Skywagon, 209
Cessna 207, 209
Cessna 209, 210, 210d, 211
Cessna 310, Zweimotorenflugzeug, 210
Cessna 318, 196
Cessna 336 Skymaster, 210
Cessna 336/337, 211d
Cessna 401, 210
Cessna 402, 210
Cessna 411, 210
Cessna 414 Chancellor, 211
Cessna 421 Golden Eagle, 210, 211d
Cessna 425, Turbopropeller, 210d
Cessna 441 Conquest, 211
Cessna 404 Titan, 211
Cessna 525 Citation, 211d
Cessna Citation (III-IV-V-VI-X), 211
CFM International CFM-56-5C (14.100 kg), Motor, 297
CFM International F108-CF-100 da 10.000 Kg, Zweikreistriebwerk, 164
Challenger, 274, 311d
Challenger OV-099, 3
Chanute, Octave, 20, 20d, 39
Charles, Jacques Alexandre César, 16
- Charliere, 16
- Wasserstoffballon, 16
Chel Ha'Avir, 238, 240, 241d, 243
Chiappirone, 56
Churchill, Winston, 160
Clerget 9B (130 PS), Motor, 58
Close Air Support, 104
Cm. 1, Eindecker, 46
Collishaw, R., **62**
Colombo S63 (132 PS), Motor, 192
Columbia OV-102, 310, 311
Combat SAR (Search and Rescue), 236
Comitti, Carlo, 46
Concorde, 244, 246, 246d, 247, 247d, 248, 250, 251, 296
Consolidated PBY Catalina, 92, 92d
Consolidated B-24 Liberator, 119, 119d
Cont, Nicolas Jacques, 17d
Continental, Motoren 151, 195, 196, 202, 206, 209, 210, 211, 212, 214
Convair, 161, 163
Convair B-36 Peacemaker, 161, 161d, 163
Convair B-36D Peacemaker, 161, 161d, 163
Convair F-102 Delta Dagger, 151, 153, 153d, 156
Convair F-106 Delta Dart, 156, 156d
Convair PQM-102A, 153
Convair QF-106, 156
Convair RB-36D Peacemaker, 161
Convair TF-102A Delta Dagger, 153, 153d
Coppens, W., **62**
Corps, britisches, Flugzeugtransport, 100
Cornu, Paul, 171, 170d
Corsair, 136, 231d, 238
- A-7 Corsair II, 231, 232
- 425 Corsair, 211
Coupe d'Aviation Maritime Jacques Schneider, 98
CRDA CANT Z, 92
CRDA CANT Z 501 ("Gabbiano"), 92d
CRDA CANT Z.505, 92
CRDA CANT Z.506, 92
Cremonesi, 32d
Crippen, Robert L., 308d, 310, 311
Cryoplane, 301
Curtiss CR-3, 99
Curtiss "Gold Bug", Doppeldecker, 49d
Curtiss Wasserflugzeug, 82d
Curtiss H-12, 81
Curtiss H-16, 81
Curtiss JN, 191, 206
Curtiss JN-2, 191
Curtiss JN-3, 191
Curtiss JN-4 ("Jenny"), 190d, 191
Curtiss JN-6, 191
Curtiss "June Bug", 49d
Curtiss NC-4, 84d
Curtiss N-9, 81
Curtiss P-40 Warhawk, 111, 111d
Curtiss R3C-2, 99
Curtiss SB2C Helldiver, 117d
Curtiss Sparrowhawk, 36, 37d
Curtiss, Glen Hammond, 48-49, 49d, 81
Curtiss Conqueror (640 PS), Motor, 88
Curtiss Flying Services, 74
Curtiss Manufactoring Company, 48
Curtiss OX-5, 90-PS-Motor, 191
Cyrano IV, Radar, 220

D

DAT-3, Hubschrauber, 173
Daimler, Firma, 38
Daimler Airway, 66
Daimler-Benz, Firma, 188
Daimler-Benz, (2PS), Motor, 26
Daimler-Benz DB-601, Motor, 128, 134
Daimler-Benz DB-601 Motor, 132
Daimler-Benz DB-605, Motor, 129, 134d, 135
Daimler-Crysler, Firma, 301
"Dambusters", 67.Fluggeschwader (RAF), 108
"Daily Mail", Preis, 43, 43d, 47d, 94
D'Annunzio, Gabriele, 63d
Danti, Giovan Battista (da Perugia) 10
d'Arlandes, François 15
D'Ascanio, Corradino, 173, 173d
Dassault, 214, 219, 220, 220d, 240
Dassault, Marcel, 218
Dassault-Breguet/Dornier Alpha Jet, 199d, 200
Dassault Falcon, 256d
Dassault Falcon 10, 214
Dassault Falcon 50, 214
Dassault Falcon 100, 214
Dassault Falcon 200, 214
Dassault Falcon 2000, 214
Dassault Falcon 900, 214, 215, 215d
Dassault MD.450 Ouragan, 219d, 238, 239, 239d
Dassault MD 452 Ouragan, 218, 219
Dassault MD 452 Mystére, 219
Dassault MD 550 , 219
Dassault Mirage II, 216d, 220
Dassault Mirage III, 220, 222, 239
Dassault Mirage IIIC, 220
Dassault Mirage IIICJ, 239, 239d
Dassault Mirage IIIB, 219, 220, 242
Dassault Mirage 5, 220, 239, 240
Dassault Mirage 50, 220
Dassault Mirage 2000, 266, 267d, 280, 303
Dassault Mirage F.1, 220, 266, 280, 304
Dassault Mirage F.1CR, 220, 285
Dassault Mystère, 238
Dassault Mystère 20 (Falcon 20), 214, 216d
Dassault Mystère IIC, 219
Dassault Mystère IV, 219d
Dassault Mystère IVA, 219, 239
Dassault Mystère IVB, 219
Dassault Super Mystère B2, 219
Dassault Super Mystère B.2, 239, 239d
Dassault Rafale, 303
De Agostini, Agostino, 46
De Bernardi, 99
de Bothezat, George, 171
de Gusmo, Laurenço 10
de Havilland, Firma, 148, 149
de Havilland, Geoffrey, 70
de Havilland Gipsy Major (132 PS), 77, Motor, 192
de Havilland Gipsy Six (203 PS), Motor, 77
de Havilland Goblin I (1.225 Kg), Motor, 139
de Havilland Canada, Firma, 268, 269
de Havilland Canada DHC 6 Twin Otter, 269, 269d
de Havilland Canada DHC 7, (Dash 7), 296, 269d
de Havilland Canada DHC 8, (Dash 8), 268, 268d, 269
de Havilland DH.82 Tiger Moth, 192, 193d
de Havilland DH. 86, Doppeldecker, 65d
de Havilland DH.89 Dragon Six, ("Dragon Rapide") Doppeldecker, 77, 77d
de Havilland DH.84 Dragon, 77, 77d
de Havilland DH.121, 151, 244
de Havilland D.H.106 Comet, 149, 149d, 150
de Havilland Dragon, 76, 77, 106, 108, 108d
de Havilland Gipsy Moth, 192
de Havilland Mosquito "Wooden Wonder", 138, 139, 238
de Havilland Sea Vampire, 139, 148
de Havilland Spitfire, 128
de Havilland Spitfire Mk. V, 130
de Havilland Spitfire Vampire Mk.I, 139
de Havilland Vampire ("Spider Crab"), 139, 139d, 222
de Havilland Vampire T, 139, 196
de Havilland Venom, 139, 238
de Havilland Sea Venom, 139, 238
de la Cierva, Juan, 172, 173d
Delemontez, Jean, 214
Del Prete, Carlo, 84
Delta Airlines, 151, 245, 298
Deny Flight, 286
Deperdussin Idro, 81, 98, 99d
De Pinedo, Francesco, 84, 84d, 85d
De Rose, Flugass, 56
Desert Shield, 277
Desert Storm, 276, 277, 277d, 278
Det Danske Luftfartselskab, 66
Deutsche Aero Lloyd, 66
Dewoitine D-520, Jäger, 100, 101
DFW B.I, Bomber, 190
Dickson, Bertram, 50
Dilley, Bruno, 124
Discovery, 309
Discovery OV-103, 311
Doolittle, 99
Dornier, Gesellschaft, 88
Dornier Do.17, 125d, 126, 127
Dornier Do.18, Wasserflugzeug, 92
Dornier Do. 24, 89d, 92
Dornier Do.J Wal, 88, 89d
Dornier Do.R Super Wal, 88
Dornier Do.R4, 88
Dornier Do.X, 88, 89d
Douglas, Firma, 84, 119, 146, 150, 244, 245, 296
Douglas, Donald, 78
Douglas A-3B (B-66) Skywarrior, 228d, 231
Douglas A-4 Skyhawk, 200, 226d, 227, 228d, 229, 229d, 230, 240, 240d, 243
Douglas A-20 Havoc, Bomber, 120, 121d
Douglas A-26 Invader, 120, 121d
Douglas B-26 Invader, 227
Douglas C-47 Skytrain ("Dakota"), 79, 120, 121d, 227, 238
Douglas Commercial I (DC I), 78, 78d, 79d
Douglas DC-2, 78, 78d, 79
Douglas DC-4 (C-54 Skymaster), 146, 147d
Douglas DC-6 (C-118A Liftmaster/R6D), 146, 147d
Douglas DC-7, 146, 147, 150
Douglas DC-7C, 147
Douglas DC-8, 150, 151, 151d, 244
Douglas DC-9/Super-80/MD-80, 81, 82, 83, 87, 88, 90, 95, 245, 245d, 254,
Douglas DST (DC-3), Passagiertransportflugzeug, 72d, 79, 79d, 121d
Douglas DT-2, Torpedoflugzeug, 84
Douglas F4D Skyray, 156
Douglas Model 2011, 245
Douglas R4D, Militärflugzeug, 79
Douglas SBD Dauntless (A-24), 117d
Douglas XA4D-1 Skyhawk, 229
Douglas World Cruiser (DWC), 84, 85d
Douhet, Giulio, 50
Drachen, 39
Drew, Urban, 112
Deutsche Luft Hansa Aktiengesellschaft, 66, 66d, 67d, 71d, 76, 88

E

"Eagle", 71.Fluggeschwader (RAF), 101d
Eagle VIII (380 PS), Motor, 70
Eagle Airways, 147d
Eastern Air Lines, 297
Eastern Air Transport, 78, 151
Eastern Northwest, 74
Eclaireurs de France, 22d
Edison, 170
EFA (European Fighter Aircraft), 304
Ely, Eugene, 48
Embraer, 204, 270, 270d, 275, 286
Embraer A-29/EMB-312H, 205
Embraer EMB-110P Bandeirante, 270, 270d, 271
Embraer EMB-120RT Brasilia, 270, 271d
Embraer EMB-312 Tucano, 204, 205, 205d
Embraer ERJ-135, 275
Embraer ERJ-145, 274, 275, 275d
Embraer ERJ-170, 275
Endeavour OV-105, 311, 311d
Enterprise OV-101, 310, 311
England, Luftschlacht, 101, 101d, 127, 128d, 129
English Electric, 222
English Electric P.1A, 222
English Electric P.1B, 222
English Electric Lightning, 222, 222d
Esnault-Pelterie, Robert, 40
Eurocopter, 188, 189
Eurocopter AS 332 Super Puma, 188
Eurocopter AS 350 und 355 Ecureil, 188
Eurocopter AS 365 Dauphin, 188
Eurocopter AS 532 Cougar, 188, 188d
Eurocopter AS 550/555 Fennec, 188
Eurocopter AS 565 Panther, 188
Eurocopter Bo.105, 188
Eurocopter EC 135, 188
Eurocopter SA 342 Gazelle
Eurocopter Tigre, 188, 189d, 189
Eurofighter EF.2000 (Typhoon), 304, 305d
Eurojet EJ200 (9.000 Kg), Motor, 304

F

F/A-182, Jäger, 283d
F-140, Jäger, 283d
Fl-265, Hubschrauber, 173
Fl-282 Kolibri, 173
Fabre, Henri, 80, 80d
Fabre G., 53d
Fabrik, Luftfahrt-Konstruktion, 33
FAC (Forward Air Controller), 104
Faccanoni, Luigi, 46
Faggioni, Carlo, 135
Fairchild, 268
Fairchild C-123 Provider, 227, 236d
Fairchild Metro 226 TC, 268
Fairchild Metro II, 268
Fairchild Metro III, 269
Fairchild Metro 23 (Expediter), 269
Fairchild-Republic A-10 Thunderbolt II, 259
Fairy Battle, Bomber, 101, 101d
Farber, Ferdinand, 40
Farman, Fluggesellschaft, 44, 65d, 66, 69, 69d
Farman, Henri, 44, 44d, 45d, 80
Farman, Maurice, 44, 80
Farman F.40, 60
Farman F.60 "Goliath", 44, 68, 69, 69d
- (Maurice) Farman MF.7, 52
- (Maurice) Farman MF. II, 52
Farman, Lignes, 44, 65d, 66, 69, 69d
Farman, Flugzeuggesellschaft, 44, 44d
F.B.A, Wasserflugzeug, 84d
F.B.A.C., Wasserflugzeug, 82
Felixstowe, F.S, 82
Ferber, Ferdinand, 50
Ferrari, Enzo, 63d
Ferrarin, Arturo, 192
FIAT, Firma, 99, 225
FIAT, Jäger, 135
FIAT A50, Motor, 192
FIAT CR.42 Falco, 132, 132d, 133d
FIAT G.50 Freccia, 132, 132d
FIAT G.55 Centauro, 134d, 135
FIAT G.91, 225, 225d, 286, 286
Fiera Internazionale della Navigazione Aerea I (Internationale Luftfahrt-Messe) 22d
Fighter Group (FG)
- 35., 111
- 55., 112
- 56., 112
- 361., 112
- 358., 113d
Firestreak, Raketen, 222, 222d
FJ Fury, 145
Flap (Klappen), 78, 79d
Fleet Air Arm, 92
Flettner, Anton, 173
Fliegende Tiger, 111
Florida Airways, 72
Flug, Italien-Brasilien, 86
Flugturnier, Köln, 67d
Flyer, Flugzeug, 38d, 39, 40, 40d
Focke, Henrich, 173, 178
Focke-Achgelis, Firma, 173
Focke-Achgelis Fa. 61, Hubschrauber, 173, 173d
Focke-Achgelis Fa-223, 173, 178
Focke-Wulf 190, 103, 130, 130d, 173
Focke-Wulf Fw-159, 128
Focke-Wulf Ta-152, Abfangjäger, 130
Fonck, R., 57, 62
Fokker, Firma, 58, 189, 270
Fokker, Anthony, 56, 57d, 71, 79
Fokker, Flugzeug, 32d
Fokker D. VII, 58, 59, 59d
Fokker Dr. I, 58, 59d
Fokker E. III, 56, 57d, 71
Fokker F. II, 66d,
Fokker F. VII, 71, 75d
Fokker F. VII-3m, 71
Fokker F. VIIB-3m, 71

Fokker F. XXXVI, 67d
Fokker F27 Friendship, 270, 270d
Fokker F50, 270, 270d
Fokker Trimotor, 78
Folland Gnat, 200
Ford, Firma, 119
Ford Air Transport Services, 74
Ford, Henry, 74
Ford, Reliability Trial, Preis, 71
Ford Tri-Motor, 74, 75d
Forlanini, 170
Fouga, 197
Fouga CM-170 Magister, 197, 197d
Fouga CM-175 Magister, 197
Foxhunter, Radar, 265
Frati, Stelio, 204
Frati F.8 Falco, 204
Frati F.250, 204
Freccia d'Oriente, 65d
Frye, Jack, 78
Fuji, Firma, 178
Fuji-Bell 204B-2, 178
Fury, 156
Fw-190, Jäger, 127

G

Gabrielli, 225
Galland, Adolf, 129d
GAR-1D Falcon, Raketen, 153
GAR-2 Genie, Raketen, 155
Garrett TPE331 (950 shp), Motor, 271
Garros, Roland, 42, 54, 82
Gatling GAU, 259, 259d
Gatling, Maschinengewehr, 235,
GBU, Bombe, 282d
GBU-12, Bombe, 253d
General Dynamics EF-111A, 233
General Dynamics F-111, 232, 232d, 233
General Dynamics F-111A, 233
General Dynamics F-16, 256
General Dynamics YF-16, 256
General Dynamics-Grumman F-111B, 233, 252, 256
General Electric CF34-3B1 (4.185 Kg), Motor, 274
General Electric CF6-50 (22.200 kg), Motor, 296
General Electric CF6-80C 2A1/A3/A5, Motor, 297
General Electric CT58 (1.400 shp), Turbine, 182
General Electric F101-GE-102 (13.970 kg), Motor, 289, 289d
General Electric F110-GE-100 (12.700 Kg), Motor, 256
General Electric F110-GE-400 (12.200 Kg), Motor, 253
General Electric F118-GE-100 (8.620 kg), Motor, 290
General Electric F118-GE-101 (8.625 Kg), Motor, 168
General Electric F404-GE-402 (8.030 kg), Zweikreistriebwerk, 280
General Electric F404-GE-F1D2 (4.900 kg), Zweikreistriebwerk, 278
General Electric F414-GE-400 (9.990 kg), Motor, 280
General Electric FIAT Avio T700 (2.400 shp), Turbine, 189
General Electric GP7000 (31.000 Kg), Motor, 301
General Electric I-16 (725 Kg), Strahlturbine, 141
General Electric I-A, (567 Kg), Turbine, 140
General Electric J33, Motor, 140
General Electric J35, Motor, 143
General Electric J47, Strahlturbine, 163
General Electric J47-GE-13 (2.360 Kg), Motor, 145
General Electric J79, Motor, 242
General Electric J79-GE-10, Motor, 229, 231
General Electric J79-GE-15, Motor, 229
General Electric J79-GE-17 (8.120), Motor, 229, 243
General Electric J79-GE-3B (6.715 Kg), Motor, 154
General Electric J79-GE-8 (7.710 Kg), Strahlturbine, 228
General Electric J85 (1.750 Kg), Strahlturbine, 199
General Electric J85-GE-13 (1.850 Kg), 232
General Electric J85-GE-21 (2.270), Motor, 232
General Electric J85-GE-5 (1.745 Kg), Motor, 232
General Electric T700-GH-701C (1.890 Shp), Turbine, 185
General Electric TF34-GE-100 (4.110 Kg), Zweikreistriebwerk, 259
General Electric, 140, 298, 299
Genie, Raketen, 154d
Gerli, Brüder 16
Geschwader JG.52, 129
Gesellschaft, mechanische Konstruktion, 88
Giffard, Henri, 24
Gillette, F., 62
Gipsy (136 PS), Motor, 192
Gloster E.28/39, 104, 138
Gloster Gladiator, 101
Gloster Meteor, 104, 104d, 139, 196, 222, 238, 239
Gloster mod. VI, 99d
Gloster, Firma, 99d, 138
Gnome (80 PS), 54, (50 PS), Motor, 80
Gnome-Rhone Jupiter VI (425 PS), Motor, 70
Goblin 2 (1.406 Kg), Motor, 139
Goering, Hermann, 31, 126
Goodyear, Firma, 36
Goodyear, Luftschiff, 37, 37d
Gran Prix de France (1906) 24d, 42, 42d
Grande Premio d'Aviazione, 44
Grande Semaine d'Aviation de la Champagne, 46
Grands Express Aériens, 68, 69
Graziani, Giulio Cesare, 135
Griffon (2050 PS), Motor, 103
Gripen JAS39, 302d, 303
Gross, 26
Grumman A-6 Intruder, 230, 231d, 235, 280, 283d
Grumman E-2C Hawkeye, 243, 283d
Grumman EA-6 Intruder, 230
Grumman EA-6B Prowler, 283d, 285, 285d
Grumman EF-111A Raven, 285d
Grumman F11 Tiger, 156
Grumman F11F Tiger, 156, 156d
Grumman F-14B Tomcat VF-103, 252d
Grumman F4F Wildcat ("Martlet"), Jäger, 114, 114d
Grumman F6F Hellcat, Jäger, 114, 114d
Grumman F8F Bearcat, Jäger, 114d, 115
Grumman F9F Panther, 142d
Grumman G-128, 230
Grumman Gulfstream (II-III-IV-V), 217, 216d
Grumman Gulfstream American, 217
Grumman KA-6D Intruder, 230
Grumman Panther F9F-5, 143
Grumman Panther XF9F-2, 143
Grumman S-3B, 283d
Grumman TBF Avenger, 117d
Grumman XF9F-6 Cougar, 143
Grumman, Firma, 114, 143, 217, 232, 252, 252d
Guidoni, Alessandro, 80
Guidotti Paolo (da Perugia) 10
Gurevic, 158
Gusmo de, Laurenço 10
Guynemer, George, 56, 57, 62, 63d

H

Haenlein, Paul, 26
Hamilton, Transport-Eindecker, 71
Handelsluftfahrt, 64-79
Handley Page HP.137 Jetstream, 271, 271d
Handley Page HP.42 "Heracles", 77, 77d
Handley Page HP.42, 66d, 72d, 76
Handley Page HP.57 Halifax Mk. III, 106, 106d
Handley Page Transport, 66, 70
Handley Page V/1500, 60, 61d
Handley Page Victor, 161d
Handley Page, O/400, 68
Handley Page, O/10, 68
Handley Page, O/II, 68
Handley-Page, Firma, 271d
Handley-Page, Klappen, 128
Hanriot HD. I, 58
Hansa-Brandenburg D. I, 57
Hansa-Brandenburg KDW, Wasserflugzeug-Jäger, 82
Hansa-Brandenburg W.29, Wasserflugzeug-Jäger, 82
Hansa-Brandenburg W.I2, Wasserflugzeug-Jäger, 82, 83d
HARM, Raketen, 285
Harrier II Plus, Programm, 282, 282d
Harrier TAV-8A, 282
Harrier YAV-8A, 282
Harrier, 304
Hartmann, Eric, 129
Have Blue, 278, 290
Hawk, Raketen, 240
Hawker Fury, Doppeldecker, 101
Hawker Hunter, 200, 222, 238, 239
Hawker Hurricane, 101, 101d, 102, 102d
Hawker Sea Hurricane, 101
Hawker Siddley H.S.121 Trident, 151, 151d
Hawker Siddley H.S.146, 274
Hawker Siddley Harrier, 223
Hawker Siddley Hawk, 200
Hawker Siddley P.1127, 223
Hawker Siddley, 151, 200, 222, 275d
Hawker Tempest (Typhoon Mk.II), 104
Hawker Tempest, 104, 105, 105d
Hawker Tornado, 104
Hawker Typhoon, 104, 104d
Hawker Typhoon, 104d
Hawker, Firma, 101, 222
Heinkel He-112, 128
Heinkel He-178, 138, 139d
Heinkel He-280, 139
Heinkel He-II5, Wasserflugzeug, 92
Heinkel He-III, Bomber, 126, 126d, 127, 127d
Heinkel, ditta, 138, 139
Heinkel, Ernst, 138
Hellfire, Raketen, 306d
Hennessy, Patrick, 109
Henson, William Samuel 18, 18d
Henson, William Samuel, aerial steam carriage 18, 18d
Hercules, Motor, 106
Herring, Augustus, 48
Herring-Curtiss Company, 48, 49d
Hezarfen, Ahmet Celebi, 10
Hiller, Stanley, 176
Hiroshima, Bombardierung, 120
Hirth (137 PS), Motor, 194
Hirth (82 PS), Motor, 194
Hirth HM 504 (106 PS), Motor, 194
Hispano-Suiza 250A (2850 Kg), Motor, 219
Hispano-Suiza 350 Verdon (3500 Kg), Motor, 219
Hispano-Suiza 8aa (150 PS), Motor, 57
Hispano-Suiza 8F (300 PS), Motor, 60
Hitler, 126, 128, 131, 131d
Hoare, Sir, Luftfahrtminister, 32d
Hobos, Bombe, 240
Hoffman, 311d
Holste, Max, 270
Hornet, 280
Hostess, 73d
Hubble, Teleskop, 311, 311d
Hughes 500/ OH-6A Cayuse, 185
Hughes 520N NOTAR, 185
Hughes AH-64 Apache, 185, 276d
Hughes AH-64D Apache, 185, 185d, 243
Hughes OH-58, 276d
Hughes, Abschusssystem, 145, 156
Hughes, Firma, 185
Hunting P84 Jet Provost, 196, 197d
Hunting, Firma, 196
Hussein, Saddam, 276
Hyper Soar (UCAV), 306d

I

England, Luftschlacht, 101, 101d, 126, 127d
IAI Hunter, 307
IAI Kfir, 242, 243
IAI Pioneer, 307
IAI, 159, 238, 243
Iberia, 245d, 251d
IBM AP101, 308
Ilyushin Il-2 Shturmovik, 123
Ilyushin Il-2M3, Militärflugzeug, 122d
Ilyushin Il-I0 Shturmovik, 123, 142
Ilyushin Il-28 "Beagle", 166, 166d, 239
Ilyushin, Konstruktionsbüro, 123
Imperial Airways, 66, 66d, 68, 72d, 77, 77d
Industrie Gruppen JAS, 303
Instone Air Line, 66, 68, 70
Integrated Space Program, 308
Iraqi Airways, 77
Isotov (450 shp), Turbine, 186
Isotta Fraschini (150 PS), Motor, 61d
Isotta Fraschini Asso (930 PS), Motor, 86, 87d
Ivchenko Progress (1.720 Kg), Motor, 199
Ivchenko, Triebwerk, 199

J

J30 (725 Kg), Strahlturbine 141
J47 (2.360 Kg), Strahlturbine 161
J47-GE-17B, Motor, 145
J47-GE-25 (3.266 Kg), Strahlturbine 163
J57, Motor, 151
J57-P-20A (8.165 Kg), Strahlturbine 157
J75-P-19W (11.110 Kg), Motor, 155
J79-GE-11A (7.170 Kg), Motor, 155
J79-GE-19 (8.120 Kg), Motor, 155
Jagdflugzeuge, **152-160, 252-268, 220-226**
Japan Air Lines, 149, 151, 248, 251d
Jefferies, John, 15d, Wasserstoffballon 16
Jernigan, Tamara, 311d
Jersey Airways, 77
JN ("Jenny"), Doppeldecker, 48
Jodel/Robin DR.100, 214
Jodel/Robin DR.400, 214, 215d
Jodel/Robin DR.500/200I, 215d
Jodel/Robin, 214, 215d
Johnson, Clarence "Kelly", 154, 168
Johnson, James, "Johnny", 103
JT3C-6 (6.120 Kg), Motor, 150
JT3D-7 (8.620 Kg), Motor, 150
JT9D-3A, Motor, 248
JT9D-7FW (22.680 Kg), 249
Jumbo Jet, **244-252**
Jumo (1.800 PS), Motor, 130, 131
Jumo 004 (890 kg), Motor, 130d
Jumo 004 (900 kg), Motor, 139, 145d
Jumo 004, Motoren, 145d
Jumo 211F (1.370 PS), Motor, 238
Jumo 2II, 126, Motor, 127
Junkers D. I, 60
Junkers F13, 70, 71d
Junkers G.24, 67d
Junkers G.31, 67d
Junkers J10, 70
Junkers Ju-388, 127
Junkers Ju-52 ("Tante Ju"), 76, 77d, 128, 128d
Junkers Ju-87 Stuka, 124, 125, 125d, 127
Junkers Ju-88, 126, 127, 127d
Junkers Ju-I88, 127
Junkers Jumo 004 (RD10), 131, 144
Junkers K43, 71
Junkers L-5, (210 PS), Motor, 70
Junkers W33, 70, 71
Junkers W34, 70, 71, 76
Junkers, Firma, 125, 127, 139
Junkers, Fluggesellschaft, 66, 70

K

Kai Kawus, König 10
Kaman K-225, 177
Kaman, Charles, 176
Kaman, Firma, 176
Kamov Ka-25, 187
Kamov Ka-27, 28-29, 187
Kamov Ka-32, 187
Kamov Ka-50 Werewolf, 187, 187d
Kamov Ka-52, 187
Kamov, Büro, 186, 187
Kartveli, Alexander, 112, 143
Kawanishi H6K, 92
Kawanishi H8K, 92
Kawasaki, 175, 182
Kazakov, A.A., 62
Kelly Act, 72
Kennedy Space Center, 310
Kepford, Ira "Ike", 114
Kfir, Jäger, 242, 242d, 243
King's Race Cup, 99d
Kipfer, 22d
Klimov (2.200 shp), Turbinenmotor, 187
Klimov VK-1A (2.700 Kg), Motor, 158
Klimov/Sarkisov RD-33 (8.300 Kg), Triebwerke, 263
KLM Royal Dutch Air Service, 65d, 66, 67d, 71d, 77, 79
Kodizes, da Vincis, 11
Köln, Flugturnier, 67d
Kosovo, Krieg, **276-296**
Krauss, 129d
Krieg, arabisch-israelischer, **238-244**
Krieg, Kosovo, **276-296**
Kutznezov NK-12MV (14.795 PS), Motor, 167

L

Lambert, W., 62
Langley Pierpont, Samuel 20
- Aerodrome 20
Latécoère, Fluggesellschaft, 66
Latham, Hubert, 46, 47d
Larzac 04 (1.350 Kg), Zweikreistriebwerk, 200
Lavochkin, Konstruktionsbüro, 122
Lavochkin La-5, 122
Lavochkin La-7, 122
Lear, William, 217
Learjet, Firma, 217
Learjet 23, 217
Learjet 31A, 217
Learjet 35A, 217
Learjet 45, 216d, 217
Learjet 60, 217
LeMay, Curtiss, 161
Legion Condor, 124, 127
Leonardo da Vinci 5d, 10d, 11, 11d, 13d, 13, 170, 170d
- Ornitotter, 13, 42
- Kodizes, 11
Le Rhone 9C (80 PS), Motor, 56
Le Rhone (110 PS), Motor, 190
Levavasseur, Léon, 46
Levavasseur-Antoinette (24 PS), 42
Liberty (420 PS), 84
Lichtenstein, Radar 129, 131d
Lignes Farman, 44, 65d, 66, 69, 69d
Lilienthal Otto 18d, 19, 20, 38
LIM-1, Jäger (MiG), 144
LIM-2, Jäger (MiG), 144
LIM-3, Jäger (MiG), 144
LIM-5, Jäger (MiG), 158
Lindbergh, Charles, 91, 94, 96-97, 97d
Linee Aeree d'Italia (Italienische Fluglinien), 66
Ling-Temco-Vought, 231
Linke-Crawford, F., 62
Lisunov Li-2, 120
Lockheed, Firma, 140, 146, 196, 234, 247, 278, 296, 304
Lockheed Powers, 169
Lockheed C-130 Hercules, 234, 235, 235d
Lockheed C-130J Hercules II, 235, 235d
Lockheed EC-130E/H, 235, 235d, 285
Lockheed F-80, 140, 140d, 142, 145, 154, 196
Lockheed F-104 Starfighter, 154, 155, 155d
Lockheed L-049 Constellation (C-69), 146, 148
Lockheed L-649 Constellation, 147d, 148, 148d, 283
Lockheed L-1011 Tristar, 251
Lockheed P-80 Shooting Star, 140, 140d
Lockheed P-38 Lightning, Jäger 111, 111d, 139
Lockheed SR-71, 168, 169, 169d
Lockheed T-33A Silver Star, 196, 197d
Lockheed TP-80C/T-33A Silver Star, 141, 140d, 196
Lockheed U-2, 168, 169
Lockheed U-2R (TR-1A), 168
Lockheed, XP-80, 140
Lockheed YC-130, 233
Lockheed Super Constellation L-1049, 146, 147, 148, 149d
Lockheed Super Constellation L-1649 Starliner, 148
Lockheed-Martin F-16 Fighting Falcon, 256, 256d, 257
Lockheed-Martin F-35, 305, 305d
Lockheed Martin F-117A Nighthawk, 276d, 278, 278d, 279d, 290
Lockheed-Martin Dark Star, 306d, 307
Lockheed-Martin/Boeing F-22 Raptor, 303, 304
Lockheed-Martin/Boeing X-35, 304
Lockheed-Martin/Boeing YF-22, 303
Lockheed-Martin/US Navy, 307
Loewenhardt, E., 62
Loganair, 270
Lohner, Wasserflugzeug, 83d
Lohner E, Wasserflugzeug, 82
Lohner L, Wasserflugzeug, 82
Lorraine (400 PS), 84
Lorraine Dietrich (406 PS), 68
Lycoming (150 PS), 206, 207
Lycoming (203 PS), 208
Lycoming (253 PS), 207
Lycoming (270 PS), 175
Lycoming AIO-540 (260 PS), 204
Lycoming O-320 (160 PS), 214
Lycoming O-540 (235 PS), 213
Lycoming O-540 (260 PS), 216
Ludington Air Lines, 78
Lufberry, 56d
Luftfahrt, allgemeine, 206-220
Luftfahrt, französische, 100
Lufthansa, 66, 66d, 67d, 71d, 76, 88, 126, 151, 151d, 245, 248, 270, 274, 275d, 296, 297
Luftschiffe, **24-37**
Luftschiffe, halbstarre, 24, 33, 36, 37
Luftschiffe, Typ "0" 33
Luftwaffe, 101, 124, 126, 127, 128, 128d, 129, 130, 194, 200, 264d, 265
Lunardi, Vincenzo 14d, 16
Lycoming AIO-540 (260 PS), 204
Lynx, 188
LYULKA AL-21F3, Motor, 260

M

M61 Vulcan, Kanone, 155, 229, 231
Mac Arthur, 144
Macchi L.I, Wasserflugzeug, 82
Macchi M.39, 99
Macchi M.5, Jäger-Hydroplan, 82, 83d
Macchi M.52, 99
Macchi M.52R, 99
Macchi M.67, 99
Macchi M.7, Wasserflugzeug, 98
Macchi M.9, Wasserflugzeug, 82
Macchi MC.200, 132
Macchi MC.202 Folgore, 132, 133d
Macchi MC.205 Veltro, 134d
Macchi MC.72, 99
Macchi, Firma, 99
Maddux Air Lines, 74
Madon, G., 62
Malmesbury di, Oliviero 10
Malmgren, 35d
Mannock, E., 58, **62**
MAPO-MiG, 159
Marna, Schlacht, 54d
Martin B-26 Marauder, 120, 121d
Martin M-130, 90d, 91
Martin, Firma, 91
Martin-Baker, Pilotensitz, 191d
Martinsyde F.4 Buzzard, 60
Matra 550 Magic 2, 266
Matra Super 530D, 266
Matra, Rakete, 220
Maurice Farman MF.11, Flugzeug, 52
Maurice Farman MF.7, Flugzeug, 52
McCudden, J.T.B., 58, 59, **62**
McDonnel Douglas F-4 Phantom II, 166d, 141, 141d, 228, 229d, 229d, 232, 240, 243, 252, 254, 256,260, 265
McDonnell Banshee, 141d
McDonnell CF-101 Voodoo, 155
McDonnell Douglas (Boeing) F-15, 243, 242d
McDonnell Douglas AV-8B Harrier II (Night Attack), 223, 282, 282d
McDonnell Douglas DC-10, 251, 251d
McDonnell Douglas DC-8, 244
McDonnell Douglas F/A-18, 280, 281d, 285, 304
McDonnell Douglas F/A-18E/F Super Hornet, 280, 281, 253
McDonnell Douglas MD-11, 251, 251d
McDonnell Douglas MD-80, 245d, 300
McDonnell Douglas MD-80-90, 300d
McDonnell Douglas MD-90, 300
McDonnell Douglas MD-95, 300
McDonnell F-101 Voodoo, 155, 154d
McDonnell F3H Demon, 156
McDonnell F4H-1 Phantom II, 228
McDonnell FH Phantom, 141, 141d
McDonnell RF-101A/C, 155
McDonnell XF2H-1 Banshee, 141
McDonnell, Firma, 141, 141d, 155, 228, 254, 280
McDonnell-Douglas (Boeing)/ BAe T-45A, 199d
McDonnell-Douglas, 185, 223, 251, 282
McGuire, 111
Mercedes D. III (160 PS), 57, 59
Mercedes D. IIIa (176 PS), 59
Merlin (1440 PS), 103
Merlin, 102
Messerschmitt Bf-108, 128d
Messerschmitt Bf-109, Jäger, 101, 101d, 128, 128d, 129, 130, 132, 134,238
Messerschmitt Bf-110, 128d, 128, 129
Messerschmitt Me. 163 Komet, 131, 131d
Messerschmitt Me. 262, Jäger, 104d, 105, 112, 128d, 130, 131, 131d, 142, 196,
Messerschmitt, 127, 129d, 139
Messerschmitt, Willy, 128, 128d
Midway, Kampf, 117d
MiG Alley, 145
MiG E-155P-1, 261
MiG, Büro, 158, 160, 263
MiG, Jäger, 236
MiG-15 ("Fagot"), 144, 145, 145d, 152, 158, 158d,159, 238
MiG-17, 158, 158d, 229, 236, 239, 258
MiG-19 ("Farmer-A"), 158, 159, 159d, 229, 236, 239, 239d
MiG-21 (J-7/F-7), 159, 239, 240, 243, 258d, 259, 260
MiG-23, 241d, 242, 243, 260, 261d
MiG-25, 242, 242d, 260, 261, 261d
MiG-27, 260, 261d
MiG-3, 122, 122d

N

N-1 ("Norge") 33
N-1 ("Norge"), 32d, 33
N-4 ("Italia"), 34, 34d, 35d
NACA, 78, 152, 308
Nagasaki, Bombardierung, 120
Nakaijima, Firma, 136
Nakajima Ki-43 ("Oscar"), 136
Napier Lion (456 PS), 68
Napier Sabre, 104
Napoleone Bonaparte 16
NASA, 152, 168, 169, 308, 308d, 310,311
Nasser, 238, 239
Navajo, 208
Navarre, 57
Nene, 144
Nesher, 240, 242, 242d
NH Industries (NHI), Konsortium, 189
NH Industries NH-90, Hubschrauber, 189, 189d
Nieuport 17, 56d, 57
Nieuport Bébé, 56
Nieuport N. II Bébé, 56d
Nieuport, Firma, 57
Nobile Umberto 32d, 33, 34, 34d, 35d

MiG-31 ("Foxhound"), 263, 263d
MiG-33, 263
MiG-9 UTI, 144
Mikoyan, 158
Mikoyan-Gurevic (MiG):
Mikulin AM-3D (9.500 Kg), Strahlturbine 166
Mikulin AM-3M (9.500 Kg), Strahlturbine 166
Mil Mi-1, 186
Mil Mi-14, 186
Mil Mi-2, 186
Mil Mi-24, 186, 187d
Mil Mi-25, 187
Mil Mi-26, 186
Mil Mi-28, 187, 187d
Mil Mi-35, 187
Mil Mi-6, 186
Mil Mi-8, 186, 240
Mil, Büro, 186, 187
Mil, Mikhail, 186
Mir, 311d
Misr Airwork, 77
Mission STS-7 5d
Mistel Projekt, 127
Mitchell, Billy, 50
Mitchell, Reginald, 102, 103
Mitsubishi A6M Zero ("Zeke"), Jäger, 136, 137d
Mitsubishi Diamond II, 213, 213d
Mitsubishi G4M ("Betty"), Bomber, 136, 137, 137d
Mitsubishi, 181, 176, 254
Mittelmeer, Überflug, 82
Mk.82 Snakeye, 280d
Model 215, Bomber, 78
Model F, Wasserflugzeug, 48
Moelders, Werner, 129d
Mongolfiere, 16
Montgolfier, Jacques Etienne, 14, 15d
Montgolfier, Joseph Michel, 14, 15d?
Morane-Saulnier 885 Super Rallye, 213
Morane-Saulnier H, 52
Morane-Saulnier L. 54
Morane-Saulnier MS.880 Rallye, 213, 213d
Morane-Saulnier MS-405, 100
Morane-Saulnier MS-406, 100, 101, 101d
Morane-Saulnier Rallye (Galopin-Garnament-Galérien-Gaillard-Gabier), 213
Morane-Saulnier Rallye 100T, 213
Morane-Saulnier Rallye 180, 213
Morane-Saulnier Rallye 235, 213
Morane-Saulnier Rallye 880B, 213
Morane-Saulnier, 51d
Morane-Saulnier, Firma, 54, 213, 213d
Motorlet M701 (890 Kg), Triebwerk, 199
Mousquetaire D.140 (180 PS), 214
Mudry CAP 10, 214, 215d
Mudry CAP 20, 214
Mudry CAP 21, 214
Mudry CAP 230, 214
Mudry CAP 231, 214
Mudry CAP 232, 214
Mudry, Firma, 214
München, Flugtreffen, 81
Musgrave, 311d
Myasishchev M-4 ("Bison"), 166, 167

Noratlas, 238
Normandie, Landung, 104
North American (A)T-6 Texan NA-16, 195, 195d
North American A-5 (A3J/RA-5) Vigilante, 231, 231d
North American BC-1 (SNJ-1/ AT-6), 195, 195d
North American F-100 Super Sabre, 152, 153d, 222
North American F-100F Super Sabre, 151, 153d, 235
North American F-101A, 154d
North American F-86 Sabre (NA134), 145, 145d, 151
North American P-51 Mustang (Mk.I), Jäger, 112, 113d
North American Rockwell, 308
North American T-28 Trojan, 202, 202d, 227
North American XT-28 (T-28A Trojan/T-28B/C), 202
North American, Firma, 119, 145, 163, 195, 247
Northrop AT-37B, 199
Northrop F-5A/B, 232, 232d
Northrop F-5E/F, 232
Northrop T-37, 199
Northrop, 199, 232, 280
Northrop, Jack, 290
Northrop, N-156/T-38A Talon, 199, 199d, 232
Northrop, N-156F/F-5A Freedom Fighter , 232
Northrop-Grumman B-2A Spirtit, 290, 290d, 291d, 292d, 293d
Northrop-Grumman Global Howk, 306d
Northrop-Grumman UAV, 306d
Northrop-McDonnell-Douglas YF-17, 280
Northrop-McDonnell-Douglas YF-18, 280
Northrop-McDonnell-Douglas YF-23, 303
NT 37
Nungesser, C., 56, 57, 62
Nürnberg, Senecio von, 10

O

Oberursel, 56
Oemichen, Etienne, 170d, 171
Oliviero di Malmesbury 10
Olley Air Service, 77d
Olofred, Preis, 80d
Orbetello, Flugschule in, 86
Orbiter, 308
Orteig, Raymond, Preis, 96
Otto, Nikolaus, 38 -Zyklus 8, 38

P

PD.2, Hubschrauber, 173
PT6A (950 shp), Motor, 204
Pacific Air Transport, 72
Packard, Firma, 112
Pan American, 78, 90d, 91, 148, 149, 150, 247, 248, 250
Panavia, 265
Panavia PA.200 Tornado, 264, 264d, 265, 265d
Paris, Belagerung von, 16d
Paveway, Bombe, 236, 278
Pean, Zweimotorenflugzeug, 39d
Pearl Harbor, 111d
Pegasus Motor Mk.103 (9.750 Kg), 223
Pénaud, 170
Pescara Pateras, Raul, 171, 171d
Peyret, Louis, 42
Pfalz D. III, 58
Phillips, 170
Piaggio, 173
Piasecki, Firma, 175
Piasecki, Frank, 175d, 176d
Piasecki, H-19, 176
Piasecki H-21, 175, 176, 176d
Piasecki HRP-1 ("Fliegende Banane"), 175, 175d
Piasecki PV-3, 175, 175d
Piccard, Auguste 22d
Piccio, P.R., **62**
Pilatus, Firma, 204
Pilatus P-3, 204
Pilatus P-3B, 204
Pilatus PC-7 Turbo Trainer, 204, 205d
Pilatus PC-9, 204, 205d
Piltre de Rozier, Jean François 15
Piper, 206, 207d, 208
Piper PA-18 Super Cub, 206, 206d, 207
Piper PA-18-150, 206
Piper PA-23 Apache, 207, 207d
Piper PA-28 Cherokee, 207
Piper PA-34 Seneca, 206, 208d

Piper PA-31 Inca (Navajo), 208
Piper Pa-31-350 Navajo Chieftain, 208, 208d
Piper PA-34 Seneca (II, III, IV), 208
Piper PA-38 Tomahawk, 207, 207d
Piper PA-42 Cheyenne (II, III, IV), 208
- Serie Archer, Arrow, Dakota, Warrior, 207
Piper J-3 Cub (Taylor Cub), 206, 206d, 207
Pitcairn, Harold, 173d
Polikarpov, 193
Polikarpov I-16, Jäger, 122, 122d
Polikarpov U-2 (Po-2), 193, 193d
Powers, Gary, 168
Pralluftschiffe 24
Pratt & Whitney, 298, 299
Motoren:
- Pratt & Whitney 119-611 (16.700 kg) Kg, 303, 304
- Pratt & Whitney 119-614 (19.000 Kg), 304
- Pratt & Whitney Canada PT6A (400 shp), Turbopropeller-Triebwerk, 202
- Pratt & Whitney Canada PT6A (700 shp), Turbine, 204
- Pratt & Whitney Canada PT6A (730 shp), 208, (1.110 Kg), Turbopropeller 269
- Pratt & Whitney Canada PT6A, 211, 213, 269
- Pratt & Whitney Canada PW118 (1.800 shp), 270
- Pratt & Whitney Canada PW120A (2.000 shp), Turbopropeller 269, 273
- Pratt & Whitney Canada PW125B (2.500 shp), Turbopropeller 270
- Pratt & Whitney Double Wasp (2000 PS), 112, (2.535 PS),146
- Pratt & Whitney F100-PW-100, (10.850 Kg), Zweikreistriebwerk, 254, 256
- Pratt & Whitney F100-PW-220 (10.850 Kg), 256
- Pratt & Whitney F100-PW-229 (13.200 Kg), 252
- Pratt & Whitney F119-PW-100 (15.800 kg), Zweikreistriebwerk, 303
- Pratt & Whitney Hornet (530 PS), Triebwerke, 76
- Pratt & Whitney Hornet (600 PS), 78, (580 PS), 91
- Pratt & Whitney J42 (2.270 kg), 143
- Pratt & Whitney J48 (2.835 kg), 143
- Pratt & Whitney J52-P-8B (4.220 Kg), 230
- Pratt & Whitney J57, Düsenmotor, 231
- Pratt & Whitney J57, Strahlturbine 155
- Pratt & Whitney J57-P-11 (6.715 Kg), 157
- Pratt & Whitney J57-P-13 (5.080 Kg), 168
- Pratt & Whitney J57-P-21A (7.690 Kg), 152
- Pratt & Whitney J57-P-23 (7.802 Kg), Strahlturbine 153, 155
- Pratt & Whitney J57-P-55 (6.750 Kg), 155
- Pratt & Whitney J57-P-59W (6.240 Kg), 164
- Pratt & Whitney J58 (14.750 Kg), 169, 169d
- Pratt & Whitney J75, 155
- Pratt & Whitney J3P (4.300 Kg), Düsenmotor, 150
-Pratt & Whitney JT8D-7 (6.350 Kg), Zweikreistriebwerk, 245
- Pratt & Whitney JT8D, Zweikreistriebwerk, 244, 245
- Pratt & Whitney JT9D (18.500 Kg), 248
- Pratt & Whitney PT6A (760 shp), 205
- Pratt & Whitney PW2037 (17.300 kg), 298
- Pratt & Whitney PW6000, 299
- Pratt & Whitney R-1340-49 (607 PS), 195
- Pratt & Whitney R-2800 (2129 PS), 93
- Pratt & Whitney R-4360 (3.800 PS), 161
- Pratt & Whitney R-4360 Wasp Major (3.549 PS), 148
- Pratt & Whitney TF30-P-100 (11.385 Kg), 232, 232d
- Pratt & Whitney TF30-P-4 (9.480 Kg), Zweikreistriebwerk, 252

- Pratt & Whitney TF33-P-3 (7.710 Kg), Zweikreistriebwerk, 163
- Pratt & Whitney Twin Wasp (1217 PS), 92
- Pratt & Whitney Wasp SC-1 (425 PS), 74
PT6A, Turbopropmotor, 270
Preis, Deutsche de la Meurthe 24d
Preis, "Daily Mail", 43, 43d, 47d, 94
Preis, Olofred, 80d
Preis, Raymond Orteig, 96
Prévost Maurice, 98, 99d
Provost, Übungsflugzeug, 196, 197d

R

R-13M, Raketen, 159
R-23, Raketen, 260
R-27, 263
R-40, Raketen, 261, (TD) 263
R-55, Raketen, 159
R-60, Raketen, 159, 260, 263
R-33, 263
R-73, Raketen, 260, 263
R-77, Raketen, 263
RF-101C, Aufklärer, 228d
Radar Lichtenstein, 129, 131d
Radar Westinghouse AN/APY-1, 284
Radar Westinghouse AN/APY-2, 285d
R-35-300 (13.000 Kg), 260
RB.199 Mk.104 (7.450 Kg), Motor,265
RB.199 Mk.105 (7.600 Kg), Motor,265
Reagan, Ronald, 289, 289d
Regia Aeronautica (Königliche Luftfahrt), 33, 84, 86, 86d, 87d, 92, 133d, 135
Regia Marina italiana (Königliche Italienische Marine), 80, 80d
Reggiane Re.2005 Sagittario, 135
Reims, 209, 210
Reitsch, Hanna, 173
Reliability Trial, Ford-Preis , 71
Republic, Firma, 143, 155
Republic F-105 Thunderchief, 155, 155d,158d
Republic F-105F Thunderchief, 155, 235
Republic F-105G Thunderchief, 155, 235
Republic F-84F Thunderstreak, 142d, 143
Republic F-84 Thunderjet, 143, 143d, 145, 155, 238
Republic P-47 Thunderbolt, Jäger, 112, 113d, 143
Republic RF-84F Thunderflash, 144
Richet, 171, 171d
Rickenbacker, E., **62**
Rittenhaus, 99
Rockeye, Bombe, 240
Rockwell B-1 Lancer, 288, 289, 289d
Rolls-Royce, Firma, 102, 296
Rolls Royce/SNECMA Olympus 593 Mk.610, 247
RAF 3A (203 PS), 70
RD-10A (1.000 Kg), 144
RD-45F, 144
RD-20, 144
REP (28 PS), 43
Rolls-Royce, 61d, 139, 297, 298, 298d, 299
Rolls Royce Avon RA.29 Mk.552 (4.763 Kg), 151
Rolls-Royce (FIAT Avio) Spey RB-168-807 (5.000 kg), 286
Rolls-Royce /Turboméca Adour 104 (3650 kg), Zweikreistriebwerk 224
Rolls-Royce Avon 301 (7400 kg), 222
Rolls-Royce Avon Mk.207 (4600 kg), 222
Rolls-Royce BR710, Zweikreistriebwerk 217
Rolls-Royce Condor (660 PS), 88
Rolls-Royce Dart 514, Triebwerke, 270
Rolls-Royce Eagle (364 PS), 71
Rolls-Royce Eagle VIII, 94
Rolls-Royce Gem (825 shp), Turbine, 188
Rolls-Royce Griffon, (2050 PS), 103d
Rolls-Royce Kestrel (695 PS), 128
Rolls-Royce Merlin (1039 PS), 101, 112
Rolls-Royce Merlin, Triebwerk 106
Rolls-Royce Nene (2270 kg), 144, 218
Rolls-Royce Pegasus F402-RR-408A (10.800 kg), 282
Rolls-Royce R (2332 PS), 99

317

Rolls-Royce RB207, Zweikreistriebwerk, 296
Rolls-Royce RB211 (18.200 kg), 298
Rolls-Royce Trent 900, 301
Rolls-Royce Turbomeca RTM (2100 shp), Turbine, 189
Rolls-Royce Viper (1134 kg), Strahlturbine 198
Rolls-Royce Vulture, 104, 106
Roosevelt, Theodore 160
Royal Aircraft Establishment (RAE), 149
Royal Air Factory (RAF), 60
RAF B.E. 2, 52
RAF F.E 2b, 56, 57d
RAF S.E 5a, 58, 59d
RAF Shorts Tucano, 205d
Royal Air Force (RAF), 5d, 79, 92d, 93, 94, 101, 101d, 102, 103, 104, 104d, 105, 106, 108, 108d, 109, 109d, 130, 138, 161d, 181d, 190d, 191, 192, 192d, 196, 197d, 200, 201d, 205d, 222, 222d, 223, 224, 264d, 265, 265d, 282
2.Tactical Air, 104
Royal Flying Corps, 56, 68
Royal Naval Air, 52
RPV (pilotenlose Flugzeuge), 241, 243
Rudel, Ulrich ("der eiserne Pilot"), 125
Ruffo di Calabria, F., **62**
Rumpler, 20
Rumey, F., **62**
Ryan, Firma, 97
Ryan FR Fireball, Jet, 141, 141d
Ryan NYP ("Spirit of St. Louis"), 97, 97d

S

S-102, Jäger (MiG), 144
S-103, Jäger (MiG), 144
SAAB, 224, 225, 272, 272d, 303
SAAB 21, 29 Tunnan, 224
SAAB 32 Lansen, 224
SAAB 35 Draken, 224, 224d, 225, 225d, 303
SAAB 37 Viggen, 224d, 225, 303
SAAB 210 Lilldraken, 224
SAAB 340B, 272
SAAB 350E, 225d
SAAB 2000 ("Concordino"), 272, 272d
SAAB 37 Viggen, 224d, 225
S100B S100B Argus, 272
SAAB-Fairchild SF.340A, 272
Sabena, 66, 151
Sabre IV, 104
Sabre II, 104
Salmson C.M.9 (260 PS), 69
SAM (Surface-to-Air Missiles) SA-2, 168, 240d
SAM SA-3, Rakete, 168, 240
SAM SA-6, Rakete, 168, 240
SAM SA-7, Rakete, 168, 240
SAM SA-9, Rakete, 168, 240
Samara NK-25 (25.000 Kg), Zweikreistriebwerk, 167
SAN, 214
Santos-Dumont, Alberto, 24, 24d, 42, 42d
- 19/Demoiselle, 42
- N1, 24
- 14bis, 24d, 42, 42d
Sapphire, Motor, 222
SAS, Fluggesellschaft, 66, 151
Savoia Marchetti S-16ter ("Gennariello"), 84, 85d
Savoia Marchetti S.55 ("Santa Maria"), 84
Savoia Marchetti S.55.X, 86, 86d, 87d
Scaroni, S., **62**
Schlachtfliegergeschwader 2 (SG. 2), 125
Schneider, Firma, 98
Schneider, Jacques, 98
- Coupe d'Aviation Maritime, 98
Schneider, Trophäe, 81, 98-99, 99d, 99t, 102, 103d (t für Tabelle)
Scientific American, Preis, 48
Scuola di Alta Velocità della Regia Aeronautica (Flugschule der Königlichen Italienischen Luftfahrt), 99
SEAD (Beseitigung feindlicher Fliegerabwehr), 285
SEPECAT (Société Européenne de Production de l'Avion d'Ecole de Combat et d'Appui Tactique), 224
SEPECAT Jaguar, 224, 225d, 280, 303, 304
Shamsher, 224
Shorts, 271
Shorts 360, 271
Short S. 29 Stirling, 106d
Shorts Skyvan 300, 271
Shorts Sherpa, 271
Short Sunderland, 92, 92d
Shvetson M.82, 122
SIAI Marchetti, Firma, 204, 216
SIAI Marchetti S.205/208, 216, 216d
SIAI-Marchetti SF.260, 202, 204, 205d, 216
SIAI S.12, 98
SIAI S.13, 98
SIAI S.16, 86
SIAI S.79 Sparviero, 134d, 135
Sidewinder, Raketen, 223
Siemens-Schuckert D.III/IV, Jäger, 59
Siemens Sh. 14 (162 PS), Motor, 194
Siemens Jupiter (500 PS), 88
Sikorsky, Igor, 171, 174, 174d, 175
Sikorsky Aero Engineering Corporation, 91, 174, 175, 176, 180, 181, 182
Sikorsky CH-53 Stallion, 181, 181d, 240, 295d
Sikorsky CH-54, 226d
Sikorsky H-3 (HMX-1), 181d
Sikorsky HH-3E Jolly Green Giant, 181, 236
Sikorsky HH-3F Pelican, 181
Sikorsky MH-60/EH-60/HH-60, 181
Sikorsky Nr.1, Nr.2, 171
- (Boeing)/ Sikorsky RAH-66 Comanche, 182
Sikorsky S.42, Transportflugzeug, 90d, 91
Sikorsky S.40, ("American Clipper"), 91
Sikorsky S-51Dragonfly, 176, 176d, 177d
Sikorsky S-55/ H-19/YH-19, 176, 176d, 177, 177d
Sikorsky S-58 (HSS-1 Seabat/H-34), 180
Sikorsky S-61 (HSS-2/Sea King), 180, 181, 181d
Sikorsky S-64, 181
Sikorsky S-65 (H-53), 181, 181d
Sikorsky S-70, 181, 182
Sikorsky S-76, 182
Sikorsky S-92, 182
Sikorsky SH-3A, 181d
Sikorsky SH-60B, F und R, 181
Sikorsky SH-60 Sea Hawk, 183d, 222, 238, 295d
Sikorsky S-70B und C 181
Sikorsky UH-60A Black Hawk, 181, 183d, 184d, 185d
Sikorsky VS-300, 174, 174d, 175
SNECMA Atar 9B, 220
SNECMA Atar 9C, 220
SNECMA M53-5 (8.550 Kg), 266
SNECMA M53-P2 (9.700 Kg), 266
SNECMA M 88-2 (7650 Kg), Zweikreistriebwerk, 303
SNETA, Fluggesellschaft, 66, 70
Skunk Works, 168, 278
SOCATA, 213, 214, 215d
SOCATA TB.9 Tampico, 214, 215d
SOCATA TB.10, 214
SOCATA TB.20 Trinidad, 214, 215d
SOCATA TB.21 Trinidad, 214
SOCATA XLTB.200 Tobago, 214
Societé Aéronautique Normande, 214
Societé pour l'aviation et ses dérivés, (SPAD), 43
Sopwith Baby, 81
Sopwith F.I Camel, 58, 59d
Sopwith Pup, 58
Sopwith Tabloid, 52, 98
Sopwith Triplane, 58, 59d
Southwest Air Fast Express, 78
Sowjetunion, 122, 123
Soyuz-Gavrilov R-25-300 (7.500 Kg), 159
Soyuz/Khachaturov R29-300 (12.500 Kg), 260
Soyuz/Tumanski R-15B-300 (11.200 Kg), 261
SPA 6A (265 PS), Triebwerk, 192
SPAD VII, Jäger, 56, 57
SPAD S.VII, Jäger 57
SPAD S.XIII, Jäger 57
Space Shuttle, 5d, 7, **308-311**
Space Shuttle Challenger, 5d
Space Shuttle Challenger -Mission STS-7, 5d
Space Shuttle STA-099, 311
Space Shuttle STS-1, 308, 308d, 310
Space Shuttle STS-2, 311
Space Shuttle STS-7, 5d
Space Shuttle STS-96, 311d
Space Shuttle STS-106, 309d
Spandau, Maschinengewehr, 56
Spitfire, 128, 130, 238
SRV (Solid Racket Booster), 309
SSME (Space Shuttle Main Engines), 309
Starrluftschiffe 24, 26
Stearman, Firma, 194
Stearman 75 Kaydet (PT-13), 194, 195
Stearman 75 Kaydet PT-17 (N2S), 194, 195
steward, 67d
Stout, 74
Stout Air Services, 72
Stout 2-AT Pullman, Eindecker, 74, 75d
Stout 3-AT, 74
Strategic Air Command, (SAC), 161
Strela, 311d
Su-7, Jagdbomber, 239, 240
SUAV (Support UAV), 307
Sud-Aviation, 178, 213, 246, 296
Sud-Aviation SA 315 Lama, 178
Sud-Aviation SA 316 Alouette III, 178, 179d
Sud-Aviation SA 318C, 178
Sud-Aviation SA 321 Super Freon, 178, 179d
Sud-Aviation/Aerospatiale SA 315B Lama, 179d
Sud-Aviation/Aerospatiale SA 330 Puma, 178, 179d, 287d
Sud-Aviation/Aerospatiale SA 342 Gazelle, 188, 188d
Sud-Est (SNCASE), Firma, 151, 178
Sud-Est Caravelle, 151d
Sud-Est SE.3120 Alouette, 178
Sud-Est SE.313 Alouette, 179d
Sud-Est SE.313B Alouette, 178
Sud-Est SE.3130 Alouette II, 178
Sud-Est SE 3000, 178
Sukhoi, technisches Büro, 123
Sukhoi Su-26/29, 217
Summers, Joseph, 102
Super Etendard, 303
Supermarine, Firma, 102
Supermarine S.4, 99
Supermarine S.5, 99
Supermarine S.6, 99
Supermarine S.6B, 99
Supermarine Sea Lion II, 98
Supermarine Spitfire, 102, 103d, 108
Supermarine Type 224, 102
Supermarine Type 300, 102
Supermarine Walrus, Wasserflugzeug, 92, 92d
SVA (Savoia, Verduzio, Ansaldo), 192
SVA 4, 192
SVA 5, 192
SVA 6, 192
SVA 9, 192
Swearinger Merlin II A, 268, 269
Swiss Air, 151

T

T34 ("Roma"), Halbstarrluftschiff, 33
T56-7 (4.100 PS), Motor, 235
T56-15 (4.560 PS), Motor, 235
Tactical Air, 2a (RAF), 104
Tallboy, Bombe, 108
Tank, Kurt, 130
Taube LE-3, Eindecker, 52
Taylor, Charles, 39
- Flyer, Flugzeug, 38d, 39, 40, 40d
Teledyne Continental (213 PS), Motor, 209
Teledyne Continental (220 PS), Motor, 208
Teledyne, Ryan Global Hawk, 307
Titan III, Raketen, 308
Top Gun, 236
Tornado, Programm, 296
Trans Canada, 151
Transcontinental, 74
Trippe, Juan, 91
Trophäe, Schneider, 81, 98-99, 99d, 99t, 102, 103d (t = Tabelle)
Trojani, Pietro, 173
Tumansky RD-9BF (3.300 Kg), Motor, 158d, 159
Tupolev, Büro, 166, 167
Tupolev Tu-4, 166
Tupolev Tu-14 ("Bosun"), 166
Tupolev Tu-16/Xian H-6 ("Badger"), 166, 166d, 167, 239, 240
Tupolev Tu-20 ("Bear"), 167
Tupolev Tu-22 ("Blinder")/ Tu-105, 167
Tupolev Tu-22M3, 166d
Tupolev Tu-26 "Backfire"/Tu-22M, 167
Tupolev Tu-95MS, 167
Tupolev Tu-142, 167
Tupolev Tu-144, 246, 250
Tumanski R-11, Strahlturbine 159
Turbomeca Artouste I (360 shp), Turbine 178
Turbomeca Marboré (400 Kg), Strahlturbine 196
Turbomeca/Rolls Royce, (1.170 shp), Turbine 189
TWA, Trans World Airlines, 72d, 78, 78d, 147, 147d, 148, 151

U

UAV (Unmanned Air Vehicles), 306d, 307
UAV General Atomics RQ-1A Predator, 306d, 307
Überflug, Atlantik, 82, 84, 84d, 94, 97
Überflug, Ärmelkanal, 46, 82
Überflug, Mittelmeer, 82
Überflug der arktischen Polkappe 33
UCAV (Unmanned Combat Air Vehicles), 306d, 307, 307d
UCAV X-47 Pegasus, 306d
Udet, E., 59, 62
United Air Lines, 73d, 78, 150, 244, 245, 298, 299
URAV (Uninhatated Reconnaissance Air vehicles), 307
US Army Air Corps (USAAC), 52, 100, 111, 112, 113d
US Army Air Force (USAAF), 112, 117d, 140, 145, 146, 155, 161
USAF, 140d, 142, 143, 143d, 145, 145d, 150, 152, 154, 155, 155d, 156, 158d, 162, 163, 164, 164d, 168, 169, 175, 176, 176d, 181, 196, 199, 199d, 202, 202d, 204, 228, 228d, 229, 229d, 230d, 231, 232, 232d, 234, 235d, 236, 247, 251d, 254, 255d, 256, 256d, 259, 259d, 277, 280, 284, 285d, 290, 295, 295d, 302, 303, 304, 304d, 306d, 307, 308

V

VAX, Wettbewerb, 156
VS-300, Hubschrauber, 174, 175
Vautour, Bomber, 239, 238d
Vedeneyev M14 (360 PS), Motor, 202
Verdun, Schlacht von, 57
Vertol, 182
Vertol 107, 182
Vertol H-46, 182
Vertol 114 CH-47 Chinook, 182
Vertol CH-46, 182, 183d
Vickers, Firma, 68, 94
Vickers FB. 27 ("Vimy"), 60, 61d, 68, 68d, 94, 94d, 95, 95d
Vickers Vimy Commercial, 68, 68d
Vickers Valiant, 161d, 238
Vickers, Maschinengewehr, 57
Viermotoren, 93
Vietnamkrieg, **226-238**
Viggen, 303
Viper (1.814 Kg), Motor, 198
Voisin-Farman, Firma, 44
Voisin-Farman I, Flugzeug, 44
Voisin, Doppeldecker, 45d
Voisin, Brüder, 44, 44d
Voisin, Frères, Firma, 44, 44d
Voisin, Gabriel, 40, 42, 44, 80
Volvo RM 12 (8220 Kg), Motor, 303
Volvo RM6C (7.800 Kg), 224
Volvo RM8B (12.750 Kg), 225
von Hiddeson, Franz, Oberleutnant, 52
von Moltke, Helmut, 50
von Ohain, Hans, 138, 139d
von Parseval, 26
von Richtofen, Manfred (der Rote Baron), 58, 59, 59d, 62, 63d
Voss, Werner, 58, 59, **62**
Vought, Firma, 156
Vought A-7A Corsair II, 230, 230d, 231, 231d, 232, 256, 280
Vought F4, 227
Vought F4U Corsair, Jäger, 114, 114d
Vought F7U Cutlass, 156
Vought F8U/F-8 Crusader, 156, 156d, 157, 166d, 231, 227, 237d
Vuia, Trajan 21d
Vulcan, Kanone, 155, 158d, 240

W

WU, 138
W.1, 138
Walleye, Bombe, 240
Wallis, Bombe, 108
Walter HWK, Motor, 131
Waters, Tank, 48
Wasserflugzeuge **80-99**
Webster, S.N., 99
Welt, Reise um die, 84, 85d
Weltkrieg, erster, **50-63**
Weltkrieg, zweiter, 82d, 92, **100-123**, **124-137**, 146
Western Air Express, 72, 78, 151
Westinghouse AN/APY-1, Radar, 284
Westinghouse AN/APY-2, Radar, 285d
Westinghouse J34 (1.475 Kg), 141
Westinghouse 19XB-2B (530 Kg), Strahlturbine 141
Westland, 176, 179d, 181, 181d, 188
Westland Wasp, 188
Westland Lynx, 188
Wettflug (Raid), **80-99**
Whirlwind, Triebwerk, 71
Whittle, Frank, 138, 140
Whittle W.I, 104
Whittle W.2B/23, Triebwerk, 104
Wolfert Kurt 26
Wolseley W.4a (200 PS), 58
Wright Company, 40
Wright Cyclone (1.350 PS), Propeller, 141
Wright-Brüder 6, 20, 20d, 38, 38d, 39, 39d, 40, 40d
- Flyer, Flugzeug, 38d, 39, 40, 40d
- Flyer III, Flugzeug, 40
- Flyer Model A, 40, 40d
- Flugschule, 40
Wright Nr.1, Flugzeug, 39d
Wright (405 PS), 195
Wright 988TC-18EA-2 (3.447 PS), 148
Wright Cyclone (710 PS), 78
Wright R-1300 (800 PS), 176
Wright R-1820 (1.445 PS), 202
Wright R-2600 Cyclone (1520 PS), 91
Wright R-3350 Turbo-Compound (3.295 PS), 147

X

X, Versuchsflugzeuge, 152
X20 (Dyna Soar), 308
XB-I5, Bomber, 91
XF-102, Prototyp, 153
XF2H-1, Prototyp, 141d
XF-88, Prototyp (McDonnell), 155
XF8U-1, Prototyp (Vought), 156
XF-92A, Prototyp, 152
XFJ-1 Fury, Prototyp 145
XP-47B, Jäger, 112

Y

YC-95, Prototyp, 270
YF-102A, Prototyp, 153
YF-105A, Prototyp, 155
YF-105B, Prototyp, 155
YF-17 Northrop, 256
Yakovlev, Konstruktionsbüro, 122, 202
Yakovlev Yak-I, 123
Yakovlev Yak-3, 123, 144, 145d
Yakovlev Yak-7, 123
Yakovlev Yak-9, 123, 123d, 142
Yakovlev Yak-15, 144, 145d
Yakovlev Yak-17, 144
Yakovlev Yak-18, 202, 202d
Yakovlev Yak-50, 55, 217
Yakovlev Yak-52, 202
Young, Arthur, 174d, 175
Young, J.W., 308d, 310

Z

Zacchetti, Vitale, 84
Zappata, Filippo, 92
Zehnjahresfeier, Flug, 86, 86d, 87d
Zeppelin, Firma 26
Zeppelin, Ferdinand Adolf August Heinrich, Graf 26
Zeppelin Luftschiffe 27d, 28, 50d, 64
- Katastrophe, 31, 31d, 36
Zeppelin L2 27d
Zeppelin Lutschiff Zeppelin Eins /LZ-1 26
Zeppelin Lutschifftechnik GmbH, 37
Zeppelin LZ-127 Graf Zeppelin 28, 29d, 37d
Zeppelin LZ-129 Hindenburg 29d, 30d, 31, 31d Katastrophe, 31, 31d, 36
Zeppelin LZ-130 Graf Zeppelin II 31
Zeppelin LZ-3 (Z1), 26
Zeppelin LZ-5, 26
Zeppelin LZ-7 Deutschland, 26, 27d
Zeppelin NT LZ N-07, 37
Zero, Jäger, 114
Zlin 142, 216
Zlin 143L, 216
Zlin 242L, 216
Zlin 42, 216
Zlin 43, 216
Zlin 50, 216d
Zlin 50L, 216
Zlin 50LS (300 PS), 217
Zlin 526, 216
Zlin, Firma, 216, 216d

FOTONACHWEIS

VORWORT
Seite 1 Il Dagherrotipo
Seiten 2-3 John M. Dibbs/The Plane Picture Company
Seiten 4-5 Corbis/Grazia Neri
Seite 5 unten rechts Mary Evans Picture Library
Seiten 6-7 Contrasto
Seiten 8-9 Corbis/Grazia Neri

KAPITEL 1
Seite 11 rechts Index
Seiten 12-13 Il Dagherrotipo
Seite 12 unten links Il Dagherrotipo
Seite 13 oben Il Dagherrotipo
Seite 13 unten Il Dagherrotipo
Seite 14 oben links Photos12
Seiten 14-15 Mary Evans Picture Library
Seite 15 links Mary Evans Picture Library
Seite 15 oben Mary Evans Picture Library
Seite 15 rechts Mary Evans Picture Library
Seite 15 unten links Photos12
Seite 15 unten rechts Photos12
Seite 16 oben Double's
Seite 16 unten Photos12
Seiten 16-17 Photos12
Seite 17 unten Photos12
Seite 18 oben links Science Photo Library/ Grazia Neri
Seite 18 Mitte Otto Lilienthal Museum
Seite 18 oben rechts Otto Lilienthal Museum
Seite 18 Mitte rechts oben Otto Lilienthal Museum
Seite 18 Mitte rechts unten Otto Lilienthal Museum
Seite 18 unten rechts Hulton Achive/Laura Ronchi
Seite 19 oben Otto Lilienthal Museum
Seite 19 links Mitte links Otto Lilienthal Museum
Seite 19 Mitte rechts Otto Lilienthal Museum
Seite 19 unten rechts Mary Evans Picture Library
Seite 19 unten Mitte Archivio Privato
Seite 20 oben rechts Hulton Archive/ Laura Ronchi
Seite 20 unten Roger Viollet/Contrasto
Seite 21 oben Hulton Archive/Laura Ronchi
Seiten 20-21 Photos12
Seiten 22-23 Photos12
Seite 22 links Mary Evans Picture Library
Seite 22 rechts Mary Evans Picture Library
Seite 23 oben Photos12
Seite 23 unten Il Dagherrotipo

KAPITEL 2
Seite 24 Photos12
Seiten 24-25 oben Roger Viollett/Contrasto
Seiten 24-25 unten Il Dagherrotipo
Seite 26 links Archiv Luftshiffbau Zeppelin
Seiten 26-27 unten Hulton Archive/ Laura Ronchi
Seite 27 oben Archiv Luftshiffbau Zeppelin
Seite 27 Mitte rechts Archiv Luftshiffbau Zeppelin
Seite 27 unten Archiv Luftshiffbau Zeppelin
Seiten 28-29 Archiv Luftshiffbau Zeppelin
Seite 28 unten rechts Archiv Luftshiffbau Zeppelin
Seite 28 unten links Archiv Luftshiffbau Zeppelin
Seite 29 oben Archiv Luftshiffbau Zeppelin
Seite 29 unten links Archiv Luftshiffbau Zeppelin
Seite 29 unten rechts Archiv Luftshiffbau Zeppelin
Seiten 30-31 Hulton Archive/Laura Ronchi
Seite 30 unten links Archiv Luftshiffbau Zeppelin
Seite 30 unten rechts Archiv Luftshiffbau Zeppelin
Seite 31 oben Hulton Archive/Laura Ronchi
Seite 31 Mitte rechts Hulton Archive/ Laura Ronchi
Seite 31 unten Hulton Archive/Laura Ronchi
Seite 32 oben Publifoto Olimpia
Seite 32 Mitte Archivio G. Apostolo
Seite 32 unten links Il Dagherrotipo
Seite 32 unten rechts Il Dagherrotipo
Seite 33 oben Il Dagherrotipo
Seiten 32-33 Hulton Archive/Laura Ronchi
Seite 34 oben Archivio Privato
Seite 34 unten Il Dagherrotipo
Seiten 34-35 Archivio G. Apostolo
Seite 35 Mitte rechts Archivio Privato
Seite 35 unten Il Dagherrotipo
Seite 36 oben Moffet Field Historical Society
Seite 36 unten Moffet Field Historical Society
Seite 37 oben links Corbis/Grazia Neri
Seite 37 oben rechts Moffet Field Historical Society
Seite 37 unten Moffet Field Historical Society

KAPITEL 3
Seiten 38-39 Hulton Archive/Laura Ronchi
Seite 38 unten links Roger Viollet/ Contrasto
Seite 39 oben links Hulton Archive/ Laura Ronchi
Seite 39 oben rechts Hulton Archive/ Laura Ronchi
Seite 39 unten links Popper Foto/Vision
Seite 39 unten rechts Popper Foto/Vision
Seite 40 oben Roger Viollet/Contrasto
Seiten 40-41 Il Dagherrotipo
Seite 40 unten Corbis/Grazia Neri
Seite 41 unten Hulton Archive/Laura Ronchi
Seite 42 oben links Roger Viollet/ Contrasto
Seite 42 oben rechts Musee De L'Air
Seite 42 Mitte rechts Roger Viollet/ Contrasto
Seite 42 unten links Roger Viollet/ Contrasto
Seite 43 oben links Archivio A. Colombo
Seite 43 oben rechts Photos12
Seite 43 unten rechts Hulton Archive/ Laura Ronchi
Seite 44 oben Musee De L'Air
Seite 44 unten Roger Viollet/Contrasto
Seite 45 oben links Photos12
Seite 45 oben rechts Hulton Archive/ Laura Ronchi
Seite 45 unten Publifoto Olimpia
Seite 46 Hulton Archive/Laura Ronchi
Seite 47 oben Musee De L'Air
Seite 47 Mitte Popper Foto/Vision
Seite 47 unten Archivio G. Apostolo
Seite 48 Popper Foto/Vision
Seiten 48/49 Archivio G. Apostolo
Seite 49 oben Publifoto Olimpia

KAPITEL 4
Seite 50 links Il Dagherrotipo
Seite 50 rechts Il Dagherrotipo
Seite 50 unten Il Dagherrotipo
Seite 51 oben links Denver Public Library
Seite 51 Mitte Il Dagherrotipo
Seite 51 unten links Il Dagherrotipo
Seite 51 unten rechts Il Dagherrotipo
Seite 52 oben Publifoto Olimpia
Seite 52 unten Il Dagherrotipo
Seiten 52-53 Il Dagherrotipo
Seite 53 unten links Il Dagherrotipo
Seite 53 unten rechts Il Dagherrotipo
Seite 54 oben Hulton Archive/Laura Ronchi
Seite 54 unten Photos12
Seite 55 oben links Photos12
Seite 55 oben rechts The Bridgeman Art Library
Seite 55 unten Roger Viollet/Contrasto
Seite 56 oben Roger Viollet/Contrasto
Seite 56 oben links TRH Pictures
Seite 56 Mitte links TRH Pictures
Seite 56 unten Archivio R. Niccoli
Seite 56 unten rechts Archivio R. Niccoli
Seite 57 oben Aviation Picture Library
Seite 57 unten links TRH Pictures
Seite 57 unten rechts Musee De L'Air
Seiten 58-59 John M. Dibbs/The Plane Picture Company
Seite 59 oben rechts Peter March/R. Cooper
Seite 59 Mitte rechts Philip Makanna/ Ghosts
Seite 59 unten rechts Peter March/R. Cooper
Seite 59 unten TRH Pictures
Seite 60 A. J. Jackson Collection
Seite 61 oben Archivio G. Apostolo
Seite 61 Mitte Archivio R. Niccoli
Seite 61 unten Archivio G. Apostolo
Seite 62 La Presse
Seite 63 oben links Hulton Archive/ Laura Ronchi
Seite 63 oben rechts Il Dagherrotipo
Seite 63 Mitte Il Dagherrotipo
Seite 63 unten rechts Il Dagherrotipo
Seiten 62-63 Il Dagherrotipo

KAPITEL 5
Seite 64 oben links TRH Pictures
Seite 64 unten links Popper Foto/Vision
Seite 64 oben rechts Double's
Seite 64 unten rechts Double's
Seite 65 Aviation Picture Library
Seite 65 unten links Roger Viollet/ Contrasto
Seite 65 unten rechts TRH Pictures
Seite 66 oben TRH Pictures
Seite 66 unten links Aviation Picture Library
Seite 66 unten rechts TRH Pictures
Seite 67 oben links TRH Pictures
Seite 67 Mitte links TRH Pictures
Seite 67 Mitte rechts TRH Pictures
Seite 67 unten links TRH Pictures
Seite 68 oben Aviation Pictures Library
Seite 68 unten Aviation Pictures Library
Seite 69 oben links Photos12
Seite 69 Mitte links Photos12
Seite 69 unten links Photos12
Seite 69 unten rechts Aviation Pictures Library
Seiten 70-71 Aviation Picture Library
Seite 70 unten Aviation Picture Library
Seite 71 oben Hulton Archive/Laura Ronchi
Seite 71 Mitte A. J. Jackson Collection
Seite 71 unten Aviation Picture Library
Seite 72 oben Popper Foto/Vision
Seiten 72 Mitte links Corbis/ Grazia Neri
Seiten 72 Mitte rechts TRH Pictures
Seite 72 unten Hulton Archive/ Laura Ronchi
Seite 73 oben links TRH Pictures
Seite 73 oben rechts Library Of Congress
Seite 73 unten TRH Pictures
Seite 74 oben A. J. Jackson Collection
Seite 74 links Corbis/Grazia Neri
Seite 74 unten TRH Pictures
Seite 75 oben Denver Public Library
Seite 75 unten Aviation Picture Library
Seiten 76/77 TRH Pictures
Seite 76 Mitte Archivio R. Niccoli
Seite 77 oben Hulton Archive/Laura Ronchi
Seite 77 Mitte Aviation Picture Library
Seite 77 unten links Aviation Picture Library
Seite 78 oben TRH Pictures
Seite 78 unten links A. J. Jackson Collection
Seite 78 unten rechts A. J. Jackson Collection
Seite 79 oben links TRH Pictures
Seite 79 oben rechts Corbis/Grazia Neri
Seite 79 unten Hulton Archive/Laura Ronchi

KAPITEL 6
Seite 80 unten Il Dagherrotipo
Seiten 80-81 Photos12
Seite 81 oben rechts Roger Viollet/ Contrasto
Seite 81 unten links Aviation Picture Library
Seite 81 unten rechts Photos12
Seiten 82-83 oben Roger Viollet/Contrasto
Seiten 82-83 unten Archivio R. Niccoli
Seite 83 oben Aviation Picture Library
Seite 83 Mitte TRH Pictures
Seite 83 unten F. Selinger Collection/ Aviation Picture Library
Seite 84 oben links Hulton Archive/Laura Ronchi
Seite 84 oben rechts Gentile concessione del Museo Gianni Caproni
Seiten 84-85 Boeing Co. Archives
Seite 85 rechts TRH Pictures
Seite 85 unten links Musee De L'Air
Seite 86 Mitte Il Dagherrotipo
Seite 86 unten links Archivio R. Niccoli
Seite 86 unten rechts Il Dagherrotipo
Seiten 86-87 Musee Municipal Historique de l'Hydraviation
Seite 87 oben rechts Il Dagherrotipo
Seite 87 Mitte links Aviation Picture Library
Seite 88 oben TRH Pictures
Seite 88 Mitte Photos12
Seite 88 unten Musee Municipal Historique de l'Hydraviation
Seite 89 oben Photos 12
Seite 89 oben rechts Musee Municipal Historique de l'Hydraviation
Seite 89 unten TRH Pictures
Seite 90 oben A. J. Jackson Collection
Seite 90 Mitte TRH Pictures
Seite 90 unten Aviation Picture Library
Seiten 90-91 Musee Municipal Historique de l'Hydraviation
Seite 92 oben Aviation Picture Library
Seite 92 Mitte Musee Municipal Historique de l'Hydraviation
Seite 93 oben A. J. Jackson Collection
Seite 93 unten Archivio G. Apostolo
Seite 94 oben Archivio G. Apostolo
Seite 94 unten TRH Pictures
Seite 95 oben TRH Pictures
Seite 95 unten Aviation Picture Library
Seite 96 oben Photos12
Seite 96 unten rechts Thopam/ICP/Double's
Seite 97 oben links Aviation Picture Library
Seite 97 oben rechts Photos12
Seite 97 unten links Mary Evans Picture Library
Seite 97 unten rechts Publifoto Olimpia
Seite 98 oben TRH Pictures
Seite 98 unten TRH Pictures
Seite 99 oben links Mary Evans Picture Library
Seite 99 oben rechts TRH Pictures

KAPITEL 7
Seiten 100-101 Musee De l'Air
Seite 100 Popper Foto/Vision
Seite 101 oben Publifoto Olimpia
Seite 101 Mitte oben Musee De L'Air
Seite 101 Mitte unten Archivio G. Apostolo
Seite 101 unten Aviation Picture Library
Seite 102 links Roger Viollet/Contrasto
Seite 102 rechts Archivio R. Niccoli
Seite 102 unten Corbis/Grazia Neri
Seite 103 oben Hulton Archive/Laura Ronchi
Seite 103 unten AP Photo
Seite 104 Archivio G. Apostolo
Seiten 104-105 The Flight Collection/Quadrant Pictures Library
Seite 105 oben links Peter March/R. Cooper
Seite 105 unten rechts Archivio R. Niccoli
Seite 105 unten Archivio G. Apostolo
Seite 106 oben Richard Cooper
Seite 106 Mitte Peter March/R. Cooper
Seiten 106-107 AP Photo
Seite 107 Hulton Archive/Laura Ronchi
Seite 108 oben links Roger Viollet/ Contrasto
Seite 108 oben rechts Archivio G. Apostolo
Seite 108 unten links Archivio G. Apostolo
Seite 109 oben links The Flight Collection/ Quadrant Pictures Library
Seite 109 oben rechts Archivio G. Apostolo
Seite 109 unten The Flight Collection/ Quadrant Pictures Library
Seite 110 Philip Makanna/Ghosts
Seite 110 oben rechts Philip Makanna/Ghosts
Seite 111 oben Hulton Archive/Laura Ronchi
Seite 111 links Peter March/R. Cooper
Seite 112 oben Hulton Archive/Laura Ronchi
Seite 112 unten links Philip Makanna/Ghosts
Seite 112 unten rechts Mark Wagner
Seite 113 links Mark Wagner
Seite 113 rechts Philip Makanna/Ghosts
Seite 114 oben rechts Archivio G. Apostolo
Seite 114 Mitte links Aviation Picture Library
Seite 114 unten Aviation Picture Library
Seiten 114-115 Roger Viollet/Contrasto
Seite 115 unten Roger Viollet/Contrasto
Seiten 116/117 Hulton Archive/Laura Ronchi
Seite 117 oben links NARA (National Archives & Records Administration)
Seite 117 oben rechts Magnum/Contrasto
Seite 117 unten links Magnum/Contrasto
Seite 117 unten rechts Corbis/Grazia Neri
Seite 118 Hulton Archive/Laura Ronchi
Seite 118 Mitte Roger Viollet/Contrasto
Seite 119 oben Imperial War Museum, Londra
Seite 119 Mitte links Roger Viollet/ Contrasto
Seite 119 Mitte rechts Roger Viollet/ Contrasto
Seite 119 unten Hulton Archive/Laura Ronchi
Seite 120 oben Photos12
Seite 120 Mitte Roger Viollet/Contrasto
Seite 120 unten Archivio R. Niccoli
Seite 121 oben Aviation Picture Library
Seite 121 Mitte Aviation Picture Library
Seite 121 unten Hulton Archive/Laura Ronchi
Seite 122 oben Aviation Picture Library
Seite 122 Mitte La Presse
Seite 122 unten links TRH Pictures
Seite 122 unten rechts Archivio R. Niccoli
Seite 123 oben Archivio G. Apostolo
Seite 123 Mitte Archivio G. Apostolo
Seite 123 unten Musee De l'Air

KAPITEL 8
Seiten 124-125 Hulton Archive/Laura Ronchi
Seite 125 oben links Hulton Archive/ Laura Ronchi
Seite 125 unten rechts Aisa
Seite 126 oben links Roger Viollet/ Contrasto
Seite 126 oben rechts Roger Viollet/ Contrasto
Seite 126 unten Roger Viollet/Contrasto
Seite 127 oben links Archivio G. Apostolo
Seite 127 oben rechts Musee De l'Air
Seite 127 unten links Roger Viollet/ Contrasto
Seite 127 unten rechts AP Photo
Seite 128 oben Corbis/Grazia Neri
Seite 128 Mitte links Roger Viollet/ Contrasto
Seite 129 oben links Roger Viollet/ Contrasto
Seite 129 oben rechts Il Dagherrotipo
Seite 129 Mitte Il Dagherrotipo
Seite 129 unten Il Dagherrotipo
Seite 130 oben Aviation Picture Library
Seite 130 Mitte Archivio R. Niccoli
Seiten 130-131 unten Aviation Picture Library
Seite 131 Mitte Archivio G. Apostolo
Seite 131 unten TRH Pictures
Seite 132 oben Il Dagherrotipo
Seite 132 unten links La Presse
Seite 132 unten rechts Musee De l'Air
Seite 133 oben La Presse
Seite 133 Mitte links Musee De l'Air
Seite 133 Mitte rechts Il Dagherrotipo
Seite 133 unten Musee De l'Air
Seite 134 links La Presse
Seite 134 unten Publifoto Olimpia
Seite 135 oben Musee De l'Air
Seite 135 unten Musee De l'Air
Seite 136 oben Roger Viollet/Contrasto
Seite 136 Mitte Archivio G. Apostolo
Seite 136 unten Aviation Picture Library
Seite 137 oben AP Photo
Seite 137 Mitte Aviation Picture Library
Seite 137 unten AP Photo

KAPITEL 9
Seite 138 oben TRH Pictures
Seiten 138-139 A. Toresani/Photoskynet
Seite 139 oben Il Dagherrotipo
Seite 139 unten Hulton Archive/Laura Ronchi
Seite 140 oben John M. Dibbs/The Plane Picture Company
Seite 140 Mitte John M. Dibbs/The Plane Picture Company
Seite 141 oben links Aviation Picture Library
Seite 141 oben rechts TRH Pictures
Seite 141 Mitte TRH Pictures
Seiten 140-141 TRH Pictures
Seite 141 unten rechts TRH Pictures
Seite 142 oben AP Photo
Seite 142 Mitte rechts Aviation Picture Library
Seite 142 unten Corbis/Grazia Neri
Seite 143 oben TRH Pictures
Seite 143 unten TRH Pictures
Seite 144 oben Peter March/R. Cooper
Seite 144 unten Archivio G. Apostolo
Seite 145 oben Archivio R. Niccoli
Seite 145 unten John M. Dibbs/The Plane Picture Company

KAPITEL 10
Seite 146 oben Aviation Picture Library
Seite 146 unten Aviation Picture Library
Seite 147 oben TRH Pictures
Seite 147 Mitte Roger Viollet/Contrasto
Seite 147 unten A. J. Jackson Collection
Seite 148 oben Archivio G. Apostolo
Seite 148 Mitte Archivio R. Niccoli
Seite 149 oben links A. J. Jackson Collection
Seite 149 oben rechts Boeing Co. Archives
Seite 149 unten Corbis/Grazia Neri
Seite 150 oben Peter March/R. Cooper
Seite 150 unten Archivio R. Niccoli
Seite 151 oben Boeing Co. Archives
Seite 151 Mitte rechts Archivio R. Niccoli
Seite 152 oben The Flight Collection/ Quadrant Pictures Library
Seite 153 oben Archivio G. Apostolo
Seite 153 Mitte Archivio G. Apostolo
Seite 153 unten John M. Dibbs/The Plane Picture Company
KAPITEL 11
Seite 154 oben The Flight Collection/ Quadrant Pictures Library

Seite 154 unten TRH Pictures
Seiten 154-155 Archivio R. Niccoli
Seite 155 unten Corbis/Grazia Neri
Seite 156 oben Corbis/Grazia Neri
Seite 156 Mitte Corbis/Grazia Neri
Seite 157 oben TRH Pictures
Seite 157 unten K. Tokunaga/Dact Inc.
Seite 158 oben Corbis/Grazia Neri
Seite 158 Mitte Corbis/Grazia Neri
Seite 158 unten Peter March/R. Cooper
Seite 159 oben Peter March/R. Cooper
Seite 159 unten Luigino Caliaro/Aerophoto

KAPITEL 12
Seite 160 Mitte Archivio G. Apostolo
Seite 161 oben TRH Pictures
Seite 161 unten Corbis/Grazia Neri
Seite 162 oben Aviation Picture Library
Seite 162 unten Rick Llinares/Dash2 Aviation Photography
Seite 163 oben Archivio G. Apostolo
Seite 163 unten Archivio G. Apostolo
Seite 164 John M. Dibbs/The Plane Picture Company
Seiten 164-165 TRH Pictures
Seite 165 unten Archivio R. Niccoli
Seite 166 oben Archivio G. Apostolo
Seite 166 Mitte Corbis/Grazia Neri
Seite 166 unten Corbis/Grazia Neri
Seite 167 oben Richard Cooper
Seite 167 unten Richard Cooper
Seiten 168-169 John M. Dibbs/The Plane Picture Company
Seite 169 oben Corbis/Grazia Neri
Seite 169 Mitte rechts Gamma/Contrasto
Seite 169 unten Photos12

KAPITEL 13
Seite 170 oben Il Dagherrotipo
Seiten 170-171 Hulton Archive/Laura Ronchi
Seite 170 unten Photos12
Seite 171 oben Hulton Archive/Laura Ronchi
Seite 171 unten Hulton Archive/Laura Ronchi
Seite 172 oben links Il Dagherrotipo
Seite 172 Mitte Royal Aeronautical Society
Seite 172 unten rechts Il Dagherrotipo
Seite 173 oben rechts Archivio A. Colombo
Seite 173 unten TRH Pictures
Seite 174 oben TRH Pictures
Seite 174 Mitte Anodos Foundation
Seite 174 unten Anodos Foundation
Seite 175 Mitte Aviation Picture Library
Seite 175 unten Hulton Archive/Laura Ronchi
Seite 176 oben Archivio G. Apostolo
Seite 176 Mitte links TRH Pictures
Seite 176 unten TRH Pictures
Seite 177 oben Igor Sikorsky Historical Archives
Seite 177 Mitte TRH Pictures
Seite 177 unten AP Photo
Seite 178 oben P. Steinemann/Skyline APA
Seite 178 unten Peter March/R. Cooper
Seite 179 oben Photos12
Seite 179 Mitte John M. Dibbs/The Plane Picture Company
Seite 179 unten links Contrasto
Seite 179 unten rechts P. Steinemann/Skyline APA
Seiten 180-181 TRH Pictures
Seite 180 unten John M. Dibbs/The Plane Picture Company
Seite 181 oben Igor Sikorsky Historical Archives
Seite 181 unten Stephen Jaffe/AFP Photo/De Bellis
Seiten 182-183 AP Photo
Seite 182 unten Photos12
Seite 183 oben Archivio R. Niccoli
Seite 183 Mitte AP Photo
Seite 183 unten TRH Pictures
Seite 184 Richard Cooper
Seite 185 oben AP Photo
Seite 185 Mitte Corbis Stock Market/ Contrasto
Seite 185 unten Corbis/Grazia Neri
Seite 186 oben AP Photo
Seiten 186-187 A. Toresani/Photoskynet
Seite 187 oben links Photos12
Seite 187 Mitte rechts Mark Wagner
Seite 187 unten rechts K. Tokunaga/ Dact Inc.
Seite 188 oben Photos12
Seite 188 Mitte links TRH Pictures
Seite 189 oben TRH Pictures
Seite 189 Mitte links Archivio Agusta spa
Seite 189 Mitte rechts Archivio R. Niccoli
Seite 189 unten rechts Photos12

KAPITEL 14
Seite 190 oben Denver Public Library
Seite 190 unten links Hulton Archive/ Laura Ronchi
Seite 190 unten rechts Hulton Archive/ Laura Ronchi
Seite 191 oben Hulton Archive/Laura Ronchi
Seite 191 Mitte Hulton Archive/Laura Ronchi
Seite 191 unten The Flight Collection/ Quadrant Pictures Library
Seite 192 oben Archivio R. Niccoli
Seite 192 Mitte Archivio G. Apostolo
Seite 192 unten The Flight Collection/ Quadrant Pictures Library
Seiten 192/193 John M. Dibbs/The Plane Picture Company
Seite 193 Mitte rechts Archivio R. Niccoli
Seite 193 unten Philip Makanna/Ghosts
Seite 194 oben K. Tokunaga/Dact Inc.
Seite 194 unten John M. Dibbs/The Plane Picture Company
Seite 195 oben Peter March/R. Cooper
Seite 195 Mitte links Peter March/ R. Cooper
Seite 195 Mitte rechts R. Lorenzon
Seite 195 unten P. Steinemann/Skyline APA
Seite 196 oben links Peter March/ R. Cooper
Seite 196 oben rechts P. Steinemann/ Skyline APA
Seite 196 Mitte Peter March/R. Cooper
Seite 197 P. Steinemann/Skyline APA
Seite 198 oben links Luigino Caliaro/ Aerophoto
Seite 198 Mitte links Boeing Co. Archives
Seiten 198-199 P. Steinemann/Skyline APA
Seite 199 oben John M. Dibbs/The Plane Picture Company
Seite 199 Mitte rechts Archivio R. Niccoli
Seite 199 unten rechts Aviation Picture Library
Seiten 200-201 K. Tokunaga/Dact Inc.
Seite 201 oben A. Pozza
Seite 201 Mitte Richard Cooper
Seite 201 unten Richard Cooper
Seiten 202-203 John M. Dibbs/The Plane Picture Company
Seite 202 unten Philip Makanna/Ghosts
Seite 203 unten Aviation Picture Library
Seiten 204-205 P. Steinemann/Skyline APA
Seite 205 oben P. Steinemann/Skyline APA
Seite 205 Mitte John M. Dibbs/The Plane Picture Company
Seite 205 unten Archivio R. Niccoli

KAPITEL 15
Seite 206 Corbis/Grazia Neri
Seite 207 oben Corbis/Grazia Neri
Seite 207 oben links Mark Wagner
Seite 207 unten links Aviation Picture Library
Seite 207 unten rechts Aviation Picture Library
Seite 208 oben Aviation Picture Library
Seite 208 Mitte Aviation Picture Library
Seite 208 unten Corbis/Grazia Neri
Seite 209 Mitte Aviation Picture Library
Seite 209 unten Aviation Picture Library
Seiten 210-211 Aviation Picture Library
Seite 210 Mitte Aviation Picture Library
Seite 211 oben Aviation Picture Library
Seite 211 unten Aviation Picture Library
Seite 212 oben Archivio R. Niccoli
Seiten 212-213 Archivio R. Niccoli
Seite 213 oben Aviation Picture Library
Seite 213 Mitte Aviation Picture Library
Seite 213 unten Aviation Picture Library
Seite 214 oben Joe Pries
Seite 214 Mitte A. Pozza
Seite 215 oben Aviation Picture Library
Seite 215 Mitte Aviation Picture Library
Seite 215 unten Aviation Picture Library
Seite 216 oben Archivio R. Niccoli
Seiten 216-217 John M. Dibbs/The Plane Picture Company
Seite 216 unten Aviation Picture Library
Seite 217 oben Aviation Picture Library
Seite 217 unten Aviation Picture Library

KAPITEL 16
Seite 218 oben Archivio G. Apostolo
Seiten 218-219 Luigino Caliaro/Aerophoto
Seite 219 oben Archivio G. Apostolo
Seite 220 K. Tokunaga/Dact Inc.
Seite 221 John M. Dibbs/The Plane Picture Company
Seite 222 oben Archivio R. Niccoli
Seite 222 unten John M. Dibbs/The Plane Picture Company
Seite 223 oben John M. Dibbs/The Plane Picture Company
Seite 223 Mitte links The Artarchive
Seite 224 oben links Richard Cooper
Seite 224 oben rechts Lassi Tolvanen/Fly High
Seite 224 Mitte Archivio R. Niccoli
Seite 224 unten K. Tokunaga/Dact Inc.
Seiten 224-225 Archivio R. Niccoli

KAPITEL 17
Seiten 226-227 Horst Faas/AP Photo
Seite 226 Mitte links Henri Huet/ AP Photo
Seite 226 unten Corbis/Grazia Neri
Seite 227 unten Corbis/Grazia Neri
Seiten 228-229 Hulton Archive/ Laura Ronchi
Seite 228 unten Corbis/Grazia Neri
Seite 229 oben Boeing Co. Archives
Seite 229 Mitte Mark Wagner
Seite 229 unten links Archivio R. Niccoli
Seite 230 oben Archivio R. Niccoli
Seiten 230-231 Corbis/Grazia Neri
Seite 231 oben Aviation Picture Library
Seite 231 Mitte oben Aviation Picture Library
Seite 231 Mitte unten The Flight Collection/Quadrant Picture Library
Seite 231 unten Archivio R. Niccoli
Seite 232 Corbis/Grazia Neri
Seiten 232-233 Rick Llinares/Dash2 Aviation Photography
Seite 233 Mitte rechts Rick Llinares/ Dash2 Aviation Photography
Seite 233 unten links Aviation Picture Library
Seiten 234-235 John M. Dibbs/The Plane Picture Company
Seite 235 unten AP Photo
Seiten 236-237 AP Photo
Seite 236 Mitte rechts AP Photo
Seite 236 unten Corbis/Grazia Neri
Seite 237 unten Photos12

KAPITEL 18
Seite 238 oben Israeli Air Force
Seite 238 Mitte Israeli Air Force
Seite 238 unten Archivio R. Niccoli
Seite 239 Mitte rechts Israeli Air Force
Seite 239 unten Israeli Air Force
Seite 240 oben Archivio R. Niccoli
Seite 240 unten Israeli Air Force
Seiten 240-241 Israeli Air Force
Seite 241 Mitte links Archivio R. Niccoli
Seite 241 Mitte rechts AP Photo
Seite 242 TRH Pictures
Seite 243 oben Archivio R. Niccoli
Seite 243 unten Israeli Air Force

KAPITEL 19
Seite 244 oben Stefano Pagiola
Seite 244 unten John M. Dibbs/ The Plane Picture Company
Seite 245 Mitte Corbis/Grazia Neri
Seite 245 unten Mark Wagner
Seiten 246-247 Grover Paul/FSP/ Gamma/Contrasto
Seite 246 Mitte Daher/Gamma/Contrasto
Seite 247 unten Keystone/Grazia Neri
Seiten 248-249 De Malglaive Etienne/Gamma/Contrasto
Seite 249 oben John M. Dibbs/ The Plane Picture Company
Seite 249 Mitte John M. Dibbs/ The Plane Picture Company
Seiten 250-251 Stefano Pagiola
Seite 251 Mitte Peter March/R. Cooper
Seite 252 unten Aviation Picture Library

KAPITEL 20
Seite 252 Rick Llinares/Dash2 Aviation Photography
Seite 253 oben K. Tokunaga/Dact Inc.
Seite 253 unten Gamma/Contrasto
Seite 254 oben links John M. Dibbs/The Plane Picture Company
Seite 255 Mark Wagner
Seite 255 Jamie Hunter/R.Cooper
Seite 256 Mitte K. Tokunaga/Dact Inc.
Seite 256 unten G. Agostinelli
Seiten 256-257 Gamma/Contrasto
Seite 257 unten Mark Wagner
Seiten 258-259 John M. Dibbs/The Plane Picture Company
Seite 259 Mitte Rick Llinares/Dash2 Aviation Photography
Seite 259 unten Richard Cooper
Seite 260 Mitte Archivio R. Niccoli
Seite 260 unten Archivio R. Niccoli
Seiten 260-261 P. Steinemann/Skyline APA
Seite 261 Mitte K. Tokunaga/Dact Inc.
Seite 262 K. Tokunaga/Dact Inc.
Seite 263 oben Mark Wagner
Seite 263 unten links Archivio R. Niccoli
Seite 263 unten rechts K. Tokunaga/ Dact Inc.
Seiten 264-265 John M. Dibbs/The Plane Picture Company
Seite 264 Mitte Luigino Caliaro/Aerophoto
Seite 264 unten Aeronautica Militare Italiana
Seite 265 oben Aeronautica Militare Italiana
Seite 265 Mitte Richard Cooper
Seite 265 unten Richard Cooper
Seite 266 oben K. Tokunaga/Dact Inc.
Seite 266 unten Archivio R. Niccoli
Seite 267 Luigino Caliaro/Aerophoto
Seite 267 unten Mark Wagner

KAPITEL 21
Seite 268 oben Aviation Picture Library
Seite 268 unten P. Steinemann/Skyline APA
Seite 269 oben Aviation Picture Library
Seite 269 Mitte links Aviation Picture Library
Seite 269 Mitte rechts Peter March/ R. Cooper
Seite 269 unten Aviation Picture Library
Seite 270 oben Peter March/R. Cooper
Seite 270 Mitte Aviation Picture Library
Seite 270 unten Aviation Picture Library
Seite 270-271 Aviation Picture Library
Seite 271 Mitte Jamie Hunter/R. Cooper
Seite 271 unten Aviation Picture Library
Seite 272 oben Aviation Picture Library
Seite 272 Mitte links Peter March/ R. Cooper
Seite 272 Mitte rechts Peter March/ R. Cooper
Seite 273 oben Jamie Hunter/R. Cooper
Seite 273 Mitte Aviation Picture Library
Seite 273 unten Aviation Picture Library
Seiten 274-275 John M. Dibbs/The Plane Picture Company
Seite 275 oben Aviation Picture Library
Seite 275 Mitte Aviation Picture Library
Seite 275 Mitte Aviation Picture Library

KAPITEL 22
Seite 276 Magnum/Contrasto
Seiten 276-277 Hulton Archive/Laura Ronchi
Seite 277 oben Archivio R. Niccoli
Seite 277 Mitte Gamma/Contrasto
Seite 278 oben Contrasto
Seite 278 unten Mark Wagner
Seiten 278-279 Corbis/Contrasto
Seite 279 unten Rick Llinares/Dash2 Aviation Photography
Seite 280 oben Boeing Co. Archives
Seite 280 Mitte Corbis/Grazia Neri
Seite 280 unten Archivio R. Niccoli
Seite 281 oben K. Tokunaga/Dact Inc.
Seite 281 unten P. Steinemann/Skyline APA
Seite 282 oben Gamma/Contrasto
Seiten 282-283 Gamma/Contrasto
Seite 283 oben AP Photo
Seiten 284-285 Corbis/Grazia Neri
Seite 284 unten Archivio R. Niccoli
Seite 285 oben Gamma/Contrasto
Seite 285 Mitte John M. Dibbs/The Plane Picture Company
Seite 285 unten K. Tokunaga/Dact Inc.
Seiten 286-287 Luigino Caliaro/Aerophoto
Seite 286 unten AP Photo
Seite 287 unten links Georges Merillon/Gamma/Contrasto
Seite 287 unten rechts Jean Luc Moreau/Gamma/Contrasto
Seiten 288-289 Richard Cooper
Seite 288 Corbis/Grazia Neri
Seite 289 oben John M. Dibbs/The Plane Picture Company
Seite 289 unten Gamma/Contrasto
Seite 290 oben Mark Wagner
Seiten 290-291 oben Corbis/Grazia Neri
Seiten 290-291 unten Angelo Toresani/Photoskynet
Seite 291 unten rechts Mark Wagner
Seite 292 oben Mark Wagner
Seite 292 Mitte Rick Llinares/Dash2 Aviation Photography
Seite 292 unten Rick Llinares/Dash2 Aviation Photography
Seiten 292-293 Mark Wagner
Seite 293 unten Mark Wagner
Seite 294 Johnny Bivera/US Navy/Getty Images/ La Presse
Seite 295 oben Courtesy Of British Forces/Getty Images/La Presse
Seite 295 Mitte US Navy/Getty Images/ La Presse
Seite 295 unten Howard La Tunya/US Navy/Getty Images/La Presse

KAPITEL 23
Seite 296 oben Peter March/R. Cooper
Seite 296 unten De Malglaive Etienne/ Gamma/Contrasto
Seiten 296-297 Peter March/R. Cooper
Seite 297 Mitte Peter March/R. Cooper
Seite 298 oben Corbis/Grazia Neri
Seiten 298-299 Boeing Co. Archives
Seite 299 Mitte rechts John M. Dibbs/The Plane Picture Company
Seite 299 unten Boeing Co. Archives
Seiten 300-301 Boeing Co. Archives
Seite 300 Mitte Boeing Co. Archives
Seite 300 unten Boeing Co. Archives
Seite 301 Mitte Gamma/Contrasto
Seite 301 unten Gamma/Contrasto

KAPITEL 24
Seite 302 oben Aviation Picture Library
Seiten 302-303 Archivio R. Niccoli
Seite 303 Archivio R. Niccoli
Seite 304 oben Archivio R. Niccoli
Seite 304 Mitte Aviation Picture Library
Seite 304 unten Aviation Picture Library
Seiten 304-305 oben Paolo Franzini
Seiten 304-305 unten Archivio R. Niccoli
Seite 306 Gamma/Contrasto
Seite 307 oben links Contrasto
Seite 307 oben rechts Aviation Picture Library
Seite 307 unten links Mark Wagner
Seite 307 unten rechts Archivio R. Niccoli

KAPITEL 25
Seite 308 oben NASA Archives
Seite 308 unten NASA Archives
Seite 309 oben Gamma/Contrasto
Seite 309 Mitte Corbis/Grazia Neri
Seite 309 unten Gamma/Contrasto
Seite 310 oben Contrasto
Seite 310 unten NASA Archives
Seite 311 Mitte links NASA/AP Photo
Seite 311 Mitte rechts Gamma/Contrasto
Seiten 312-313 Hulton Archive/Laura Ronchi

Der Verlag dankt:
Aeronautica Italiana
Agusta spa
Arthur Block, Joan Schleicher (Anodos Foundation)
Barbara Waibel (Zeppelin Museum)
Bernd Lukasch (Otto Lilienthal Museum)
Carol Henderson, Jim Lyons, Dave Black (Moffet Field Historical Society)
Contessa Maria Fede Caproni
Igor Sikorsky Historical Archives
Israeli Air Force Magazine
NASA Johnson Space Center - Media Resource Center
Paolo Franzini